VW
Beetle

Typ 5C
Cabriolet

Modelljahre 2011 bis 2019

Motor buch Verlag

Einbandgestaltung: Silke Pandikow

Bilder/Zeichnungen: Christoph Pandikow; Flex Elektrowerkzeuge GmbH; KW Automotive GmbH, Volkswagen AG Mediaservice, Wolfsburg; Kufatec GmbH & Co. KG, Bad Segeberg

Vielen Dank für die tatkräftige Unterstützung an: Flex Elektrowerkzeuge GmbH, Steinheim; Alfred Kärcher SE & Co. KG, Winnenden; JMS-Fahrzeugteile GmbH, Neckartenzlingen; KW Automotive GmbH, Fichtenberg; Thule GmbH, Neumarkt

Text und redaktionelle Bearbeitung:
Christoph Pandikow

ISBN 978-3-613-04717-4

1. Auflage 2025

Sie finden uns im Internet unter:
www.motorbuch-verlag.de

Herstellung: Silke Pandikow, 65554 Limburg - Ahlbach
Druck und Bindung: DZS Grafik d.o.o, 1210 Ljubljana
Printed in Slovenia

Beetle

Inhalt

Karosserie

Innenraum

Die Elektrik

Antrieb

Wartung und Daten

Einleitung

»An den neuen Autos kann ich doch nichts mehr selber machen« ist ein Satz, den wir häufig hören, dem wir aber ebenso wenig zustimmen wie Sie, denn wozu sollten Sie sonst dieses Buch in den Händen halten? Wahr ist, dass durch den vermehrten Anteil von Elektronik und vor allem die Vernetzung der Systeme im Fahrzeug mancher Fehler nicht mehr so leicht zu orten ist wie früher.
Wahr ist aber auch, dass moderne Autos durch den Einsatz der Elektronik wesentlich zuverlässiger, sicherer und umweltfreundlicher sind als die simpel aufgebauten Fahrzeuge früherer Tage.
Es liegt uns also fern den Fortschritt zu verdammen, auch wenn er uns und Ihnen ab und zu einen Streich spielt.

Ein Ratgeber stellt sich vor

Hilfe zur Selbsthilfe

Was Sie tun können, wenn das Auto den Dienst verweigert, oder besser noch: Was Sie tun können, damit es gar nicht erst so weit kommt, soll Gegenstand dieses Ratgebers sein. Auch wenn Sie den Fehler vielleicht nicht selbst beheben können – wir zeigen Ihnen, wie Sie die Ursache präzise einkreisen können. So können Sie der Werkstatt wichtige Informationen liefern und kostbare Arbeitszeit für die Fehlersuche einsparen.

Alles was recht ist: Gewährleistung, Sachmangelhaftung & Garantie

Die stetige Weiterentwicklung der Rechtssprechung, die Einflüsse durch die europäische Gesetzgebung und die Langlebigkeit der Bände dieser Buchreihe machen es unmöglich, auch nur einen Auszug aus der Rechtssprechung vorzustellen. Wichtig ist es immer, alle Eigenschaften Ihres Fahrzeugs im Kaufvertrag eindeutig zu beschreiben und alle Zusicherungen schriftlich festzuhalten. Tauchen trotzdem aus Ihrer Sicht Mängel auf, holen Sie sich am besten Rat bei einem Fachanwalt. Diese arbeiten recht häufig mit Sachverständigen zusammen. Damit erhalten Sie dann aktuelle und fundierte Informationen und Anweisungen, die für die Durchsetzung Ihrer Interessen sehr wichtig sein werden.

Tipps und Wissenswertes

Damit Ihnen niemand etwas vormachen kann, gewähren wir Einblick in die Technik Ihres Autos, erläutern Fachbegriffe und informieren Sie über Wissenswertes aus der Welt der Technik. Darüber hinaus verraten wir Ihnen Tipps, die zum Teil bares Geld wert sind.

Sicherheit hat Vorrang

Wie durch den Winter wollen wir Sie mit diesem Ratgeber natürlich auch durch die übrigen Jahreszeiten begleiten. Ihre Sicherheit und Zufriedenheit steht dabei an erster Stelle. Wichtiger als das Reparieren von sicherheitsrelevanten Baugruppen erscheint uns in diesem Band das frühzeitige Erkennen eines Schadens. Genau dabei wollen wir Sie unterstützen. Ein Störungsbeistand ist daher fester Bestandteil dieses Buches. Hier bieten wir Ihnen ein Diagnose-Schema mit Hilfen, die ganz allgemein eventuelle Unzulänglichkeiten am Auto entlarven, und zwar bevor etwas schiefgeht. Auch bei einem anstehenden Termin zur Hauptuntersuchung kann diese Schnelldiagnose jede Menge Ärger und Geld sparen. Abgesehen davon haben wir regelmäßig wiederkehrende Überprüfungsarbeiten in Form von Checklisten zusammengefasst.

Reparaturen in der heimischen Garage

Sollten Sie bereits im Umgang mit Werkzeug geübt sein, werden wir Sie Schritt für Schritt durch die einzelnen Arbeitsgänge führen. Dabei beschränken wir uns in dieser Reihe auf leichte Wartungs-, Pflege- und Reparaturmaßnahmen, die Sie ohne Weiteres in der Garage durchführen können. Welche Grundausstattung Sie dafür benötigen und wie das ganze ideal in Ihre Garage passt, haben wir für Sie gleich am Anfang dieses Buches zusammengefasst. Für gut ausgestattete Werkstätten, ob privat oder gewerblich betrieben, möchten wir Sie auf den entsprechenden Band »Reparaturanleitung« des Bucheli-Verlages verweisen. Dort wird mit Präzision das Zerlegen komplizierter Baugruppen wie Motoren und Antrieb beschrieben.

Schrauben ist gefährlich!

Was auch immer Sie mit Ihrem Auto tun: Denken Sie immer daran, dass Sie sich und andere potenziell in Gefahr bringen können. Zwar haben wir diese Anleitung nach bestem Wissen und Gewissen zusammengestellt, trotzdem können wir aus verständlichen Gründen keine Haftung für Schäden an Dingen oder Personen übernehmen. Beachten Sie deshalb immer die Sicherheitsaufdrucke der Hersteller auf den Verpackungen und entsorgen Sie verbrauchte Flüssigkeiten fachgerecht.
Spezielle Themen fassen wir in Kapiteln wie »Fit durch den Winter« zusammen. Diese Kapitel greifen Besonderheiten zu dem Thema auf, um Ihnen zu ermöglichen sich vorzubereiten. Das fängt bei der Wahl der richtigen Bereifung an und endet mit der richtigen Ausrüstung im Kofferraum noch lange nicht.

Damit Sie sich besser zurechtfinden

Wenn Sie etwas Bestimmtes in diesem Buch suchen, haben Sie verschiedene Möglichkeiten. Natürlich können Sie auf das vertraute Inhaltsverzeichnis zurückgreifen. Aber auch beim schnellen Durchblättern werden Sie sich leicht zurechtfinden. Den Hinweis, in welchem Kapitel Sie sich bewegen, finden Sie oben links. Dazu die Information, ob es sich in diesem Abschnitt um theoretisches Wissen, konkrete Arbeitsanleitungen oder Vorschläge zur Optimierung handelt. Rechts oben auf jeder Seite haben wir den Bereich dargestellt, der im jeweiligen Abschnitt behandelt wird.
Damit können Sie das Buch auf der Suche nach bestimmten Inhalten auch durch die Finger laufen lassen, ohne zuerst im Inhaltsverzeichnis suchen zu müssen.

INFORMATION

Bevor Teile ausgebaut oder etwas auseinandergenommen wird, ist es immer besser, die theoretischen Zusammenhänge zu kennen. Wenn Sie dieses Zeichen sehen, erklären wir die Funktion der Technik, ihre Bedeutung für das gesamte Auto und Ihren Alltag damit. Oder wir informieren Sie ganz einfach auch einmal über den historischen Hintergrund der Entwicklung. Dieser Abschnitt soll Sie also mit der Technik Ihres Autos vertraut machen. Mit dem nötigen theoretischen Wissen im Hinterkopf schraubt es sich viel leichter.

ARBEITSSCHRITTE

Sobald am Auto gearbeitet wird, werden Sie dieses Symbol sehen. Auf diesen Seiten dürfen Sie Schritt-für-Schritt-Anleitungen zum Ein- und Ausbau von Teilen erwarten. Bei der Auswahl haben wir uns strikt daran gehalten, was in der heimischen Garage noch machbar ist. Und damit Sie sehen, dass wir uns gerne die Finger für Sie schmutzig machen, haben wir bewusst gebrauchtes Werkzeug benutzt und uns nicht ständig die Finger gewaschen. Wir hoffen, dass die Fotos Ihnen dennoch Appetit auf das Schrauben machen.

BESSER MACHEN

Nicht alle Fahrzeuge müssen serienmäßig bleiben. In der Praxis gleicht sogar kaum ein Auto dem anderen. Autos werden tiefer gelegt, Karosseriebauteile werden verändert oder die Innenausstattung individualisiert. Vielleicht benutzen Sie dieses Buch ja auch, um Ihr Auto gezielt zu verbessern.
Damit wir uns richtig verstehen: Dieses Buch ist keine Tuninganleitung, aber immerhin stellen wir Ihnen verschiedenste zusätzliche Teile vor und verraten Ihnen, worauf Sie beim Einkauf von Zubehörteilen achten sollten.

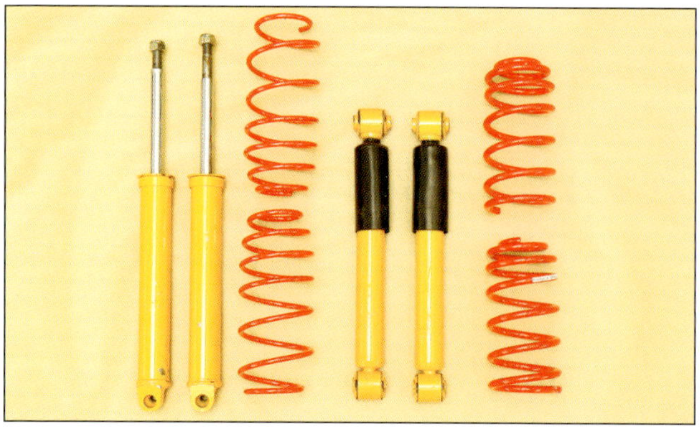

Lernen Sie Ihr Auto kennen

VIN	Bedeutung
WVW	Herstellerzeichen
ZZZ	Füllzeichen ohne Bedeutung
16	VW Beetle
Z	Füllzeichen ohne Bedeutung
G	Modelljahr 2016
M	Produktionsstätte Puebla
888888	Laufende Nummer

Fahrgestellnummer im Scheibenrahmen: *Sichtfenster im Scheibenrahmen links der Windschutzscheibe.*

Egal ob Sie Ihren Beetle schon lange Zeit besitzen oder eben erst erworben haben – nehmen Sie sich die Zeit und erkunden Sie Ihr Fahrzeug gründlich. Denn selbst wenn Sie die Bedienungsanleitung gelesen haben, wovon wir natürlich ausgehen, kennen Sie bestimmt noch nicht alle Details Ihres Autos.

Die Fahrgestellnummer

Die Fahrgestellnummer (VIN **V**ehicle **I**dentification **N**umber) ist beim Beetle im Scheibenrahmen eingefräst und durch ein Sichtfenster in der Windschutzscheibe erkennbar. Weiterhin finden Sie die Fahrgestellnummer auch im Fahrzeugschein und, soweit noch in Schriftform ausgeführt, auf der ersten Seite im Serviceplan. Die Fahrgestellnummer enthält einige (in Zahlen und Buchstabencodes verschlüsselte) Informationen zu Ihrem Beetle, deren Bedeutung können Sie als Do-it-Yourselfer nun kennenlernen und mit Hilfe der Tabelle oben links auch entziffern. Die Fahrgestellnummer ist die Basis für die Ersatzteilbestellung oder die Serviceleistungen bei Ihrem Volkswagen Servicecenter.

Das Typenschild

Das Typenschild befindet sich beim Beetle im Einstiegsbereich der A-Säule auf der Fahrerseite. Es handelt sich um einen Aufkleber, der auf der A-Säule werkseitig angebracht worden ist. Dort finden Sie auch weitere Informationen, wie zum Beispiel die zulässigen Achslasten (8 im Bild Mitte), die Nummer der allgemeinen Betriebserlaubnis (1), die technisch zulässige Gesamtmasse (7) oder auch den genauen Produktionstag (3 und 4) ihres Fahrzeuges.
Auch der Motorkennbuchstabe ist hier ablesbar (5).

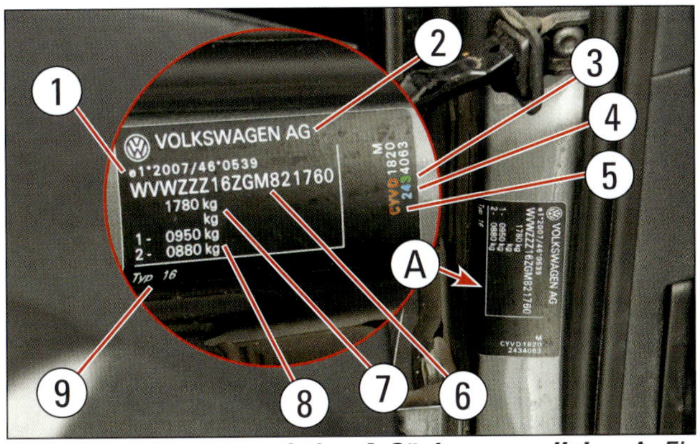

Fahrgestellnummer auf der A-Säule vorne links: *A Ein aufgeklebtes Typenschild im Einstieg links, 1 EG-Betriebserlaubnisnummer, 2 Fahrzeughersteller, 3 Tag der Herstellung, 4 Kalenderwoche der Herstellung, 5 Motorkennbuchstabe, 6 Fahrgestellnummer, 7 technisch zulässige Gesamtmasse, 8 Achslasten, 9 Fahrzeugtyp.*

Der Fahrzeugdatenträger

Eine Besonderheit bei Fahrzeugen der Volkswagengruppe ist der sogenannte Fahrzeugdatenträger. Über diesen Datenträger können Sie die serienmäßige Ausstattung des Fahrzeugs nachvollziehen. Allerdings verbergen sich die Details hinter Kürzeln. Der Fahrzeugdatenträger findet sich im Kofferraum und auf der ersten Seite Ihres Service-Heftes. Dort können alle wichtigen Daten zur Fahrzeugerkennung wie Modell, Motorkennbuchstabe, Getriebekennung abgelesen werden. Hier finden Sie auch die Ausstattungscodes, die für die Herstellung Ihres Fahrzeuges relevant gewesen sind. Nachgerüstete Ausstattung kann hier natürlich nicht erfasst werden.

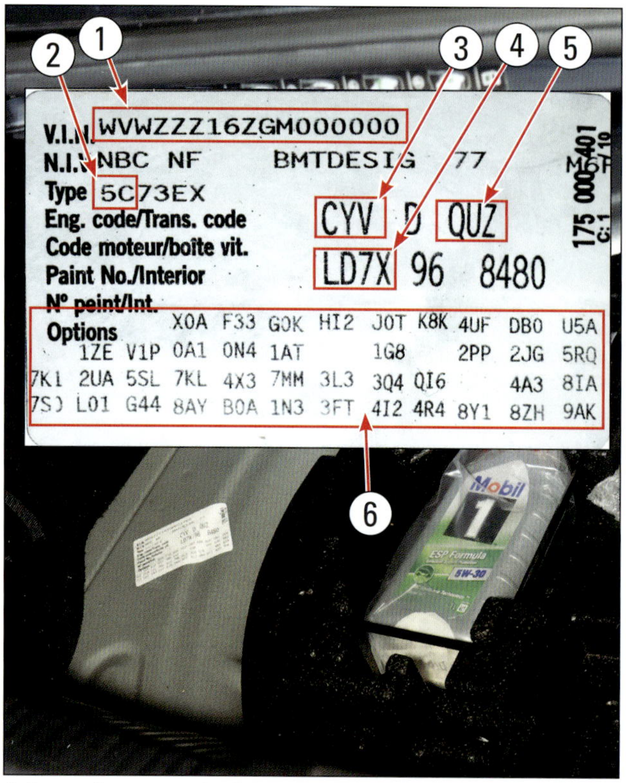

Informationen auf dem Fahrzeugdatenträger: *1 Fahrgestellnummer, 2 Fahrzeugtyp, 3 Motorkennbuchstabe, 4 Lacknummer, 5 Getriebekennbuchstabe, 6 PR-Codenummer der Ausstattung.*

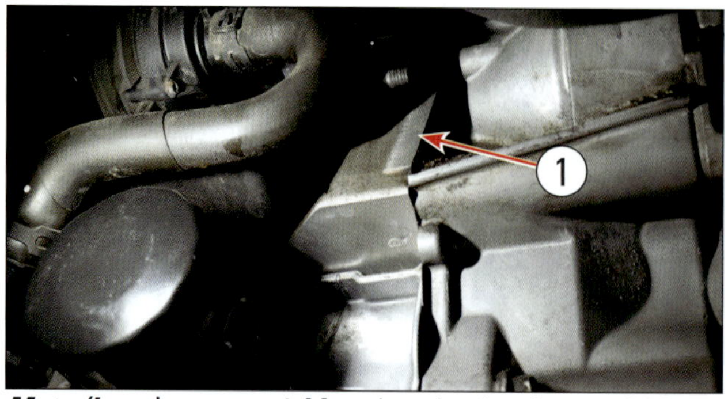

Motor(kenn)nummer: *1 Motorkennbuchstaben und Motornummer eingestanzt von vorne im Motorblock.*

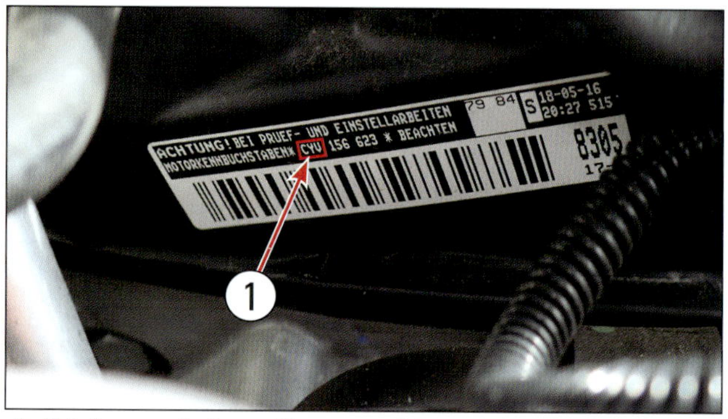

Aufkleber auf dem Motor: *1 Motorkennbuchstaben auf dem Aufkleber am Zylinderkopf.*

Getriebe(kenn)nummer: *1 Getriebekennnummer von oben (schlecht sichtbar) im Getriebeblock eingeschlagen.*

Die Motornummer

Die Motornummer (1 im Bild oben rechts) finden Sie als Einschlag oder Fräszahlen auf der Fläche über dem Schwungrad (Kupplung) auf dem Motorblock (1 im Bild Mitte rechts). Bei den 2,0-l-Motoren ist sie auf dem Motorblock vorne am Flansch zum Getriebe zu finden. Sie ist am besten von oben einzusehen, meist aber schlecht lesbar. Zusätzlich ist auf dem Motor auf der Zahnriemen- oder Steuerkettenabdeckung ein Aufkleber angebracht, auf dem der Motorcode abgelesen werden kann. Notieren Sie sich den Kennbuchstaben zur besseren zukünftigen Zugänglichkeit möglichst vorne in Ihrem Serviceheft. Auf dem Fahrzeugdatenträger können Sie die Motornummer (3 im Bild oben links) ablesen.

Die Getriebekennnummer

Die Getriebekennnummer kann an zwei unterschiedlichen Stellen angebracht sein. Zum einen finden Sie die Kennnummer im Bereich des Schwungrad-(Kupplungs-) Gehäuses (siehe Bild unten) eingeschlagen. Zum anderen, zumeist bei den DSG-Schaltgetrieben, ist die Fräsung auf der Getriebe-Vorderseite im Block erkennbar. Für diese Fälle muss das Fahrzeug angehoben und der Motorschutz unten demontiert werden. Um dann in Zukunft die Identifizierung zu erleichtern, notieren Sie sich auch diese Nummern und Zahlenfolge in Ihrem Serviceheft. Auf dem Fahrzeugdatenträger können Sie die Getriebekennnummer (5 im Bild oben links) ablesen.

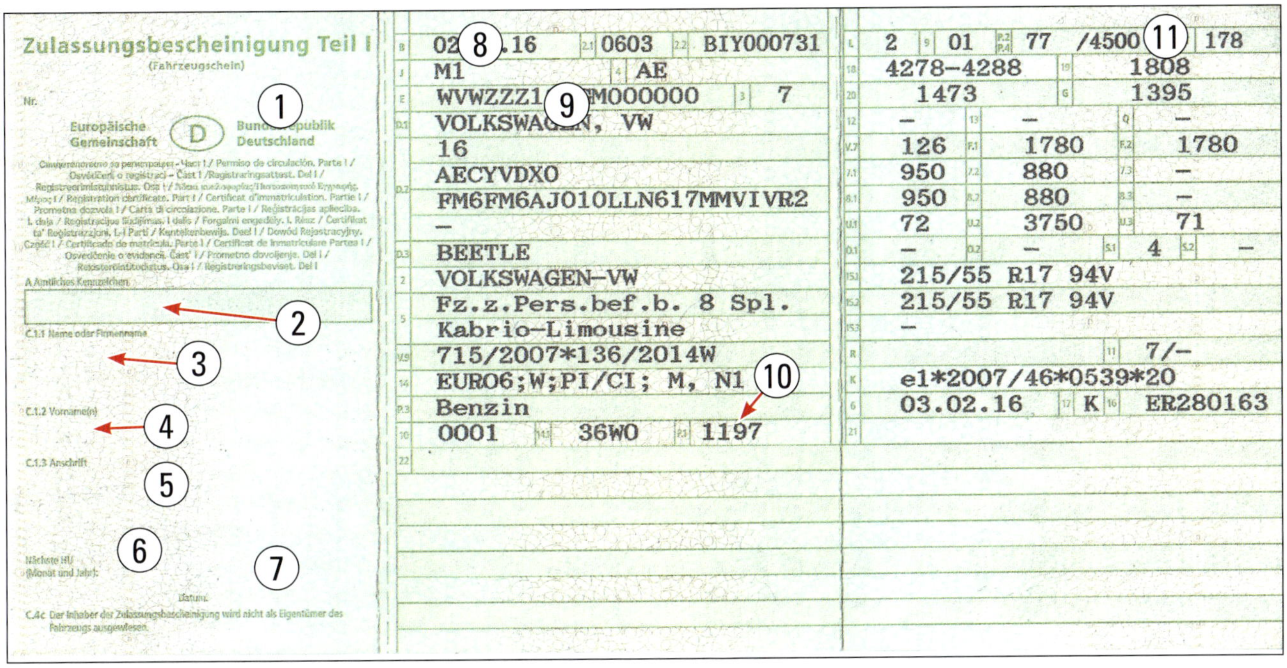

Fahrzeugschein: *1 Nummer Fahrzeugschein, 2 Kennzeichen, 3 Name des Halters, 4 Vorname des Halters, 5 Anschrift, 6 Datum HU, 7 Zulassungsdatum, 8 Erstzulassung, 9 Fahrgestellnummer (FIN), 10 Hubraumangabe, 11 Leistungsangabe.*

Der Fahrzeugschein

Eine sehr ergiebige Informationsquelle ist der Fahrzeugschein oder die Zulassungsbescheinigung Teil 1, wie das Papier heute heißt.

Neben der Fahrgestellnummer finden Sie ganz oben im Dokument weitere, für die Ersatzteilversorgung oder den Reparaturauftrag sehr wichtige Angaben und Schlüsselnummern:

Das Wichtigste im Fahrzeugschein

INFORMATIONEN

B	Erstzulassung
D.1	Hersteller
D.2	Fahrzeugtyp
D.3	Handelsbezeichnung
E	Fahrgestellnummer
F.2	Zul. Gesamtgewicht für Deutschland
G	Leergewicht
K	EG-Typennummer
O.1	Anhängelast gebremst
O.2	Anhängelast ungebremst
P.1	Hubraum des Motors
P.2 / P4	Motorleistung in kW
P.3	Kraftstoffart
T	Höchstgeschwindigkeit des Fahrzeugs
2	Kurzbezeichnung des Herstellers
2.1	HSN = Herstellschlüsselnummer
2.2	Prüfziffer TSN = Typschlüsselnummer
7.1	Zulässige Achslast vorne (1. Achse)
7.2	Zulässige Achslast hinten (2. Achse)
8.1	Zul. Achslast vorne für Deutschland (1. Achse)
8.2	Zul. Achslast hinten für Deutschland (2. Achse)
14	Bezeichnung der Emissionsklasse
14.1	Codenummer der Schadstoffklasse
15.1	Bereifung auf der Vorderachse (1. Achse)
15.2	Bereifung auf der Hinterachse (2. Achse)
18	Fahrzeuglänge in mm
19	Fahrzeugbreite in mm
20	Fahrzeughöhe in mm
21	Feld für sonstige Vermerke
22	Bemerkungen, Ausnahmen und technische Änderungen

Generation 3

Eigentlich eine klare Sache, die Namensgebung der Käfermodelle. Aus dem amerikanischen Markt kam der Name »Beetle« schon für die ersten Generationen nach Deutschland. Der Nachfolger des Urkäfers stellt die zweite modernere Version des Käfers dar und wurde dann auch als der »neue« Beetle »New Beetle« vertrieben. Etwas verwirrend wurde es erst mit dem neuen Modell im Jahre 2011. Der Neue, den wir hier in diesem Buch behandeln werden, trägt die Bezeichnung »Beetle« und kann gegen Aufpreis auch mit dem Schriftzug »Käfer« bestellt werden. Er ist nun die dritte Modellvariante. Ob das nun wirklich die letzte Generation ist, wird die Zukunft zeigen.

Modellentwicklung

Die Baureihen

Genau genommen haben die einzelnen »Käfer-«-Generationen lediglich die Ähnlichkeit im Design gemeinsam. Technisch basieren Sie auf den Plattformen der VW-Gruppe, die sich auch in anderen Modellen der Volkswagen-Gruppe finden. Schrauberisch und hinsichtlich der Instandhaltungskosten ein klarer Vorteil, wenn auf Teile der Massenproduktion zurückgegriffen werden kann.

Der Käfer (Generation 1): *Die erste Bauform wurde zwischen 1949 und 1980 mit etwas »Facelift« aus der geschlossenen Karosserievariante entwickelt.*

Der Käfer (Generation 1):
Vom Urmodell bis zum 1303 entstanden die Cabriolets zu Anfang über Umbauer aus Serienmodellen. Firmen wie Hebmüller und Karmann übernahmen die Fertigung der ganz besonderen Käfermodelle 1949 bis zum Einstellen der ersten Modellreihe im Januar 1980. Es entstanden viele Weiterentwicklungen, die man heute als »Facelift« bezeichnen würde.

- 1949 - 1953 Käfer 1100 Cabriolet
- 1954 - 1965 Käfer 1200 Cabriolet
- 1965 - 1966 Käfer 1300 Cabriolet
- 1966 - 1970 Käfer 1500 Cabriolet
- 1970 - 1972 Käfer 1302 Cabriolet
- 1972 - 1980 Käfer 1303 Cabriolet

Alle Modelle der ersten Generation zeichnen sich durch einen luftgekühlten Motor im Heck und den Gepäckraum unter der Frontklappe aus.

Der New Beetle (Generation 2): *Die zweite Bauform kam 2003 auf den Markt. Markant breiter, etwas länger und sportlicher geschnitten, aber mit Wiedererkennungswert.*

Der New Beetle (Generation 2):
Nach der Neuerscheinung der Limousine kommt 2003 wieder ein offener Käfer auf den Markt. Passend zur Neuauflage des Käfers (auf dem amerikanischen Markt »Beetle« oder »Bug« genannt) wurde der Name «New Beetle» (neuer Käfer) gewählt. Die Namensgebung erscheint zwar absolut nachvollziehbar, wird einige Jahre später noch bei vielen Käufern und Vermarktungsportalen für Verwirrung sorgen. Die Neuauflage zitiert zwar viele kleine Akzente von den ausgestellten Kotflügeln, Rund-Tachometer bis zur Blumenvase, ist aber ein vollständig neues Konzept. Der New Beetle teilt sich viele Komponenten aus der Golf-Produktion. Der Gepäckraum ist nach hinten gewandert und konstruktionsbedingt über eine recht kleine Heckklappe zugänglich. Der Antriebsmotor ist wie beim Golf unter der Motorhaube untergebracht. Die Plattform, auf dem das Cabriolet entsteht, nennt sich bei Volkswagen PQ34. Das »P« steht für »Plattform«, das »Q« für den quer eingebauten Motor, die »3« für die Kompaktklasse, die 4 für die vierte Generation dieser Plattform. Der »New Beetle« wurde mit Benzin- und Dieselmotoren sowie mit Schalt- und Automatikgetrieben gebaut. In der zweiten Generation standen Motoren zwischen 55 kW (75 PS) und 110 kW (150 PS) zur Verfügung. 2005 erfolgte ein vorsichtiges Facelift, das mit flacheren Kotflügeln, veränderten Stoßfängern und Front- und Heckleuchten sportlichere Linien zeichnete.

New Beetle und Beetle: *Die optische Unterscheidung fällt leicht. Die Namensgebung ist allerdings verwirrend. Der ältere (links) ist der New Beetle.*

Der Beetle (Generation 3):
Die in diesem Buch behandelte Generation 3 wurde 2013 auf dem deutschen Markt eingeführt. Wie auch beim Vorgänger greift der Beetle auf Komponenten aus der Großserie von Volkswagen zurück. Entwickelt wurde er auf der Plattform PQ35. Das »P« steht für »Plattform«, das »Q« für den quer eingebauten Motor, die »3« für die Kompaktklasse, die 5 für die fünfte Generation dieser Plattform. Wie schon erwähnt, löst die Namensgebung für den »Beetle« etwas Verwirrung aus. Der »New Beetle« ist der ältere der beiden Beetles (siehe Bild oben). Besser auseinanderhalten kann man sie über den Fahrzeugtyp oder das Baujahr. Hinter dem Typ »1Y« verbirgt sich der »New Beetle«. Die Typenbezeichnung »5C« für den Beetle ab 2011.

Die Motoren und der Antrieb

Der Schwerpunkt dieser Buchreihe liegt nicht auf Reparaturen rund um Antrieb und Motor. Trotzdem möchten wir Ihnen einige Details zu den Antriebskonzepten näher bringen. Alle Antriebsmotoren und Getriebe werden im »Beetle« als Antriebseinheit vorne quer eingebaut. Angetrieben werden ausnahmslos die Vorderräder. Ein Allradantrieb war beim »Beetle« nicht vorgesehen. Die Identifizierung von Motor und Getriebe sind für die Ersatzteilbeschaffung und die Reparaturdaten sehr wichtig.

Gangwechsel über 6-Gang-Schaltgetriebe, 6-Gang- oder 7-Gang-Doppelkupplungsgetriebe:
Grundsätzlich war die gesamte Motorenpalette mit einem 6-Gang-Schaltgetriebe lieferbar. Lediglich für den 1,6 l TDI und den 2,0 l TDI in der kleinen Leistungsklasse waren 5-Gang-Schaltgetriebe lieferbar. Die DSG-Getriebe (Doppelkupplungsschaltgetriebe) wurden für die jeweils schwächeren Motorvarianten mit 7 Schaltstufen versehen. Für die Ottomotoren trifft das auf den 1,2-l- und den kleineren 1,4-l-Motor zu. Die Dieselmotoren mit 77 kW und 81 kW wurden mit dem 7-Gang-DSG-Getriebe ausgerüstet. In den größeren Leistungsklassen, bei den Ottomotoren der 1,8 l und der 2,0 l sowie beim Dieselmotor der 2,0 l TDI ab 103 kW wurden dann 6-Gang-DSG-Getriebe verbaut.

Die Ottomotoren:
Alle Motoren werden über Turbolader und in einem Fall auch über einen Kompressor aufgeladen. Fünf Otto-Motoren basierend auf den Motorbaureihen EA111, EA211 und dem EA888. Sie ergeben 7 Motorvarianten in unterschiedlichen Leistungsstufen.

Aufladung	Hubraum	Leistung
1,2 l TSI (Turbo)	1197 cm³	77 kW (105 PS)
1,4 l TSI (Turbo)	1395 cm³	110 kW (150 PS)
1,4 l TSI (Turbo u. Kompressor)	1390 cm³	118 kW (160 PS)
1,8 l TSI (Turbo)	1798 cm³	125 kW (170 PS)
2,0 l TSI (Turbo)	1984 cm³	147 kW (200 PS)
		155 kW (210 PS)
		162 kW (220 PS)

Die Dieselmotoren:
Die beiden Dieselmotorbaureihen EA189 und EA288 ermöglichen vier weitere Motorvarianten in unterschiedlichen Leistungsstufen. Die Wahl der meisten Beetle-Käufer fiel auf die beiden kleineren Benzinmotoren mit 1,2-l- und 1,4-l-Hubraum. Schon diese ermöglichen einen für den Beetle angemessenen Vortrieb bei angemessenem Verbrauch.

Aufladung	Hubraum	Leistung
1,6 l TDI (Turbo)	1598 cm³	77 kW (105 PS)
2,0 l TDI (Turbo)	1968 cm³	81 kW (110 PS)
		103 kW (140 PS)
		110 kW (150 PS)

Modell im Detail

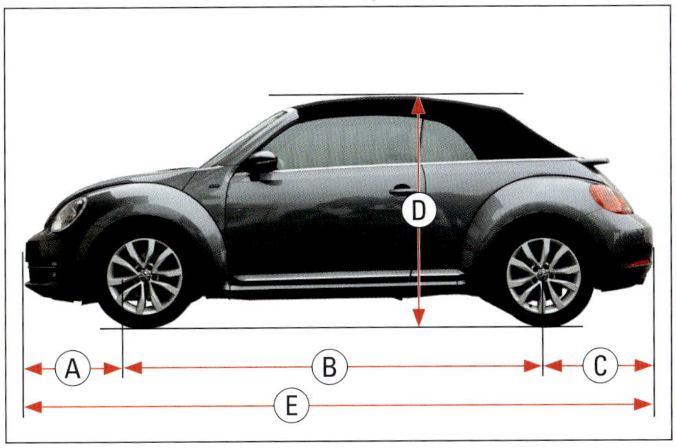

Ansicht von der Seite: *A Überhang vorne, B Achsabstand, C Überhang hinten, D Fahrzeughöhe; E Fahrzeuglänge.*

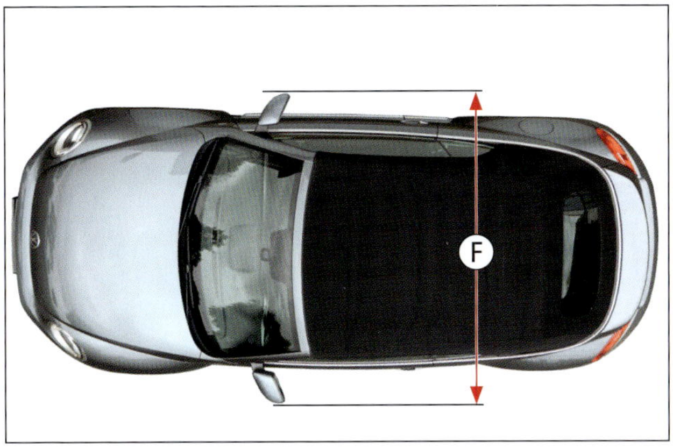

Ansicht von oben: *F Fahrzeugbreite im Bereich der Spiegel.*

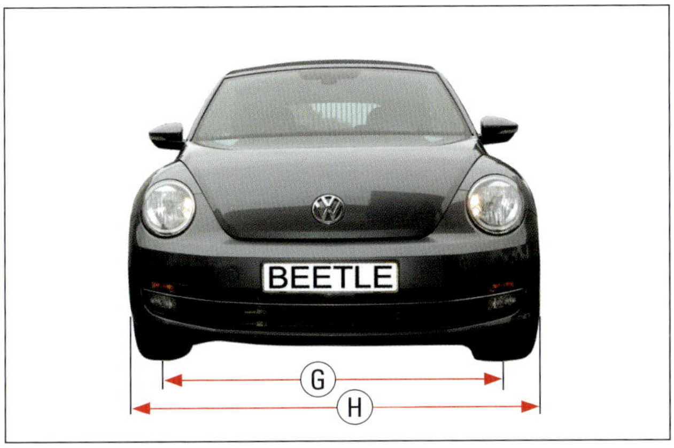

Ansicht von vorne: *G Spurweite vorne, H Radstand vorne.*

Ansicht von hinten: *J Radstand hinten.*

Karosserie und Abmessungen

Je nach Ausstattung und Ausrüstung können sich die Abmessungen verändern. Die wichtigsten Abmessungen der Karosserie in der Übersicht:

Ansicht von der Seite (Bild oben links):

Kürzel	Bezeichnung	Abmessung
A	Überhang vorne	878 mm
B	Achsabstand	2540 mm
C	Überhang hinten	860 mm
D	Fahrzeughöhe	ca. 1473 mm
E	Fahrzeuglänge	4278 mm

Ansicht von oben (Bild oben rechts):

Kürzel	Bezeichnung	Abmessung
F	Fahrzeugbreite im Bereich der Spiegel	2021 mm

Ansicht von vorne (Bild unten links):

Kürzel	Bezeichnung	Abmessung
G	Spurweite vorne	1578 mm
H	Radstand vorne	1808 mm

Ansicht von hinten (Bild unten rechts):

Kürzel	Bezeichnung	Abmessung
J	Radstand hinten	1808 mm

Die Ausstattungsvarianten

Unterschiedliche Ausstattungsvarianten, Sondermodelle und die mögliche Individualisierung ergeben eine sehr umfassende Ausstattungsvielfalt.

Ausstattungspakete:
Mit unterschiedlichen Ausstattungspaketen wurden seitens Volkswagen bereits Ausstattungspakete geschnürt, die bestimmte Ausstattungsmerkmale beinhalten. Die Ausstattungspakete ergaben einen Preisvorteil für die Fahrzeuganschaffung. Für die Teilebeschaffung, gerade bei Teilen, die ausstattungsabhängig unterschiedlich ausfallen, ist die Ausstattungsliste nach PR-Code sehr wichtig.

Um- und Nachrüstungen:
Neben den optischen oder haptischen Eigenschaften spielt es zunehmend auch eine Rolle, wie einzelne Komponenten in das Bordnetzsystem des Fahrzeugs eingebunden werden müssen. Sprechen Sie grundsätzlich die Um- und Nachrüstarbeiten mit der Werkstatt oder dem Händler Ihres Vertrauens ab. Nicht dass durch fehlende Anbindemöglichkeiten eine gewünschte Funktion nicht wie erwartet umgesetzt werden kann. Auch beim Beetle gibt es schon Funktionen, wie beispielsweise die Sprachsteuerung des Infotainmentsystems, die durch ein Up-Date freigeschaltet werden müssen.

Aktive Sicherheit

Man spricht von aktiven und passiven Sicherheitselementen eines Fahrzeuges. Die Bedeutung dieser Begriffe ist meist aber gar nicht klar. Aktive Sicherheitseinrichtungen tragen zusammen mit den Elementen der passiven Sicherheit zum Schutz für die Fahrzeuginsassen bei. Bauteile, die zur aktiven Sicherheitsausrüstung eines Fahrzeuges zählen, sind diejenigen, die einen Unfall verhindern können. Betrachten wir zuerst einige Bauteile, die der aktiven Sicherheit zugerechnet werden. Für ein besseres Verständnis gliedern wir diese in drei Gruppen:

Konstruktive Maßnahmen zur aktiven Sicherheit:
In dieser Gruppe werden die Bauteile eingeordnet, die durch die Gestaltung und Auslegung der Karosserie realisiert werden. Dazu zählen beispielsweise eine leichtgängige, aber nicht rückmeldungsfreie Lenkung, die dem Fahrer den Fahrbahnkontakt vermitteln kann, eine ausgewogene und für möglichst alle Betriebszustände gelungene Abstimmung des Fahrwerks, wirkungsvolle Bremsen und durchzugsstarke Motoren.

Aktive Sicherheit: *Alles ist da wo es hingehört. Leicht und nebenbei erreichbar und keinesfalls störend verbaut.*

Ergonomische Maßnahmen zur aktiven Sicherheit:
Unter diesen Aspekt fällt die Fahrzeugausrüstung, die die Fahrzeugbedienung erleichtert und ein »entspanntes« Fahren ermöglicht. Der Konzentrationserhalt des Fahrers ist ein wichtiger Gesichtspunkt für die Unfallvermeidung. Man kann sich leicht vorstellen, welchen Einfluss komplizierte Bedienelemente verursachen können, wenn man sich die Gesetzeslage hinsichtlich der Benutzung von Telefonen während der Fahrt anschaut. Jeder kleine Moment der Unaufmerksamkeit bedeutet einen potenziellen Moment in einen Unfall verwickelt zu werden. So gehören Fahrzeugausrüstungen wie gute Sitze, das Belüftungs- und Klimatisierungssystem, gute Rundumsicht und möglichst günstig angeordnete Schalter und Anzeigen dazu.

Aktive Sicherheit der Karosserie:
Viele Komponenten, die beim Cabriolet oder geschlossener Version verbaut worden sind, wurden präzise aufeinander abgestimmt. Das Zusammenspiel von elektrischer Lenkunterstützung, dem ABS-System und dem Fahrwerk sind noch erkennbar.

Deutlich unauffälliger ist der konstruktive Aufwand in der Karosserie oder besser der Blechstruktur. Betrachtet man sich die unterschiedlichen Blechstrukturen der Karosserie, werden gerade in tragenden Bereichen hochfeste Bleche verwendet. In der Zusammenarbeit der steifen Karosserie und den elektronischen Helfern wird der Fahrkomfort und damit auch die Fahrsicherheit deutlich erhöht.

Maßnahmen zur Regelung für aktive Sicherheit:
In diese Gruppe werden die Bauteile eingegliedert, die auf der Elektronik basierende Eingriffe in elektronische oder hydraulische Regelsysteme vornehmen. Eingriffe werden beispielsweise in das Bremssystem vorgenommen. Das Anti-Blockier-System (ABS) verhindert, dass ein Rad überbremst wird, und ermöglicht so sehr kurze Bremswege mit sicherer Lenkbarkeit des Fahrzeuges auch während der Bremsung.

Passive Sicherheit

Die passiven Sicherheitselemente kommen dann zum Tragen, wenn der Unfall gerade passiert. Die Komponenten der passiven Sicherheit stellen alle konstruktiven Maßnahmen dar, die dazu dienen, die Fahrzeuginsassen vor Verletzungen zu schützen oder zumindest die Verletzungsgefahren zu verringern. Der Begriff »passive Sicherheit« bezieht sich auf das Kollisionsverhalten (Crashtests) und berücksichtigt über den Schutz der Insassen hinaus auch den Schutz anderer Verkehrsteilnehmer. Auch hier lassen sich Merkmale in einen Sortierungsraster bringen:

Insassenschutz:
Unter dem Begriff Insassenschutz versteht man den Schutz des Fahrzeugführers und seiner Mitfahrer. Zu den wichtigsten Bauteilen gehören neben dem Gurtsystem die Airbags und eine »verformungssteife« Fahrgastzelle mit Knautschzonen in Front-, Heck - und Seiten-Bereich. Diese Komponenten sorgen für einen weitestgehend schützenden Abbau der Aufprallenergie und den sicheren Halt der unfallbeteiligten Fahrzeuginsassen. Auch das Beetle Cabriolet ist mit Airbagsystemen ausgerüstet. Zusätzliche Knieposter halten das Verletzungsrisiko im Falle eines Unfalles so klein wie möglich. Kopf- und Nackenstützen, die im Rücklehnenoberteil integriert sind, erhöhen wie auch die für alle Sitzplätze vorhandenen 3-Punktgurte die Sicherheit erheblich. Die Gurte sind mit Gurtkraftbegrenzern ausgerüstet, um die Höchstkraft zu beschränken und mögliche Verletzungen durch den Gurt beim Unfall zu mindern.
Der Umgang mit den Airbagsystemen erfordert eine besondere Sachkenntnis. Grundsätzlich ist es verboten Arbeiten an sicherheitsrelevanten Systemen durchzuführen, die entweder nicht durch den Hersteller freigegeben wurden oder besondere Kenntnisse erfordern. Airbag-Systeme sind Sprengmittel im Sinne des Gesetzgebers. Für den Umgang mit sprengmittelhaltigen Bauteilen muss ein Sachkundenachweis vorliegen.
Zur Auslösung einer Airbageinheit kann im ungünstigen Fall schon die elektrostatische Aufladung der Kleidung ausreichen. Es handelt sich um Systeme mit eingebauten Sprengladungen, die bei unsachgemäßer Behandlung leicht schwere bis zu tödliche Verletzungen verursachen können. Um Ihnen das zu verdeutlichen und auch den Ablauf der Vorbereitungen für Arbeiten am und auch rund um das Airbagsystem näher zu bringen, stellen wir Ihnen eine typische Vorgehensweise im Praxistipp »Achtung Airbag« vor. Nehmen Sie diese Arbeiten nicht auf die leichte Schulter und holen Sie sich sachkundige Hilfe (jemanden mit der entsprechenden Airbagschulung) um Unfälle zu vermeiden.
Diese Serienausrüstung kann natürlich auch nur dann funktionieren, wenn sie nicht durch nachträgliche Einbauten daran gehindert wird. Hinsichtlich des Airbagsystems bedeutet das, dass schon nicht geeignete Schonbezüge über den Sitzen einen Einfluss auf das Entfaltungsverhalten des Luftsacks haben können. Auch falsche Reinigungsmittel, die einen nicht kalkulierten Einfluss auf den Weichmacher in der Kunststoffabdeckung des Airbags haben, zeigen einen solchen Einfluss. Wer denkt schon daran, dass ein chemischer Reiniger für den Automobilbereich irgendeinen negativen Einfluss auf dieses System haben könnte. Meist ergibt auch die Befragung des Verkäufers wenig bis keine neuen Erkenntnisse über die Verwendbarkeit des Reinigers. Die Inhaltsstoffe werden schließlich meist nicht detailliert beschrieben.

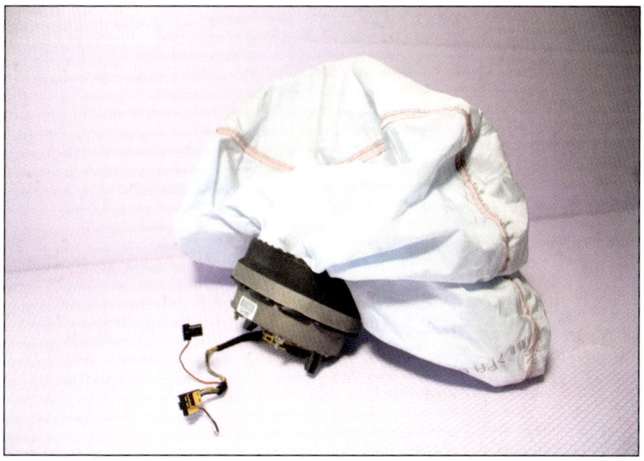

***EXPLOSIONSGEFAHR:** Die Kräfte, die der Airbag bei der Zündung freisetzt, können Sie tödlich verletzen!!!*

PRAXISTIPP

Achtung Airbagsystem

Wir stellen Ihnen an dieser Stelle einige wichtige Hinweise zu den Airbagsystemen vor. Es handelt sich um Sprengsätze nach dem Sprengstoffgesetz.

Der Umgang ist klar geregelt. Ohne fachliche Eignung sollten Sie Montagearbeiten an Komponenten des Airbagsystems schon zur eigenen Sicherheit unterlassen.

- Prüf-, Montage- und Instandsetzungsarbeiten dürfen nur von geschultem Personal durchgeführt werden.

- Keinesfalls mit Prüflampe, Voltmeter oder Ohmmeter prüfen.

- Pyrotechnische Bauteile dürfen nur im eingebauten Zustand und mit vom Hersteller freigegebenen Fahrzeugdiagnose-, Mess- und Informationssystemen geprüft werden.

- Bei Arbeiten an pyrotechnischen Bauteilen und am Airbag-Steuergerät muss das Masseband der Batterie bei EINGESCHALTETER Zündung abgeklemmt werden. Anschließend den Minuspol abdecken.

- Nach dem Abklemmen der Batterie ist eine Wartezeit von 10 Sekunden erforderlich.

- Das Anklemmen der Batterie muss bei EINGESCHALTETER Zündung erfolgen. Hierbei darf sich keine Person im Innenraum des Fahrzeugs aufhalten. Ausnahme: Fahrzeuge mit Batterie im Fahrzeuginnenraum. Halten Sie sich hierbei nicht im Wirkungsbereich der Airbags und der Sicherheitsgurte auf. Wenn nach dem Wiederanklemmen der Batterie die Zündung nicht eingeschaltet ist (die Kontrollleuchten im Schalttafeleinsatz leuchten nicht), halten Sie zum erstmaligen Einschalten der Zündung Kopf und Arm entfernt vom Lenkrad und einem eventuell verbauten Knieairbag, damit Sie sich nicht im Wirkungsbereich der Airbags und der Sicherheitsgurte befinden.

- Vor dem Hantieren mit pyrotechnischen Bauteilen des Rückhaltesystems, zum Beispiel dem Trennen der elektrischen Steckverbindung, muss sich der Mechaniker elektrostatisch entladen. Das elektrostatische Entladen wird durch das Berühren von geerdeten Metallteilen, zum Beispiel durch kurzes Anfassen des Türschließkeils, erreicht.

Partnerschutz:
Unfälle passieren eben nicht nur in einem Fahrzeug. Im Normalfall sind immer andere Verkehrsteilnehmer oder auch Verkehrspartner an einem Unfall beteiligt. Gerade bei Fußgängern, Radfahrern und natürlich auch den Bikern ist kein System vorhanden, das eventuelle Unfallfolgen verringern kann. Dieser Aspekt wird bei der Fahrzeugentwicklung heute auch mit einbezogen. Frontbereiche sollen immer auch so konstruiert sein, dass sie die Aufprallenergie aufnehmen oder verringern können, die bei einem Fußgängerunfall den Verkehrspartner erheblich verletzen könnte. Hierin findet sich dann auch der Grund für Kunststoffstoßfänger und Motorhauben ohne Flächenverstrebungen.

Passive Sicherheit Karosserie:
Von außen ist es fast oder gar nicht zu erkennen. Die Karosserie des Beetle Cabriolet unterscheiden sich an kleinen aber sehr wichtigen Details zu der Karosserie der Serienlimousine. An die Karosserie wurden die gleichen Maßstäbe angelegt. Das fehlende Dach macht aber einige Verstärkungen erforderlich. So erfüllte die Cabrio-Karosserie die gegenwärtig und mittelfristig zu erwartenden Anforderungen an die passive Sicherheit. Die Konstruktion ermöglichte eine erhöhte Torsions- und Verwindungssteifigkeit der Karosserie, was nicht nur einen hochwertigen Eindruck hinterlässt, sondern auch eine lange Lebensdauer erwarten ließ. Das bewahrheitet sich ja bereits bei den Fahrzeugen, die noch heute meist im guten Zustand auf dem Markt sind. Die Basis für die Konstruktion ist wie schon erwähnt die geschlossene Modellvariante. Die Unterschiede beginnen aber von innen heraus. Zusätzliche Verstärkungsprofile, dickere Karosseriebleche und stärkere Verbindungen und Versteifungen sorgen für eine höhere Festigkeit und Verwindungssteifigkeit der Karosserie. Der schon im Golf eingesetzte Überschlagschutz ist eine Weiterentwicklung des Systems, das bereits 2003 im »New Beetle Cabriolet« zum Einsatz kam. Er schnellt binnen 0,25 Sekunden nach dem Überschreiten einer definierten Querbeschleunigung oder Fahrzeugneigung im Bereich der Fondkopfstützen nach oben. Die beiden Überrollmodule des Systems bestehen aus einem fest montierten und einem darin beweglichen, federvorgespannten Aluminiumprofil. Das Innenprofil wird durch einen Magnetschalter in seiner Ruhestellung gehalten. Ausgelöst durch das Airbagsteuergerät, öffnet der Magnetschalter im Falle des dro-

henden Überschlags eine Halteklinke und gibt das Innenprofil frei. Während des Hochschnellens überfährt eine am Innenprofil befestigte Zahnstange eine Stützklinke und sichert das Innenprofil gegen Absenken der Profile. So bildet die Karosserie einen käfigartigen Überlebensraum für die eigentlich am meisten gefürchtete Unfallarten: den Überschlag und/oder das seitliche Abrollen.

Diverse Assistenten

Die modernen Ausrüstungskomponenten und das Zusammenspiel der Komponenten im Bordnetz als wirklich komplexe Systeme ergeben nicht nur eine sehr hohe Funktionssicherheit der Komponenten. Die Komponenten werden durch die Vernetzung sehr gut überwachbar und auch diagnosefähig. Das Zusammenspiel über Datennetzwerke ermöglicht neue Funktionen, die Fahrsicherheit und den Komfort verbessern. Oftmals sind die Verbindungen zwischen Funktionen und den Bauteilen erkennbar.

Start-Stopp-System:
Das Start-Stopp-System ist ein typisches System, das eine Funktion ermöglicht, die ausschließlich durch bereits im System vorhandene Sensoren möglich geworden ist. Durch die Bremsbetätigung (Bremslichtschalter oder besser Bremspedalschalter), den Stillstand des Fahrzeugs (Radsensoren) und die nicht vorhandene Lastanforderung (Gaspedal oder besser Fahrpedalsensor) erkennt das Motorsteuergerät, ob der Motor nun abgeschaltet werden kann. Im Zusammenspiel mit der erfassten Batteriespannung kann auch nur die Batterieladung ausgesetzt werden, um den Motor im Leerlauf zu entlasten, wenn sich Anforderungen verändern. Natürlich darf man darüber streiten, ob ein Start-Stopp-System wirklich Kraftstoff einsparen kann oder ob die Einsparung durch die höhere Belastung des Starters vollständig vernichtet wird. Zweifelsohne kann zumindest der örtliche Schadstoffausstoß beim innerstädtischen Ampelstopp verringert werden.

Bremssystem und Energierückgewinnung:
Das Bremssystem hat heute nicht nur die Aufgabe das Fahrzeug abzubremsen, es nimmt meist unbemerkt Einfluss auf alltägliche Fahrsituationen. Dass das Bremssystem durch eigenständigen und gezielten Einsatz von einzelnen Bremsen beispielsweise die Fahrstabilität wieder herstellen kann, ist ja bekannt. Derselbe Bremseingriff kann auch durchdrehende Räder beim Anfahren auf einem Untergrund mit wenig Grip verhindern. Die Bewegungsenergie beim Bremsen wird mit dem Batteriedatenmodul erfasst. Der Generator wird zur höheren Ladung angesteuert. Das erhöht nicht nur das Bremsmoment, die gewonnene Energie wird in der Batterie zur Nutzung im Bordnetz gespeichert.

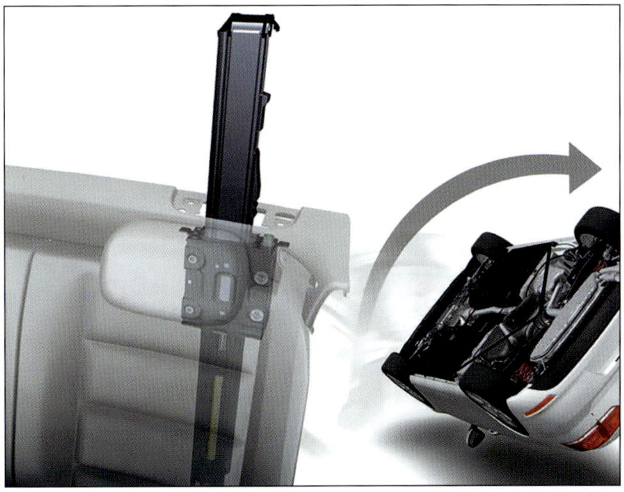
Schutz in der Rückenlehne: *Die Cabriolets der Volkswagengruppe sind mit versteckten Schutzbügeln ausgerüstet.*

ABS-Sensoren mit vielen Aufgaben:
Die Raddrehzahlsensoren liefern je nach Raddrehzahl entsprechende Signale. Die eigentliche Aufgabe liegt darin, bei einer Bremsung das Blockieren eines Rades zu verhindern oder durch den ESP-Eingriff den Radschlupf zu vermindern. Das Signal und die Auswertung ergeben aber noch andere Anwendungsmöglichkeiten. Verliert ein Reifen Luft, verändert sich der Abrollumfang des platten Reifens. Die niedrigere Raddrehzahl wird für die Reifendruckwarnung genutzt. Dasselbe Signal wird auch zur Geschwindigkeitserfassung verwendet. Nicht nur der Tachometer wertet das Signal dann zur Fahrerinformation aus, auch die Lenkung verändert ihr Ansprechverhalten geschwindigkeitsabhängig. Sogar die Radioanlage passt die Lautstärke geschwindigkeitsabhängig an.

Lenkung:
Was soll schon an einer Zahnstangenlenkung Besonderes sein? Mehr ist ja zuerst einmal nicht erkennbar. Kein Behälter für Servoöl, keine Servopumpe am Motor zu entdecken. Die Unterstützung erfolgt nicht hydraulisch. Die Lenkung im Beetle wird über einen

Elektromotor unterstützt, allerdings nicht nur das. Der Motor wird sehr sensibel je nach Anforderung angesteuert. So wird beim Rangieren wenig Kraftaufwand vom Fahrer benötigt, um die Räder mit einem hohen Unterstützungsmoment einzuschlagen. Bei Fahrten auf der Autobahn wird das Unterstützungsmoment zurückgefahren, um eine gute Rückmeldung der Fahrbahn an den Fahrer zu ermöglichen. Gleichzeitig wird aber auch eine dauerhafte Lenkkorrektur erfasst. Diese kann durch Ansteuern des Elektromotors Einflüsse wie Seitenwind merklich reduzieren.

Verdecksystem

Geschlossenes Verdeck: *Die Scheiben werden beim Halten der Schließfunktion nach dem Verriegeln des Verdecks im Scheibenrahmen wieder geschlossen.*

Öffnung des Verdecks: *Die Scheiben werden abgesenkt, das Verdeck am Scheibenrahmen entriegelt und hydraulisch aufgeklappt.*

Verdeck öffnen und schließen

Das Verdeck des VW Beetle wird von drei elektrischen Motoren angetrieben und verriegelt.

Bedienung auch während der Fahrt:
Auch wenn das Verdeck bei langsamer Fahrt bedient werden kann, sollten Sie das am besten vermeiden. Der Winddruck auf Stoff, Gestell und Antrieb kann zu Schäden und vorzeitigem Verschleiß führen.
Die Schaltereinheit in der Scheibenrahmenverkleidung ermöglicht die Dach- und die Scheibenbedienung.

- Zum Öffnen den Verdeckschalter betätigen und festhalten. Zuerst werden die hinteren Scheiben versenkt und die vorderen etwas heruntergefahren. Anschließend wird das Verdeck geöffnet. Die Ablage wird durch ein Tonsignal quittiert. Wird der Verdeckschalter weiter betätigt, werden die Scheiben vorne und hinten wieder geschlossen.
- Zum Schließen den Verdeckschalter betätigen und festhalten. Zuerst werden die hinteren Scheiben versenkt und die vorderen etwas heruntergefahren. An-

Vollöffnung des Verdecks: *Das Faltverdeck abgelegt und in der hintersten Stellung verriegelt. Die Scheiben werden beim Halten der Schließfunktion wieder geschlossen.*

Persenning über dem Verdeck: *Faltverdeck und Heckverdeck sind auf der Heckklappe abgelegt. Die Holme sind ausgebaut und sicher verstaut.*

schließend wird das Verdeck geschlossen. Wird der Verdeckschalter weiter betätigt, werden die Scheiben vorne und hinten wieder geschlossen.

Verdeckkomponenten

Das Verdeck des Beetles wird durch zwei Antriebsmotoren aus- und eingeklappt. Die Antriebsmotoren übernehmen auch die Verriegelung in der hinteren Lage. Die Verriegelung am Scheibenrahmen übernimmt ein dritter Motor in der vorderen Verdeckkante im Scheibenrahmen.

Verdeckreparaturen:
Markant schon von außen sind die hochwertigen Verdecke aus Stoff auf den Fahrzeugen. Neue Verdeckstoffe lassen sich durchaus schon für um 3000 Euro im Zubehör und beim Sattler erstehen. Ein Sattler ist aber oft in der Lage, das Verdeck zu reparieren oder einzelne Stoffteile zu ersetzen. Die Handwerksleistung ist durchaus erschwinglich. Vandalismusschäden am Verdeck werden von der Teilkaskoversicherung nur im Rahmen eines Diebstahlschadens übernommen. Eine reine Sachbeschädigung ist in der Regel Bestandteil der Vollkaskoversicherung. Ein Schaden muss also nicht zwingend dauerhaft mit Gewebeklebeband notrepariert bleiben. Die Montage werden wir im Kapitel »Verdeck« genauer betrachten. Die Arbeiten sind handwerklich anspruchsvoll und sollten, soweit Sie nicht bereits einschlägige Erfahrung haben, einer Fachwerkstatt oder dem Autosattler Ihres Vertrauens überlassen werden.

Sensorik für die Verdecklage:
Die Verdeckbetätigung wird durch Positionssensoren für das Heckverdeck, die Seitenholme und die Stromaufnahme der Motoren überwacht. Gerade Letzteres klingt zuerst einmal ungewöhnlich. Genau das ist es aber nicht. Fensterheber arbeiten nach genau diesem Prinzip schon seit mehreren Jahrzehnten sehr zuverlässig. Natürlich können hier auch Störungen oder Schäden auftreten. Die Wartung spielt hier wie bei den meisten Komponenten bei Fahrzeugen eine wichtige Rolle. Zum Verdecksystem gehören neben Gelenken und Rastschlössern auch die Fensterheber. Schließen diese beim Öffnen oder Schließen des Verdecks nicht richtig, sind oft die Führungen verdreckt und die Scheiben einfach schwergängig. Details hierzu und der Abhilfe werden wir im Kapitel »Pflege und Werterhalt« und im Kapitel »Verdeck« genauer betrachten.

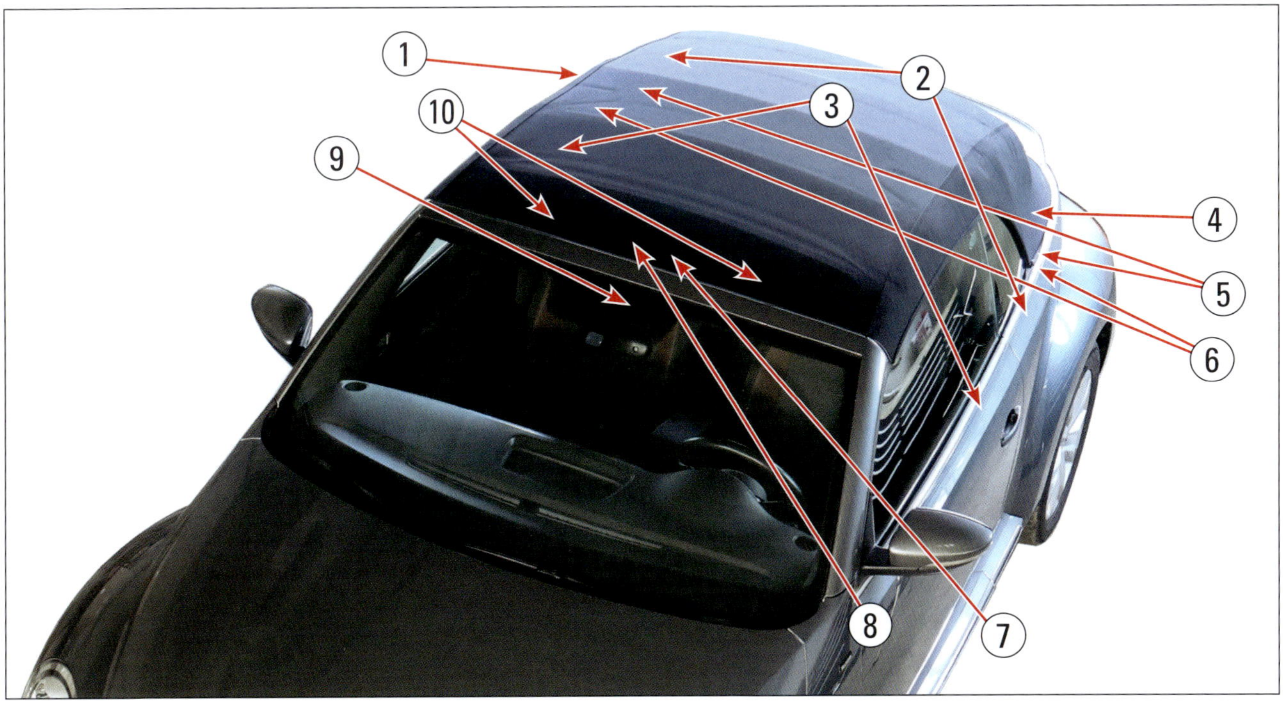

***Komponenten beim Verdecksystem:** 1 Verdeckmotor rechts (Slave), 2 Heckscheibenmotoren rechts und links, 3 Frontscheibenmotoren, 4 Verdeckmotor links (Master), 5 Schalter Verdecklage rechts und links, 6 Schalter Persenning rechts und links, 7 Sensor Windlaufverriegelung, 8 Motor Verdeckverriegelung, 9 Verdeckschalter, 10 Schalter Verdeckverriegelung.*

Rad und Reifen

Rad- und Reifenkombinationen

Im Laufe der Jahre sind unzählige eintragungsfähige Rad- und Reifenkombinationen für den Beetle Cabrio auf dem Markt, sodass es nicht sinnvoll ist einzelne Felgen, Radsätze oder Reifen im Detail vorzustellen. Erfragen Sie grundsätzlich, ob die Felgen die Sie für das Fahrzeug erwerben wollen auch für Ihr Fahrzeug, die Ausführung und die Motorleistung freigegeben sind und ob und welche Auflagen für den Betrieb der Räder beachtet oder erfüllt werden müssen. Wir möchten Ihnen in diesem Abschnitt wichtige Grundlagen für die Umrüstung von Rädern und Reifen an die Hand geben.

Reserverad beim Volkswagen Beetle:
Beim Beetle ist werkseitig kein Reserverad verbaut. In die Reserveradmulde lässt sich auch kein vollwertiger Reifen einlegen. Stattdessen kommt ein Kompressor zusammen mit einem Dichtmittel und einem Füllset zum Einsatz. Entsprechend wichtig ist es, dieses Pannenset zumindest für längere Touren auf sein Ablaufdatum und Vollständigkeit zu prüfen.

Die Serienräder beim Volkswagen Beetle
Um die Zulassungsbedingungen und auch weitere Rad- und Reifenkombinationen für den VW Beetle zu überprüfen, sollten Sie die Rad-Gutachten einsehen oder/und Ihren Händler oder TÜV-Prüfer Ihres Vertrauens befragen.

Reifengröße	Felgengröße	Schneeketten
215/60 R16 95V M+S	6,5J xx16 ET44	Ja
215/60 R16 95V		Nein
215/55 R17 94H M+S*	7J x 17 ET43	
215/55 R17 94V		
235/45 R18 94H M+S*	8J x 18 ET48	
235/45 R18 94V	8J x 18 ET44	
235/40 R 19 92 V	8J x 19 ET48	
235/35 R20 92Y	8J x 20 ET48	

* Nur zulässig, wenn ein Auszug zur Reifendimension aus der Typgenehmigung 8113105993 vom 08.02.2016 mitgeführt wird.

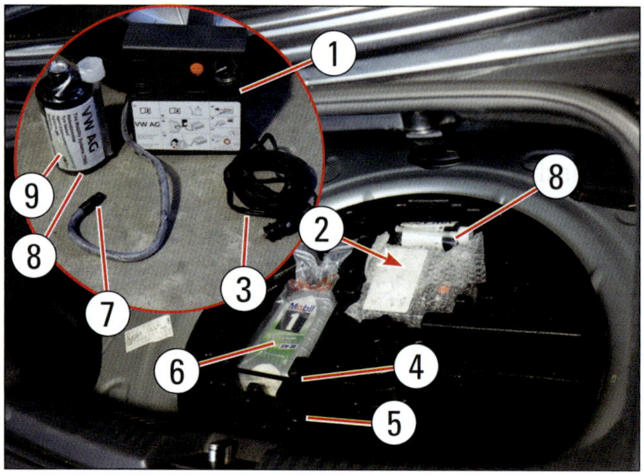

Reifenreparatur und Füllset: *1 Kompressor, 2 Pannenset, 3 12-V-Anschluss, 4 Verdeckent- (Ver)riegelungsschlüssel, 5 Abschleppöse, 6 Nachfüllmenge Motoröl, 7 Luftanschluss, 8 Dichtmittel, 9 Ersatzventil mit Ventildreher.*

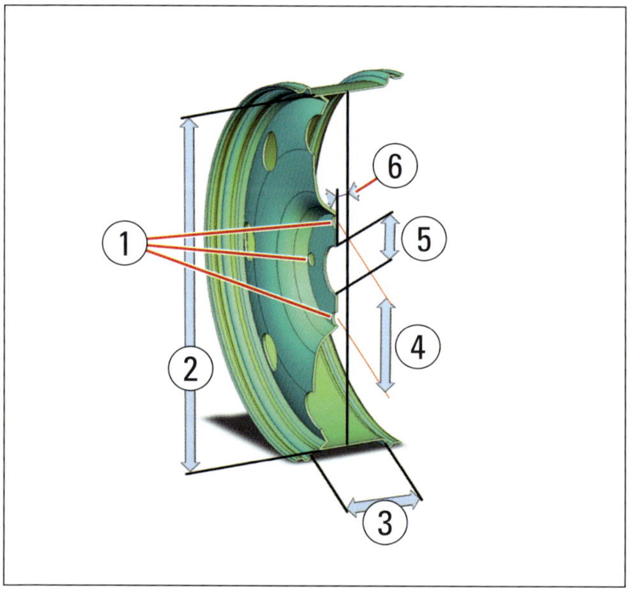

Abmessungen an der Felge: *1 Anzahl der Befestigungslöcher, 2 Durchmesser der Felge, 3 Felgenbreite, 4 Lochkreis, 5 Zentrierbohrung, 6 Einpresstiefe.*

Felgen, Reifen und Dimensionen

Abmessungen an der Felge:
Als Größe wird der Durchmesser der Felge bezeichnet an der Stelle, auf dem der Reifen sitzt. Die Bezeichnung 6 J x 15 H2 zum Beispiel bezeichnet eine Tiefbettfelge »X« mit einer Breite von sechs Zoll und

einem Durchmesser von 15 Zoll. Der Buchstabe »J« steht für die Form des Felgenhorns. »H2« weist auf eine an beiden Schultern der Felge rundumlaufende Erhöhung (Hump) hin. Sie verhindern, dass bei schneller Fahrt durch eine Kurve der Reifenwulst durch die Seitenkräfte von der Schulter der Felge ins Tiefbett gedrückt wird. Das Tiefbett ist für die Reifenmontage unerlässlich. Die Beetlefelge weist fünf Löcher in einem Lochkreis von 112 mm aus (LK 5 x 112).

Abmessungen am Reifen:
Natürlich sind auch einige Angaben und Abmessungen am Reifen zu beachten. Hinter der Bezeichnung 215/55 R 17 94V verstecken sich wichtige Angaben, die zu den technischen Angaben des Fahrzeugs passen. Achten Sie auf die Radlasten (Loadindex) und die zulässige Höchstgeschwindigkeit (Speedindex) bei der Bestellung neuer Reifen.

Kürzel	Bezeichnung	Abmessung
215	Breite der Reifenlauffläche (1)	215 mm
55	Höhe der Reifenflanke in % zur Reifenbreite (2)	55 %
R	Lagerichtung des Reifengewebes (3)	Radial (dem Umfang folgend)
17	Felgendurchmesser (4)	17 Zoll
94	Loadindex (5) (Radlast pro Reifen)	670 kg
V	Speedindex (6) (zulässige Höchstgeschwindigkeit)	bis 240 km/h

Anmerkung zur Rad- und Reifenkombination:
Rad und Reifen werden auch in der Kombination durch den Hersteller freigegeben oder durch den Radhersteller vorgegeben und durch den TÜV geprüft. Auch die Einpresstiefen müssen für den Einsatz an Vorderachse oder Hinterachse freigegeben sein. Es wird also gerade beim Neukauf von Felgen für die Winterräder sehr wichtig, einen Blick auf die genaue Bezeichnung der Felgen zu werfen.

Anmerkung zur Radlast:
Die Radlast muss mindestens der Hälfte der zulässigen Achslast entsprechen. Sie verteilt sich ja auf zwei Reifen. Sie darf auch höher ausfallen, aber niemals niedriger.

Bezeichnungen am Reifen: *1 Laufflächenbreite in mm, 2 Flankenhöhe in %, 3 Reifenbauweise (Radial), 4 Felgendurchmesser in Zoll, 5 Traglastkennzeichnung (Loadindex), 6 Geschwindigkeitskennzeichnung (Speedindex).*

Anmerkung zur zulässigen Höchstgeschwindigkeit des Reifen:
Die zulässige Höchstgeschwindigkeit des Reifens muss die angegebene Höchstgeschwindigkeit des Fahrzeugs (»T« im Fahrzeugschein) übertreffen. Eine Ausnahme gibt es für Winterreifen. Die geringere Geschwindigkeit muss dann mit einer Plakette im Sichtfeld des Fahrers gekennzeichnet werden.

Anmerkung zum Reifenalter
Kaum zu glauben aber noch immer rechtliche Basis ist, dass das Reifenalter nicht als Mangel in Sachen Verkehrssicherheit angesehen wird. Auch bei der technischen Überprüfung durch die Prüforganisationen fällt ein Reifen bis auf eine Ausnahme nicht aufgrund seines Alters durch. Rissbildung im Gummi sind aber sehr wohl ein deutliches Ausschlusskriterium. Die Ausnahme zum Reifenalter wurde für die Anhänger mit einer 100 km/h-Zulassung festgeschrieben. Hier müssen die Reifen nach 6 Jahren auch ohne Mangelerscheinung ersetzt werden.

Anmerkung zu den Winterreifen
Lediglich bei »Uraltreifen« werden Sie noch Winterreifen finden, bei denen lediglich eine M+S (Mud an Snow) (Matsch und Schnee) aufgeprägt sind. Bereits mit der Verpflichtung 2018 bei winterlichen Straßenverhältnissen geeignete Bereifung zu verwenden wurde das alpine-Symbol« neben dem M+S Zeichen geführt. Die Reifenindustrie hat das aber bereits deutlich früher umgesetzt. Seit dem 01.10.2024 wurde das »Alpine-Symbol« verpflichtend für die Winterreifen eingeführt.

Investition in die Zukunft

Ohne das richtige Werkzeug geht nichts. Wenn Sie vorhaben sich intensiv um Ihr Auto zu kümmern, müssen Sie sich zunächst Gedanken um das nötige Handwerkszeug machen. Was Sie dazu unbedingt brauchen und wie Sie alles in der heimischen Garage unterbringen können, wollen wir Ihnen in diesem Kapitel zeigen.

Werkzeug und Ausrüstung

Egal, ob Sie nun häufig oder eher selten, aus purer Lust am Basteln oder um Geld zu sparen am Auto schrauben: Sie müssen dafür zuerst die richtigen Voraussetzungen schaffen. Leider ist das mit Kosten verbunden. Doch wenn Sie bedenken, was eine Arbeitsstunde in der Werkstatt kostet und dass hochwertiges Werkzeug fast ein Leben lang hält, rechnet sich die Investition früher oder später.

Was muss ich als Erstes anschaffen?

Beginnen Sie mit einem Ordnungssystem, bestehend aus einer stabilen Werkbank mit Unterschränken und einem abschließbaren Schrankaufsatz. Ohne ein Ordnungssystem und eine stabile Werkbank sollten Sie nicht beginnen, denn Ordnung und Sauberkeit sind beim Schrauben oberstes Gebot. Das Schöne daran: Das Ganze passt problemlos in eine normale Einzelgarage und bietet Ihnen auf Jahre die nötige Sicherheit. Bei einer Markenfirma kostet eine solche Kombination gerne einige Tausend Euro ohne Inhalt. Das lässt sich mit der Zeit ergänzen. Lassen Sie sich doch von nun an zum Geburtstag oder zu Weihnachten hochwertiges Werkzeug schenken, die Schränke werden sich schneller füllen als Sie denken.

⚠ Schrauben ist gefährlich

GEFAHRENHINWEIS

Ob nun reines Hobby oder beruflich: Das Schrauben birgt gewisse Risiken. Vom kleinen Kratzer bis hin zum tödlichen Unfall ist schon alles vorgekommen. Beachten Sie daher stets folgende Grundregeln:

- Benutzen Sie nur hochwertiges Werkzeug!
- Schrauben Sie möglichst immer von sich weg!
- Sichern Sie angehobene Lasten lieber doppelt!
- Sorgen Sie für ausreichende Belüftung!
- Tragen Sie wann immer möglich Schutzkleidung!
- Das gilt ganz besonders für die Augen!
- Wenden Sie niemals Gewalt an, meist gibt es eine andere, elegantere Lösung für das Problem!
- Sorgen Sie dafür, dass immer jemand in der Nähe ist!

Dass Essen, Trinken und offenes Licht sowie Zigaretten am Arbeitsplatz nichts verloren haben, setzen wir als selbstverständlich voraus. Lagern Sie aber auch keine Flüssigkeiten in Trinkflaschen. Selbst an destilliertem Wasser kann ein Mensch sterben! Und zu guter Letzt: Legen Sie sich zur Sicherheit einen Verbandskasten und einen Feuerlöscher bereit.

Woran erkenne ich gutes Werkzeug?

Gutes Werkzeug kann in der Regel nicht billig sein. Ein Ring-/Maulschlüssel kostet je nach Größe zwischen fünf und 15 Euro, sodass ein Satz mit den zehn gebräuchlichsten Größen schon auf rund 80 Euro kommt. Noch größer sind die Qualitäts- und Preisunterschiede bei den Steckschlüsselsätzen – oft auch Umschaltknarren mit Nüssen genannt.
Ein solider Kasten mit 19 Teilen und Verlängerungen kostet an die 200 Euro, hält dafür aber auch höchste Belastungen aus. Auch das Gewicht ist ein gutes Indiz: Je schwerer das Werkzeug ist, umso stabiler ist der Stahl. Nehmen Sie zum Vergleich ein paar Schlüssel in die Hand und achten Sie auf Maßhaltigkeit und die Oberfläche.

Was tun, wenn ich keine Garage habe?

Der ideale Ort zum Schrauben ist natürlich eine in sich abgeschlossene Garage – je größer umso besser. Aber auch wenn Sie lediglich über einen Stellplatz verfügen oder gar im Freien arbeiten müssen, gibt es eine Lösung: Ein Werkstattwagen lässt sich nach getaner Arbeit leicht wegräumen. Zum Beispiel in den Keller. Nur allzu schwer beladen sollte er dann nicht sein. Achten Sie beim Kauf auf die Lagerung der Schubladen. Ein Werkstattwagen in Profi-Qualität kann ohne Inhalt um die 1000 Euro kosten.

Was kostet mich das alles?

Zunächst einmal viel Geld und bitte sparen Sie dabei nicht zu sehr. Ansonsten kostet es nämlich auch noch Ihre Gesundheit. Natürlich müssen Sie nicht auf Anhieb mit einer voll ausgestatteten Garage beginnen. Eine schrittweise Annäherung ist aber erstrebenswert. Wir haben die Ausstattung um einige pfiffige und günstige Hilfsmittel, z. B. aus dem Programm von Conrad Elektronik ergänzt, auf die wir später noch genauer eingehen.

Lohnt sich das denn?

Wir meinen: Ja! Wie viel Geld Sie letztendlich ausgeben wollen, bleibt Ihnen überlassen. Beachten Sie dabei aber einen Grundsatz: Weniger (dafür aber von hoher Qualität) ist mehr als viel (und dann bei niedriger Qualität auch viel kaputt). Rechnen Sie Ihr Werkzeug einfach über einen Zeitraum der nächsten 15 Jahre. So relativieren sich die höheren Preise recht schnell.

Die Grundausstattung

Grundsätzlich sollten Sie niemals Werkzeug kaufen, weil es günstig ist. Oftmals ist auch bei kompletten Werkzeugsätzen nur ein kleiner Teil wirklich verwendbar. Auch dann, wenn Sie eine Werkzeugkiste im Set kaufen, sollten Sie sich im Klaren sein, dass Sie im nächsten Schritt, meist noch vor den ersten Arbeiten, zusätzliches Werkzeug nachkaufen müssen.

Der Werkzeugwagen (Bild oben rechts):
Sehr sinnvoll ist es, von Anfang an mit einem Werkzeugwagen anzufangen. Oftmals sind hier schon für 400 bis 600 Euro bereits die Basiswerkzeuge mit pas-

Werkzeugwagen mit Schubladen: *Werkzeugordnungssystem mit Ablagemöglichkeiten und kleiner Montagefläche.*

Stecknusssätze in unterschiedlichen Formaten: *1/4 Zoll, 3/8 Zoll und 1/2 Zoll mit kurzen und langen Stecknüssen.*

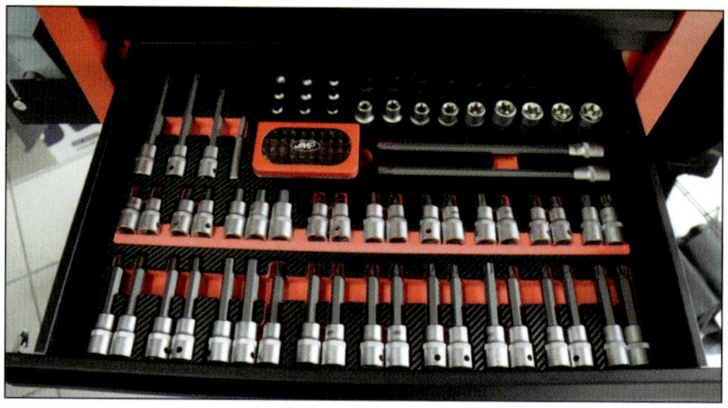

Vielzahn, Torx und Innensechskant: *In jedem Fall sinnvoll sind durchaus unterschiedliche Längen im Sortiment.*

Schlüsselsätze: *Gekröpfte Ringschlüssel, Gabelringschlüssel und Ratschenschlüssel griffbereit in einem Fach.*

Schlagen und Sägen: *Ein Fach mit Durchschlagsatz, Körner und Metallverarbeitungswerkzeugen ergänzt das Set.*

sender Werkzeugeinlage vorhanden. Achten Sie genau auf die Werkzeugbestückung. Leere Schubfächer können später auch mit Werkzeugeinlagen bestückt aufgefüllt werden.

Die Stecknusssätze (Bild Seite zuvor links oben):
Ganz sicher sind hier zumindest an der Ratsche selbst recht schnell Qualitätsunterschiede feststellbar. Im Falle des Falles können Sie aber auch eine hochwertige Ratsche nachkaufen und in dem Einlagefach ersatzweise platzieren. Kontrollieren Sie die Stecknüsse regelmäßig auf Verschleiß oder Schäden. Ersetzen Sie beschädigte Teile sofort.

Vielzahn, Torx und Innensechskant (Bild Seite zuvor rechts Mitte):
Zunehmend werden in neueren Fahrzeugen Schrauben mit Innenprofilen wie Torx, Vielzahn oder in der einfachsten Variante als Sechskant verbaut. Der Vorteil der Schrauben liegt in den kleinen Außenabmessungen und dem vergleichsweise hohen Anzugdrehmoment, soweit Werkzeug und Schraube intakt sind. Gelegentlich werden Sie auch hier Sonderwerkzeuge nachkaufen müssen. Die Torxsteckeinsätze gibt es nicht nur mit sechs Zähnen, sondern auch mit fünf und ab und an auch mit Loch zur besonderen Sicherung.

Schlüsselsätze (Bild vorherige Seite links unten):
Unterschiedliche Schlüsselsätze sind kein Luxus, sondern durchaus sinnvoll. Oftmals sind es nur wenige Millimeter, die an Platz fehlen, um eine Verschraubung lösen zu können. Hier kann schon ein anderer Winkel des Schlüssels sehr entscheidend sein. Im Laufe Ihrer Schrauberzeit wird sicher auch der eine oder andere Schraubenschlüssel, der für Spezialaufgaben umgefertigt worden ist, dazukommen. Auch hierfür muss im Werkzeugwagen ein Fach vorhanden sein.

Schlagen und Sägen (Bild Seite zuvor rechts unten):
Diese Sparte wird oft vergessen. Die Werkzeuge für die »ganz normale« Metallbearbeitung gehören auch in jeden Werkzeugwagen. Auch hier ist es sehr wichtig, dass die Werkzeuge in Ordnung sind und regelmäßig überprüft, nachgeschärft oder erneuert werden. Diese Schublade muss meist dann geöffnet werden, wenn eine Verschraubung das Schrauben verweigert oder etwas abgerissen ist, was besser drangeblieben wäre. Dann muss das Werkzeug einsatzfähig sein. Das Nacharbeiten wird schon genug Nerven kosten und muss sich dann nicht noch auf das Werkzeug ausweiten.

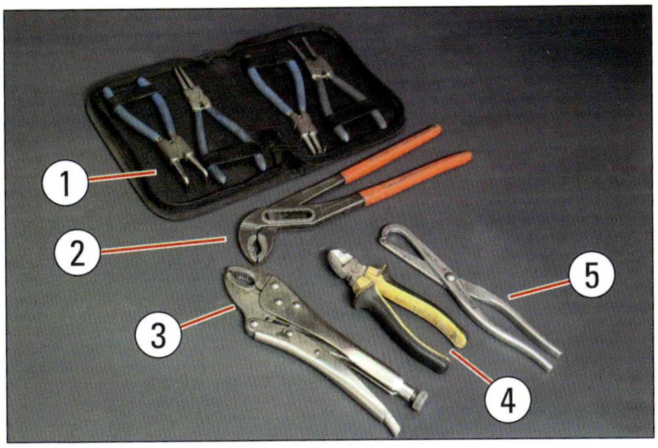

Zangen und Scheren: *1 Sicherungsringzangen, 2 Wasserpumpenzange, 3 Gripzange, 4 Seitenschneider, 5 Federzange.*

Hebe- und Unterstellwerkzeug: *1 Rollbrett, 2 Motorheber, 3 Unterstellböcke, 4 Wagenheber, 5 Auffahrrampen.*

Sinnvolle Ergänzungen Mechanik

Zur Erweiterung der Grundausstattung sind einige Werkzeuge erforderlich, die wir Ihnen im Folgenden in drei Sparten genauer vorstellen wollen.

Zangen und Scheren (Bild oben):
Ohne Zangen und Schneidwerkzeug geht es in der Fahrzeugreparatur nicht. Achten Sie hier darauf, ausschließlich Markenqualität zu kaufen. Billiges Werkzeug kann hier schnell vermeidbare Verletzungen verursachen. Ein Seitenschneider oder eine Schere müssen zuverlässig und sauber trennen können.

Hebe- und Unterstellwerkzeug (Bild unten):
Der klassische Scherenwagenheber sollte besser im Bordwerkzeug verbleiben, soweit er überhaupt noch vorhanden ist. Verwenden Sie am besten einen hydraulischen Wagenheber möglichst mit einer Gummi-

auflage, um den Korrosionsschutz an den Anhebepunkten des Fahrzeugs nicht zu schädigen. Je höher der Wagenheber Ihr Fahrzeug anheben soll, umso teurer wird er auch in der Regel. Muss die Antriebseinheit raus, ist der Motorkran sehr hilfreich. Auch dieser ist heute recht erschwinglich, aber wie schon in früheren Zeiten nimmt der Motorkran sehr viel Platz in Anspruch. Kontrollieren Sie Ihr Hebewerkzeug regelmäßig auf Dichtigkeit und auf Druckfestigkeit. Absackende Hydraulik ist sehr gefährlich und muss ersetzt werden. Auch hier sollten Sie besser in hochwertigeres Werkzeug investieren.

Unterstellböcke (3 im Bild, siehe vorherige Seite):
In Sachen Unterstellböcke ist Sparsamkeit der absolut falsche Weg. Sie können Ihre Lebensversicherung sein, wenn Sie unter einem angehobenen Fahrzeug arbeiten. Ein sicherer Stand und Einstellmöglichkeiten für die Höhe ist neben möglichst hoher Traglast ein wichtiges Kaufargument. Vier Unterstellböcke ermöglichen es auch, das Fahrzeug komplett anzuheben.

Auffahrrampen (5 im Bild unten, vorherige Seite):
Die Auffahrrampen sind eine gute Alternative, wenn unter dem Auto gearbeitet werden muss, die Räder aber montiert bleiben sollen. Das Fahrzeug steht sicher auf den eigenen Rädern, allerdings immer entweder hinten oder vorne höher.

Rollbrett (1 im Bild unten, siehe vorherige Seite):
Das Rollbrett ist eine sehr große Arbeitserleichterung, wenn es um die Montage unter dem Auto geht. Im privaten Schrauberbereich steht eher selten eine Hebebühne zur Verfügung. Mit den Auffahrrampen oder Unterstellböcken ist das Arbeiten unter dem Auto aber durchaus möglich. Bei Verwendung von Unterstellböcken sollten Sie lediglich eine Achse anheben.

Ergänzungen zur Wartung und Pflege

Neben saugfähigen Lappen sind einige Werkzeuge und auch Spraydosen mit Reiniger, Rostlöser und Schmierstoffen sinnvoll. Eine Übersicht sehen Sie im Bild oben.

Rund um den Ölservice:
Wer den Ölwechsel selber machen möchte, sollte sich zumindest eine Ablasswanne, einige Trichter und einen Ölmessbecher anschaffen. Die Trichter können zum Einfüllen des Motoröls in den Motor und dem Einfüllen des Altöls in den leeren Kanister dienen. Den befüllten Ölkanister können Sie bei Ihrem Händler oder bei der Entsorgungsstelle für Sondermüll Ihres Landkreises zur fachgerechten Entsorgung abgeben.

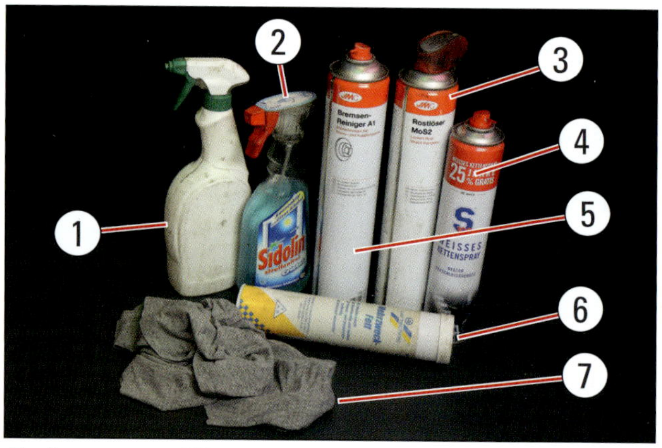

Ergänzung zur Wartung und Pflege: *1 Sprühflasche mit Seifenlösung, 2 Glasreiniger, 3 Rostlöser, 4 Sprühfett, 5 Bremsenreiniger, 6 Lagerfett, 7 fusselfreie Putzlappen.*

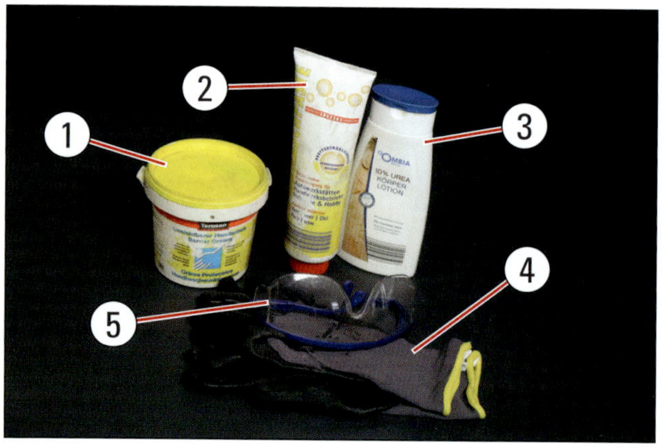

Augen-, Hand- und Hautschutz: *1 Unsichtbarer Handschuh, 2 professionelle Handwaschpaste, 3 Pflegecreme nach der Arbeit, 4 Handschuhe, 5 Schutzbrille.*

Lösen, Schmieren und Reinigen:
Ohne die Helferlein aus der Sprühdose geht es eigentlich nicht. Ein guter Rostlöser (auch Kriechöl genannt) kann das Lösen verrosteter Verschraubungen deutlich erleichtern. Sprühfett oder gerne auch ein Kettenpflegespray aus dem Motorradbereich erreichen spielend leicht auch die schlecht zugänglichen Bereiche in Türschlössern oder Fangbändern.

Augen-, Hand- und Hautschutz:
Nicht zu vergessen ist der Schutz der Gesundheit. Grundsätzlich sollten Sie Augen, Hand und Haut bei

den meisten Arbeiten rund um die Fahrzeugtechnik vor den Einflüssen von chemischen Stoffe, scharfen Kanten oder losen Verschmutzungen schützen. Hierzu ist es sehr sinnvoll, die Hände und Arme mit einem »unsichtbaren Handschuh« einzucremen. Zum einen wird die Haut geschützt, zum anderen lassen sich die verschmutzten Hände später sehr einfach abwaschen. Die Schutzbrille ist nicht nur bei Maschinenarbeiten sinnvoll. Gerade am Unterboden finden sich schnell Partikel, die rasch im Gesicht und gerne auch im Auge landen. Schnittwunden durch scharfe Kanten oder Abrutschen beim Schrauben lassen sich durch Handschuhe weitgehend vermeiden. Nach getaner Arbeit ist es wichtig, die Haut wieder etwas aufzupäppeln, um Schäden und Rissbildung verhindern.

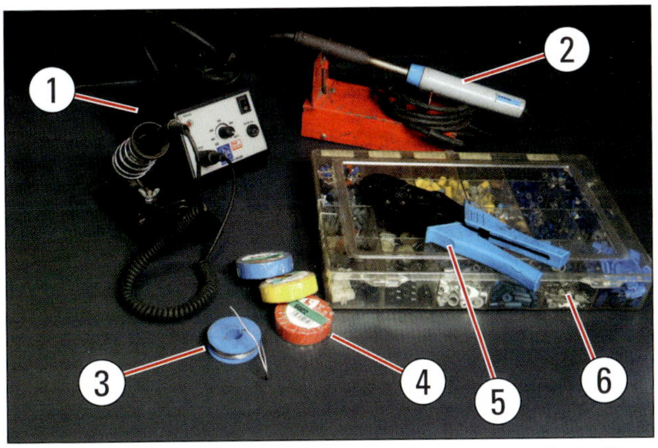

Ergänzendes Elektrowerkzeug: *1 Lötstation, 2 Lötkolben, 3 Lötzinn, 4 Isolierband, 5 Crimpzange, 6 Crimpstecker.*

Sinnvolle Ergänzungen Elektrik

Für die Instandsetzung von Kabeln und Steckern ist Material zum Isolieren und natürlich auch zur Verbindung der Kabel zwingend erforderlich. So kann ein Schaden aus einem Marderbiss oder ein korrodiertes Anschlusskabel leicht selbst instand gesetzt werden. Ein sogenanntes Crimpset zur Kabelreparatur ist durchaus schon für etwa 20 Euro erhältlich.

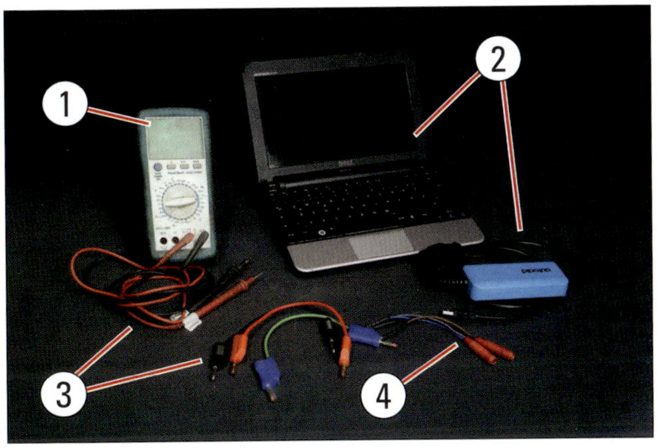

Ergänzendes Diagnosewerkzeug: *1 Multimeter, 2 Laptop mit Diagnosedongel, 3 Messkabel, 4 diverse Messadapter.*

Sinnvolle Ergänzungen Diagnose

Natürlich führt auch kein Weg um die Messtechnik herum. Hier möchten wir Ihnen zwei sinnvolle Wege empfehlen. Für die Messungen von Spannung, Strom und Widerstand ein Vielfachmessgerät (auch Multimeter genannt) am besten ohne automatische Messwerteinstellung (Autorange) sowie einen Diagnosetester, der zumindest den Fehlerspeicher auslesen kann. Die meisten OBD-Scanner können leider nur die Steuergeräte rund um den Motor abfragen. Etwas teurer, aber mit deutlich mehr Funktionen, ist die Diagnoselösung über das Laptop die bessere Wahl.

Sonderfall Karosserie

Dann wenn auch Arbeiten an der Karosserie in Angriff genommen werden sollen, werden Spezialwerkzeuge vom Karosseriebauhammer über Gegenhalter und Schlageisen erforderlich. Sicherlich sind in diesem Bereich aber noch einige Erfahrungen erforderlich. Verarbeitungspistolen für Unterbodenschutz und Hohlraum lassen sich zumindest im kleineren Rahmen durch Spraydosen ersetzen. Bei Schleifgeräten sollten Sie, wie meist bei Werkzeugen die durchaus einige Jahrzehnte alt werden können, nicht beim Anschaffungspreis einsparen. Schließlich müssen auch nach Jahren noch die passenden Schleifmittel erhältlich sein.

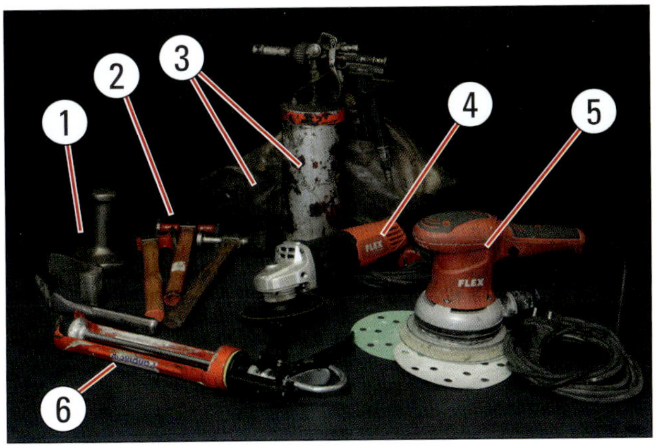

Sonderfall Karosserie: *1 Schlageisen, 2 Ausbeulhämmer, 3 Pistole und Hohlraumsondenset, 4 Winkelschleifer, 5 Exzenter-Schleifer mit Papier, 6 Kartuschenspritze.*

Richtig schrauben

So manchem Schrauber haben unlösbare oder abgerissene Schrauben die Laune schon gründlich vermasselt. Damit Sie nicht zu den Frustrierten gehören, verraten wir Ihnen an dieser Stelle ein paar Tipps und Kniffe.

Drehmomente beachten

Um eine notwendige Verbindungshaltekraft ausüben zu können, muss eine Schraube (Mutter) in dem ihr zugeordneten Innengewinde (Außengewinde) mit einem bestimmten Anziehdrehmoment festgezogen werden. Nur damit ist garantiert, dass die durch die Schraube (Mutter) zueinander verspannten Bauteile ausreichend fest sind und sich die Schraubverbindung nicht von alleine löst.

■ Werden Schrauben/Muttern zu leicht angezogen, besteht die Gefahr, dass sich die Schraubverbindung lockert.

■ Werden Schrauben/Muttern zu fest angezogen, werden ihre Gegengewinde »weich«; gefühlt ist die Schraubverbindung »fest«. Spätestens im Betrieb lockert sie sich und fällt ab.

■ Werden Schrauben/Muttern bei der Montage zu fest angezogen, reißen bzw. brechen dabei aber (noch) nicht, dann aber spätestens im Betrieb.

Verschraubungsgröße	Anzugsdrehmoment
Schraube/Mutter M6	6 bis 10 Nm
Schraube/Mutter M8	15 bis 20 Nm
Schraube/Mutter M10	30 bis 40 Nm
Schraube/Mutter M12	55 bis 70 Nm
Schraube/Mutter M14	85 bis 100 Nm
Schraube/Mutter M16	120 bis 140 Nm

Profis zeichnen jede Schraube/Mutter, die sie mit dem vorgeschriebenen Drehmoment angezogen haben, mit einer Farbmarkierung. Sollte sich eine Schraubverbindung wider Erwarten öffnen, sieht man das an den zueinander verdrehten Farbstrichen!

Drehmomente beachten

Stahlschrauben, die in Aluminium gedreht werden, müssen mindestens mit der Länge des doppelten Schraubendurchmessers in das Innengewinde eingeschraubt werden (M6 also 12 mm). Noch besser ist die zweieinhalbfache Länge (bei M6 also 15 mm).

■ Wenn man keine Schrauben in der passenden Länge bekommt und nur solche, die 5 mm zu kurz oder 20 mm zu lang sind, dann lieber die zu langen kaufen und auf passende Länge zurechtsägen. Lohn der (Säge-)Arbeit ist ein nicht ausreißendes Gewinde!

■ Wenn Schmutz oder Reste von Schraubenkleber an der Schraube haften, diese mit einer Messingbürste reinigen. Eine scharfe Stahlbürste reißt die Oberflächen des Gewindes auf!

■ Bei jeder Schraube, die wieder montiert werden soll, ihr Gewinde begutachten: Ist das Gewinde defekt (»überdreht«), ist sie reif für die Mülltonne.

Verschiedene Schrauben und Scheiben

■ Unterlag- oder Wellenscheiben sollen zwischen Stahlmuttern und Aluminium gelegt werden, das verbessert die Flächenpressung und schont das Alu.

■ Eine Federscheibe verhindert durch ihre beiden Zacken bis zu einem gewissen Maße das Lösen der Schraube/Mutter. Nur bei Stahl auf Stahl verbauen!

■ In die Stoppmutter ist ein Kunststoff-Sicherungsring eingesetzt, der die Mutter auf dem Schraubgewinde »verklemmt« und damit sichert. Stoppmuttern sollen nur einmal, höchstens zweimal verwendet werden.

■ Stahlmuttern mit fest angefügter Feinzahnscheibe sind eher selten, sie werden ohne zusätzliche Unterlegscheibe auf Alu oder Stahl verschraubt. Nach mehrmaliger Verwendung ist die Verzahnung »flach«, sichert also nicht mehr richtig.

Problemschrauben lösen

Verrostete Schraubverbindungen lösen:

■ Bevor Sie eine festgerostete Mutter bzw. Schraube lösen, befreien Sie die überstehenden Gewindegänge von Schmutz und Rost. Die Vorarbeit ist sehr wichtig. Andernfalls wird nämlich die Reibung auf den Gewindeflanken so groß, dass Sie die Mutter regelrecht abwürgen müssen oder Ihnen kurzerhand der Gewindebolzen abschert.

■ Säubern Sie das überstehende Gewinde mit einer Drahtbürste und sprühen es anschließend mit Rostlöser ein.

■ Drehen Sie die Schraube vorsichtig (gerne auch mal hin und herdrehen) los und nehmen Sie sie ab.

Beschädigte Muttern oder Schrauben lösen:
■ Wenn Sie mit dem Gabelschlüssel eine Sechskantmutter rund gedreht haben oder die Anlageflächen bereits vom Rost zerfressen sind, ist Gewalt häufig das letzte Mittel.
■ Bei kleineren Muttern hilft ab und an noch eine stabile Gripzange. Häufig greifen Sie damit noch den angefressenen Sechskant und lösen die Mutter dann per Zange.
■ Hilft das nicht weiter, sprengen Sie die Mutter mit einem scharfen Meißel. Werkstätten zerstören widerspenstige Exemplare häufig mit einem Mutternsprenger.
■ Gut zugängliche Muttern können Sie entlang des Gewindes mit einer Metallsäge aufsägen.
■ Als letzte Möglichkeit bleibt das Abschneiden mit dem Winkelschleifer.

Beschädigte Muttern oder Schrauben lösen:
■ Ehe Sie ein Werkzeug ansetzen, befreien Sie das Sackloch auf dem Schraubenkopf von Schmutz.
■ Zum Lösen solcher Schrauben eignen sich am besten Steckeinsätze mit langem Sechskant bzw. Vielzahn.
■ Im Gegensatz zu gebräuchlichen Winkelschlüsseln (bei denen die Kraft immer schräg ansetzt) vertragen Steckeinsätze auf der Adapterseite auch einen Hammerschlag. Der Schlag, im Notfall sogar direkt auf den Schraubenkopf, lockert meistens die Schraube ein wenig und erleichtert das Lösen.

Innensechskant um Torx und Vielzahn:
■ Schon nach relativ kurzer Zeit können Schrauben so fest sitzen, dass Sie einen normalen Schraubendreher damit schlichtweg überfordern. Bei Kreuzschlitzschrauben kommt erschwerend hinzu, dass der Schraubendreher auch bei starkem Gegendruck aus dem Kreuzschlitz wandert. Schon nach wenigen Versuchen ist der Schraubenkopf vermurkst.
■ »Festgebackene« Schrauben versuchen Sie zunächst mit einem knackigen Hammerschlag auf den Schraubenkopf zu lösen. Dadurch trennen sich oft schon die Gewindegänge. Wenn Sie den Schraubenkopf nicht direkt mit dem Hammer erreichen, setzen Sie einen passenden Schraubendreher mit stabilem Griff und am besten mit einem durchgehenden Eisenkern an und traktieren die Verbindung mit Schlägen auf den Griff.

In der Werkstatt

Nicht alle Arbeiten werden Sie trotz Anleitung in Eigenregie angehen wollen. Oftmals reichen die Informationen schon, um sich gegen die Arbeit in Eigenleistung zu entscheiden. Dann wissen Sie aber, was der Werkstatt oder besser dem Mechaniker nun bevorsteht.

Was braucht die Werkstatt

Aufgrund der vielen Ausstattungsvarianten und verfügbaren Extras ist die genaue Bestimmung des Fahrzeuges für die Ersatzteilbeschaffung nicht immer nur über die Fahrgestellnummer möglich.

Unterlagen und Informationen:
■ Schlüsselnummern (Hersteller und Typ)
■ Zulassungsdatum
■ Motorisierung
■ Fahrgestellnummer
■ Radiocode
■ Infos und Unterlagen zum verbauten Zubehör oder Sonderumbauten oder Tuningmaßnahmen.

Griffbereite Unterlagen (im Fahrzeug):
■ Fahrzeugschein mit HU und AU Bescheinigung.
■ Serviceheft, auch dann wenn Sie ein herstellerungebundenes Serviceheft verwenden.
■ Adapter für die Felgenschlösser (soweit verbaut).
■ Alle Schlüssel (falls eine neue Codierung erforderlich werden sollte).

Eine klare Auftragserteilung

Um möglichst ohne Missverständnisse eine Auftragsformulierung und eine Rechnungstellung ohne Überraschungen hinzubekommen, sollten Sie sich auf die Fahrzeugübergabe gut vorbereiten. Wir geben Ihnen im Folgenden einige Punkte vor, die helfen können, Streitigkeit im Vorfeld schon zu vermeiden.

Eine gute Fehlerbeschreibung:
Mit Hilfe der folgenden W-Fragen können Sie eine mögliche Fehlfunktion Ihres Fahrzeuges recht eindeutig beschreiben. Machen Sie sich durchaus Notizen, um im Auftragsgespräch nichts zu vergessen.

Diese W-Fragen sind mit leichten Abwandlungen auf nahezu alle Probleme anwendbar. Möglicherweise finden Sie den Fehler auch selbst, wenn Sie die richtigen Fragen stellen und abarbeiten. Es sind oft die Kleinigkeiten, die in einer Schilderung den richtigen Weg weisen.

■ **Wann** tritt das Problem häufig oder immer auf? Schildern Sie das Auftreten des Fehlers mit beispielhafter Fahrtstrecke, eventuell mit einer Außentemperatur, wenn diese etwas verändert. Beschreiben Sie auch den Betriebszustand Ihres Fahrzeugs.
■ **Wie** kann man das Problem verstärken oder abschwächen? Welchen Einfluss haben Lastwechsel? Kurvenfahrten? Bewirken die Motortemperatur, Beschleunigen oder Bremsen eine Veränderung?
■ **Wo** kommt das Geräusch her? Es macht durchaus Sinn die eigene Einschätzung, eine Idee oder das was Sie selbst schon nachgesehen haben zu schildern.
■ **Was** haben Sie schon selbst dagegen unternommen? Schildern Sie ruhig alles vom Ausräumen bis Abdämmen und Umbauen. Auch die Auswirkungen oder Veränderungen hieraus können hilfreich sein.

Umfang und Auftrag abstecken:
Es kann viel schief laufen bei einer Fahrzeugreparatur. Streitigkeiten sind aber in den meisten Fällen vermeidbar. Erteilen Sie Arbeitsaufträge grundsätzlich schriftlich und treffen Sie mündlich keine »Nebenabreden«. Eine schriftliche Auftragsbestätigung gibt im Falle eines Falles Rechtssicherheit. Für beide Seiten. Nehmen Sie in Absprache die Antworten auf Ihre W-Fragen mit in Ihren Auftrag auf. Um nicht mit einer Reparaturrechnung konfrontiert zu werden, die weit über dem Erwarteten liegt, sollten Sie der Werkstatt grundsätzlich ein Kostenlimit auferlegen und darauf bestehen kontaktiert zu werden, wenn der Kostenrahmen überschritten wird oder weitere Arbeiten erforderlich sind. Geringfügige Abweichungen bis zu 10 % des Kostenvoranschlages können grundsätzlich hingenommen werden. Auch der Fertigstellungstermin sollte klar abgesprochen werden. Schließlich muss nicht nur die Werkstattauslastung verplant werden, sondern Sie müssen auch schauen, wie Sie die Abwesenheit Ihres eigenen Fahrzeuges ausgleichen. Um eine Reparaturverzögerung vermeiden zu können, sollten Sie auch erreichbar sein. Eine Telefonnummer oder auch eine E-Mail-Adresse, die erreichbar ist oder einen Rückruf oder eine Rückmail erlaubt, ist hier sehr hilfreich.

Wenn es doch zu Differenzen kommt

Versuchen Sie, den Vorgang noch einmal mit dem Verantwortlichen sachlich durchzugehen, eventuell auch unter Beteiligung des Mechanikers oder Meisters. Normalerweise wird kein Werkstattbetrieb in Eigenregie einen Auftrag erweitern oder unnötige Kosten produzieren. Gehen Sie immer zuerst davon aus, dass es sich um ein Missverständnis handelt, und klären Sie alle Fakten, die zum Auftrag, der Rechnungsstellung und auch zu der Reklamation geführt haben. Vieles lässt sich einfach klären. Dieses Gespräch sollte in einen separaten Raum stattfinden und nicht vor weiteren Kunden. Für das Unternehmen kann es sehr schädlich sein, wenn laute Streitereien vor der Kundschaft ausgetragen werden, entsprechend wird die Reaktion ausfallen. Nehmen Sie ruhig sachkundige Verstärkung mit, Ihr Gegenüber wird auch nicht alleine sein. Ein Zeuge kann später sehr wichtig sein. Sollte das nicht das gewünschte Ergebnis bringen, haben Sie noch die Möglichkeit ein Schlichtungsverfahren einzuleiten. Jedenfalls bei Betrieben, die der Handwerkskammer angehören.

PRAXISTIPP

Checkliste Werkstattauftrag

Klären Sie diese Punkte mit Ihrer Werkstatt des Vertrauens, um Streitigkeit aus dem Wege zu gehen:

■ Wie kommt das Auto in die Werkstatt?

■ Wo sind die notwendigen Fahrzeugpapiere?

■ Kann ich auf die Fertigstellung warten?

■ Kann ich einen Leihwagen bekommen?

■ Bis wann erfolgt die Fertigstellung?

■ Sind Kostenrahmen und Reparaturumfang klar?

■ Sind Kontaktmöglichkeiten zwischen mir und der Werkstatt bekannt?

■ Habe ich eine schriftliche Auftragsbestätigung erhalten?

■ Wie soll die Bezahlung erfolgen?

Beetle Waschtag

Sein eigenes Auto zu pflegen macht Spaß. Sie sichern damit nicht nur den Wert, sondern lernen Ihr Auto auch bis in den letzten Winkel kennen. Das ist die ideale Voraussetzung, wenn wir später beginnen wollen Teile zu demontieren. Das Verdeck stellt auch besondere Ansprüche an die Pflege.

Wagenpflege und Werterhalt

Ein Auto zu besitzen ist für die meisten Menschen weitaus mehr als nur eine bequeme Alternative zu Straßenbahn oder Fahrrad. So auch für Sie. Schließlich haben Sie sich bewusst für ein bestimmtes Modell entschieden, in Ihrer Lieblingsfarbe und mit genau den Ausstattungsmerkmalen, die Sie mögen. Der Lack funkelt in der Sonne, der Innenraum riecht angenehm. Da stellt sich zu Recht ein gewisser Besitzerstolz ein, zumal ein Auto auch eine hübsche Stange Geld kostet. Diesen Wert gilt es zu erhalten, denn vielleicht kommt der Tag, an dem Sie sich doch von Ihrem Schmuckstück trennen wollen oder müssen. Dann geht es um Bares, und wie so oft im Leben zählt hier der erste Eindruck. Und stellen Sie sich einfach vor, Sie müssten ein jahrelang vernachlässigtes Auto vor dem Verkauf in Form bringen. Eine Wahnsinnsarbeit, nur für den Käufer! Also pflegen Sie Ihr Auto regelmäßig. Sie werden sehen, das macht sogar Spaß! Wie das am besten geht und was Sie dabei beachten müssen, erfahren Sie hier.

Putzen gefährdet die Umwelt

GEFAHRENHINWEIS

Ausnahmsweise gilt dieser Gefahrenhinweis nicht Ihnen, sondern der Umwelt. Den Wagen vor der eigenen Haustür zu waschen ist längst nicht mehr überall erlaubt und das aus gutem Grund: Mit dem Abwasser können gefährliche Stoffe in das Grundwasser gelangen. So zum Beispiel Öl oder Chemikalien, die Sie zum Reinigen verwenden. Auch der Trinkwasserverbrauch ist nicht zu unterschätzen. In Waschanlagen werden diese Stoffe durch Abscheider aufgefangen und das Wasser mehrmals aufbereitet und erneut verwendet. Auch die verschmutzten Lappen sind im Grunde genommen Sondermüll, besonders wenn Sie damit dicke Ölkrusten beseitigt haben. Wir raten Ihnen deshalb, grundsätzlich einen ausgewiesenen Waschplatz aufzusuchen. Am besten einen, der überdacht ist, so müssen Sie auch nicht darauf achten, dass Ihnen die Sonne unter Umständen hässliche Wasserflecken in den Lack brennt. Und Sie sind unter Ihresgleichen: Autoliebhaber, die ihr Fahrzeug nicht nur als Fortbewegungsmittel sehen, sondern es mit Hingabe pflegen. Also ein guter Ort für Benzingespräche.

Hand oder Maschine? *Natürlich haben beide Vorgehensweisen Vor- und Nachteile – Sie müssen entscheiden!*

Waschanlage oder Handwäsche?

Eine der wichtigsten Fragen, die eben so heiß wie häufig diskutiert wird. Und leider können auch wir keine eindeutige Antwort darauf geben. Einerseits ist die Maschinenwäsche natürlich die bequemste Variante und auch in Sachen Umwelt erste Wahl, andererseits haben die Vertreter der Handwasch-Fraktion natürlich recht, wenn sie vor Kratzern und anderen Beschädigungen warnen. Denn natürlich gehen in Waschanlagen manchmal Außenspiegel zu Bruch oder die Bürsten hinterlassen auf dunklen Lacken leichte Kratzer. Das passiert allerdings nur bei schlecht gewarteten oder veralteten Anlagen, aber auch genauso, wenn der Schwamm bei der Handwäsche nicht sauber ist. Wie die meisten Fahrzeuge hat auch die Karosserie Ihres Beetles viele tückische Stellen. Dazu gehören zum Beispiel die Falze und Kanten an den Türinnenseiten oder auch am Kofferraum. Die Reinigung in der Waschanlage allein kann also zu unbefriedigenden Resultaten führen, und Sie müssen am Ende ein paar Stellen doch von Hand nachputzen.

Schadet häufiges Waschen dem Lack?

Heutige Lacke sind außerordentlich resistent gegen Umwelteinflüsse. Sie müssen selbst bei relativ frisch lackierten Teilen (zum Beispiel nach einer Unfallreparatur) keine Angst haben. Die größere Gefahr geht von Vogelkot, Insekten oder Pflanzensäften aus, die den Lack mit der Zeit angreifen. Also am besten gleich abwaschen!

Hilfsmittel und Putzutensilien

Egal, ob Sie nur von Hand waschen oder Ihren Wagen zunächst durch eine Waschanlage jagen – Sie brauchen in jedem Fall noch ein paar Dinge, um Ihr Schmuckstück perfekt in Form zu bringen. Denn auch die beste Waschanlage lässt manchmal ein paar Stellen aus. Am besten entfernen Sie mit einer gründlichen Vorbehandlung hartnäckige Verunreinigungen und warten dann mit Schwamm und Leder bewaffnet am Ausgang der Waschanlage, um sofort nacharbeiten zu können.
Und natürlich sollten Sie sich bei dieser Gelegenheit auch gleich den Stellen widmen, die eine Waschanlage niemals erreichen kann: Hierzu zählen beispielsweise die Innenseiten der Scheiben oder auch die Einstiegsleisten. Wir haben darum für Sie hier die wichtigsten Utensilien zusammengestellt, die Sie beim Waschgang unbedingt parat haben sollten.

Reinigungsmittel außen: *1 Schwamm für Felgen, 2 Autoshampoo, 3 Insektenentferner, 4 Felgenreiniger, 5 Tiefenpfleger für Kunststoffe, 6 Glasreiniger, 7 Reifenglanzspray, 8 Gummierte Handschuhe, 9 lange Handschuhe, 10 Flaschenbürste für enge Stellen, 11 Waschbürste, 12 Leder zum Trocknen, 13 Putzlappen, 14 Lappen für ölige Stellen, 15 Schwamm für die Lackflächen.*

Materialien für die Nacharbeiten

Für die schon oben erwähnten Nacharbeiten nach der Waschstraße im Bereich des Türeinstiegs und der Türrahmen oben, sollten Sie in einer Plastiktüte einen sauberen Lappen (13 im Bild oben) sowie ein Spray oder Sprühflasche mit Seifenwasser (2 im Bild unten) griffbereit haben. So können Sie dann mit etwas Feuchtigkeit die verbliebenen Schmutzreste leicht entfernen.

Materialien für die Karosserie außen

Die Karosserie außen wird fast jeden Tag durch Staub und Dreck sowie Salz, kleine Steine und nicht zu vergessen Insekten beaufschlagt. Wir haben Ihnen die wichtigsten Utensilien im Bild oben zusammengestellt. Die Wäsche außen soll entsprechend nicht nur lackschonend die Anhaftungen entfernen helfen, sondern am besten nach der Wäsche eine Schutzschicht und vielleicht sogar etwas Konservierung auftragen. Gerade die schärferen Chemikalien wie den Insektenentferner und auch den Felgenreiniger sollten Sie niemals in der Sonne auftragen und sich genau an die angegebenen Einwirkzeiten halten. Es können sehr schnell sogar Schäden durch Verfärbung oder Ablösung von Lack entstehen. Die Bedienungsanleitung ist hier sehr wichtig.

Reiniger für den Innenraum: *1 Universal-Innenreiniger, 2 Wasser/Seife-Gemisch in einer Sprayflasche, 3 Polsterreiniger, 4 Teppichreiniger, 5 Cockpitspray, 6 und 7 Tiefenpfleger für Kunststoff, 8 Glasreiniger, 9 Scheibenschaum, 10 Gummipflegemittel, 11 unterschiedliche Lappen für unterschiedliche Reiniger, 12 Pinsel für Lüftungsdüsen und schlecht zugängliche Bereiche, 13 Lederpflegemittel.*

Materialien für den Innenraum

Das Bild unten zeigt Ihnen unsere Auswahl der wichtigsten Reinigungsmittel für den Innenraum. Nicht alles, was sich versprühen lässt, ist auch für die Innenraumreinigung geeignet. Achten Sie darauf, dass die Reiniger für den Innenraum von

Fahrzeugen geeignet sind. Hier geht es nicht nur um vermeidbare Verfärbungen oder andere optische Schäden, sondern es muss sichergestellt sein, dass die Reiniger keine Verkleidungsteile um die Airbageinheiten oder andere Materialien nachhaltig schädigen. Auf Lösungsmittel wie Bremsenreiniger oder Verdünnung sollten Sie grundsätzlich verzichten.

Vorbehandlung

Vor einer gründlichen Reinigung sollten Sie Ihren Wagen auch einer gründlichen Vorbehandlung unterziehen. Widmen Sie sich akribisch den großen Flächen der Karosserie. Inspizieren Sie gleichzeitig die gesamte Karosserie auf Kratzer. Später gehen wir darauf ein, wie Sie Ihr Fahrzeug vor Kleinschäden mit relativ geringem Aufwand und vor allen Dingen vertretbaren Kosten schützen oder auch kleine Schäden instand setzen können.

Felgenreinigung als Vorarbeit: *Gerade dann, wenn die Felgen stark verschmutzt sind oder der Schmutz stark anhaftet, sollten Sie die Felgen mit Felgenreiniger vorbehandeln.*

Insekten entfernen: *Chemisch anlösen und mit viel Wasser und Schaum gründlich abwaschen. Am besten sollten Sie jedes Kratzen oder mechanisches Lösen vermeiden.*

Frühlingsspecial

Unterbodenwäsche:
Zumindest die erste Wäsche im Frühjahr sollten Sie am besten in der Waschstraße erledigen. Ein klarer Vorteil liegt in der Unterbodenwäsche. Gönnen Sie Ihrem Fahrzeug eine gründliche Dusche auch gerade am Unterboden, um die Streusalzreste und den Dreck von Herbst und Winter gründlich zu entfernen.

Reinigung der Winterräder:
Egal ob Stahl- oder Alufelgen: Die Räder, die in der kalten Jahreszeit für sicheres Fortkommen sorgen sollen, werden deutlich mehr mit Steinchen und natürlich auch Salz beaufschlagt. Korrosion ist für diesen Radsatz ein größeres Thema. Umso wichtiger ist es, die Räder vor der Einlagerung gründlich zu reinigen und natürlich auch auf Zustand und Profiltiefe zu überprüfen.

Bei Waschstraße oder Handwäsche

Ob Sie die Fahrzeugwäsche von Hand angehen oder durch die Waschstraße fahren, die Vorarbeit ist gleichermaßen wichtig. Sind die Felgen sauber und die Insektenleichen schon gelöst oder bereits entfernt, wird die Reinigung deutlich erleichtert. Das kann das Ergebnis deutlich verbessern.

Felgendreck und Mückenreste:
Wie auch bei den Winterrädern, sollten Sie die Felgen vor der eigentlichen Fahrzeugwäsche gründlich vorreinigen.

- Waschen Sie die Felgen am besten mit einem Hochdruckreiniger vor. Achten Sie darauf, etwas Abstand zu den Kunststoffdeckeln der Felge und zu den Reifen zu halten.
- Sprühen Sie die Felgen mit Felgenreiniger ein und warten Sie die angegebene Einwirkzeit ab.
- Lösen Sie die angelösten Verschmutzungen mit einem kleinen Schwamm oder auch mit der

Flaschenbürste (siehe im Kapitel »Hilfsmittel«).
■ Waschen Sie den Felgenreiniger mit viel Wasser und mit Hilfe des Schwamms ab.

Radkästen und Schweller:
In den Radkästen sammelt sich der Dreck, der von den Rädern abgeschleudert wird. Oftmals sammeln sich Dreck und andere Partikel auch hinter dem Innenradlauf im Kotflügel. Es kann also durchaus sinnvoll sein, die vorderen Innenkotflügel zumindest in den hinteren Ecken zu lösen und den Raum dahinter mit Wasser gründlich auszuspülen. Auf die Demontage der Innenkotflügel werden wir in diesem Band noch im Detail eingehen.

Wäsche mit dem Hochdruckreiniger

Nachdem Sie die Spezialarbeiten an Felgen, die Insektenentfernung und die Reinigung der Schweller und Radkästen erledigt haben, können Sie nun den Rest des Autos in die Vorarbeiten mit einbeziehen. Die Vorwäsche wird von den Waschanlagen programmgesteuert durchgeführt. Wenn Sie von Hand waschen, kommen Sie um die Vorwäsche auch nicht herum.

⚠ Vorsicht beim Dampfstrahlen

GEFAHRENHINWEIS

Ein Dampfstrahler ist an sich eine tolle Erfindung: Heißes Wasser, das unter extrem hohem Druck aus einer Düse schießt, löst fast jede Schmutzkruste. Besonders gut natürlich dicke Ölkrusten an Motor und Getriebe. Hiervon raten wir aber dringend ab. Denn die im Motorraum verbauten Elektronikteile können durch die eindringende Feuchtigkeit erheblichen Schaden nehmen. Die Folge könnte eine kostspielige Reparatur sein. Der Motorraum sollte daher nur mit geeigneten, sogenannten Kaltreinigern und in Handarbeit, oder noch besser vom Profi gesäubert werden. Auch für den Kühler ist ein Dampfstrahler Gift. Denn der scharfe Strahl dringt mit großem Druck durch die feinen Lamellen und kann diese deformieren. Bleiben noch die Felgen, die Schweller und die Radläufe. Tatsächlich kann der Dampfstrahler hier im Kampf mit Bremsstaub und anderen Verschmutzungen viel bewirken. Meistens reflektieren die Speichen den Strahl jedoch in die Richtung, in der Sie gerade stehen. Und wehe Sie kommen dem Reifen zu nah! Auch in der Seitenwand moderner Pneus kann der enorme Druck des Wasserstrahls Schaden anrichten. Also wenigstens 50 cm Abstand halten!

Versteckt hinter dem Innenradkasten: *Die Reste von Herbst und Winter sammeln sich gerne in diesem Bereich.*

Hochdruckreinigung von oben: *Lösen und Abwaschen grober Verschmutzung von der Karosserie.*

Vorarbeit mit der Waschlanze:
■ Verwenden Sie die Hochdruck-Waschlanze und so weit möglich Heißwasser für die Vorreinigung.
■ Arbeiten Sie von oben nach unten, waschen Sie auch die verdeckten Kanten gründlich mit einem klaren Heißwasserstrahl ab.

Vorarbeit mit der Waschbürste:
■ Verwenden Sie die Waschbürste und so weit möglich Heißwasser für das Einseifen. Geben Sie aber Acht, dass die Dreckreste Ihres Vorgängers nicht mehr im Bürstenkopf hängen und so Ihre Lackoberfläche verkratzen.
■ Fangen Sie mit dem Dach an und verteilen Sie

von dort den Waschschaum auf die restliche Karosserie.

■ Schäumen Sie die Felgen und den unteren Bereich des Stoßfängers zum Schluss ein.

Abwaschen mit der Waschlanze:

■ Verwenden Sie wieder die Hochdruck-Waschlanze und so weit möglich Heißwasser.

■ Arbeiten Sie auch bei diesem Arbeitsschritt von oben nach unten.

■ Waschen Sie auch die verdeckten Kanten, die Schweller, Radkästen und den unteren Bereich der Stoßfänger gründlich mit einem klaren Heißwasserstrahl ab. Es sollen keine Reste von Reiniger oder Schaum auf dem Fahrzeug verbleiben.

Die beiden Arbeitsschritte »Vorarbeit mit der Waschbürste« und »Abwaschen mit der Waschlanze« können Sie auch ein weiteres Mal wiederholen. Die Waschanlage verwendet beim Klarspülen einen Zusatz, der die Oberfläche mit einem Wachs als Schutzschicht überzieht. Einen solchen Waschzusatz können Sie auch bei guten Selbstwaschanlagen wählen.

Wäsche mit dem Schwamm und Eimer

Stehen Ihnen an Ihrem Waschplatz lediglich ein Gartenschlauch, Waschbürste und eine einstellbare Waschdüse zur Verfügung, können Sie die meisten Vorarbeiten auch mit Leitungswasserdruck erledigen.

Vorarbeit mit dem Wasserstrahl:

■ Verwenden Sie die Waschdüse am besten mit einem harten Punktstrahl für die Vorreinigung.

■ Arbeiten Sie von oben nach unten, waschen Sie auch die verdeckten Kanten gründlich mit einem klaren Wasserstrahl ab.

Einschäumen der Oberflächen:

■ Mischen Sie etwas Autowaschshampoo, nach den Herstellerangaben auf der Flasche, in einem Putzeimer mit am besten heißem Wasser an. Bei vielen Shampooherstellern ist die Verschlusskappe der Messbecher für die Zumessung der richtigen Menge für einen 10-l-Eimer.

■ Waschen Sie die Karosserie vom Dach beginnend nach unten gründlich ab. Verwenden Sie viel Waschwasser, um Verschmutzungen zu lösen.

***Waschlanze mit Schaum:** Lösen und Abwaschen grober Verschmutzungen von der Karosserie.*

***Klarspülen mit der Waschlanze:** Lösen und Abwaschen grober Verschmutzungen von der Karosserie.*

***Wäsche mit Schwamm und Eimer:** Lösen und Abwaschen grober Verschmutzungen von der Karosserie.*

■ Auch hier sollten Sie die Schweller, den unteren Bereich der Stoßfänger und die Felgen immer zum Abschluss abwaschen, um den Schwamm so wenig wie möglich zu verschmutzen.

Abwaschen mit dem Wasserstrahl:

■ Verwenden Sie die Waschdüse am besten mit einem breiten Brausestrahl für die Vorreinigung.

■ Arbeiten Sie von oben nach unten, waschen Sie auch die verdeckten Kanten gründlich mit einem klaren Wasserstrahl ab.

Die beiden Arbeitsschritte »Einschäumen der Oberfläche« und »Abwaschen mit dem Wasserstrahl« können Sie auch ein weiteres Mal wiederholen. Der Glanzzusatz ist schon bei einigen Autowaschshampoos enthalten. Es sind aber auch Sprühflaschen oder Wasserzusätze mit einem speziellen Glanzmittel erhältlich.

Nachbehandlung

Ein perfektes Finish macht den Unterschied. Also ist nach dem Waschgang nochmals Handarbeit angesagt. Fahren Sie auf gar keinen Fall sofort nach der Wäsche los, denn sonst war die Arbeit bis dahin vergebens. Die noch feuchten Stellen, zum Beispiel an der Unterkante der seitlichen Schweller, nehmen sofort wieder Straßenschmutz auf, der durch die Räder und den Fahrtwind aufgewirbelt wird.

Verbliebene Lackflächen

Feucht nachwischen:

Hierzu zählen, wie bereits erwähnt, die Einstiegsleisten, aber auch die Innenseiten und Aussparungen der Türen und des Heckdeckels.

■ Mischen Sie etwas Autowaschshampoo nach den Herstellerangaben auf der Flasche in einem Putzeimer mit am besten heißem Wasser an. Bei vielen Shampooherstellern ist die Verschlusskappe der Messbecher für die Zumessung der richtigen Menge für einen 10-l-Eimer.

■ Waschen Sie die Bereiche mit dem Schwamm und ausreichend Wasser ab.

■ Waschen Sie gerade dann, wenn Sie einen besonders stark verschmutzten Bereich reinigen, den Schwamm im Waschwasser gründlich aus.

■ Die oberen Bereiche der Türen sollten lediglich feucht ausgewischt werden, um das Eindringen von Wasser im Innenraum zu vermeiden.

■ Sprühen Sie die Kunststoffflächen der anliegenden Verkleidungen mit einem Kunststoffreiniger ein und lassen Sie ihn etwas einwirken.

■ Wischen Sie die Kunststoffverkleidungen und die Lackstellen in den Türinnenkanten mit einem sauberen Lappen trocken.

■ Sehr hilfreich ist es, mit Druckluft Restfeuchte aus verdeckten Kanten auszublasen. Hier läuft dann kein Schmutzwasser mehr heraus.

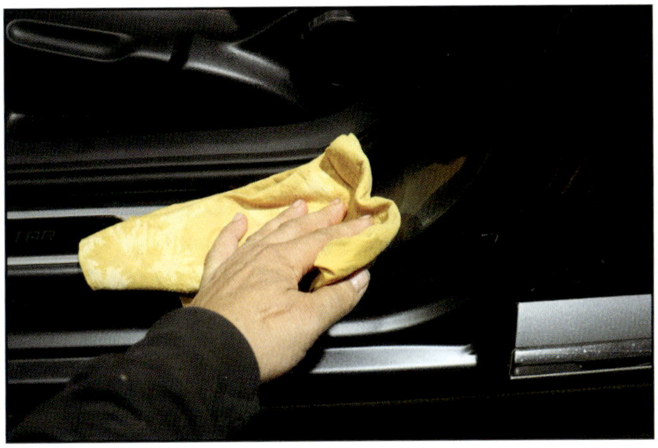

Nachwischen und Trocknen: *Wassertropfen, Schlieren und Schmutzreste mit dem Leder aufnehmen und entfernen.*

Lackflächen abledern: *Streifenfreie glänzende Oberflächen ohne Wasserspuren sind das Ziel nach dem »Abledern«.*

Wasserspuren vermeiden:

Abtrocknendes Wasser wird gerade dann, wenn es von einem Tropfen aus verdunstet, Spuren hinterlassen. Es ist sinnvoll, das Fahrzeug nach dem Waschvorgang »abzuledern«. Der Vorteil liegt darin, dass das Leder überschüssige Wasserreste aufnimmt und gleichzeitig schon angetrocknete Bereiche wieder etwas befeuchtet.

- Waschen Sie Ihr Ledertuch (Nr. 12 im Bild oben »Hilfsmittel und Putzutensilien«) gründlich aus und wringen (zusammendrehen) Sie das Tuch sehr gut aus.
- Breiten Sie das Ledertuch auf der Lackfläche aus und ziehen Sie es mit möglichst großer Fläche über der Oberfläche ab. Fangen Sie auch diesen Arbeitsschritt von oben an.
- Wringen Sie zwischendrin das Ledertuch immer wieder aus, um das aufgenommene Wasser wieder loszuwerden.
- Trocknen Sie auf die gleiche Weise auch die Glasflächen wie Spiegel und Scheiben.
- Waschen Sie das Ledertuch gründlich aus und hängen Sie es zum Trocknen auf.

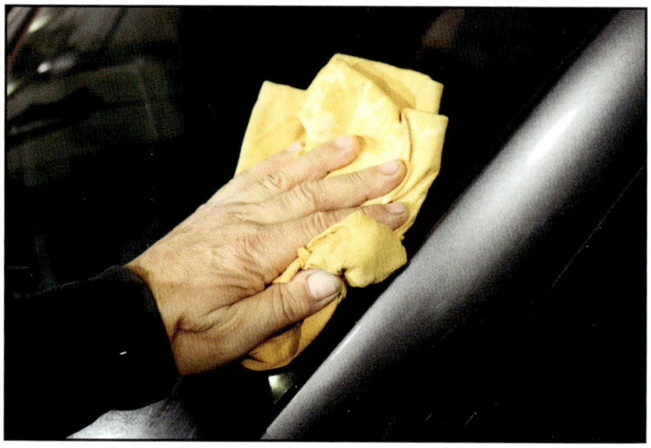

Scheiben und Spiegel abledern: *Wasserflecken mit Auto- oder Fensterleder vermeiden und Scheibe abtrocknen.*

Polieren und Konservieren

Zeitpunkt und Produkte

Der richtige Zeitpunkt:
Dem Lackkleid sollten Sie von Zeit zu Zeit eine Politur gönnen. Dadurch kann der Schmutz nicht so leicht anhaften und auch das Wasser perlt einfacher ab. Das ist übrigens ein guter Indikator für den richtigen Zeitpunkt: Bildet das Wasser größere Pfützen auf der Karosserie, sollten Sie die Oberfläche neu versiegeln.

Auswahl der Mittel:
Im Handel sind zahllose Produkte zu finden, vom leichten Mittel bis zum schleifenden Reiniger für stark verwitterte Lacke. Lesen Sie also die Beschreibung aufmerksam durch und verwenden Sie im Zweifelsfall stets das weniger aggressive Produkt. Im Prinzip sollten Sie grundsätzlich einen Lackreiniger dann anwenden, wenn Verfärbungen, kleine Kratzer oder Verwitterungen das Lackbild stören. Der Lackreiniger trägt (schleift) diese dann ab. Zwischen »Schleifpolitur« und »Versiegelungswachs« liefern die meisten Produkte eine Wachspolitur mit leichten Schleifanteilen. Diese dürften für die meisten Arbeiten ausreichend sein.

Oberflächenversiegelung:
Lack-Pflegefachbetriebe oder Fahrzeugreiniger bieten auch die Versiegelung der Lackoberfläche an. Diese Art das Fahrzeugäußere zu versiegeln kostet zwar mehr, hält dafür aber auch mitunter

Unterschiedliche Produkte im Zubehör: *Lösen und Abwaschen grober Verschmutzungen von der Karosserie.*

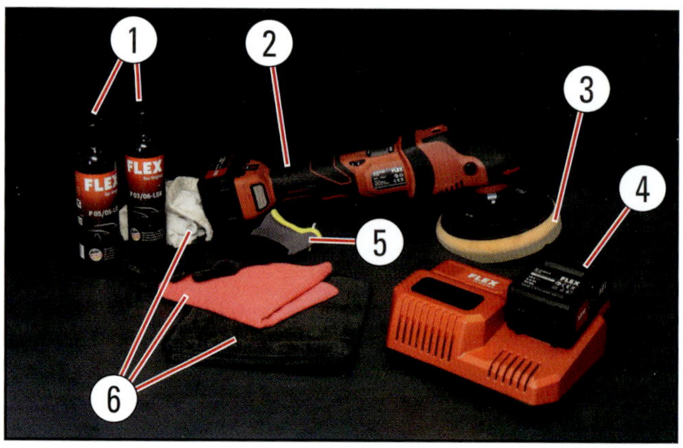

Profiset zum Polieren: *1 Schleifpasten, 2 Poliergerät, 3 Polierschwamm, 4 Zweitakku, 6 Mikrofasertuch, 5 Handschuhe.*

einige Jahre. Kurzfristiger aber auch zur Selbstanwendung geeignet sind sogenannte »Detailer«. Wenn es darum geht, schnell Fingerabdrücke, Staub oder Schlieren wegzuwischen, sind Detailer perfekt für die schnelle Reinigung zwischendurch.

Polieren von Lackflächen

Ganz sicher können Sie ein Auto auch von Hand durchpolieren. Allerdings werden Sie dafür viele Stunden brauchen und die Arbeitsleistung der Maschinen nie erreichen können. Wir stellen Ihnen die Arbeiten mit professionellen Poliergeräten an einigen Beispielen vor.

Verarbeitung von Lackreiniger:
Bei verwitterten Lacken ist ein erster Durchgang mit Lackreiniger oder Schleifpolitur sinnvoll.
- Waschen Sie das Fahrzeug, wie wir Ihnen das in diesem Kapitel vorgestellt haben.
- Ledern Sie die Lackflächen ab.
- Kleben Sie narbige Kunststoffflächen wie Scheibenwaschdüsen oder Spiegelblenden und Zierleisten mit Klebeband ab. Sie verhindern so mit wenig Aufwand, dass die Kunststoffflächen mit Politur verschmutzt werden.
- Verwenden Sie am besten eine Rotationspoliermaschine, da sie eine deutlich höhere Schleifleistung hat.
- Wählen Sie einen Politurpad für den Auftrag und die Politurarbeit aus. Im Profibereich gibt es eine sehr breit gefächerte Auswahl von Polierpads für die unterschiedlichen Maschinen. Wir stellen Ihnen hier eine kleine Auswahl vor.

Politurpad	Schleif- oder Polierleistung	Poliermaschine
Lammfell oder Mikrofaser	hoch	Rotationspoliermaschine
Schaum hart	mittel	Rotationspoliermaschine
Schaum weich	gering(er)	Exzenterpoliermaschine

- Tragen Sie einige Tupfen Lackreiniger oder Schleifpolitur wie im Bild oben vorgestellt auf das Politurpad auf.
- Beginnen Sie mit geringerer Maschinendrehzahl die Schleifpolitur auf der Lackfläche zu verarbeiten. Führen Sie die Maschine mit möglichst geringem Druck gleichmäßig im Kreuzgang.

***Nicht sparsam aber ausreichend:** Diese vier Tupfen können für die Bearbeitung einer ganze Haube ausreichen.*

***Polierarbeit mit der Maschine:** Gleichmäßig mit wenig Druck arbeiten, ergibt die besten Ergebnisse.*

***Abpolieren der Politurreste:** Am besten werden die Polierreste mit einem frischen Mikrofaserlappen aufgenommen.*

- Achten Sie darauf, nicht zu viel Poliermittel einzusetzen. Die Arbeitsflächen sollten aber auch nicht trocken laufen oder sogar heiß werden. Wenn Sie die Arbeitsflächen mit der Hand kontrollieren, werden Sie schnell merken, dass die

Arbeit der Maschine auch Temperatur auf den Lackflächen hinterlässt.

■ Nehmen Sie die Polierreste mit einem Mikrofaserlappen auf.

■ Kontrollieren Sie das Ergebnis und falls erforderlich wiederholen Sie die Verarbeitung des Lackreinigers.

Verarbeitung von Politur:
Polieren Sie grundsätzlich nur ein gereinigtes Fahrzeug. Die Gefahr, dass Sie sich mit Schmutzpartikeln den Lack verkratzen, ist sehr hoch.

■ Kleben Sie narbige Kunststoffflächen wie Scheibenwaschdüsen oder Spiegelblenden und Zierleisten mit Klebeband ab. Sie verhindern so mit wenig Aufwand, dass die Kunststoffflächen mit Politur verschmutzt werden.

■ Verwenden Sie am besten eine Exzenterpoliermaschine, da sie zwar eine geringere Schleifleistung hat, aber auch das Auftreten sogenannter Hologramme (Bild oben) verhindert.

■ Wählen Sie ein weiches Schwamm-Politurpad für den Auftrag und die Politurarbeit aus. Sie sollten grundsätzlich für jede Politurart einen neuen Schwamm verwenden.

■ Tragen Sie einige Tupfen Politur wie im Bild gezeigt auf das Politurpad auf. »Zu viel des Guten« verursacht nur Spritzer und Mehrarbeit in der Umgebung.

***Typische Hologramme:** Durch falsche Anwendung des Rotationspoliergerätes können die Feinstkratzer ein Muster für die Lichtbrechung erzeugen.*

■ Beginnen Sie mit geringerer Maschinendrehzahl die Politur auf der Lackfläche zu verarbeiten.

■ Führen Sie die Maschine mit möglichst geringem Druck gleichmäßig im Kreuzgang.

■ Nehmen Sie die Polierreste mit einem sauberen Mikrofaserlappen auf.

■ Kontrollieren Sie das Ergebnis und falls erforderlich wiederholen Sie die Verarbeitung der Politur.

Verdeckpflege

Das Beetle Cabrio ist ab Werk mit einem Verdeck aus Verdeckstoff ausgestattet. Dieses Textilmaterial ist aber weniger robust im Umgang und nimmt mangelhafte Pflege besonders übel. Ein Fahrzeug mit Textildach sollte grundsätzlich in einem zumindest überdachten Unterstand stehen. Anhaltende Sonneneinstrahlung greift Gewebe, Gummierung und Farbe an.

Verdeckreinigung

Vorreinigung mit der Bürste:

■ Staub auf dem Verdeck entfernt man mit einer weichen Bürste. Dabei in Richtung der Gewebelinien bürsten.

■ Das Verdeck grundsätzlich auch vor der Wagenwäsche abbürsten.

■ Grundsätzlich sollte der Verdeckstoff aber nur mit klarem Wasser abgespült werden. Vogelkot sofort mit viel Wasser abwaschen, denn er greift die Gummierung des Verdeckstoffes an. Flecken im Verdeck dürfen nie mit Fleckenwasser oder anderen chemischen Mitteln behandelt werden.

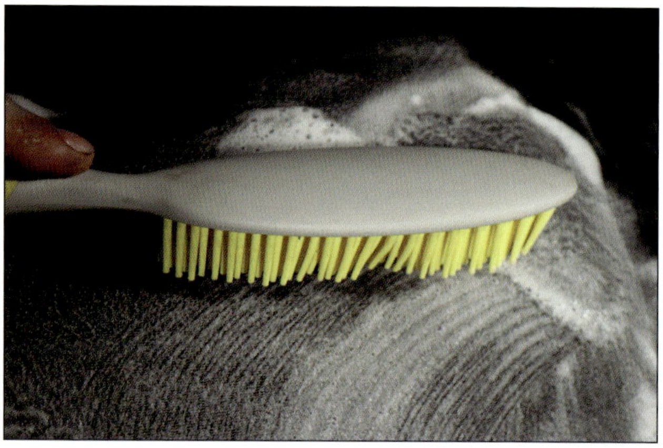

***Handmassage fürs Verdeck:** Ausbürsten des Verdecks mit einer weichen Bürste in Geweberichtung mit wenig Druck.*

Die Imprägnierung könnte Schaden nehmen und sollte dann erneut aufgetragen werden.

Nassreinigung des Verdeckstoffs:
Für Waschanlagen ist das Textil-Verdeck eigentlich nicht geeignet. Wer seinem Stoffdach etwas Gutes tun will, der erspart ihm moderne Reinigungstechnik und lässt lieber Handarbeit walten. Durch die schonendere Behandlung bei der Handwäsche ist die Imprägnierung länger wirksam.

■ Mit viel klarem, höchstens lauwarmem Wasser gut vorspülen und mit etwas echter Kernseife oder einer Mischung von 1 - 2 Teelöffeln mildem Geschirrspül- oder Feinwaschmittel auf 10 Liter Wasser das Dach abwaschen.

■ Verwenden Sie dazu eine weiche Bürste, die Sie, ohne aufzudrücken, geradlinig von vorne nach hinten streichen.

■ Stark verschmutzte Verdecke, vor allem solche in helleren Farben, einige Zeit einweichen lassen, bevor abgebürstet wird.

■ Anschließend reichlich nachspülen und gut im Freien abtrocknen lassen, aber nicht bei direkter Sonneneinstrahlung.

Nassreinigung mit dem Sprühreiniger:
Sehr gut lassen sich die Reinigungsarbeiten mit einem Spühreiniger durchführen. Profigeräte sind mit unterschiedlichen Tanks für Frischwasser und Abwasser ausgerüstet. Über die Sprühdüse wird sauberes Wasser aufgesprüht und mit dem Sauger wieder aufgenommen. Die Gewebeoberfläche wird so regelrecht gewaschen.

■ Mit viel klarem, höchstens lauwarmem Wasser gut vorspülen.

■ Mischen Sie das Reinigungsmittel in lauwarmem Wasser an.

■ Geben Sie das Reinigungsmittel in den Frischwassertank des Sprühreinigers hinein.

■ Schalten Sie das Gerät auf »Sprühen« und bürsten Sie das Verdeck beim Aufsprühen in Faserrichtung gründlich ab.

■ Lassen Sie das Reinigungsmittel einige Minuten einwirken und arbeiten Sie den nächsten Bereich in Sachen Bürsten und Aufsprühen vor.

■ Schalten Sie die Saugfunktion hinzu und sprühen und saugen Sie den ersten Bereich so lange ab, bis Sie im Sichtfenster der Saugdüse kein Schmutzwasser mehr erkennen können.

Auftragen des Verdeckreinigungsschaums: *Ein gleichmäßiger Auftrag und zeitnahe Verarbeitung ist hier wichtig.*

Einschäumen mit einer weichen Bürste: *Der Schaum nimmt die gelösten Schmutzpartikel bis zum Spülen auf.*

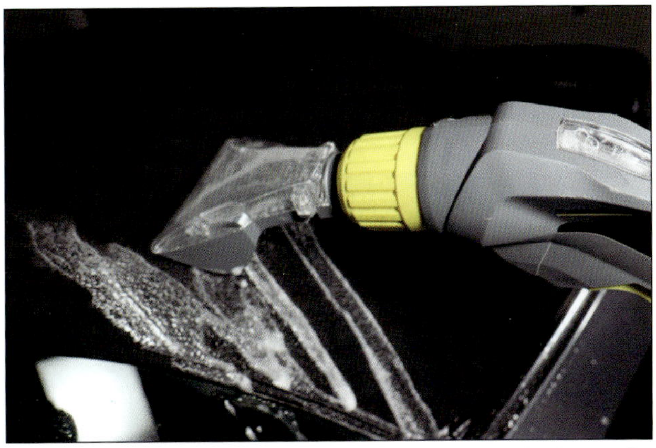

Reinigung mit dem Sprühsauger: *Das Verdeckgewebe wird gründlich mit Wasser und Reiniger ausgewaschen.*

■ Bei stark verschmutztem Verdeck, vor allem solche in helleren Farben, müssen die Vorgänge - Aufsprühen - Einbürsten - Sprühen und Saugen (Spülen) - auch mehrfach durchgeführt werden.

Professionelle Aufbereitung

Dampfstrahler (Heißwaschgerät): *Waschgerät mit Dieselheizung und Chemie gegen hartnäckige Verschmutzungen.*

Sprühreiniger für Stoffe und Polster: *Ein Waschgerät für den handlichen Einsatz für Sitze, Polster und Stoffe.*

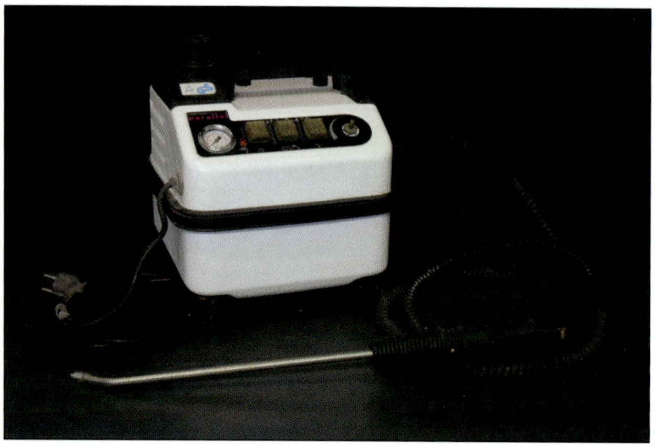

Dampfreiniger für versteckte Ecken: *Dampf löst sehr gut klebrige Verschmutzungen und auch Pedalgummis.*

Heißwasserwaschgerät

Eine Kombination aus Hochdruckreiniger und Wasserheizung ermöglich das Reinigen mit 80 °C und etwa 150 bar von starken Verschmutzungen oder der Schaumwäsche mit Waschbürste.

Sprüh-Saug-Reiniger

Der Spezialsauger kann nicht nur Wasser aufsaugen, sondern auch gezielt vor die Saugdüse Reiniger und Waschmittel aufsprühen. Textile Oberflächen können so feucht bearbeitet und bis in die Fasern gespült werden.

Heiß-Dampfreiniger

Wenn ein Bereich nicht mit Wasser zum Anlösen geflutet werden kann, bleibt die Reinigung mit sehr wenig Wasser und hoher Temperatur. Die Verschmutzung wird angelöst und kann einfach mit einem Lappen aufgewischt werden.

Trockeneisstrahlgerät

CO^2 hat im festen Zustand eine Temperatur von -78,4 °C. Bei Raumtemperatur geht es schlagartig in den gasförmigen Zustand über. Das Volumen nimmt dabei auch schlagartig zu. Zerkleinertes CO^2 wird mit einer Pistole und Druckluft auf Reinigungsflächen geschossen und sprengt dabei die Verschmutzung regelrecht ab.

Trockeneisstrahlen: *Festes CO^2 reinigt mit Pressluft und den schlagartigem Übergang zum gasförmigen Zustand.*

Fit durch den Winter

Auto fahren macht auch im Winter Spaß - vorausgesetzt, Sie haben den Wagen fit für die kalte Jahreszeit gemacht. Auch Sie selber müssen sich natürlich auf den Winter und seine Tücken einstellen und sich rechtzeitig ein paar Gedanken machen.

Problemvermeidung

Eine Frage der Traktion

Mit Frontantrieb und Frontmotor: Der Beetle hat im Schnee grundsätzlich gute Karten. Die Antriebskraft wird schon vorn dank des Motorgewichtes in Traktion umgesetzt. Deshalb sind gute Winterreifen Pflicht. Auch von der Schneekettenpflicht auf manchen Passstraßen sind Sie trotz der überragenden Traktion nicht entbunden. Die Schneeketten sollten immer auf der Hinterachse montiert werden. Die in allen Modellen serienmäßig vorhandenen elektronischen Regelsysteme wie ABS, ASR und ESP helfen natürlich auch im Winter. Damit übertrifft das Cabriolet sogar die Selbstverpflichtung der europäischen Automobilindustrie (ACEA vom 1. Juli 2004), nach welcher alle Fahrzeuge unter 2,5 t zulässigem Gesamtgewicht serienmäßig zumindest mit ABS ausgestattet sein sollen. Beim Herausschaukeln aus Schneeverwehungen sollten diese Fahrhilfen kurzfristig abgeschaltet werden. Es kann in bestimmten Fällen passieren, dass die Fahrdynamikregelung in das Notprogramm fällt und die Warnlampe leuchtet. Zum Beispiel, wenn Sie die Hinterräder lange auf einer glatten Stelle durchdrehen lassen und dabei stark lenken, oder auch bei der Verwendung von Schneeketten aufgrund unterschiedlicher Abrollumfänge der Räder. Die Systeme lernen sich aber in der Regel nach kurzer Zeit selbsttätig an.

Winterausrüstung mitnehmen

Damit Sie gut gerüstet sind, empfehlen wir Ihnen, im Alltag zumindest eine kleine Menge der Flüssigkeiten und folgende Utensilien mitzuführen:
a) eine fertige Mischung Frostschutz für die Scheibenwaschanlage (in der Garage);
b) damit der Sprit nicht ausgehen kann, einen Reservekanister. Den Kraftstoff sollten Sie allerdings regelmäßig aufbrauchen. Er ist nur begrenzt haltbar;
c) eine warme Decke, falls Sie festsitzen und der Sprit doch ausgeht;
d) eine kleine Schaufel für eine Tiefschneehavarie. Damit kann der Schnee vor den Rädern weggeschaufelt werden;
e) eine Kopflampe, bei der Sie im Dunklen die Hände frei haben;
f) ein Seil oder besser noch einen langen Schwerlast-Spanngurt. Damit können Sie andere Autofahrer aus dem Graben ziehen oder selbst geborgen werden. Mit Hilfe der Ratsche und einem Baum können Sie sich sogar selbst helfen;
g) ein Starthilfekabel.

Startschwierigkeiten im Winter vermeiden

Der Motorstart wird unter winterlichen Bedingungen schnell mal zu einem Problemfall. Denn nicht nur das Motoröl wird bei niedrigen Temperaturen dickflüssiger, sondern auch die Batterie gibt bei Frost weniger Leistung ab.
Zusammengenommen können dies im Winter K.o.-Kriterien für das Fortkommen sein. Denn gerade jetzt braucht der Anlasser (Starter) mehr Leistung, um die erhöhten Reibwiderstände zu überwinden. Sie können es der Batterie aber so leicht wie möglich machen. Schalten Sie vor dem Start unnötige Verbraucher ab, hierzu zählen zum Beispiel die Lüftung oder das Radio.
Das Licht sollte beim Startvorgang aus sein, ebenso die Innenraumbeleuchtung oder Sitzheizung. Wenn Sie dies beachten, wird die Batterie am wenigsten in Anspruch genommen und kann Startschwierigkeiten im Winter vermeiden.

Winterreifen

Grundvoraussetzung für sicheres Vorankommen bei Minusgraden sowie Eis und Schnee ist die richtige Bereifung Ihres Beetles. Denn die vier Handtellerflächen aus Gummi zwischen Ihnen und der Fahrbahnoberfläche stellen nun mal das wichtigste Bindeglied zur Straße dar. Seit 2006 schreibt selbst die Straßenverkehrsordnung eine »geeignete Bereifung« (§2 Abs. 3a) für den Winter vor. Wie diese aber auszusehen hat oder welche Spezifikationen sie erfüllen muss, ist nicht näher definiert.
Ganzjahresreifen können für unkritische Wetterlagen mit milden Temperaturen ausreichend sein. Bei plötzlichem Kälte- und Schneeeinbruch sind sie aber schlichtweg ungeeignet. Weder die geübte Hand

noch die Elektronik können dann bei unzureichender Bodenhaftung/Bereifung das Fahrzeug noch kontrollieren. Gehen Sie also auf Nummer sicher, was das Vorankommen auf vier Rädern angeht – verwenden Sie einen vernünftigen Satz Winterreifen. Welche Winterreifen geeignet sind und vor allen Dingen passen, erfahren Sie auf den folgenden Seiten genauso, wie Sie ohne Risiko beim Winterreifenkauf auch Geld sparen können und die Winterreifen auch sicher anbringen. Damit Sie keinen Fehlgriff machen, haben wir die wichtigen Prüfkriterien ebenfalls aufgeführt.

Die 7-Grad-Empfehlung

Ob die sogenannte 7-Grad-Empfehlung als Marketingmaßnahme oder aufgrund früherer Reifenentwicklungen entstanden ist, lässt sich auch von uns nicht mehr nachvollziehen. Ihre Kernaussage ist, dass Winterreifen bei Temperaturen bis 7 Grad Celsius angeblich bessere Eigenschaften als Sommerreifen hätten.

Dem entgegen haben verschiedene Tests jedoch solche pauschalen Aussagen widerlegt. Denn auch bei Temperaturen knapp über dem Gefrierpunkt können mit Sommerreifen sowohl auf nasser als auch auf trockener Fahrbahn kürzere Bremswege erzielt werden als mit vergleichbaren Winterreifen. Winterreifen sind vor allen Dingen für winterliche Straßenverhältnisse ausgelegt. Sie verfügen über eine kälteresistente Gummimischung, die bei Minustemperaturen weniger verhärtet und damit eine bessere Verzahnung und Kraftübertragung mit dem Untergrund ermöglicht. Winterreifen sind mit dem M&S-Symbol und einer stilisierten Schneeflocke gekennzeichnet (siehe Kasten). Anders als bei Sommerreifen ist es bei Winterreifen erlaubt, abweichend von den einzuhaltenden Angaben des Fahrzeugscheines, Reifen mit niedrigerem Geschwindigkeitsindex einzusetzen.

In Deutschland ist in diesem Fall auch ein Aufkleber mit dem Aufdruck der zugelassenen Geschwindigkeit im Sichtbereich des Fahrers anzubringen.

WISSENSWERTES – Das Schneeflockensymbol

Der großen Verunsicherung vieler Autofahrer, welche Reifen sich im Winter am besten eignen, soll durch das Schneeflockensymbol Einhalt geboten werden. Die Entstehungsgeschichte dieses Symbols rührt auch aus dem zum Teil betriebenen Missbrauch mit der »M+S«-Kennung (engl.: Mud and Snow = Matsch und Schnee), die nicht als geschützte Kennzeichnung für unbeschränkte Wintertauglichkeit gilt. Denn nicht alle mit M+S gekennzeichneten Reifen weisen die Lamelleneinschnitte in den Profilblöcken auf, die für gute Traktion auf Schnee sorgen. Daher tragen etwa auch Reifen für den Geländeeinsatz dieses Symbol. Doch gerade gröbere Allradreifen sind für den Einsatz im Winter höchst ungeeignet. Für die Experten des Deutschen Verkehrssicherheitsrats ist der Winterreifen mit Schneeflockensymbol daher Favorit für die sichere Fahrt. Die auf der Reifenflanke dargestellte Schneeflocke hat sich im Jahr 2002 europaweit als freiwilliges Hersteller-Kennzeichen von Winterreifen zusätzlich zur M+S-Markierung durchgesetzt. Angebracht wird sie aber nur an Reifen, die auch streng den vorgegebenen Spezifikationen entsprechen. Dies gilt für Reifen, die im Vergleich mit einem Standard-Referenzreifen mindestens sieben Prozent mehr Traktion auf Schnee bieten und zudem über einen um ebenfalls sieben Prozent kürzeren Bremsweg verfügen. M+S-Reifen hingegen müssen per Definition nur ein besonders grobes Profil besitzen. Die M+S-Kennzeichnung auf der Reifenflanke allein fordert aber keine bestimmte Schnee-Performance.

Richtige Winterreifen für den Beetle

Die Wahl der richtigen Winterreifen für das Cabrio fällt angesichts der vielen Angebote auf dem Markt nicht leicht. Muss es ein teurer High-Performance-Pneu sein oder reicht auch das günstige No-Name-Fabrikat? Die Fahrzeughersteller empfehlen immer Markenreifen, da hier die Qualität keinen Schwankungen unterliegt und auch die Modellwechsel nachvollziehbar werden. Darüber hinaus sind aber auch jede Saison neue Modelle verfügbar. Ausgiebige Tests, zum Beispiel vom ADAC, zeigen, welche Winterreifen auch für die Dimensionen empfehlenswert und welche weniger geeignet sind. Die Tests gehen daher auf unterschiedliche Eigenschaften der Pneus ein, beispielsweise die Bremseigenschaften, auch bei trockener, unbeschneiter Fahrbahn. Sie können Ihre Kaufentscheidung nach den für Sie relevanten Kriterien fällen, dabei sollte aber in jedem Fall die Fahrsicherheit vor der Sparsamkeit stehen.

Bessere Haftung dank Lamellen

Durch Forschung und Entwicklung der Reifenhersteller kam man nicht nur darauf, kälteresistente Gummimischungen zu verwenden, sondern auch die einzelnen Profilblöcke mit feinen Lamellen-Einschnitten und vielen Rillen zu versehen. Diese dienen als scharfe Greifkanten beim Abrollen des Rades auf der Fahrbahn. Der dynamische Prozess an der Auflagefläche erhöht die Verzahnungskräfte besonders mit losem Untergrund wie z. B. Schnee. Mit anderen Worten: Der lamellierte Reifen hat dadurch, dass er sich in den Untergrund reinkrallt, mehr Grip. Die Lamellen sind andererseits auch ein guter Verschleißindikator: Mit zunehmender Abnutzung verschwinden die unterschiedlich tief geschnittenen Lamellen. Ihre beschriebene Wirkung nimmt ab. Unter 4 mm Profildicke verlieren Winterreifen auf Schnee daher ihren Nutzen und sollten durch neue ersetzt werden. Es spricht allerdings wenig dagegen, Winterreifen im Frühjahr noch bis auf eine Profiltiefe von rund 3 mm aufzubrauchen.

Geringerer Geräuschpegel

Auch bei der Minderung der Geräuschemission ging man mit Cleverness vor: Die Lamellenprofile erlaubten zum einen eine geringere Höhe der einzelnen Profilblöcke, was sich insbesondere auf das Geräusch verursachende Eigenschwingverhalten positiv auswirkte. Zum anderen wurden die Profilblöcke unterschiedlich groß gestaltet, sodass die nach dem Abrollen nachschwingenden Blöcke unterschiedliche Eigenschwingfrequenzen aufweisen. Ein eigendynamisches und geräuschvolles Schwingen bei einer bestimmten Geschwindigkeit wird so unterbunden.

Schneeketten anlegen üben

Spezielle Schneeketten für den Beetle gibt es natürlich beim VW-Händler oder auch im Zubehörhandel. Ein gutes Set umfasst zwei Schneeketten im wasserfesten Transportbeutel, der problemlos im Kofferraum verstaubar ist und sich auch als Unterlage bei der Montage verwenden lässt. Schneeketten können aber auch beim ADAC ausgeliehen werden. Dringend zu empfehlen ist für die Montage eine zusätzliche Fußmatte mitzuführen. Das erspart einem die obligatorischen durchweichten Hosen besonders im Kniebereich. Gefütterte Arbeitshandschuhe erleichtern die Arbeit mit den kalten Schneeketten im Schnee erheblich.

Mindestprofiltiefe: *Gesetzliche Vorgabe ist Sommer wie Winter 1,6 mm. Sinnvoll bei Winterreifen sind 4,0 mm.*

PRAXISTIPP

Gebrauchte Winterreifen

Seit dem 01. Januar 2006 sind Autofahrer verpflichtet, im Winter ihr Fahrzeug mit »geeigneter Bereifung« auszurüsten. Damit gibt es für Autofahrer keine Ausrede mehr, auf Winterreifen zu verzichten. Wer dennoch ohne erwischt wird, riskiert ein Bußgeld und im Falle eines Unfalls sogar den Versicherungsschutz. Nicht selten ist der Erwerb von Winterrädern, also dem Komplettsatz von Reifen und Felgen, aber auch eine Kostenfrage. Bares Geld lässt sich beim Kauf gebrauchter Winterreifen sparen. Diese finden Sie zum Beispiel bei Winterreifen-Börsen, die vielerorts meist Anfang November stattfinden. Achten Sie auf Hinweise in Ihrer Tageszeitung oder informieren Sie sich im Internet, z. B. auf den Seiten des ADAC. Notieren Sie sich vor dem Kauf unbedingt die für Ihr Fahrzeug passenden Reifengrößen, sie sind im Fahrzeugschein hinterlegt. Der Reifenhersteller Continental schafft zudem auf seinen Internetseiten mit dem »Reifenkonfigurator« Klarheit. Nach Eingabe der Schlüsselnummer (s. Fahrzeugschein), werden auch alternative Reifengrößen aufgeführt. Haben Sie nun einen passenden Satz gefunden, inspizieren Sie ihn nach den Prüfkriterien: Profiltiefe, Reifenalter und Erscheinungsbild (Beschädigungen etc.), bevor Sie zugreifen. Informationen zu den Bezeichnungen und Beschriftungen finden Sie auch in diesem Buch.

Wisch- und Waschanlage

Scheibenwaschanlage

Der einwandfreie Zustand der Waschanlage an Ihrem VW Beetle ist ein wichtiges Sicherheitsmerkmal. Denn saubere Scheiben und eine klare Sicht sind Grundvoraussetzung für Ihre Sicherheit beim Fahren. Damit Sie unterwegs auch bei widrigsten Umständen wie Regen oder Schnee den Durchblick behalten, sollten Sie sich regelmäßig von der fehlerfreien Funktion Ihrer Wischanlage überzeugen. Die meisten Arbeiten sind leicht zu erledigen. Wir zeigen Ihnen auf den folgenden Seiten, worauf Sie insbesondere zu achten haben und welche Arbeitsschritte nötig sind. Hierzu gehören zum Beispiel die Kontrolle der Wischergummis und gegebenenfalls deren Austausch.

Wischwasser

Vergessen Sie nicht das Wischwasser aufzufüllen und achten Sie dabei auf den richtigen Wischwasserzusatz. Die Verwendung eines falschen Waschmittelzusatzes kann zum Aufschäumen an den Spritzdüsen führen, was ein Grund unzureichender Waschleistung sein kann. Das Wischwasser wird aus einem Konzentrat und Wasser angemischt, das nach Herstellerangabe angemischt werden soll. Grundsätzlich sollten Sie ein Mischungsverhältnis wählen, das einen Frostschutz bis zu Temperaturen von -25 °C gewährleistet. Damit dürfte auch im Winter eine sichere Funktion der Waschdüsen gewährleistet sein.

Wischwasser anmischen:
Sie sollten grundsätzlich das Wischwasser vor dem Einfüllen in das richtige Mischungsverhältnis bringen. Natürlich können Sie, sobald ausreichend Konzentrat aus dem Kanister verbraucht ist, das Wischwasser als »gebrauchsfertig« in dem Vorratskanister anmischen.

- Füllen Sie je nach Mischungsverhältnis das Scheibenfrostschutzkonzentrat in einen Messbecher.
- Füllen Sie die erforderliche Menge Wasser auf.
- Kontrollieren Sie das Mischungsverhältnis mit einem Refraktormeter auf die geforderte Frostsicherheit von etwa -25 °C.

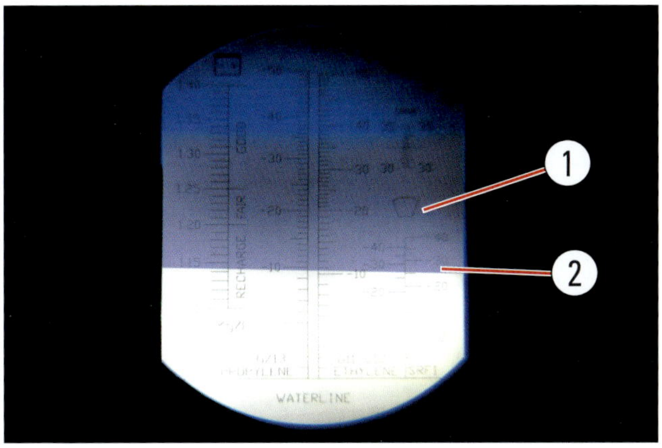

***Durchs Refraktometer:** 1 Skala für den Scheibenreiniger, 2 »Waterline« als Ableselinie für den Scheibenfrostschutz.*

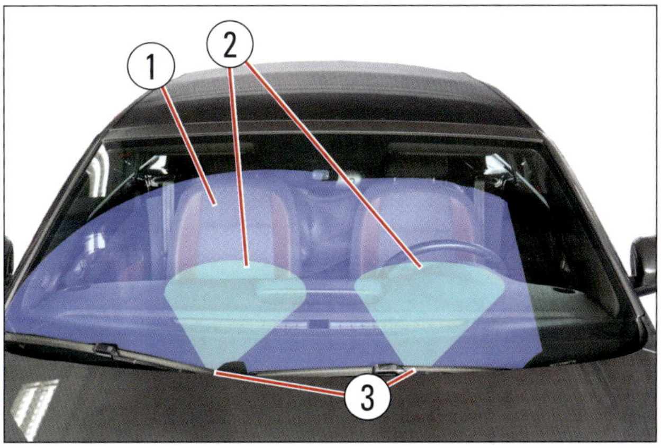

***Wisch- und Waschanlage vorne:** 1 Wischbereich Frontscheibe, 2 Treffbereich der Waschdüsen, 3 Waschdüsen.*

Wischwasser nachfüllen:

- Öffnen Sie die Motorhaube.
- Ziehen Sie den Verschlussdeckel des Waschwasserbehälters (blauer Deckel) nach oben ab.
- Füllen Sie das fertig angemischte Wischwasser durch den verbauten Siebfilter in den Vorratsbehälter. Achten Sie darauf, dass Sie etwa 2 cm unter dem Behälterrand bleiben.

Waschdüsen einstellen

Die Waschdüsen sind als Fächerdüsen ausgelegt. Diese Düsen liefern einen breiten Auftreffbereich und entsprechend recht schnell viel Wasser auf die Scheibe. Die Auftreffposition ist sehr wichtig. Das Waschwasser muss auch bei hoher Geschwindigkeit in ausreichender Menge zur Verfügung stehen.

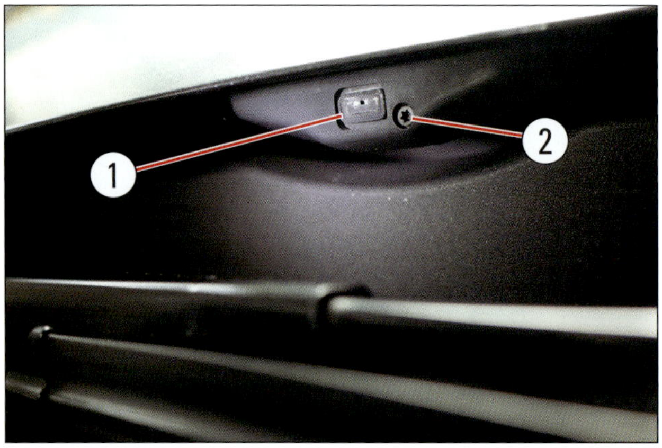

***Waschdüse vorne:** 1 Fächerdüsenaustritt für das Waschwasser, 2 Einstellschraube für die Auftreffhöhe.*

Das Einstellen mit einer Nadel zerstört die Düse. Die Düsen sind für den Beetle voreingestellt, einige Modelle können zumindest in der Höhe ausgerichtet werden.

■ Schalten Sie die Zündung ein und betätigen Sie die Waschpumpe vorne.

■ Prüfen Sie, dass der Wasserstrahl gleichmäßig auf der Scheibe auftrifft.

■ Beobachten Sie den Auftreffbereich des Waschwassers und vergleichen Sie ihn mit dem Bild oben.

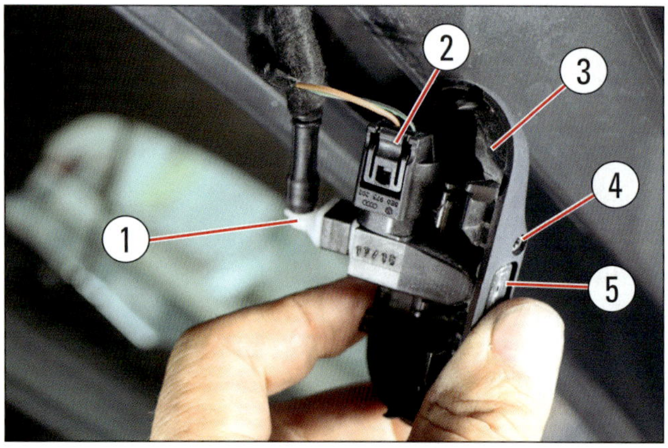

***Waschdüse vorne von hinten:** 1 Waschwasseranschluss, 2 elektrischer Anschluss Waschdüsenheizung, 3 Waschdüsengehäuse, 4 Einstellschraube, 5 Spritzdüse.*

Wenn der Auftreffbereich auf der Scheibe nicht mehr stimmt oder es muss erheblich nachgebessert werden, bleibt oftmals nur der Ersatz der Waschdüse gegen eine neue.

■ Stellen Sie die jeweilige Spritzdüse der Scheibenwaschanlage so (Einstellschraube im Bild links oben) ein, dass das Scheibenwasser etwa im mittleren Bereich der Scheibe (2) (Bild rechts unten auf der vorherigen Seite) auftrifft.

Wischerblätter

***Sichtkontrolle der Scheibenwischergummis:** Rissbildung und abgerissene Lippen machen den Ersatz der Wischer zwingend notwendig.*

Wischerblätter prüfen

Die Pflege der Wischergummis wird oft vernachlässigt. Dies kann sich später bei einer Fahrt im Regen rächen. Eingerissene und poröse Gummilippen ziehen Schlieren, anstatt die Scheibe vom Wasser zu befreien. In der Dunkelheit laufen Sie dadurch Gefahr, im Blindflug unterwegs sein zu müssen, da der Blendeffekt durch die Lichtbrechungen stark zunimmt. Heben Sie zur Kontrolle die Wischerarme von der Scheibe und fahren Sie mit der Fingerkuppe die Auflagefläche ab. Rillen und Vertiefungen sind ein klares Indiz für den fälligen Austausch. Kontrollieren Sie auch die Wischermechanik. Sie darf nicht verbogen sein.

Wischerblattwechsel vorne

Wischerblätter vorne demontieren:

■ Schalten Sie die Zündung kurz ein und aus und tippen Sie den Wischerschalter nach unten. Der Wischer fährt nun in die Servicestellung.

■ Klappen Sie den Wischerarm hoch.

■ Drücken Sie die Verrastung (3) am Wischerblatt.

■ Scheibenwischer in Richtung (1) aus der Führung herausschieben und abnehmen.

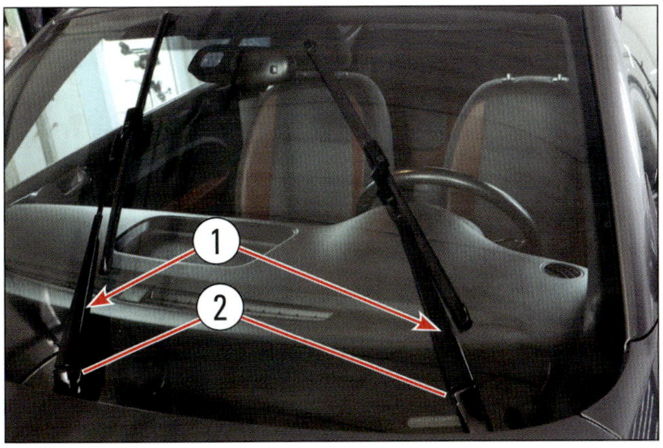

Wischer in der Servicestellung: *1 Andruckfeder im Wischerarm, 2 Gelenk des Wischerarms.*

■ Tragen Sie etwas Sprühfett auf die Gelenke des Wischerarms und die Andruckfeder im Wischerarm auf.

■ Klappen Sie den Scheibenwischerarm (4) vorsichtig zurück zur Scheibe und legen ihn auf einem Lappen ab. Wenn der Wischerarm selbstständig auf die Frontscheibe aufschlägt, kann die Windschutzscheibe beschädigt werden.

Wischerblätter vorne montieren:

■ Kontrollieren Sie die Länge der Scheibenwischerblätter genau. Die Wischerblätter müssen auf dem Glas aufsitzen und dürfen weder den Scheibenrahmen noch sich untereinander berühren.

■ Reinigen Sie Wischerblattaufnahme im Wischerarm.

■ Wischerblattaufnahme in den Wischerarm einschieben, bis sie hörbar verrastet.

■ Wischerarm vorsichtig auf die Frontscheibe zurückklappen.

■ Prüfen Sie den Wischbereich und den Auftreffpunkt des Wischwassers wie beschrieben.

Einbaulage Wischerblatt prüfen

Die Einbaulage der Wischerblätter wird durch Lösen der Mutter am Wischerarm und Versetzen der Wischerarme erreicht. Verwenden Sie zum Lösen der Wischerarme einen Abzieher (3), wie wir ihn im Bild unten vorgestellt haben.

■ Bei einigen Windschutzscheiben sind Markierungen angebracht, um die Wischerblätter leicht auf der Scheibe ausrichten zu können.

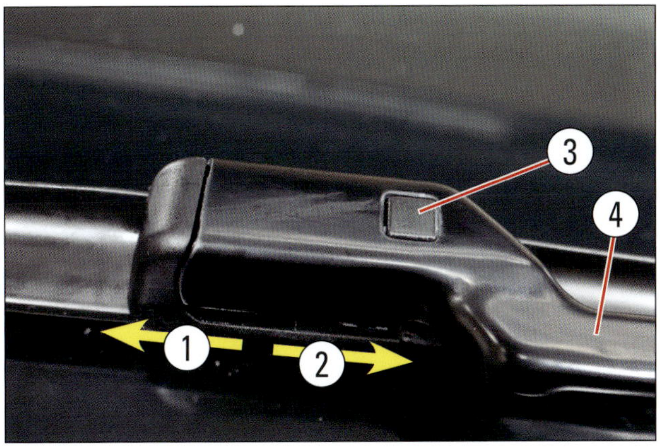

Wischer vorne: *1 Bewegungsrichtung abziehen, 2 Bewegungsrichtung aufschieben, 3 Rasten, 4 Wischerarm.*

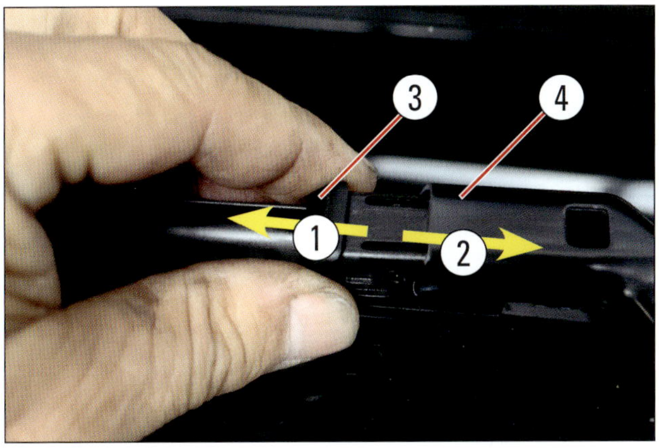

Wischer vorne: *1 Bewegungsrichtung abziehen, 2 Bewegungsrichtung aufschieben, 3 Wischer, 4 Wischerarm.*

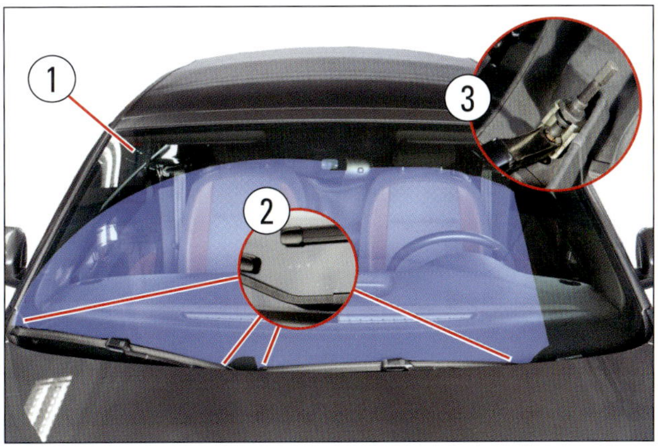

Wischer vorne: *1 Wischbereich Scheibenwischer vorne, 2 Markierungen, 3 Abzieher Wischerarme.*

Die Wischerblätter sollten an den Markierungen (2 im Bild unten) auf der Windschutzscheibe liegen. Sind keine Markierungen vorhanden, richten Sie die Wischerblätter in etwa so aus, wie wir das auf dem Bild unten gezeigt haben.

Heizung und Lüftung

Heizung und Lüftung prüfen

Damit im Winter die Scheiben auch von innen möglichst schnell und zuverlässig frei werden, müssen Heizung und Lüftung, aber auch die Klimaanlage in tadellosem Zustand sein. Die Klimaanlage kann nämlich auch im Winter wertvolle Dienste leisten: Die Luft wird getrocknet und das Beschlagen der Scheiben vermindert. Leider behindert der im Frischluftkanal integrierte Wärmetauscher einer Klimaanlage die Frischluftzufuhr von außen, weshalb Sie das Gebläse im Winter immer mindestens auf Stufe 1 mitlaufen lassen müssen.

■ Prüfen Sie zunächst, ob das Gebläse in allen Stufen wirkungsvoll arbeitet, indem Sie die Luft auf die mittleren Ausströmer lenken und alle Schalterstellungen durchprobieren. Eventuell den Reinluftfilter wechseln.

■ Ab einer Motortemperatur von 60 Grad oder nach ca. fünf Kilometern Fahrt, muss aus den Ausströmern warme Luft kommen, sobald Sie die Einstellung der Temperatur verändern.

■ Prüfen Sie zum Abschluss noch, ob die Luftverteilung funktioniert. Sie können das an den jeweiligen Düsen erfühlen und auch hören. Beim Umschalten öffnen und schließen sich die jeweiligen Klappen des Lüftungssystems. Gerade die Funktion zur Belüftung der Frontscheibe ist sehr wichtig, sie muss sich auch so einstellen lassen, dass keine zusätzlichen Austrittsstellen für die Luft geöffnet werden. Nur so bleibt die Frontscheibe gerade in der Phase, in der das Auto noch nicht warm ist, beschlagfrei.

Innenraumfilter (Pollenfilter)

Die Innenraumfiltereinsätze (Pollenfilter) haben die Aufgabe, Schadstoffe aus der Luft zu entfernen, bevor diese in den Innenraum gelangt.

Die Partikelfilter:
Die Partikelfilter filtern wie der Name schon sagt Partikel aus der Außenluft heraus. Pollen, Bremsstaub, Straßenstaub und Ähnliches wird aus der Luft für den Innenraum herausgefiltert. Er besteht im Wesentlichen aus Filterpapier und einem synthetischen Vlies. Die Partikel werden mechanisch über die Filterporen und statisch über die statische Aufladung gefiltert.

Die Kombifilter:
Beim Kombifilter kommt eine Aktivkohleschicht hinzu. Der Filter ist so auch in der Lage, bedingt Gase, Gerüche wie Benzindämpfe oder auch Ozon aus der Außenluft herauszufiltern.

Innenraumfilter wechseln

Der Wechsel vor der kalten Jahreszeit macht schon deswegen Sinn, da der Luftdurchsatz bei zugesetztem Filter deutlich geringer ausfällt.

Demontage des Innenraumfilters (Bild unten):

■ Demontieren Sie die Schrauben (1) der Abdeckung im Fußraum und nehmen Sie sie heraus.

■ Entriegeln (4) Sie den Deckel (5) zum Innenraumfilter und nehmen Sie ihn ab.

■ Ziehen Sie den Innenraumfilter (6) heraus.

Montage des Innenraumfilters:

■ Saugen Sie mit einem Staubsauger die Blattreste und Verschmutzungen.

■ Setzen Sie den Innenraumfilter (6) ein. Die schräge Seite muss nach rechts zeigen.

■ Setzen Sie den Deckel (5) wieder auf.

■ Verriegeln (3) die den Deckel durch Verschieben (5) wieder im Gebläsegehäuse (2).

■ Montieren Sie die Abdeckung wieder.

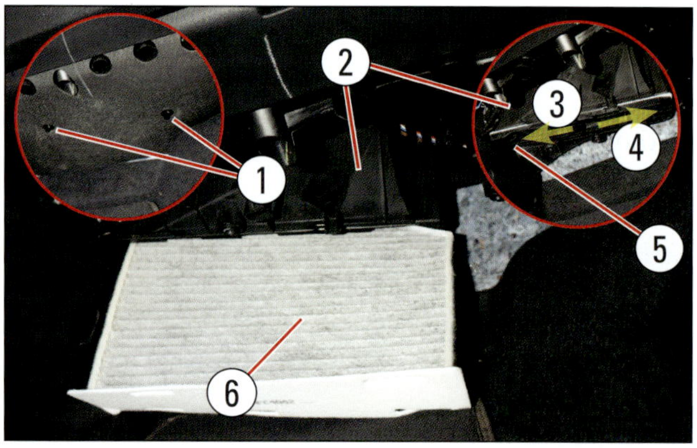

Im Beifahrerfußraum: *1 Schrauben, 2 Gebläsegehäuse, 3 Verriegeln, 4 Öffnen, 5 Deckel, 6 Innenraumfilter.*

Kühlerfrostschutz

Das richtige Kühlmittel

Im Beetle kommt ein silikatfreies »Ethylenglycol«-Kühlmittel in der Farbe Rot bis Pink zum Einsatz. Die Färbung zeigt schon sehr schnell, ob eine Durchmischung mit anderen Kühlmittelkonzentraten erfolgt ist. Ist das der Fall, muss das Kühlmittel komplett ersetzt werden. Es sind 5,6 Liter im Kühlsystem vorhanden. Die Freigabekennung von Volkswagen lautet »501.14« (G12++).

Frostschutzgehalt prüfen

Die optimale Mischung machts, auch beim Kühlmittel. Der Wasseranteil übernimmt den Wärmetransport. Der Kühlmittelkonzentratanteil sorgt für Korrosionsschutz, Schmierung, Geräuschdämmung und natürlich den Frostschutz. Ein zu hoher Konzentratanteil sorgt für einen schlechteren Wärmetransport und kann sogar eine Überhitzung zur Folge haben. Achten Sie darauf, dass das Kühlmittel, das Sie prüfen wollen, gut durchmischt ist. Sonst messen Sie nur den Frostschutzgrad, den Sie durch Nachfüllen im Ausgleichsbehälter erreicht haben.

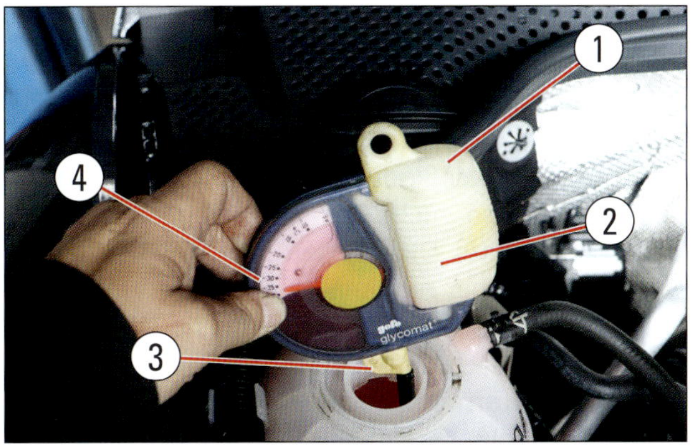

***Frostschutz spindeln:** 1 Ansaugball, 2 Ausgleichsbehälter, 3 Verschlusshahn, 4 Ableseskala mit Zeiger im Sichtfenster.*

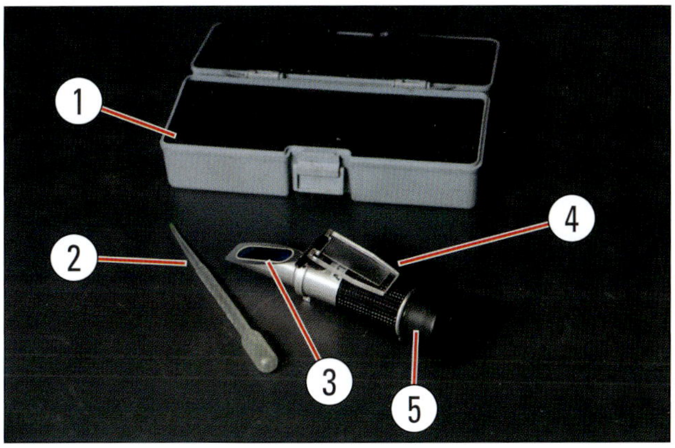

***Frostschutz mit dem Refraktometer bestimmen:** 1 Kasten, 2 Pipette, 3 Glasplatte, 4 Lichtabdeckung, 5 Refraktometer.*

Frostschutz spindeln:
Die Frostschutzspindel reagiert auf die unterschiedliche Dichte des Kühlmittels. Je weniger Kühlmittelkonzentrat vorhanden ist, umso mehr schwimmt die Skala (sie ist der Schwimmer) auf.

- Lassen Sie den Motor abkühlen und öffnen Sie vorsichtig den Deckel des Ausgleichsbehälters. Das Kühlsystem kann unter Druck stehen – es besteht Verbrühungsgefahr!
- Drücken Sie den Ansaugball (1 im Bild oben) zusammen und stecken Sie den Ansaugschlauch in den Ausgleichsbehälter.
- Saugen Sie so viel Kühlmittel an, bis der Frostschutzprüfer vollständig mit Kühlmittel gefüllt ist.
- Halten Sie die Frostschutzspindel gerade und lesen Sie die Temperatur auf der Skala ab, für die Ihr Kühlmittel gegen Frost geschützt ist.

Frostschutz mit dem Refraktometer bestimmen:
Der Frostschutzprüfer arbeitet mit dem veränderten Lichtbrechungswinkel, der dann in der Optik eine Linie entstehen lässt, an der sich der Frostschutzgehalt Ihres Kühlmittels ablesen lässt.

- Klappen Sie die Lichtabdeckung (4 im Bild unten) auf und geben Sie einen Tropfen Kühlmittel auf die Glasplatte (3).
- Klappen Sie die Lichtabdeckung auf und halten Sie das Refraktometer gegen das Licht.
- Lesen Sie auf der »Ethylenglycol«-Skala die Temperatur ab, für die Ihr Kühlmittel gegen Frost geschützt ist.

Kühlmittel auffüllen

Der Ausgleichsbehälter soll einen Ausgleich für die Ausdehnung des Kühlmittels bei unterschiedlichen Temperaturen schaffen. Überfüllen Sie den Behälter niemals über die Maximalmarkierung hinaus. Bei warmem Motor bleiben Sie zwischen »MIN-« und »MAX-«-Markierung am Behälter.

Standheizung nachrüsten

Eine Standheizung ist ein echter Zugewinn an Komfort und Sicherheit. Lästiges Scheibenkratzen entfällt und der bereits warme Motor läuft vom Start weg schadstoffarm und abgasreduziert. Den Einbau sollten Sie allerdings dem Fachmann überlassen. Die Heizung muss übrigens nicht unbedingt durch Kraftstoff betrieben werden. Es gibt Systeme, die im Motorblock eingebaut werden, diese wärmen das Kühlmittel über einen Heizstab wie ein Tauchsieder vor. Diese Motorvorwärmsysteme stellen wir Ihnen auch vor.

Klassische Standheizung

Die klassische Standheizung greift auf die Energieversorgung aus dem Kraftstofftank zu. Wie bei der Heizung im Haus wird der Kraftstoff in einer Brennkammer verbrannt und damit der Kühlmittelkreislauf erwärmt. Mit einer kleinen elektrischen Pumpe wird das Kühlmittel im Kühlkreislauf umgewälzt und damit auch der Motor und der Innenraum erwärmt. Ein klarer Vorteil liegt darin, dass dieses Heizungssystem ortsunabhängig ohne weitere Anschlüsse betrieben werden kann. Das Steuergerät hat in der Regel Zugriff auf das Heizungsgebläse und kann so auch leicht die Scheiben abtauen. Die Kosten für ein solches System liegen bei etwa 300 bis 500 Euro.

Motorvorwärmer

Bei diesen Systemen erfolgt die Energieversorgung über eine 240-V-Schutzkontaktsteckdose. Der Nachteil liegt im Anschlusskabel und in den meisten Fällen darin, dass kein Zugriff auf die Umwälzpumpen oder das Heizungsgebläse der Lüftungs- und Klimaanlage erfolgt. Ähnlich wie beim Tauchsieder wird ein Heizstab erhitzt, der ersatzweise in einen Frostschutzstopfen des Motorblocks eingebaut wird. Das System erwärmt also primär den Motor. Sobald der Motor läuft, steht aber das Heißwasser auch im System zur Verfügung. Das Anschlusskabel wird im Auto verwahrt oder über eine spezielle Steckdose in das Fahrzeug eingesteckt. Die Kosten liegen bei bis zu 200 Euro. Das System ist also eine Alternative.

Sitzheizung nachrüsten

Wer sein Fahrzeug mit einem Komfortmerkmal erweitern möchte, hat dazu reichlich Möglichkeiten. Eine dieser Möglichkeiten ist die Nachrüstung einer Sitzheizung. Natürlich ist eine werkseitige Sitzheizung deutlich besser in das Fahrzeugbordnetz integriert und kann dann auch in die Spannungsversorgung und zumindest teilweise in die Diagnose mit einbezogen werden.

Sitzheizung Nachrüstung

Die im Zubehör angebotenen Carbon-Heizmatten sind wesentlich bruchfester als die früheren Nachrüstelemente mit konventionellen Heizmatten. Die Kosten liegen für einen Sitz bei etwa 30 bis 100 Euro. Egal ob Zubehör oder Originalteil: Für die Sitzmattenmontage muss der Sitz zerlegt werden. Der Einbau sollte allerdings durch einen Fachbetrieb erfolgen. Zudem sind in den Sitzen die Belegungserkennung und in vielen Fällen auch die Sidebags (Seitenairbags) verbaut. Den Eingriff in das Airbagsystem sollten Sie in keinem Fall ohne die Airbagsachkunde in Eigenregie durchführen. Hinweise hierzu finden Sie auch im Kapitel »Generation 3, Passive Sicherheit«.

Originalteile nachrüsten:
Ganz sicher die teurere Variante. Oftmals finden Sie aber die Kombistecker bereits vorkonfektioniert an der richtigen Stelle. So müssen diese Systeme dann nur angeschlossen werden.

Zubehörteile nachrüsten:
Im Einbausatz sind die Heizmatten und meistens auch alle erforderlichen Montagematerialien vorhanden. Die Matten können und müssen dann entsprechend der Schaumstoffauflage und dem Sitzpolster zugeschnitten werden. Denken Sie daran, ausreichend Bewegungsfreiheit und einen Stecker für die Kabel unter den Sitzen zu lassen.

Fit durch den Sommer

Der Betrieb in der Sommerzeit, vielleicht auch eine Fahrt mit Gepäck in den Urlaub, will gut vorbereitet sein. Mit Überlegungen und Vorbereitungen lässt sich leicht Stress vermeiden. Pannen und Defekte mit kleiner Ursache, die oft schon im Vorfeld erkennbar gewesen wären, sind dann besonders nervig.

Profiltiefe und Kontrollen

Profiltiefe messen: *An der am stärksten verschlissenen Stelle wird die verbliebene Tiefe der Hauptprofilrille mit einem Profiltiefenmesser gemessen.*

TWI-Indikator am Reifen: *Der Indikator ist 1,6 mm hoch. Wenn er bündig zum Reifenprofil ist, muss der Reifen sofort zwingend ersetzt werden.*

Sommerreifen

Sommerzeit ist Reisezeit und will gut vorbereitet sein. Nach dem Packen kommt Ihr Beetle dran. Beginnen wir mit den Reifen.

Profiltiefe messen:
Gesetzlich vorgeschrieben sind zwar lediglich 1,6 mm Profiltiefe, wer jedoch mit diesen Reifen eine Vollbremsung hinlegen muss oder gar in den Regen kommt, hat schlechte Karten. Denn schon bei ca. 4 mm, also rund der Hälfte des Profils neuer Reifen, verlängert sich der Bremsweg aus 100 km/h bereits um mehr als zwei Wagenlängen. Zur Ermittlung der Profiltiefe empfiehlt sich ein Profiltiefenmesser (Bild oben links), entscheidend sind die Hauptprofilrillen. Die Profiltiefe messen Sie in den Hauptprofilrillen an den am stärksten verschlissenen Stellen.

Profiltiefe über die TWI bestimmen:
Die Positionen der TWI-Indikatoren sind an der Reifenschulter sichtbar und zeigen die gesetzliche Mindestvorgabe von 1,6 mm (Bild oben rechts) an.

Luftdruck anpassen:
Passen Sie in jedem Fall den Reifendruck auf den Beladungszustand an. Im Tankdeckel, auf einem Aufkleber im Fahrereinstieg oder in der Bedienungsanleitung finden Sie dazu eine tabellarische Übersicht.

Haltbarkeitsdatum des Reparaturkits prüfen:
Auch bei Reifenreparaturkits (Tire-kit) ist eine Kontrolle erforderlich. Das Mindesthaltbarkeitsdatum des Füllmittels muss beachtet werden. Wie im heimischen Kühlschrank ist die Qualität und Funktion mit Ablauf des angegebenen Datums nicht gewährleistet. Kontrollieren Sie auch die Funktion des Kompressors, und das Vorhandensein eventueller Anschlussadapter muss geprüft werden.

Notfallausrüstung und Werkzeug

Die Notfallausrüstung wie Warndreieck, Sicherheitswesten und natürlich auch das Werkzeug sollten zweckmäßig und griffbereit untergebracht werden. Eine Reifenpanne findet eher selten auf einem Parkplatz statt. Wenn nun auf der Autobahn das halbe Auto wieder ausgeräumt werden muss, nur um die notwendigen Utensilien zusammenzusuchen, vergeht nicht nur Urlaubszeit, sondern die Gefährdung

Bremsweg aus 100 km/h (regennasse Fahrbahn)

Profiltiefe	Bremsweg	Verlängerung (relativ)
8 mm	70 m	
4 mm	82 m	17%
3 mm	87 m	24%
2 mm	97 m	39%

Kleine Reifenkunde

PRAXISTIPP

Seit 01. Januar 2006 ist es Gesetz, dass laut Straßenverkehrsordnung (§2 Abs. 3a) bei Kraftfahrzeugen die Ausrüstung an die Wetterverhältnisse anzupassen ist. Hierzu gehört insbesondere eine »geeignete Bereifung«. Damit sollte es nun nicht mehr nur für Fachleute, sondern auch für alle Autofahrer selbstverständlich sein, dass Sommer und Winter ihre eigenen Reifen hinsichtlich Profil und Gummimischung benötigen. Gerade auf der Fahrt in den Urlaub kommt es darauf an, der Bereifung besondere Aufmerksamkeit zu schenken. Wer weiß schon, dass ein moderner Reifen aus bis zu 16 verschiedenen Gummimischungen bestehen kann, die zum Beispiel folgende Anforderungen erfüllen müssen: Geringstmöglicher Abrieb, Rissfestigkeit, Rutschwiderstand, geringer Rollwiderstand, dynamische Beständigkeit, Luftdichtigkeit, Laufruhe sowie Alterungsbeständigkeit. Allerdings bestimmen nicht nur Gummimischung und Auslegung des Profils – zum Beispiel das Lamellenprofil eines Winterreifens – die Leistung eines Reifens. Mindestens genau so wichtig sind nach Aussage der Kfz-Innungsexperten die unterschiedlichen Profiltiefen. Zwar schreibt der Gesetzgeber hier nur einen Mindestwert von 1,6 Millimetern vor, aber in der Praxis ergeben sich andere und realistischere Werte. Auf eine einfache Formel gebracht: Profiltiefe Sommerreifen: Minimum 3 Millimeter. Profiltiefe Winterreifen: Minimum 4 Millimeter. Die Gründe für diese Empfehlungen sind zahlreich und absolut sicherheitsrelevant. Mit dem Minimumprofil von 1,6 Millimeter verlängert sich bei Nässe der Bremsweg bereits um das Doppelte. Wenn man weiter weiß, dass bei nasser Fahrbahn die Drainagerillen bei 80 km/h bis zu 25 Liter Wasser pro Sekunde und bei 140 km/h bis zu 43 Liter kanalisieren müssen, erübrigt sich wohl jede weitere Diskussion um falsche Sparsamkeit. Gerade vor der sommerlichen Urlaubsreise mit ihren erhöhten Anforderungen an Temperaturen, Fahrzeuggewicht und Geschwindigkeit raten die Fachleute der Kfz-Meisterbetriebe zu einer detaillierten Reifenkontrolle, bei der neben der Erhöhung des Luftdrucks speziell auf Beschädigungen an Lauffläche, Seitenwand und Ventilabdichtung sowie auf Profiltiefe geachtet werden muss. Gehen Sie also beim einzigen Bindeglied zwischen Ihnen und dem Straßenbelag keine unnötigen Risiken ein und kontrollieren Sie regelmäßig Ihre Fahrzeugbereifung.

Werkzeug oder Einsatztasche mit Klettverschluss: *Mit Klett auch im Kofferraum rutschfest verpackt und bietet Platz für das Wichtigste bei einer Panne.*

auf der Autobahn nimmt mit der Standzeit zu. Hilfreich ist es, das Werkzeug griffbereit und leicht zugänglich in einer Tasche aus dem Zubehörmarkt mit Klettverschluss seitlich im Kofferraum zu platzieren. Verbandskasten und Warndreieck können mit in diese Tasche verpackt werden oder mit Klettverschluss auch einfach in diesem Bereich rutschfest und gut zugänglich verstaut werden.

Prüfpunkte im Motorraum

Die wichtigsten Prüfpunkte für Ihren Beetle finden Sie unter der Motorhaube. Wir stellen Ihnen am Beispiel des 1,2-l-Motors (Bild oben auf der nächsten Seite) die Einbaulage im Motorraum für die wichtigsten Prüfpunkte vor. Für die anderen Motorisierungen fallen die Prüfpunkte kaum anders aus. Machen Sie sich vor den sommerlichen Fahrten mit Ihrem Motorraum und den einzelnen Prüfpunkten darin vertraut. So haben Sie im Fall eines Falles bereits den Überblick.

Prüfpunkte für die Servicearbeiten:

- Vorratsbehälter für Scheibenwaschmittel (2)
- Kühlmittelvorratsbehälter (3)
- Zahnriemen und Abdeckung (4). Die Kontrolle des Zahnriemens ist für die Motorsteuerung wichtig.
- Ölmessstab für den Motorölstand (5)
- Öleinfülldeckel für Motoröl (6)
- Zündspulen und darunter die Zündkerzen (8)
- Batterie (11 mit Polschutz und Verpackung)
- Vorratsbehälter für Bremsflüssigkeit (12)
- Luftfilterkasten mit Luftfilter (18)
- Keilrippenriemen (21)

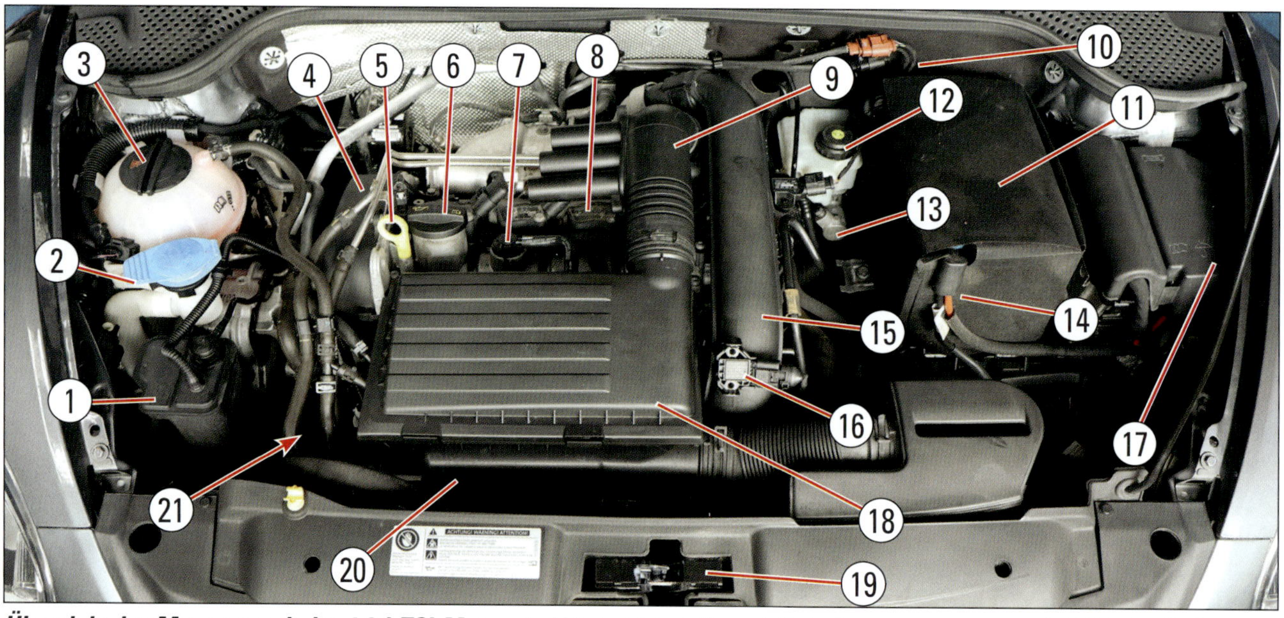

Übersicht im Motorraum beim 1,2-l-TSI-Motor: *1 Aktivkohlebehälter, 2 Scheibenwaschwasser, 3 Kühlmittelbehälter, 4 Zahnriemenabdeckung, 5 Ölmessstab, 6 Öleinfülldeckel, 7 Motorentlüftungsventil, 8 Zündkerzen, 9 Ansaugrohr zum Turbolader, 10 Batterieminuspol, 11 Batterie, 12 Bremsflüssigkeitsbehälter, 13 Hauptbremszylinder, 14 Batteriepluspol, 15 Luftführung vom Turbolader zum Ladeluftkühler, 16 Ladedrucksensor, 17 Sicherungskasten Motorraum, 18 Luftfilterkasten, 19 Haubenschloss, 20 Ladeluftkühler im Ansaugkrümmer, 21 Keilrippenriemen (nicht oder kaum sichtbar).*

Klimaanlage und Lüftung

Wie funktioniert eine Klimaanlage?

Das Funktionsprinzip ist vergleichbar mit dem des heimischen Kühlschranks. Ein vom Motor angetriebener Kompressor verdichtet das dampfförmige Kältemittel, welches sich dabei erhitzt. Beim anschließenden Abkühlen im Kondensator (an der Fahrzeugfront) wird das Mittel wieder flüssig. Durch ein Ventil wird diese abgekühlte Flüssigkeit nun in den Verdampfer (im Fahrzeuginnenraum) eingespritzt. Beim Verdampfungsprozess wird nun der außen an dem Waben- und Röhrensystem vorbeiströmenden Luft aus dem Fahrgastraum Wärme und Feuchtigkeit entzogen. Die Luft kühlt hierbei ab und wird dann in den Innenraum geleitet. Die Intensität der Abkühlung hängt im Wesentlichen vom Luftdurchsatz und der eingestellten Temperatur ab. Das heißt, je höher die Gebläsestufe und je niedriger die gewählte Temperatur, desto kälter wird es. Intelligente Klimasysteme zeichnen sich heutzutage durch viele zusätzliche Sensoren und Steuereinheiten aus. So wird eine automatische Luftverteilung und eine gleichmäßige Abkühlung des Innenraums möglich.

PRAXISTIPP

Gebrauch der Klimaanlage

Beim ausgiebigen Sonnenbad Ihres Fahrzeugs heizt sich der Innenraum auf Temperaturen bis zu 60 °C oder gar noch mehr auf. Sie sollten daher vor dem Losfahren zunächst alle Türen öffnen und die größte Hitze entweichen lassen. Danach erst die Fahrt antreten und zum zügigen Herunterkühlen zunächst volle Gebläsestufe wählen. Dann schnell kleiner drehen, um unnötige Zugluft zu vermeiden. Die automatische Klimaanlage regelt sensorgesteuert Temperatur, Gebläsestufe und Luftverteilung selbsttätig. Bei manuell geregelten Klimageräten übernehmen Sie diese Aufgaben selbst. Die Wohlfühl-Temperatur liegt bei etwa 21-24 °C. Auch im Herbst und Winter sollten Sie gelegentlich die Klimaanlage aktivieren. Dies vermindert nicht nur durch die Aufnahme der Feuchtigkeit aus der Luft das Anlaufen der Scheiben, sondern dient auch dem Schutz des Klimasystems und seiner Aggregate vor Korrosion. Vermeiden Sie durch regelmäßige Checks bei der Fahrzeugwartung auch, dass Bakterien und Pollen sowie Sporen dem Innenraumfilter (Pollenfilter) übel zusetzen können.

Arbeiten am Klimasystem

Das Schrauben am Klimatisierungssystem scheitert weniger an Sicherheitsrisiken, es ist vielmehr die komplizierte Technik, die dem Heimwerker das Leben schwer macht. Im Klimaanlagensystem ist zum einen ein Kältemittel in einer bestimmten Menge vorhanden und zur Schmierung eine ganz bestimmte Menge Kompressoröl. Füllmengen für Kühlmittel und Öl werden vom Hersteller je nach System und verbautem Kompressor vorgegeben. Ein Hinweisschild auf dem Schlossträger im Motorraum gibt Aufschluss über das verwendete Kältemittel und Kältemittelöl. Befüllt und abgelassen werden kann es schadenfrei nur mit einem Klimaservicegerät. Auch defekte Anlagen sollten grundsätzlich abgesaugt werden. Beschädigte Bereiche oder offene Anschlüsse müssen abgedeckt werden, um den Eintritt von Wasser oder Verschmutzungen zu vermeiden. Die Arbeiten sollten Sie aufgrund der Gefahr von Kälteverbrennung (Gefrierbrand) der Haut grundsätzlich lieber einem Mechaniker mit nachgewiesener Sachkunde überlassen. Er ist für die Gefahren, die Besonderheiten und den Umgang mit den Anlagen geschult. Zudem wird die anfallende Entsorgung umweltgerecht durchgeführt.

Klimaanlage desinfizieren:
Die Komponenten der Klimaanlage sollten regelmäßig, mindestens einmal im Jahr oder alle 15.000 km, desinfiziert werden. An den Wärmetauschern setzen sich sonst Bakterien ab, die zu üblen Gerüchen, beschlagenen Scheiben und sogar zu Erkrankungen der Atemwege führen können. Je nach Ausführung brauchen Sie neben dem Desinfektionsspray eine Atemschutzmaske. Die meisten Sprays für den Fußraum werden bei laufendem Motor und eingeschaltetem Gebläse ausgelöst und im Beifahrerfußraum des Fahrzeugs platziert. Bei Spraydosen mit Sonden sprühen Sie zunächst eine Ladung Spray in die Austrittsdüsen. Schalten Sie das Gebläse auf Umluft und maximale Geschwindigkeit. Um die Batterie nicht unnötig zu belasten, kann dabei der Motor laufen. Sprühen Sie nun das Desinfektionsspray in Ansaugrichtung vor den Wärmetauscher. Tragen Sie dabei eine Atemschutzmaske. Lassen Sie die Lüftung bei geschlossenen Scheiben rund 10 Minuten bei voller Leistung laufen. Die Luft im Innenraum wird dadurch mehrmals umgewälzt.

⚠ Kältemittel der Klimaanlage

GEFAHRENHINWEISE

Die Bauteile des Klimasystems sowie alle Kältemittelschläuche und -leitungen finden Sie beim Beetle vorn unter der Motorhaube beziehungsweise im Motorraum. Doch Vorsicht: Hier müssen Sie sich selbst als passionierter Schrauber bremsen! Denn bei den Komponenten der Klimaanlage bestehen gesundheitliche Risiken und auch die Gefahr, Ihre Klimaanlage bei Reparaturversuchen zu beschädigen! So kann der Umgang mit Kältemitteln Erfrierungen bei Berührung verursachen oder gar zum Ersticken am Boden oder in unteren Räumen, wegen der Schwere des Mittels, führen. Klimaanlagen dürfen also nur vom Hersteller oder in Service-Stützpunktwerkstätten instand gesetzt bzw. ersetzt werden.

Unterschiedliche Kältemittel: Ob das alte Kältemittel R134a oder das neuere R1234yf in Ihrem Klimasystem verwendet wurde, können Sie an einem Aufkleber auf der Fahrzeugfront erkennen. Es dürfen keine zwei Kältemittel vermischt werden.

Riskieren Sie hier keine gesundheitlichen Schäden oder teure Nachreparaturen. Denn der Kältemittelkreislauf der Klimaanlage darf nicht geöffnet werden. Das Neubefüllen ist Werkstatt-Sache. Zudem könnten Sie sich bei unsachgemäßer Handhabung auch strafbar machen: Das Ablassen von Kältemittel in die Umwelt ist eine strafbare Handlung. Sollte Ihre Klimaanlage also der Wartung bedürfen, fahren Sie am besten gleich in Ihren Servicebetrieb.

Desinfektionsspray im Fußraum: *Bei laufendem Gebläse im Ansaugbereich des Beifahrerfußraums das Desinfektionsspay nach Anleitung Spraydose leersprühen lassen.*

Elektrischer Zuheizer

Eine Besonderheit moderner Lüftungs- und Heizungssysteme ist ein elektrischer Zuheizer. Effiziente Antriebssysteme sollen möglichst wenig Abwärme produzieren.
Dieser Vorteil ist allerdings in Sachen Komfort ein deutlicher Nachteil. Wenig Abwärme bedeutet für den Fahrgastraum eine deutlich langsamer ansprechende Heizung. Bei Fahrzeugen wie dem VW Beetle Cabriolet, die recht viel im Bereich der Kurzstrecke unterwegs sind, macht hier diese Systemergänzung für Komfort und Fahrsicherheit (freie Sicht und Wohlfühlatmosphäre) Sinn.

Schon viele Jahre bekannt

Frühe Systeme verwendeten Glühkerzen, die in den Wasserkreislauf eingebaut sind, um das Kühlmittel etwas schneller zu erwärmen. Moderne Systeme wie in Ihrem Beetle verwenden PTC-Zuheizer (1 im Bild unten), die im Luftkanal verbaut worden sind und direkt die Luft im Luftstrom des Innenraumgebläses erwärmen. Neben dem klassischen Wärmetauscher im Kühlsystem (2) ist der elektrische Zuheizer (1) zur Unterstützung aber auch für eine schnellere Erwärmung der Luft für den Fahrgastraum zuständig.

Ansteuerung über das Bordnetzsteuergerät

Über zwei Sensoren rechts und links im Gebläsekasten wird die Lufttemperatur erfasst. Je nach Ausstattung wird dann über verschiedene Klappen die Luftverteilung für den Innenraum realisiert. Je nach Anforderung und Kühlmitteltemperatur wird der PTC-Zuheizer dazugeschaltet. Die Anforderung erfolgt vom Klimaanlagensteuergerät, die Schaltung dann vom Bordnetzsteuergerät. Die Temperaturregelung erfolgt nicht über den PTC-Zuheizer. Geregelte Temperaturen werden nur vom Heizungsventil am Unterboden umgesetzt. Für die Demontage der einzelnen Komponenten mit Ausnahme von Gebläsemotor, Vorwiderstand des Gebläsemotors, der beiden Temperaturfühler und natürlich dem Innenraumfilter muss der komplette Gebläsekasten unter der Armaturentafel ausgebaut und zerlegt werden.

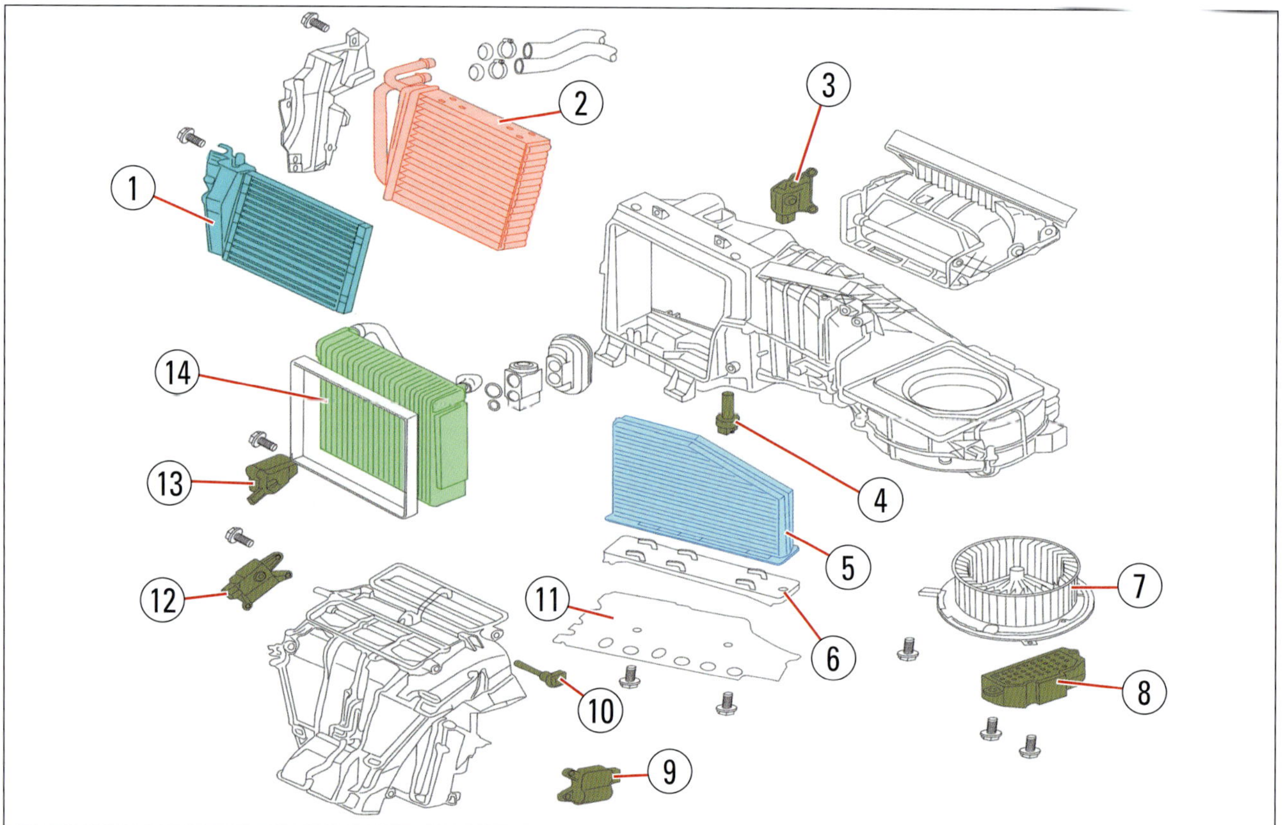

Gebläsekasten im Beetle: *1 PTC Zusatzheizer, 2 Wärmetauscher (Heizungskühler), 3 Klappenstellmotor, 4 Temperaturfühler Klimaanlage (Verdampfer), 5 Innenraumfilter, 6 Deckel, 7 Gebläsemotor, 8 Motorregler, 9 Stellmotor Warmluft, 10 Temperaturfühler Gebläsekasten, 11 Abdeckung, 12 Klappensteller, 13 Klappensteller Defrosterklappe, 14 Verdampfer (Klimaanlage).*

Urlaub und Reise

Panne und Ausfall

Engel auf Rädern

Nein, Schutzbriefe sind nicht für Weicheier oder Warmduscher. Sie sind gerade heute eine sinnvolle Ergänzung des Reisegepäcks. Eine Panne kann im Ausland erhebliche Kosten verursachen. Wer bereits einen Abschleppdienst finanziell kennengelernt hat, kann sich sicherlich noch an die nicht gerade günstig ausgefallene Rechnung erinnern. Gehen Sie ruhig davon aus, dass der freundliche Abschlepper in Frankreich oder Italien Ihnen auch keinen Freundschaftsrabatt anbieten wird. Ein Schutzbrief, der vertraglich die Kosten regelt und dafür sorgt, dass Ihr Auto auch tatsächlich wieder bei Ihnen zu Hause oder einer Werkstatt Ihres Vertrauens landet, ist dann Gold wert. Betrachten wir uns einige aus unserer Sicht sinnvolle Inhalte, die Ihnen ein Schutzbrief bieten sollte. Ein Vergleich der unterschiedlichen Anbieter fällt Ihnen dann wesentlich leichter.

Fahrzeugrücktransport

Fällt Ihr Fahrzeug im Ausland aus und kann vor Ort nicht oder erst wesentlich später repariert werden, sollte durch den Schutzbrief der Rücktransport zu Ihrem Wohnsitz organisiert und bezahlt werden. Zusätzliche Leistungen wie Abschlepp- und Einstellkosten sollten auch abgedeckt sein.

Fahrtkosten nach Fahrzeugausfall

Sollten Sie aufgrund einer Panne oder eines Unfalls liegen bleiben oder Ihr Fahrzeug ist gestohlen worden, sollte der Schutzbrief die Kosten für die Bahnfahrt zum Zielort und zurück zum Schadensort oder zurück zu Ihrem Wohnsitz übernehmen. Die Kosten für einen Mietwagen sollten dann für die Dauer des Fahrzeugausfalls, maximal bis zu 7 Tagen, übernommen werden.

Übernachtung nach Fahrzeugausfall

Natürlich kann bei einer Panne oder nach einem Unfall auch schnell eine außerplanmäßige Übernachtung die Urlaubskasse belasten. In der Regel tragen die Schutzbrieforganisationen dann die zusätzlichen Hotelübernachtungen für Sie und alle Insassen des Fahrzeugs.

Im Fall des Falles: *Die Pannenhilfe vom Profi kann von kleinen Hilfestellungen bis zum Fahrzeugtransport alles abdecken.*

Abschleppen und Bergung

Für das Abschleppen oder die Fahrzeugbergung nach einem Unfall fallen schnell erhebliche Kosten an. In der Regel ist dies auch Leistung der großen Schutzbrieforganisationen.

Hilfe bei verlorenen oder defekten Fahrzeugschlüsseln

Den Schlüssel am Strand verbuddelt oder verloren? Gerade bei den großen Organisationen wie dem ADAC werden auch solche kuriosen Vorfälle bearbeitet und die Kosten hierfür übernommen. Gerade in den abgelegenen Winkeln dieser Erde sind nicht unbedingt alle notwendigen Ersatzteile immer greifbar. Um die Urlaubszeit nicht ins Ungewisse zu verlängern, wird sogar der Ersatzteilversand für solche Fälle durch den Automobilclub auch weltweit organisiert.

***Stilecht für ein Cabrio auf dem Weg zum Klassiker:** Der Gepäckträger kann Lasten bis 15 kg aufnehmen.*

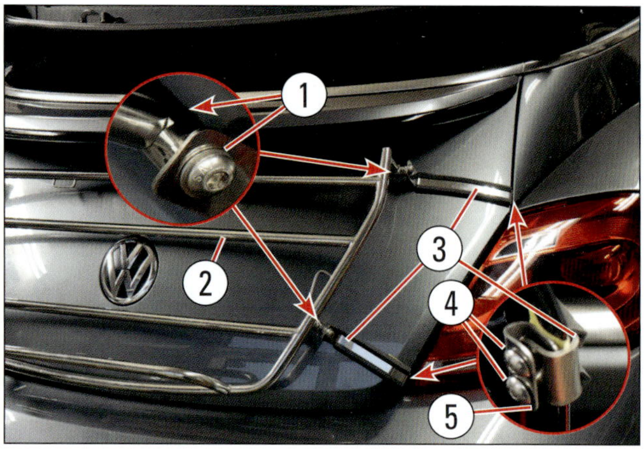

***Verschraubt mit Klemmung:** 1 Schrauben, 2 Gepäckträger, 3 Haltelaschen, 4 Schrauben, 5 Spannblech.*

Trägersysteme für Cabrios

Ein Beetle Cabrio wird ganz sicher ein Klassiker. Das, was dem aktuellen Modell noch fehlt, ist das Alter ... das aber wird er bei guter Pflege auch noch erreichen. Die Voraussetzungen dafür sind jedenfalls sehr gut.

Stilechter Gepäckträger:
Wie bei einer Vespa lässt sich über alles streiten und gerade über Geschmack. Natürlich gibt es für beide Zubehör, das für den einen »nicht wegzudenken« ist, aber durchaus bei jemand anderem wenig Verständnis hervorruft. Wie bei echten Klassikern bietet die Firma JMS-Fahrzeugteile aus Neckartenzlingen einen Gepäckträger für den Kofferraumdeckel an. Je nach Ausstattung und Beladung des Gepäckträgers wird die im VW Logo verbaute Heckkamera dann zwar zum »Koffergucker« beim Rückwärtsfahren, das lässt sich aber gut verschmerzen. Der Anbau des Gepäckträgers kann jederzeit mit wenigen Handgriffen rückgängig gemacht werden und bietet für den Wochenendausflug oder das Picknick an lauen Sommerabenden eine bestechend schicke Transportmöglichkeit und Heckansicht.

■ Reinigen Sie die Lackfläche für die Verklebung der Lackschutzaufkleber unter den Auflageflächen der Haltelaschen gründlich.

■ Bringen Sie die Lackschutzaufkleber an den Stellen auf, an denen die Haltelaschen auf der Klappe aufliegen. Die durchsichtigen Aufkleber verbleiben auf den Anlagestellen auf dem Kofferraumdeckel.

■ Schieben Sie die Eckschoner auf die Karosserie als Lackschutz auf.

■ Schieben Sie die Spannbleche auf die Haltelaschen (3) auf und verschrauben Sie sie so weit, dass das Gewinde gerade so greift.

■ Setzen Sie die Haltelaschen (3) zusammen mit einem Helfer auf dem Kofferraumdeckel auf und verschrauben Sie den Gepäckträger (2).

■ Richten Sie den Gepäckträger (2) aus und ziehen Sie die Verschraubungen oben (1) sowie in den Spannblechen (4) fest.

Zuladung und Belastung

Gerade für die Urlaubsfahrt muss alles mit, verstaut werden und Platz finden. Eigentlich sollte das bei der großen Plattform, auf der der Beetle aufbaut ist, ja kein Problem sein. Zugegeben, klein ist der Kofferraum nicht. Aber klarstellen muss man schon, dass der Zugang doch recht beschränkt ist und zudem vom Verdeckkasten und dem Windschott eingeengt wird.
Ein Faktor, der nicht nur schwer einzuschätzen ist, sondern in der Praxis auch kaum Beachtung findet, ist die Zuladung eines Fahrzeugs. Klären wir zuerst einige Begriffe:

Zulässiges Gesamtgewicht
Das zulässige Gesamtgewicht benennt das maximale Gewicht des Fahrzeuges, inklusive der Passagiere, des Gepäcks und natürlich auch der erforderlichen Träger und Halter. Die Überladung des Fahrzeuges kann sich nicht nur negativ auf das Fahrverhalten auswirken, sondern kann im Falle einer Polizeikontrolle empfindliche Auswirkungen auf die Urlaubskasse haben. Der sichers-

te Weg ist das Fahrzeug im beladenen Zustand auf einer Waage wiegen zu lassen. Diese Waagen finden sich meist bei Deponien oder bei Schrotthändlern. In den meisten Fällen lassen sich die Kosten für das Einwiegen durch einen kleinen Obolus in die Kaffeekasse abgelten.

Leergewicht
Das Leergewicht eines Fahrzeuges setzt sich aus der Leermasse und dem zu 90 % gefüllten Tank zusammen. Für die Beladung müssen Sie dieser Leermasse das Gewicht der Träger und Dachboxen hinzuziehen, wenn Sie die Zuladung über eine Personenwaage erfassen möchten.

Dachlast
Für die Cabriolets ist eine Beladung auf dem Verdeck nicht vorgesehen. Sie sollten auch nicht versuchen, Lasten auf dem Dach zu transportieren. Das Verdeckgestell und auch der Aufbau des Verdecks können hierbei Schaden nehmen. Zudem ist eine Ladungssicherung nicht zu realisieren.

Stützlast
Die Stützlast bezeichnet die Last, die auf die Anhängekupplung Ihres Fahrzeuges einwirken darf. Sie beträgt in der Regel 50 bis 75 kg. Für den Betrieb eines Fahrradträgers dürfen es 75 kg werden. Die Stützlast muss der Zuladung angerechnet werden.

Anhängelast
Die Anhängelast wäre die einzige Last, die bis auf die Stützlast 75 kg durch den Anhänger keinen Einfluss auf das zulässige Gesamtgewicht hat. Ärgerlicherweise sind keine Anhängekupplungen für den VW Beetle lieferbar.

Fahrradträgersysteme auf der »Nicht-Anhängekupplung«

Das klingt zuerst einmal ein wenig abwegig, ist es aber nicht. Sogar bei den größten Anbietern findet sich keine Anhängekupplung, die das Anhängen von Anhängern erlaubt. Die Nachfrage ist offensichtlich nicht hoch genug, um die Kosten für die erforderlichen Prüfgutachten abbilden zu können. Der Fahrzeughersteller hat eine Anhängekupplung schon gar nicht vorgesehen.

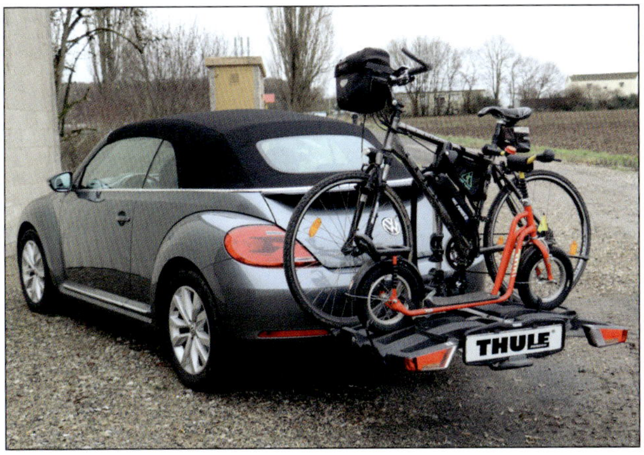

Radträger am Heck: *Mit 75 kg Stützlast auf der »Trägerkupplung« werden auch drei E-Bikes transportabel.*

Thule Onto: *Ein 300 l Gepäckfach macht das Beetle Cabrio nach Bedarf zum wandelbaren Urlaubstransporter.*

Über die üblichen Vertriebswege wie Zubehörshops und auch Spezialisten für Anhängekupplungen lässt sich aber im Zubehör sogar eine abnehmbare Anhängekupplung mit einem passenden Elektrosatz beschaffen. Diese ist aber nicht für das Ziehen von Anhängern zugelassen.

Trägersysteme für die Anhängekupplung
Auf die »Anhängekupplung« lassen sich dann mit wenigen Handgriffen ein Radträger sogar für E-Bikes oder ein ganzes Gepäckabteil montieren. So lässt sich auch das Ladevolumen des Beetles auf das Gepäckvolumen einer Kleinfamilie bei Bedarf nachrüsten. Zumal optionales Zubehör das Gepäckfach sehr gut durchorganisieren. Da sowohl Anhängekupplung als auch die Trägersysteme sich einfach abnehmen lassen, steht nach dem Transport die Silhouette des Cabrios ungetrübt zur Verfügung.

CHECKLISTE

Vor und nach jeder großen Fahrt

Bereich	Worauf Sie achten sollten	Was zu tun ist
A Motor	**1** Motorölstand	Wurde der Motor lange auf Kurzstrecken betrieben, sammeln sich flüchtige Substanzen. Deshalb kann es sein, dass der Ölstand bei heißem Motor schlagartig absinkt. Nach den ersten 100 Kilometern nachmessen
	2 Kühlmittelstand	Den Kühlmittelstand im kalten Zustand auf Maximum auffüllen
	3 Zustand der Schläuche	Alle Wasserschläuche müssen dicht und elastisch sein. Schläuche kräftig kneten. Kalkablagerungen an den Anschlüssen und harte oder poröse Schläuche sind kein gutes Zeichen. Im Zweifel austauschen
	4 Kühlerventilator prüfen	Lassen Sie den Motor im Leerlauf laufen, bis sich der Kühlerventilator ein- und später wieder ausschaltet. Sie werden ihn brauchen, wenn Sie im Stau stehen
B Räder und Reifen	**1** Luftdruck prüfen	Der Luftdruck in den Reifen muss an die Beladung angepasst werden. Nach der Reise nicht vergessen, den Luftdruck wieder abzusenken
	2 Zustand prüfen	Die Reifen sollten natürlich auch am Ende der Reise noch genug Profil haben. Das sollten Sie besonders bei Winterreifen bedenken, die mindestens vier Millimeter Profiltiefe haben müssen
C Fahrwerk	**1** Stoßdämpfer prüfen	Wird das Auto richtig vollgeladen, sind die Stoßdämpfer besonders gefordert. Fahnden Sie nach Ölspuren und lassen Sie beim kleinsten Verdacht einen Stoßdämpfertest durchführen. Mit Wippen an der Karosserie lassen sich schwache Dämpfer kaum entlarven
	2 Fahrwerksfedern prüfen	Sehen Sie die Fahrwerksfedern genau an. Steht das Fahrzeug gerade? Sind Federn bereits gebrochen?
	3 Manschetten und Gelenke prüfen	Sind Achsmanschetten oder die Gummis der Gelenke rissig und porös, werden die Teile bei hoher Belastung rasant verschleißen. Besser vorher austauschen
D Sonstiges	**1** Beleuchtung	Schalten Sie alle Lichter durch und nehmen Sie Ersatzlampen für Scheinwerfer und Rückleuchten sowie ein passendes Sicherungssortiment mit
	2 Scheibenwaschanlage	Prüfen Sie die Einstellung der Spritzdüsen und füllen Sie den Vorratsbehälter mit geeignetem Gemisch bis zum Maximum auf
	3 Zubehör aufrüsten	Einen Fünf-Liter-Reservekanister, einen Liter Motoröl einige Kabelbinder und eine Rolle Textilklebeband mit auf die Reise nehmen

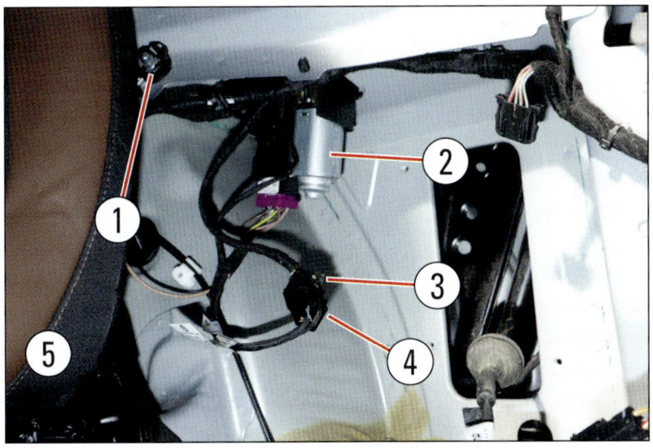

Anschluss des Verdeckmoduls: *1 Masseanschluss, 2 Verdeckmotor links, 3 Anschlusskabel vom Kabelbaum, 4 Anschlusskabel zum Verdeck, 5 Rückenlehne.*

Verdeckbedienung mit Komfort

Im Originalzustand lässt sich das Verdeck lediglich über die Verdecktaste bedienen. Die Betätigung ist als sogenannte »Totmannschaltung« ausgelegt. Wird der Schalter losgelassen, wird die Verdeckbedienung angehalten. Volkswagen realisiert hier den Einklemmschutz. Der Nachteil besteht darin, dass Sie für die Verdeckbedienung im Fahrzeug sitzen müssen. Ein echter Komfortgewinn ist durch ein Zusatzmodul der Firma Kufatec zu erreichen. Das Zusatzmodul ermöglicht das Öffnen und Schließen des Verdecks über die Schlüsselfernbedienung, über den Türgriff (Keylesssystem) und über den Verdeckschalter. Letzterer muss dann nicht mehr dauerhaft betätigt werden.

Montage des Systems

Grundsätzlich sollten Sie sich immer an die Anweisung des Herstellers für die Montage des Systems halten. So erhalten Sie die Informationen auf dem aktuellen Stand. Wir möchten Ihnen die Montage an dieser Stelle exemplarisch vorstellen.

Demontage der linken Seitenverkleidung

- Öffnen Sie das Verdeck, schalten Sie die Zündung aus und legen Sie den Schlüssel außerhalb der Reichweite ab.
- Stellen Sie den Fahrer- und den Beifahrersitz ganz nach vorne und klappen Sie die Rückenlehnen zurück.
- Soweit erforderlich, ziehen Sie die Isofixabdeckungen der Rücksitzbank ab.
- Ziehen Sie das Sitzkissen der Rücksitzbank vorne nach oben und nehmen Sie es nach vorne heraus.
- Drehen Sie die Befestigungsschrauben heraus.
- Hebeln Sie die Seitenverkleidung hinten links von vorne unten beginnend vorsichtig ab.
- Ziehen Sie die Seitenverkleidung von der Öffnung für die Notverriegelung etwas ab.
- Ziehen Sie den Anschluss des Lautsprechers in der Seitenverkleidung ab.
- Nehmen Sie die Seitenverkleidung ab. Informationen hierzu finden Sie im Kapitel »Innenraum«.

Anschluss des Steuermoduls

Es müssen am Kabelbaum des Fahrzeugs oder des Moduls keine Veränderung durchgeführt werden. Achten Sie darauf, dass die Zündung etwa 15 min ausgeschaltet sein muss, damit kein Fehler im Datenbussystem abgelegt wird. Das Datenbussystem »schläft« in diesem Zeitfenster ein.

- Ziehen Sie die Steckkontakte (3 und 4 im Bild oben) zum Verdeckmodul ab.
- Das Massekabel des Steuermoduls (3 Bild unten am Massepunkt des Fahrzeugs (1 Bild oben) anschließen.
- Stecken Sie den Stecker des originalen Verdeckmoduls in das Steuermodul (5) ein.
- Prüfen Sie die Funktion der Verdecksteuerung anhand der Bedienungsanleitung.
- Legen Sie die Bedienungsanleitung des Steuermoduls dem Bordbuch Ihres Beetles bei.
- Montieren Sie die Verkleidungen und die Rücksitzbank wieder entgegen der beschriebenen Demontagereihenfolge.

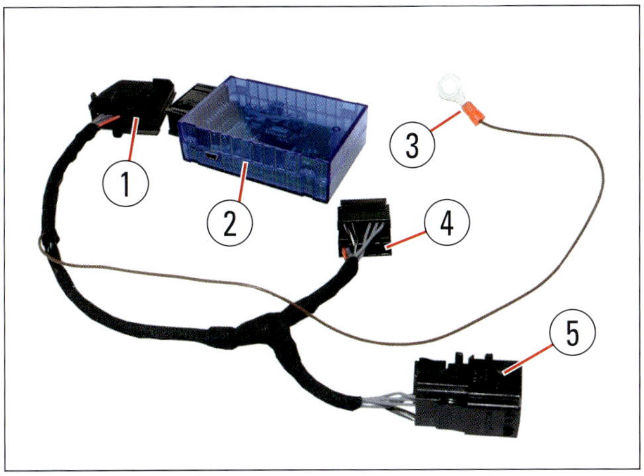

Anschluss und Montage des Steuermoduls: *1 Anschluss Steuermodul, 2 Steuermodul, 3 Masseanschluss, 4 Stecker zum Verdeckmodul, 5 Anschlussdose Originalkabel.*

Kleine Schäden und Pannen

Sie gehören zu den Tücken des Alltags und machen einem das Autofahrerleben schwer: kleinere Pannen und Schäden. Dennoch können gerade diese Kleinigkeiten eine umso größere Wirkung haben. Denn manchmal ist es nur eine Nichtigkeit wie die Batterien der Autoschlüssel, die das Fortkommen verhindern. Wie Sie in solchen und ähnlichen Fällen Ihren Beetle wieder flottkriegen, steht in diesem Kapitel.

Womit muss ich immer rechnen?

Sie müssen zur Arbeit und sind spät dran. Es ist Winter, ungemütlich kalt und dunkel. Eine dicke Eisschicht überzieht die Scheiben. Schnell ein Guckloch kratzen und los, so denken Sie, aber: Sie drehen den Schlüssel im Zündschloss und nichts passiert! Vielleicht ist das auch besser so, denn nur ein Guckloch freizukratzen ist lebensgefährlich und wird mit Bußgeld geahndet.
Doch auch das Startproblem geht eventuell auf Ihr Konto oder es wäre mit etwas mehr Pflege und Aufmerksamkeit durchaus zu vermeiden gewesen. Die leere Batterie ist jedenfalls einer der Klassiker unter den kleinen Pannen und langweilige Routine für die gelben Engel vom ADAC. Die stundenlange Wartezeit ist meistens schon im Rahmen einer regelmäßigen Durchsicht vermeidbar. Für den Fall, dass die Batterie doch einmal ausfällt, verraten wir Ihnen, was in einem solchen Fall zu tun ist. Ärgerlich ist zum Beispiel auch, wenn die Batterie im Schlüssel schwächelt und Ihnen eines Tages den Zugang zu Ihrem Beetle verwehrt. Dann müssen Sie sich an die eigene Nase fassen, denn der regelmäßige Wechsel der Batterie ist kinderleicht und kostet nicht die Welt.

Was tun bei einer Reifenpanne?

Etwas anders sieht die Sache mit einem platten Reifen aus. Statistisch gesehen erlebt jeder Autofahrer nur etwa alle 70.000 km dieses Malheur. Dann aber heißt es richtig reagieren und umsichtig handeln. Schätzen Sie die Situation hinsichtlich Gefahrenpotenzial ein. Können Sie an dieser Stelle einen Radwechsel durchführen, ohne sich zu gefährden? Befinden Sie sich beispielsweise auf einer zweispurigen Autobahn ohne Standstreifen, unterlassen Sie zu Ihrer eigenen Sicherheit einen Radwechsel. Rufen Sie stattdessen sofort Hilfe per Handy oder versuchen Sie sich im Schritttempo zum nächsten Rastplatz zu retten.

Mit einer Panne weiterfahren oder lieber stehen bleiben – ab wann wird es kritisch?

Abgesehen von dieser Panne, die bei jedem Auto auftreten kann, gilt der Beetle als relativ unkompliziert und robust. Verlassen Sie sich stets auf Ihren gesunden Menschenverstand und verzichten Sie im Zweifelsfall lieber auf einen Reparaturversuch vor Ort. Genauso wichtig ist es zu wissen, wann es besser ist nicht mehr weiterzufahren. Sie ersparen sich damit nicht nur teure Folgeschäden, sondern setzen auch nicht Ihre Gesundheit und die Ihrer Mitmenschen aufs Spiel. Wir haben darum in unseren Störungsbeiständen die wichtigsten Symptome aufgeführt, die auf einen schlimmen Schaden hindeuten oder auch auf Dinge hingewiesen, die einen schlimmen Schaden verursachen können. So reagieren alle direkt einspritzenden Diesel absolut allergisch auf eine Falschbetankung mit Benzin. Fatalerweise passt nämlich die dünnere Zapfpistole der Otto-Kraftstoffe immer in die große Öffnung der Dieselfahrzeuge, der große Rüssel der Diesel-Zapfsäule jedoch nicht in die kleinen Tankstutzen der Benziner. Sollten Sie Ihren falsch betankten Diesel dennoch starten, so werden Sie mit einiger Sicherheit aufgrund der Folgeschäden einen vierstelligen Euro-Betrag los.

Infos für die Werkstatt

Lässt sich ein Abschleppen mit anschließendem Werkstattbesuch nicht vermeiden, sollten Sie unbedingt folgende Dinge beachten: Generell sind die Mitgliedschaft in einem Automobilclub und ein spezieller Schutzbrief immer von Vorteil, besonders fern der Heimat. Lesen Sie sich beizeiten in Ruhe das Kleingedruckte durch und legen Sie die entsprechende Notrufnummer in das Handschuhfach. Bestellen Sie einen Abschleppwagen nur über diese Nummer und lassen Sie sich vom Fahrer eine Bestätigung über seinen Auftraggeber zeigen. Es ist ja auch möglich, dass der Abschleppwagen rein zufällig des Weges kam! Schildern Sie der Werkstatt dann ganz in Ruhe und chronologisch den Schadenshergang. Je mehr die Werkstatt weiß, umso kürzer ist die Zeit für die Fehlersuche.

Wichtige Informationen sind zum Beispiel:

- In welchem Betriebszustand trat der Schaden auf (Temperatur, Geschwindigkeit, Drehzahl)?
- Haben Sie vorher ungewöhnliche Geräusche oder ein ungewöhnliches Fahrverhalten bemerkt?
- Wie ist die Vorgeschichte des Wagens (wurden vor kurzem Reparaturen oder Inspektionen durchgeführt)? Bestehen Sie auf einen schriftlichen Auftrag und einen Kostenvoranschlag. Ziehen Sie vor Reparaturbeginn eine finanzielle Grenze, über der die Werkstatt Ihr Einverständnis braucht.

Panne und Selbsthilfe

Im Bordwerkzeug Ihres Beetles finden Sie serienmäßig keinen Spindelwagenheber. Auch ein Reserverad suchen Sie wie bei den meisten Fahrzeugen heute vergebens. Leider ist in einigen Ausstattungsvarianten nicht mal ein Reifenpannenset vorhanden. Ohne Eigeninitiative und regelmäßige Kontrolle auf Vollständigkeit ist Ihre Handlungsfähigkeit schnell auf das Warten auf den Pannendienst eingeschränkt.

Sinnvolle Ergänzung Bordwerkzeug

Pannenset in der reserveradwanne (Bild oben)
Im bordeigenen Pannensethalter unter der Kofferraummatte finden Sie in der kleinsten Ausstattung einen Schraubendreher und eine Abschleppöse. Hier lässt sich auch ein Pannenset aus dem Zubehör verstauen. Für das Originalset ist der Hartschaum gefertigt worden. Natürlich müssen Sie auch dann, wenn Sie ein Reparaturkit nachgerüstet haben, das Ablaufdatum beachten und das Füllmittel sobald erforderlich ersetzen.

Ergänzung in einer sinnvollen Tasche (Bild Mitte)
Sinnvoll neben den Warnwesten sind ein Scherenwagenheber, ein Radschlüssel mit der passenden Stecknuss, und für die eingefahrene Schraube vielleicht sogar ein Reifenreparaturset, was eine fachgerechte Instandsetzung einer eingefahrenen Schraube oder eines Nagels im Profilbereich erlaubt. Die Arbeitsschritte hierzu werden wir im Kapitel Räder und Reifen noch im Detail vorstellen.

Scherenwagenheber
Verstaut wird er sinnvollerweise in der Werkzeugtasche. Mit dem Wagenheber lässt sich der Wagen für die meisten Arbeiten hoch genug anheben. Zur Vergrößerung der Hubhöhe können Sie einen Holzklotz unterstellen. Ebenso sollten Sie zur Sicherheit stets ein kleines Brett mit etwa den Abmaßen 30 cm x 30 cm und 2 cm Dicke unterstellen. Damit verringert sich die Gefahr, dass der Wagenheberfuß in den Boden einsinken kann. Gehen Sie mit Unterstellböcken auf Nummer sicher. Wenn Sie ernsthaft unter dem Fahrzeug arbeiten wollen, raten wir dringend zur Verwendung von Unterstellböcken. Nur so können Sie Ihren angehobenen

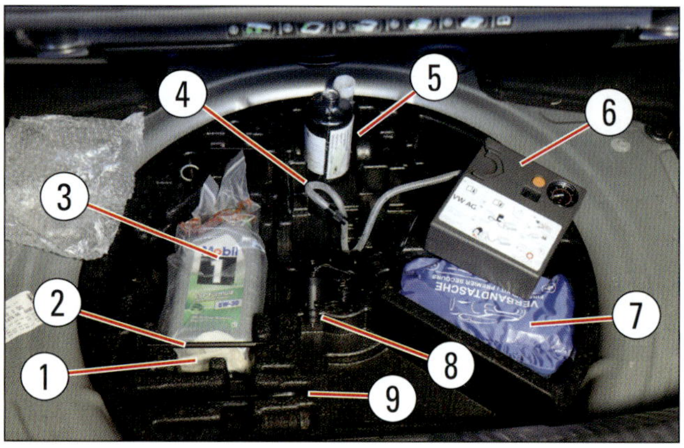

Bordwerkzeug unter der Kofferraummatte: *1 Handschuhe, 2 Notschlüssel Verdeckmotoren, 3 Motoröl, 4 Luftanschluss, 5 Reifendichtmittel, 6 Kompressor, 7 Verbandstasche, 8 Bordnetzanschluss, 9 Abschleppöse.*

Rutschfest verstauen mit Klettverschluss im Kofferraum: *1 Werkzeugtasche mit Klettverschluss, 2 Kombipannentasche aus Verbandskasten und Warndreieck.*

Beetle sichern. Begeben Sie sich niemals unter das angehobene Fahrzeug, wenn dieses nicht durch Unterstellböcke gesichert ist, Sie begeben sich sonst in Lebensgefahr!

Fahrzeug aufbocken

Der Wagen muss, wenn er mit dem Wagenheber aufgebockt werden soll, grundsätzlich auf festem, ebenem Untergrund stehen. Verwenden Sie lediglich einen Wagenheber.

■ Die Feststellbremse aktivieren und zumindest eines der Räder gegenüber der Anhebestelle mit Holzkeilen, notfalls mit geeigneten Steinen, gegen Wegrollen sichern. Nur auf die Feststellbremse dürfen Sie sich nicht verlassen.

***Wagenheberaufnahmen am Beetle:** Die Bereiche am Schweller, die für die Aufnahme von Wagenheber oder Hebebühne vorgesehen sind, sind mit einem eingeprägten Marker (1 vorne, 2 hinten) gekennzeichnet.*

- Nun den Wagenheber senkrecht zum gekennzeichneten Aufnahmepunkt am Schweller heben.
- Bevor der Wagenheber auf die Arbeitshöhe hochgekurbelt ist, nochmals vergewissern, dass ein Wegkippen des Hebers ausgeschlossen ist. Ist der senkrechte Stand nicht gewährleistet, den Wagenheber nochmals neu ansetzen. Ansonsten nun auf nötige Höhe kurbeln. Die entsprechenden Unterstellböcke haben wir Ihnen bereits im Kapitel »Investition in die Zukunft« unter »Die Grundausstattung« vorgestellt.
- Der Unterstellbock darf nur an den Bodenverstärkungen am Rahmen oder an den Achsen oder Achsaufnahmen angesetzt werden. Zwischen die Auflage des Bocks und den Fahrzeugboden sollten Sie einen Gummi- oder Hartholzklotz legen, der die Last verteilt. Kontrollieren Sie vor dem Ansetzen des Bockes, ob eventuell ein Blechfalz im Weg ist, der eingedrückt oder deformiert werden könnte oder gar die Bremsleitung eingeklemmt werden kann.
- Der Dreibein-Unterstellbock steht am sichersten, wenn eines seiner Beine nach außen und zwei zur Wagenmitte hin zeigen. Achten Sie auf diese Stellung, wenn Sie das Fahrzeug aufbocken, sonst kann es passieren, dass beim Anheben des Wagens der auf der anderen Seite bereits angesetzte Unterstellbock seitlich weggedrückt wird.

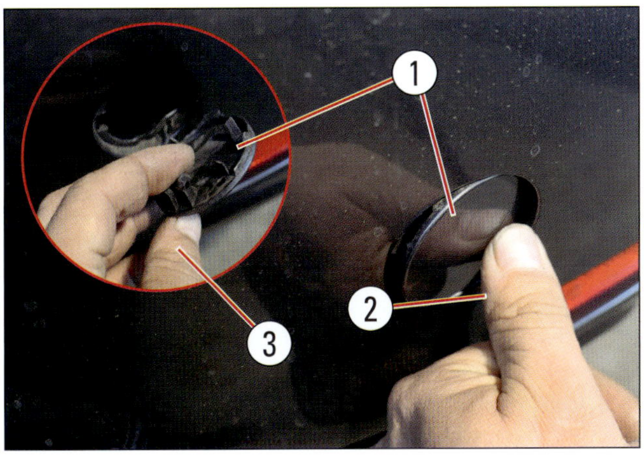

***Abdeckung im Stoßfänger (vorne und hinten):** 1 Abdeckung, 2 Abdeckung seitlich rechts eindrücken, 3 Abdeckung herausnehmen.*

GEFAHRENHINWEIS

Aufnahmepunkte zum Anheben

Fahrzeug nur an diesen vorgesehenen Aufnahmepunkten anheben! Die Schweller sind in diesem Bereich extra hierfür verstärkt! Wagenheberkopf mit der linken Hand gegen den Aufnahmepunkt drücken, während man mit der rechten Hand die Kurbel im Uhrzeigersinn dreht und den Wagenheberfuß gegen den Boden drückt. Immer darauf achten, dass der Wagenheber senkrecht steht und nicht nach einer Seite abkippt! Wird das Fahrzeug auf einer Hebebühne angehoben, muss es mit Spanngurten gesichert werden. Bei den meisten Arbeiten besteht aufgrund des geringen Fahrzeuggewichtes die Gefahr, dass das Fahrzeug von der Bühne kippt.

Fahrzeug abschleppen

Wegstrecken begrenzen

Grundsätzlich sollten Sie die Fahrtstrecke beim Abschleppen so kurz wie möglich wählen. Bei Fahrzeugen mit automatischen Getrieben besteht die Gefahr, dass das Getriebe Schaden nehmen kann, da die Steuerung und die Schmierstellen bei stehendem Motor nicht versorgt werden können. Beachten Sie auch unseren Kasten auf der nächsten Seite »Vorschriften beim Abschleppen«.

Vorgegebene Befestigungspunkte

Die Abschleppöse des Beetle finden Sie im Bordwerkzeug unter der Matte im Kofferraum. Jeweils vorne und hinten ist ein Gewinde im Rahmen vor-

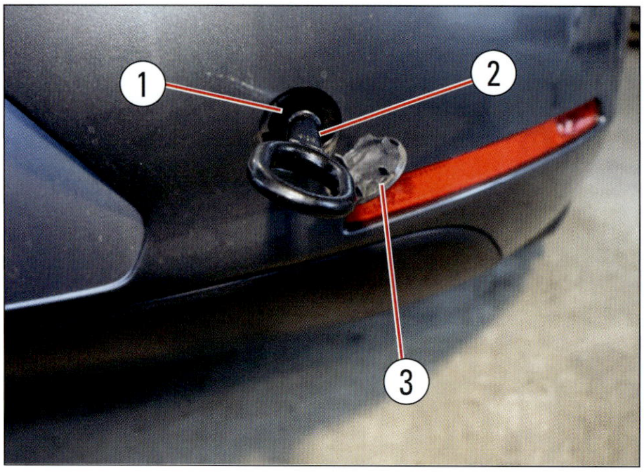

Abschleppöse eindrehen: *1 Aussparung in der Stoßfängerverkleidung, 2 Abschleppöse zum Einschrauben, 3 Abdeckung in der Stoßfängerverkleidung.*

gesehen, in das die Abschleppöse eingeschraubt werden kann. Hierzu muss die Abdeckung aufgedrückt und die Abschleppöse dann gegen den Uhrzeigersinn hineingedreht werden. Sie sollte mindestens etwa 1 cm in das Gewinde eingedreht werden.

Abschleppstange oder Abschleppseil?
Grundsätzlich handelt es sich hier um unterschiedliche Systeme mit der gleichen Aufgabe. Ein defektes Fahrzeug soll durch ein intaktes Fahrzeug abgeschleppt werden können. Die Abschleppstange bildet eine starre Verbindung zwischen ziehendem und gezogenem Fahrzeug. Sie ist bei entsprechender Qualität deutlich teurer und benötigt mehr Platz, bietet aber etwas mehr Sicherheit, da die Fahrzeuge leichter auf Abstand gehalten werden können. Das Abschleppseil ermöglicht ein sanfteres Anfahren, erfordert aber hohe Aufmerksamkeit der Fahrzeugführer. Der Schleppende muss bewusst anfahren und möglichst ruckfrei die Gangwechsel über die Bühne bringen. Der Abgeschleppte muss mit hoher Bremsbereitschaft und Feingefühl das Abschleppseil möglichst auf Spannung halten.

Reifen flicken

Reifenpannen passieren statistisch recht selten. Das ist sicherlich der Grund, warum viele Hersteller auf ein Reserverad verzichtet haben. Um möglichen Pannen vorzubeugen, ist die Kontrolle im Rahmen der regelmäßigen Wartung des Reifenzustandes, des Alters und des Luftdrucks extrem wichtig. Trotz größter Umsicht können Straßenschäden oder Beschädigungen durch Einstiche von Schrauben einen Luftverlust verursachen. Die Reifen können durchaus noch repariert werden. Der Schaden muss aber im Bereich der Lauffläche zu finden sein. Die Reifenflanken dürfen keine Schäden aufweisen.

WISSENSWERTES

Vorschriften beim Abschleppen

Beachten Sie nach einer Havarie beim Abschleppen die nach §15a der Straßenverkehrsordnung geltenden Grundsätze: Beim Abschleppen eines auf der Autobahn liegen gebliebenen Fahrzeugs ist die Autobahn bei der nächsten Ausfahrt zu verlassen. Ist Ihr Fahrzeug außerhalb der Autobahn liegen geblieben, dürfen Sie nicht auf die Autobahn auffahren. Während des Abschleppens müssen beide Fahrzeuge das Warnblinklicht einschalten. Zudem steht der Nothilfegedanke im Vordergrund, das heißt, ein abzuschleppendes Fahrzeug ist nicht über weite Strecken zu transportieren, sondern nur bis zur nächstgelegenen oder nächstgeeigneten Werkstatt. Der Fahrzeugführer des abschleppenden Kfz benötigt eine Fahrerlaubnis der Klasse, die dem ziehenden Kfz zugehört. Der Lenker eines abzuschleppenden Kfz muss indes keinen Führerschein besitzen. Außerdem besteht kein gesetzliches Mindestalter zur Steuerung des abgeschleppten Fahrzeugs. Da derjenige allerdings für das Bremsen und Lenken verantwortlich ist und Sie für die Einweisung in diesen Vorgang, ist es ratsam, sich im Zweifelsfall davon zu überzeugen, dass Ihr »Pannenhelfer« dies auch kann. Verwenden Sie eine starre Abschleppstange, damit auch das Bremsen ohne Pedalkraftverstärkung nicht zur bösen Überraschung wird.

Notreparatur durch Dichtmittel
Werkseitig sind ein Dichtmittel und ein Kompressor unter der Kofferraummatte versteckt. Die Vorgehensweise und die Wartezeit kann vom Hersteller abhängen und ist im Detail auf dem Dichtmittel beschrieben. Alternativ gibt es auch Dichtmittelsprays, die das Dichtmittel und das erforderliche Füllgas in der Spraydose beinhalten. Oftmals muss aber der Reifendruck noch nachgebessert werden über Kompressor, Spraydose oder Druckkartuschen. Die chemischen Dichtmittel verbleiben im Reifen und benetzen Reifen und Felge von innen. Die Reparatur gelingt meistens und erlaubt die Fahrt zumindest bis zum nächsten Reifendienst oder der Fachwerkstatt fortzusetzen. Ein Dauerbetrieb ist nicht zu empfehlen. Die Reinigung von Felge und Reifen bei einer anschlie-

ßenden Reparatur wird aufwendig ausfallen oder sogar nicht möglich sein. Eine Reparatur des Reifens entfällt oftmals aufgrund der Verunreinigung durch das Dichtmittel.

Reparatur mit einem Reparatursatz
Vereinfacht wird die Schraube oder der eingefahrene Nagel aus der Lauffläche entfernt, der Durchstich mit einem Werkzeug gereinigt, erweitert und anschließend mit einem Klebefaden (Vulkansierstreifen) oder einem Reparaturstück verschlossen. Bei Systemen mit einem Klebefaden (Vulkansierstreifen) kann die Reparatur von außen erfolgen. Wir werden Ihnen die Reparatur exemplarisch im nächsten Kapitel im Detail vorstellen.

Starthilfe geben

Verwenden Sie zur Überbrückung von einer vollen zu einer leeren Batterie spezielle Starthilfekabel. Damit schützen Sie die elektronischen Bauteile Ihres Beetle vor gefährlichen Spannungsspitzen. Sicherheitshalber können Sie einen Verbraucher wie beispielsweise das Standlicht einschalten, um Spannungsspitzen zu vermeiden.

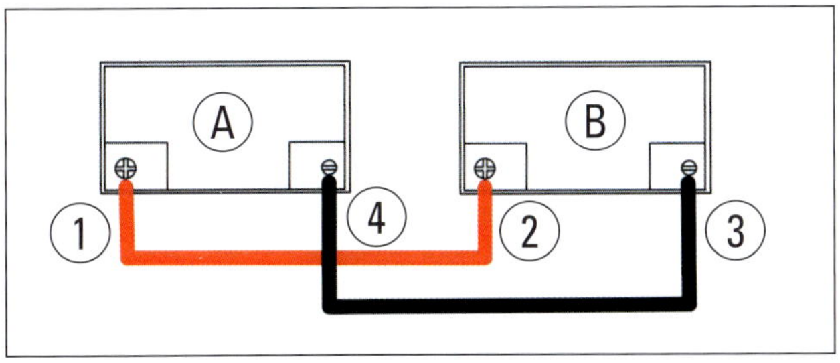

***Anschlussreihenfolge der Starthilfekabel:** A Pannenfahrzeug, B Hilfsfahrzeug, 1 Plusanschluss Pannenfahrzeug, 2 Plusanschluss Hilfsfahrzeug, 3 Minusanschluss Hilfsfahrzeug, 4 Minusanschluss Pannenfahrzeug.*

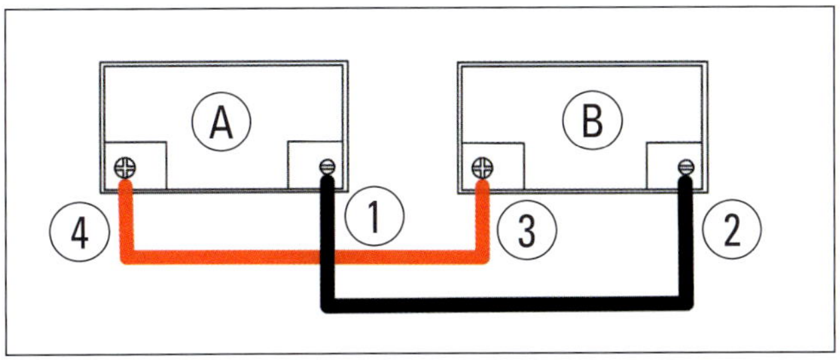

***Abklemmreihenfolge der Starthilfekabel:** A Pannenfahrzeug, B Hilfsfahrzeug, 1 Minusanschluss Pannenfahrzeug, 2 Minusanschluss Hilfsfahrzeug, 3 Plusanschluss Hilfsfahrzeug, 4 Plusanschluss Pannenfahrzeug.*

Anklemmen (Bild oben)
- Das Hilfsfahrzeug dicht an das Pannenfahrzeug heranfahren, damit die Batterien durch die Starthilfekabel verbunden werden können. Schalten Sie am Pannenfahrzeug alle Stromverbraucher ab.
- Die Pluspole mit dem Starthilfekabel verbinden, zuerst am Pannenfahrzeugs (1 im Bild oben), dann am Hilfsfahrzeugs (2 im Bild oben) anklemmen.
- Das andere Kabel zuerst am Minuspol des Hilfsfahrzeugs (3) und dann am Minuspol des Pannenfahrzeugs (4) anschließen.
- Motor des Hilfsfahrzeugs (B) starten und mit etwas erhöhter Drehzahl laufen lassen, damit die Lichtmaschine viel Strom liefert.
- Starten Sie das Pannenfahrzeug (A). Wenn der Motor nicht gleich anspringt, sollten Sie nach weiteren Versuchen immer wieder eine Pause einlegen, damit der Anlasser abkühlen kann. Dabei den Motor des Hilfsfahrzeugs weiterlaufen lassen – die leere Batterie im Pannenfahrzeug wird dadurch schon etwas nachgeladen.

Abklemmen (Bild unten)
- Zum Abnehmen der Starthilfekabel zuerst den Minuspol (1) am Pannenfahrzeug (A), dann den am Hilfsfahrzeug (2) abklemmen. Anschließend die Kabel von den Pluspolen abnehmen, zuerst den am Hilfsfahrzeug (3), dann an der Batterie des Pannenfahrzeugs (4).

Überhitzen durch Wasserverlust

Wenn der Motor überhitzt, droht ein kapitaler Motorschaden. In den meisten Fällen fehlt dem Motor Kühlwasser. Drehen Sie niemals den Ausgleichsbehälter sofort auf. Er steht gerade bei überhitzten Kühlsystemen unter hohem Druck. Das Kühlwasser kann durchaus überspannt sein. Das bedeutet, es hat eine Temperatur über 100 °C bzw. über 115 °C erreicht. Wasser ist bei ca. 100 °C schon gasförmig. Schwere Verbrennungen wären so unausweichlich!
- Stellen Sie den Motor sofort ab.
- Warten Sie einige Zeit ab und öffnen Sie den Deckel des Ausgleichsbehälters langsam. Halten Sie niemals den Kopf in den Bereich des Kühlwasserbehälters, wenn Sie den Deckel abschrauben wollen. Vor dem eigentlichen Abdrehen hat der Kühlerdeckel noch eine Raststufe. Kurz nach dieser Stufe wird hörbar der Druck entweichen. Warten Sie ab, bis der Druckausgleich stattgefunden hat und drehen Sie

den Kühlerdeckel langsam und sehr vorsichtig mit einem Lappen als Handschutz ab.

■ Bevor Sie jedoch nun fehlendes Kühlwasser auffüllen, sollten Sie als Erstes versuchen die Ursache des Wasserverlustes zu lokalisieren.

»Kochen« durch Kühlmittelverlust

Stellen Sie regelmäßigen Wasserverlust fest, kann das mehrere Ursachen haben.

■ Ein undichter oder beschädigter Schlauch kommt als Ursache genauso infrage wie eine beschädigte Wasserpumpe oder ein Schaden an Kopfdichtung oder anderen Teilen des Kühlsystems. Suchen Sie gezielt nach Wasserspuren im Motorraum. Zumeist lässt sich der Schaden recht gut einkreisen, wenn man den »weißen« Spuren folgt.

Der Einsatz von »Kühlerdichtmitteln« ist sicherlich keine Lösung, die als Reparatur bezeichnet werden kann. Die chemischen Zusätze können zwar ein vorhandenes Leck zuerst einmal verschließen, bedeuten aber keine Betriebssicherheit. Defekte Bauteile und Dichtungen sollten am besten sofort getauscht werden.

»Kochen« durch Ausfall des Kühler-Lüftermotors

Wenn der Ventilator streikt und der Motor nur im Stand heiß wird, können Sie die Fahrt bei freier Strecke fortsetzen. Im Stand und an roten Ampeln dann jeweils den Motor abstellen.

■ Stellen Sie die Heizung auf maximale Wärme bei höchster Gebläsestufe, um zusätzlich etwas Hitze aus dem Motor abzuführen.

Kleine Schäden und Pannen

STÖRUNGSBEISTAND

Störung	Was kann das sein?	Was kann ich tun?
A Reifen verliert Luft	**1** Nagel oder Schraube in der Lauffläche eingefahren	Standstreifen, Raststätte, Pannenbucht oder Parkplatz langsam anfahren und den Reifen mittels Reparatursatz instand setzen. Stellen Sie ein Warndreieck auf!
	2 Schäden an der Reifenflanke (Innen- oder Außenseite)	
	3 Ventil undicht	Standstreifen, Raststätte, Pannenbucht oder Parkplatz langsam anfahren und das Ventil soweit im Reparatursatz vorhanden ersetzen. Stellen Sie ein Warndreieck auf!
B Die Batterie ist entladen	**1** Die Batterie ist defekt	Prüfen Sie den Säurestand und die Kapazität der Batterie mit einem Batterietester, eventuell die Batterie erneuern.
	2 Der Generator ist defekt	Prüfen Sie die Ladespannung an der Batterie auch bei eingeschaltetem Licht und erhöhter Drehzahl. Fällt Sie zu niedrig aus, müssen die Anschlüsse und der Generator geprüft und eventuell erneuert werden.
C Die Kühlmittelanzeige steigt zu stark an	**1** Der Kühlerlüfter ist defekt	Kühlmittelstand überprüfen. Heizung einschalten und die Temperatur über das Innenraumgebläse bei geöffneten Fenstern abbauen. Die Fahrt kann mit verminderter Last und Pausen fortgesetzt werden. Die Temperaturanzeige im Auge behalten!
	2 Das Kühlsystem ist undicht	Leckage so weit wie möglich eingrenzen. Die meisten Teile des Kühlsystems sind unzugänglich für eine Reparatur auf dem Parkplatz. Lassen Sie Ihr Fahrzeug abschleppen, um keinen Schaden am Motor zu riskieren.
	3 Die Zylinderkopfdichtung ist defekt	

Batteriewechsel: *1 Hinteren Gehäusedeckel abziehen, 2 hinteren Gehäusedeckel abnehmen, 3 Batterie heraushebeln.*

Schlüsselbatterie wechseln

Wie bei den meisten modernen Fahrzeugen wird auch Ihr Beetle über die Schlüsselfernbedienung geöffnet oder verschlossen. Ärgerlich, wenn die Batterie schwächelt oder sogar einfach ausfällt. Natürlich könnten Sie dann das Fahrzeug noch immer über den Schlüssel mechanisch öffnen. Zumindest dann, wenn das Schloss im Türgriff nicht schon aus Wartungsmangel einfach festoxidiert ist. Die Wartung lässt sich mit etwas Sprühöl und Bewegung bei eingestecktem Schlüssel im Rahmen der regelmäßigen Wartung abarbeiten.

Schlüsselbatterie am Klappschlüssel

- Nehmen Sie den Schlüssel vom Schlüsselring ab.
- Ziehen Sie den hinteren Gehäusedeckel (1 im Bild oben) ab.
- Hebeln Sie mit einem kleinen Schraubendreher die Batterie heraus.
- Setzen Sie den Gehäusedeckel wieder auf und drücken Sie ihn fest auf das Gehäuse.

Tastenfeld und Gehäuse

Im Zubehör können Schlüsselgehäuse erworben werden. Das ist eine sehr gute Lösung, wenn die Tasten abgegriffen oder defekt sind. Im Reparaturset sind neben einer detaillierten Beschreibung auch die erforderlichen Spezialwerkzeuge dabei, um die Reparatur durchführen zu können. Achten Sie bei der Bestellung genau auf den Bautyp Ihres Schlüssels. Das originale Schlüsselgehäuse wird aufgrund des Sicherungsstiftes (2 im Bild Mitte) zerstört. Der lässt sich nicht entfernen. Der Schlüsselbart (12) wird gegen den Originalen getauscht. Auch die Platine des alten Schlüssels wird in das neue Gehäuse eingebaut. Ein Anlernen des reparierten Schlüssels ist somit nicht erforderlich. Für die Wegfahrsperre handelt es sich um den alten Schlüssel.

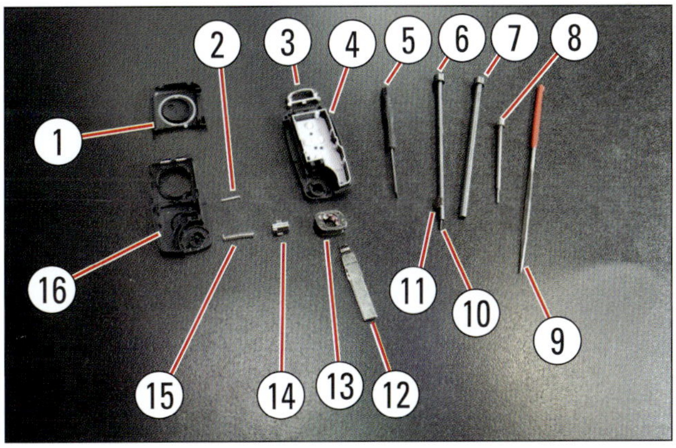

Reparturset in Teilen: *1 Deckel, 2 Sicherungsstift, 3 Ringöse, 4 Gehäuse mit Tastenfeld (unten), 5 Schraubendreher, 6 Einschlagdorn, 7 Durchschlag, 8 Austreiber, 9 Feile, 10 Eintreiber, 11 Magnet, 12 Bart (Rohling), 13 Gelenk, 14 Taste, 15 Feder, 16 Gehäuse (oben).*

Gehäusewechsel bei defektem Tastenfeld oder Schlüsselgelenk: *1 Montierte Klinge, Feder und Knopf im Gehäuse mit Platz für die Platine mit dem Transponder, 2 hinteren Gehäusedeckel drehen, 3 Sicherungsstift einschieben.*

Räder, Reifen und Radwechsel

Sie gehören zu den wichtigsten Teilen am Fahrzeug und stellen die Verbindung zur Fahrbahn her. Der richtige Umgang, die Radmontage und auch die versteckten Information zum Reifenalter finden Sie in diesem Kapitel. Auch Pannen, die Ursachen und der Umgang mit dem Reifenkompressor werden wir Ihnen näher bringen. Manchmal sind es nur Kleinigkeiten, die das Fortkommen verhindern können. Wie Sie in diesen Fällen Ihren Beetle wieder flottkriegen, steht in diesem Kapitel.

Anforderung und Aufgaben

In der Kombination spricht man von den Rädern eines Fahrzeuges. Sowohl der Reifendurchmesser als auch die Reifenbreite beeinflussen das Fahrverhalten unter Umständen deutlich. Inwieweit andere Reifenhaftungspotenziale und auch andere Kräfte, die an der Lenkung entstehen, einen Einfluss auch auf die Regelungssysteme des Fahrwerks haben, wurde entweder noch nicht untersucht oder noch nicht veröffentlicht. Das Urteilsvermögen eines Sachverständigen muss hinsichtlich der Eintragungen auch um Kenntnisse über Einflüsse und Störungen bezüglich der Regelsysteme erweitert werden.
Gerade in diesem Punkt ist es sehr erstaunlich, welche Rad-Reifenkombinationen abgenommen und eingetragen werden. Fahrwerksteile wie Spurplatten und Komplettfahrwerke weichen zum Teil erheblich von den Herstellervorgaben ab. Der Tuner will sein Produkt Fahrzeug schließlich auch deutlich von den Serienmodellen abheben. Als verantwortungsbewusster Autofahrer sollten Sie grundsätzlich gerade die fachlichen Hintergründe hinterfragen und im Zweifelsfall auf Serienausrüstung oder zumindest auf baugleiche Bauteile zurückgreifen, die vom Hersteller auch freigegeben wurden.

Das Bindeglied zur Straße – der Reifen
Reifenunterbau, Gummimischung und das ausgefeilte Reifenprofil machen moderne Reifen zu echten Hightech-Produkten, die einen wichtigen Beitrag zur passiven Sicherheit Ihres Autos leisten. Sie tragen das Gewicht eines Fahrzeugs, fangen kleinere Stöße der Fahrbahn ab und übertragen die Kräfte, die bei Antrieb, Bremsen und Kurvenfahrt entstehen. Die Reifen an den Hinterrädern bringen es durchschnittlich auf eine Laufleistung von 30.000 bis 50.000 Kilometer, die der Vorderräder auf 15.000 bis 35.000 Kilometer.
Aber auch wenn Sie Ihr Fahrzeug nur selten bewegen – spätestens nach sieben, acht Jahren sind die Reifen am Ende, weil sich die Mischung des Gummis mit der Zeit auflöst und/oder versprödet bzw. verhärtet.

Anforderungen an den Reifen (Bild oben)
Mit der Kreisfläche soll das Leistungsvermögen des Reifens dargestellt werden. Die Kreisteile zeigen den Anteil der Anforderung in der Gesamtanforderung an die Leistung des Reifens. An der begrenzten Form des Kreises kann man recht schnell die begrenzten definierten Eigenschaften einsehen, die ein Reifen für

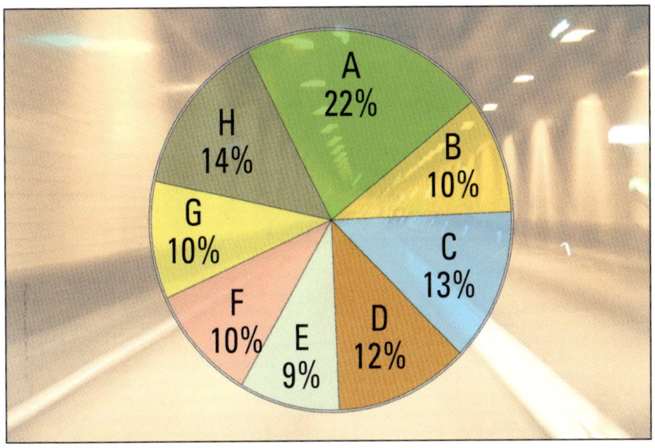

Anforderungsprofil eines Reifens im Kreisdiagramm: *A Nassbremsverhalten, B Fahrkomfort, C Lenkpräzision, D Fahrstabilität, E Reifengewicht, F Lebenserwartung, G Rollwiderstand, H Aquaplaningverhalten.*

den Hersteller erfüllen muss. Es wird sehr anschaulich, was passiert, wenn eine Eigenschaft deutlicher hervortreten soll. Mindestens eine Eigenschaft muss dann für diese vorrangige Eigenschaft zurückgestellt werden. Das erklärt auch die durchaus unterschiedlichen Testergebnisse bei Reifentests.

Wichtiges zum Thema Reifen

Die Anforderungen an die Reifen eines Autos steigen ständig, Faktoren wie steigendes Fahrzeuggewicht, höhere Geschwindigkeiten und höhere Fahrzeugsicherheiten verursachen naturgemäß einen größeren Verschleiß an den Reifen.

Reifen und Luftdruck
Durch das Gewicht des Fahrzeuges wird der Reifen im Bereich seiner Aufstandsfläche auf der Fahrbahn verformt. Diese Verformung nennt man Abplattung. Am drehenden Rad läuft diese Abplattung um den Umfang herum. Diese zwangsmäßige Verformung des Reifens ergibt einen größeren Rollwiderstand. Hieraus ergeben sich wiederum ein höherer Reifenverschleiß und Kraftstoffverbrauch und, nicht zu vergessen, ein höheres Sicherheitsrisiko. Grundsätzlich sollte immer der Luftdruck eingehalten werden, den der Hersteller in Tankdeckel und/oder im Fahrerhandbuch angibt.

- Ein zu hoher Luftdruck führt zu Mittenverschleiß und schlechtem Abrollkomfort.
- Zu niedriger Luftdruck bewirkt höheren Rollwiderstand, höhere Reifentemperatur und einen höheren Verschleiß auf den Außenkanten des Reifenprofils.

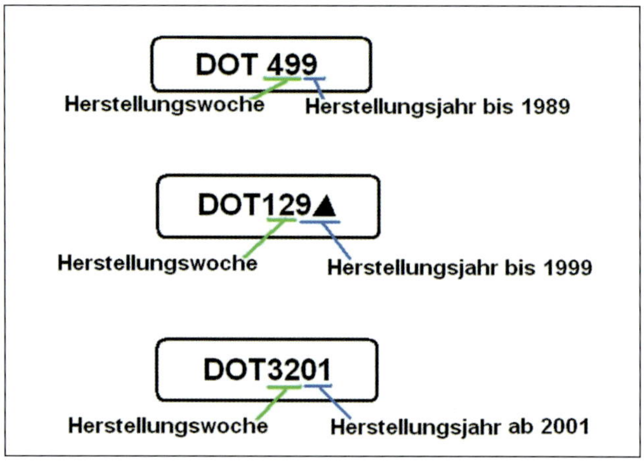

***Produktionsprägung:** Auf der Reifenflanke findet sich in einer ovalen Vertiefung hinter der Dot-Nummer das Kürzel für das Produktionsdatum.*

Produktionsdatum

Das Reifenherstellungsjahr ist verschlüsselt auf jedem Reifen angegeben. Gerade bei älteren Fahrzeugen kommt es vor, dass schon sehr alte Reifen montiert sind. Achten Sie beim Reifenkauf gerade bei gebrauchten Radsätzen darauf, dass die Reifen nicht älter als vier Jahre sind. Grundsätzlich dürfen zwar auch ältere Reifen gefahren werden. Allerdings werden die Reifen mit zunehmenden Alter härter und verlieren damit ihren Grip. Das bedeutet: Die Verzahnung zwischen Straße und Reifen wird schlechter. Die Auswirkungen sind natürlich schlechtere Antriebsleistung. Aber, und das ist wesentlich schlimmer, der Bremsweg verlängert sich genauso.

Laufrichtung beachten (Bild unten)

Der Verschleiß an der Antriebsachse ist durch die höheren Lasten, die durch Antrieb und Radführung auf der Vorderachse abgedeckt werden müssen, deutlich höher als der Verschleiß auf der Hinterachse. Solange das Ablaufbild »normal« ist und der Reifen auch, dürfen sie niemals entgegen ihrer Laufrichtung betrieben werden. Achten Sie auf die Laufrichtungsmarkierung (Pfeil) auf der Reifenflanke.

Standplatten am Reifen

Der Begriff Standplatten oder auch Abflachung oder Abplattung beschreibt eine ebene Fläche auf dem Reifenprofil, die durch das Abstellen des Fahrzeugs oder der Reifen über einen längeren Zeitraum verursacht wurde. Standplatten können Unruhe in der Lenkung verursachen, die gefühlsmäßig durchaus dieselben Symptome wie die Reifenunwucht aufweisen. Standplatten lassen sich nicht durch Auswuchten beseitigen. Dieser Fehler muss vor der Wuchtung durch den Monteur erkannt werden. In der Regel verschwinden diese Verformungen im normalen Betriebsalltag des Reifens wieder von selbst. In jedem Fall muss zuerst einmal der Reifenluftdruck überprüft werden. Es sollte auch ausgeschlossen werden, dass irgendwelche Schäden an den Reifen vor-

WISSENSWERTES

Abmessungen an der Felge

Die Größe einer Felge gibt man stets in Zoll an. Als Größe wird der Durchmesser der Felge an der Stelle bezeichnet, auf dem der Reifen sitzt. Die Bezeichnung 6 J x 15 H2 zum Beispiel bezeichnet

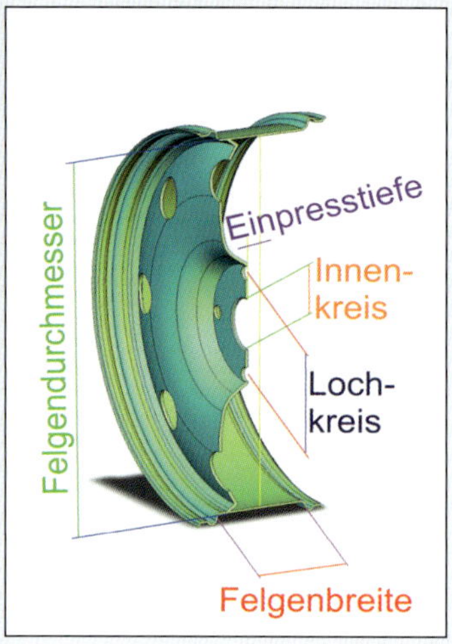

eine Tiefbettfelge (x) mit einer Breite von sechs Zoll und einem Durchmesser von 15 Zoll. Der Buchstabe »J« steht für die Form des Felgenhorns. H2 weist auf eine an beiden Schultern der Felge rundumlaufende Erhöhung (Hump) hin. Sie verhindert, dass bei schneller Fahrt durch eine Kurve der Reifenwulst durch die Seitenkräfte von der Schulter der Felge ins Tiefbett gedrückt wird. Das Tiefbett ist für die Reifenmontage unerlässlich.

***Einbaurichtung beachten:** Typische Kennzeichnungen auf den Rädern zur Laufrichtungs- (ROTATION) oder Anbaurichtungs-(Outside) Markierung am Reifen.*

liegen. Sind diese Grundlagen geschaffen, können Sie auch durch Warmfahren des Reifens in vielen Fällen schon den Standplatten beheben. Auf einer Autobahn sollten Sie nun, soweit es Straße, Verkehr und Sichtverhältnisse zulassen, eine Strecke von 20 bis 30 km mit etwa 120 bis 150 km/h zurücklegen. Anschließend sollte das Fahrzeug sofort angehoben und die Räder demontiert und neu gewuchtet werden. Die Ursachen für einen Standplatten können vielseitig sein:

- Das Fahrzeug stand mehrere Wochen auf einer Stelle, ohne dass es bewegt wurde.
- Der Luftdruck der Reifen ist zu gering.
- Das Fahrzeug wurde nach einer Lackierung in eine Trockenkammer gestellt.
- Das Fahrzeug wurde mit warmen Reifen in einer kühlen Garage oder Ähnlichem abgestellt. In einem solchen Fall kann schon über Nacht der »Standplatten« entstehen.

Radschrauben für den VW Beetle

An Ihrem Beetle werden in der Serienausstattung pro Rad vier Radschrauben verwendet. Sie haben die Gewindebezeichnung M14x1,5x27 (10.9). Die Verwendung von kürzeren oder längeren Schrauben kann Schäden am Gewinde oder auch anderen Bauteilen der Radaufhängung verursachen. Die Radschrauben sollen nach Herstellerangaben angezogen werden. Für die Stahlfelgen ist ein Anzugsdrehmoment von 120 Nm erforderlich. Es ist nicht erlaubt und auch aus fachlicher Sicht unsinnig, die Bolzen oder das Gewinde einzufetten. Der Hintergrund hier liegt in der leichteren Lösbarkeit gerade nach dem Winter. Das Fett erleichtert tatsächlich das Lösen und auch das Festziehen der Radschrauben. Leider ist das Anzugsdrehmoment genau auf diesen Reibwert der Schraube ausgelegt. Dreht diese sich jetzt leichter, wird die Schraube stärker belastet, als das vom Hersteller vorgesehen war. Die Folgen sind hier leicht abreißende oder sich selbst lösende Radschrauben sowie Schäden am Gewinde der Radnabe.

Lagerung von Reifen

Auch die Lagerung der Reifen muss mit Sorgfalt erfolgen. Aufgrund der Hintergründe für sogenannte Standplatten sollten Reifen niemals aufrecht stehend gelagert werden. Reifen sollten immer gut geschützt vor Sonneneinstrahlung und größeren Temperaturschwankungen eingelagert werden. Auch vor Einwirkungen von Öl, Lösemittel oder Feuchtigkeit sollten sie geschützt werden. Grundsätzlich sollten die gerade demontierten Felgen am besten vor der Lagerung auf einem Felgenbaum gründlich gereinigt werden. Sauber und trocken stehen sie für den nächsten Einsatz bereit. Wer bei der Reinigung der Räder den Zustand und auch das Alter der Reifen genauer betrachtet, kann schon frühzeitig vor der jeweiligen Saison den eventuell notwendigen Ersatz bei seinem Reifenhändler in Auftrag geben.

Praktische Lagerung: *Reifen auf einem Felgenbaum.*

Radschrauben

WISSENSWERTES

Für den Beetle sind eine Vielzahl von Felgen auch im Zubehörhandel zu erwerben. Hier können unterschiedliche Radschrauben erforderlich werden. Ob nun Kegelsitzschrauben oder Kugelsitzschrauben zum Einsatz kommen, ist zum einen gut zu erkennen, zum anderen aber auch in den Felgengutachten beschrieben. Dasselbe gilt auch für Radspurplatten, die das Verwenden von gleichen Felgeneinpresstiefen erlauben. Auch hier müssen Sie beachten, welche Sitzbauform der Schraube vorgegeben ist. Die falsche Radschraube beschädigt den Sitz der Felge. Achten Sie immer darauf, dass die Radschrauben ausreichend tragendes Gewinde zur Verfügung haben. Sie müssen mindestens neun Gewindegänge eingeschraubt werden können, bevor sie festgezogen werden müssen.

Umrüsten von Rad-Reifenkombinationen

Tiefer, breiter, Keilformfahrwerk, diverse Fahrwerksumrüstsets werden für Tuningzwecke auch beim Beetle herangezogen. Vielfach enden solche Tuning-Orgien in der totalen technischen Katastrophe. Bevor wir nun alles verteufeln, was nicht Original ist, möchten wir dem technisch interessierten Schrauber einige Überlegungen mit auf die Werkzeugkiste legen.

Negativ ist positiv

Ein Fahrzeughersteller wie Volkswagen konzipiert seine Fahrzeuge so, dass sie auch in extremen Situationen beherrschbar bleiben sollen. Der Fahrer soll das nur an gutmütigem Fahrverhalten und notfalls auch an erfolgreich gemeisterten Extremsituationen merken. Nehmen wir einmal an, bei Ihrem Fahrzeug platzt während der Fahrt der Reifen vorne rechts. Was wird passieren? Zuerst nimmt man mal an, dass das Fahrzeug sofort und extrem zu der rechten Seite ziehen wird. Der Hersteller allerdings hat diese Situation in der Lenkgeometrie anders ausgelegt. Zwar steht das Lenkrad nach dem Platzer schief, das Auto aber fährt geradeaus weiter.

Vereinfacht lässt sich die Reaktion des Fahrzeugs so darstellen: Eine konstruktive Auslegung ist der Lenkrollenhalbmesser einer Vorderachse.

Der Beetle ist werksmäßig mit einem »negativen« Lenkrollenhalbmesser ausgelegt worden. Das bedeutet nichts anderes, als dass der Drehpunkt des Rades auf der Fahrbahn etwas weiter nach außen als der eigentliche Mittelpunkt der Radaufstandsfläche auf der Fahrbahn gelegt wurde. Betrachten wir nun wieder den geplatzten vorderen rechten Reifen. Er wird einen deutlich höheren Rollwiderstand produzieren als das intakte linke Vorderrad. Da der Drehpunkt des Rades nicht im Radaufstandflächenmittelpunkt liegt, erzeugt der platte rechte Reifen eine Lenkbewegung nach links. Der linke Reifen läuft nun nicht mehr gerade zur Fahrbahn und erzeugt auch einen höheren Rollwiderstand.

Die Lenkgeometrie will nun einen Kräfteausgleich der beiden Räder erzeugen und sucht sich den neuen »Mittelpunkt«. Sind die Rollwiderstände gleich, fährt das Fahrzeug wieder geradeaus. Der Kräfteausgleich bewirkt wiederum die Schiefstellung des Lenkrades. Derselbe Vorgang ergibt sich übrigens auch bei unterschiedlichen Reifen oder auch unterschiedlichem Luftdruck der Reifen.

Positiv ist negativ

Das Lieblingskind der Tuner ist der Umbau auf breite Reifen und natürlich auch auf Spurplatten oder Felgen mit kleineren Einpresstiefen. Beides bewirkt oftmals eine erhebliche Veränderung des Lenkrollenhalbmessers. Der im ungünstigsten Fall nun positive Lenkrollenhalbmesser bewirkt das Gegenteil der Überlegungen des Fahrzeugherstellers.

Betrachten wir nun wieder die Fahrsituation mit dem geplatzten vorderen rechten Reifen. Er wird einen deutlich höheren Rollwiderstand produzieren als das intakte linke Vorderrad. Da der Drehpunkt des Rades zwar auch nicht im Radaufstandflächenmittelpunkt liegt, sondern etwas weiter innen, erzeugt der platte rechte Reifen eine Lenkbewegung nach rechts.

Zwar läuft der linke Reifen nun auch nicht mehr gerade zur Fahrbahn und erzeugt auch einen höheren Rollwiderstand, die Wirkrichtung ist aber leider nach rechts.

Da keine Kräfte entgegenstehen, kann die Lenkgeometrie keinen Kräfteausgleich der beiden Räder erzeugen und lenkt nach rechts. Die Kräfte werden schlagartig auftreten und durch die unterschiedliche Radbelastung stark an- und abschwellende Gegenkräfte vom Fahrer einfordern. In der Regel wird es kaum möglich sein, das Fahrzeug auf der Straße zu halten und einen Unfall zu vermeiden.

An diesem Beispiel sieht man sehr drastisch, wie ungewollte Einflüsse auf das Fahrzeug ausgeübt werden können, die fatale Folgen nach sich ziehen können. Hinterfragen Sie ruhig auch die Auswirkungen der breiteren Räder auf das Fahrverhalten des Fahrzeugs und natürlich auch die Auswirkungen auf den Lenkrollenhalbmesser. Ein Händler, der nicht in der Lage ist, diesen Zusammenhang darzustellen, ist sicherlich ungeeignet Ihr Fahrzeug durch Tuningmaßnahmen zu verbessern.

Neben der Veränderung des Lenkrollenhalbmessers verändern auch Höhenlage, Sturz, Spur und Nachlauf das Fahrverhalten des Fahrzeuges. Ohne tiefgehende Kenntnisse über die Fahrwerkstechnik sollten Sie niemals Veränderungen, Reparaturen oder Umbauten an Achsbauteilen vornehmen. Rad-/Reifenkombinationen sollten grundsätzlich vom Hersteller freigegeben worden sein oder zumindest hinsichtlich der Abmessungen (inkl. der Einpresstiefe) den Vorgaben der Hersteller entsprechen.

Montage und Wuchten

Wuchtgewichte auf der Felge entfernen: *1 Montage-Kombizange, 2 Bohrung im Wuchtgewicht (an der Zange ist eine Nase für die Bohrung angebracht, 3 Wuchtgewicht.*

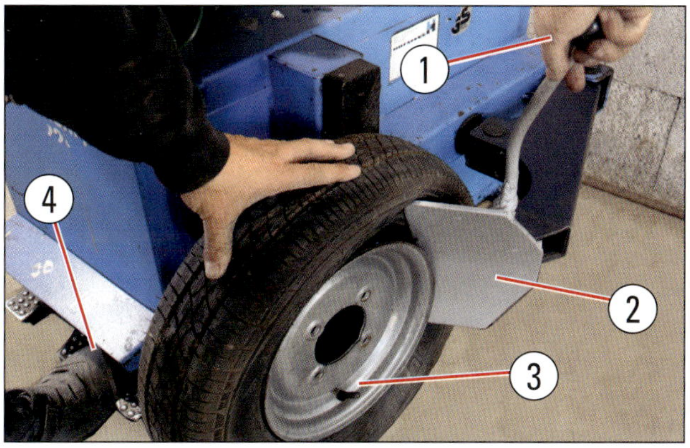

Reifen von der Felge abdrücken: *1 Führungshebel, 2 Abdrückeschild, 3 Position des Ventils beim Abdrücken (nie im Arbeitsbereich!), 4 Pedal zur Betätigung des Schildes.*

Reifen De- und Montage

Die Reifenbeschaffung lässt sich heute leicht und sehr günstig über Händler oder Marktplattformen im Internet realisieren. Die Lieferung erfolgt in der Regel bis an die Haustüre. Die Reifenmontage und das Wuchten kann in vielen Mietwerkstätten für recht kleines Geld in Eigenarbeit erledigt werden. Wir zeigen Ihnen an einem einfachen Montiergerät, wie diese Arbeiten fachgerecht durchgeführt werden.

Die Demontage

- Drehen Sie das Reifenventil heraus und lassen Sie die Luft ab.
- Demontieren Sie die alten Wuchtgewichte (Bild links oben). Bei Aluminium-Felgen müssen die Klebegewichte und die Rückstände des Klebstoffes entfernt werden.
- Drücken Sie mit dem Abdrückeschild (Bild rechts oben) den Reifen auf beiden Seiten über den Hump von der Felge ab. Der Reifen muss nun lose auf der Felge sitzen.
- Setzen Sie die Felge mit dem Reifen auf dem Montageteller auf und spannen Sie sie mit den Spannkrallen fest (Bild Mitte).
- Verdrehen Sie den Montageteller mit der Felge so weit, dass das Ventil etwa eine viertel Umdrehung vom Montageschuh entfernt steht (Bild unten).
- Stellen Sie den Montagearm so ein, dass der Montageschuh knapp über der Felge steht.
- Hebeln Sie den Reifen wie gezeigt auf den Mon-

Reifen auf dem Montageteller einspannen: *1 Felge mit abgedrücktem Reifen, 2 Reifen (durchsichtig dargestellt), 3 Spannkrallen auf dem Montageteller der Montiermaschine.*

Stellung des Ventils zum Demontagebeginn: *1 Montagehebel (Reifen-Montierhebel), 2 Montageschuh des Montiergerätes, 3 Position des Ventils bei der Demontage.*

tagesschuh und drehen Sie den Montageteller im Uhrzeigersinn (Bild oben). Der Reifenwulst wird von der Felge runtergezogen. Achten Sie darauf, dass Sie die Drehung vor dem Ventil beenden. Das Ventil könnte auch ein Drucksensor (nur bei direkten RDKS) sein, der leicht beschädigt werden kann.

■ Verdrehen Sie den Montageteller mit der Felge wieder so weit, dass das Ventil etwa eine viertel Umdrehung vom Montageschuh entfernt steht (Bild mitte auf der vorherigen Seite).

■ Hebeln Sie mit dem Montierhebel den unteren Reifenwulst auf den Montageschuh und drehen Sie den Montageteller im Uhrzeigersinn (Bild unten auf der vorherigen Seite). Der Reifenwulst wird von der Felge heruntergezogen. Achten Sie auch hier darauf, dass Sie die Drehung vor dem Ventil beenden. Das Ventil könnte auch ein Drucksensor (nur bei direkten RDKS) sein, der leicht beschädigt werden kann.

■ Nehmen Sie den Reifen ab.

■ Bei Fahrzeugen ohne RDKS-Sensor und einem Gummiventil schneiden Sie das Ventil auf der Innenseite der Felge ab.

Die Montage

■ Reinigen Sie den Reifensitz auf der Felge und entfernen Sie lose Farbe oder Rost.

■ Prüfen Sie die neuen Reifen auf Beschädigungen.

■ Tragen Sie etwas Montagepaste auf das neue Reifenventil (1 im Bild unten links) auf und ziehen Sie ein neues Ventil mit dem Ventileinziehhebel (2) ein.

■ Streichen Sie den Reifenwulst (1 im Bild unten rechts) mit Montagepaste ein.

■ Stellen Sie den Montagearm so ein, dass der Montageschuh knapp über der Felge steht.

WISSENSWERTES: RDKS-Systeme

Seit November 2014 wird jedes neu zugelassene Fahrzeug mit einem RDKS (Reifendruckkontrollsystem) ausgestattet. So ist es dem Fahrer möglich seinen Reifendruck permanent im Auge zu behalten. Es werden unterschiedliche RDKS-Systeme verbaut.

Das indirekte RDKS

Es arbeitet über die ABS-Raddrehzahlsensoren und wertet die Raddrehzahl aus. Für das System werden keine Drucksensoren im Reifen benötigt. Es liefert keine Druckmesswerte. Bei fallendem Reifendruck wird der wirksame Durchmesser des Reifens kleiner und die Raddrehzahl des betroffenen Rades wird größer. Es wird eine »Reifendruckwarnung« im Tachodisplay angezeigt.

Das direkte RDKS

Es arbeitet über Drucksensoren im Reifen. Es liefert Druckmesswerte für alle Reifen des Fahrzeugs. Bei fallendem Reifendruck wird der Druck mit einer »Reifendruckwarnung« im Tachodisplay angezeigt. Beim Radwechsel müssen die Radsensoren meist neu angelernt werden. Veränderte Reifendrücke müssen durch den Fahrer bestätigt werden.

■ Verdrehen Sie den Montageteller mit der Felge wieder so weit, dass das Ventil etwa eine viertel Umdrehung vom Montageschuh entfernt steht (Bild oben links auf der nächsten Seite), um eine Beschädigung bei montiertem RDKS-Sensor zu vermeiden.

■ Legen Sie den unteren Reifenwulst wie (nächste Seite Bild oben rechts) gezeigt im Montageschuh ein.

Einziehen des neuen Reifenventils (Gummi) in die Felge: *1 Einstreichen mit Montagepaste, 2 Ventileinziehhebel, 3 Pinsel mit Reifenmontagepaste.*

Einstreichen des Reifenwulstes mit Montagepaste: *1 Reifenwulst (Sitz und Abdichtung auf der Felge), 2 Pinsel mit Reifenmontagepaste (niemals Öle oder Fette verwenden!).*

Position des Ventils bei der Reifenmontage: *Um mit dem Reifenwulst das Ventil oder einen RDKS-Sensor nicht zu beschädigen steht das Ventil 90° vom Montageschuh entfernt.*

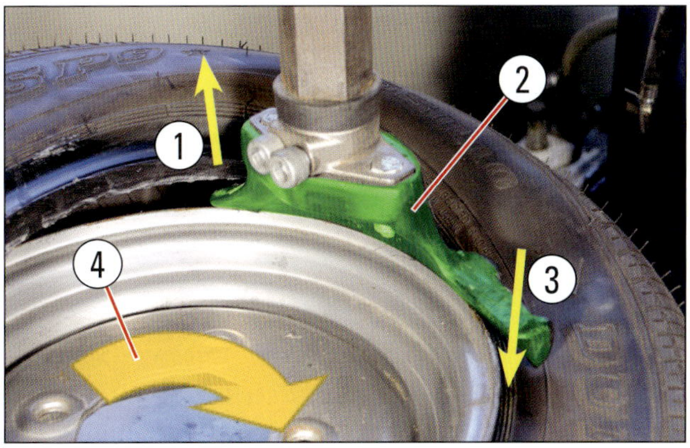

Position des Reifens im Montageschuh: *Reifen über dem Montageschuh, 2 Montageschuh, 3 Reifen unter dem Montageschuh, 4 Drehrichtung für die Montage.*

■ Drehen Sie den Montageteller im Uhrzeigersinn und achten Sie darauf, dass der Reifenwulst in das Felgentiefbett rutscht.

■ Verdrehen Sie den Montageteller mit Felge wieder so weit, dass das Ventil etwa eine viertel Umdrehung vom Montageschuh entfernt steht, um eine Beschädigung bei montiertem RDKS-Sensor zu vermeiden.

■ Öffnen Sie die Spannkrallen des Montagetellers und stellen Sie den Reifen aufrecht hin.

■ Drehen Sie das Reifenventil heraus und setzen Sie den Reifenluftfüller an. Ohne das Ventil kann mehr Luft in den Reifen gelangen, was das Setzen des Reifens erleichtern kann.

■ Befüllen Sie den Reifen mit etwa 3 bar Luftdruck, bis der Reifenwulst rundum und auf beiden Seiten über den Felgenhump gesprungen ist.

■ Nehmen Sie die Reifenfüller ab und drehen Sie das Reifenventil ein.

■ Befüllen Sie den Reifen mit dem angegebenen Reifenfülldruck je nach Bereifung und Fahrzeugbeladung.

Reifen wuchten

Wuchtgeräte-Einstellung

■ Spannen Sie die Felge auf das Wuchtgerät auf und stellen Sie den Felgendurchmesser, die Felgenbreite und das Abstandsmaß zur Felge am Reifenwuchtgerät ein. Moderne Geräte in der Profiklasse erfassen die Werte durch Antasten mit einem Messstab.

■ Stellen Sie das Wuchtgerät auf die Felgenbauart und möglicherweise auch auf die Position ein, an der die neuen Gewichte befestigt werden sollen.

■ Kontrollieren Sie, ob alle alten Gewichte und deren Rückstände entfernt worden sind.

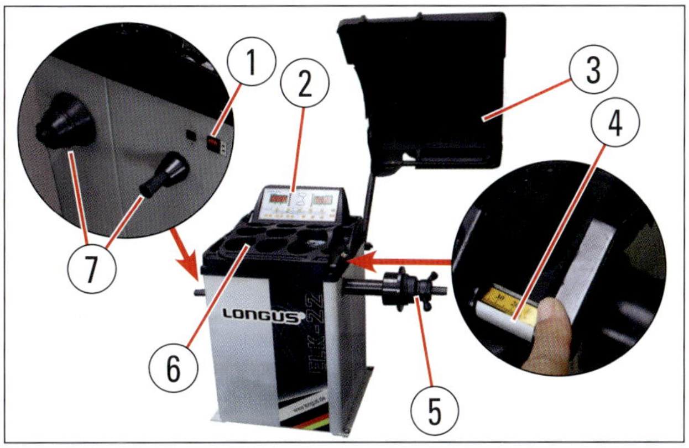

Reifenwuchtgerät: *1 Netzschalter, 2 Anzeigen und Wahltasten, 3 Radschutz, 4 Abstandsmaßstab zwischen Rad und Maschine, 5 Spannmutter, 6 Ablage, 7 Konusablage.*

■ Schließen Sie den Radschutzkasten und starten Sie das Wuchtgerät.

■ Lesen Sie die Anzeige für die dynamische Unwucht der Innenseite ab und befestigen Sie ein entsprechendes Gewicht auf der Innenseite der Felge auf der angezeigten Stelle.

■ Schließen Sie den Radschutzkasten und starten Sie das Wuchtgerät erneut.

■ Lesen Sie die Anzeige für die dynamische Unwucht der Außenseite ab und befestigen Sie ein entsprechendes Gewicht auf der Außenseite der Felge auf der angezeigten Stelle.

■ Überprüfen Sie die Auswuchtung mit einem erneuten Durchgang.

■ Kontrollieren Sie das Ergebnis über die »Feinwuchtung« (soweit vorgesehen).

■ Nehmen Sie das Rad von dem Wuchtgerät ab und montieren Sie es am Fahrzeug.

Montage am Fahrzeug

Grundregeln

Das Montieren der Sommer- und Winterräder können Sie unter Beachtung weniger Grundregeln für Montage und Lagerung schnell und sicher erledigen.

■ Beachten Sie aber beim Anheben des Fahrzeugs die Sicherheitsbestimmung, siehe Kapitel »Kleine Schäden und Pannen, Fahrzeug aufbocken«.

■ Nach der Demontage der Räder müssen diese eingelagert werden. Empfehlenswert ist hierzu ein Felgenbaum, der verhindert, dass die Flanken oder Laufflächen während der Einlagerung belastet werden.

■ Das Anzugsdrehmoment liegt bei 105 Nm, nach 100 km sollten Sie alle Schrauben zur Sicherheit mit einem Drehmomentschlüssel nachziehen!

■ Suchen Sie eine ebene Stelle mit festem Untergrund für den Radwechsel und ziehen Sie die Handbremse fest an.

Montagearbeit

■ Lösen Sie vor dem Anheben des Wagens alle Radbolzen zunächst nur um eine Viertelumdrehung.

■ Heben Sie nun das Fahrzeug so weit an, bis das Rad ein paar Zentimeter über dem Boden ist.

■ Entfernen Sie dann die Radbolzen und nehmen Sie das Rad ab. Wechseln Sie immer ein Rad nach dem anderen. So bleibt das Fahrzeug trotz Wagenheber noch sehr standfest.

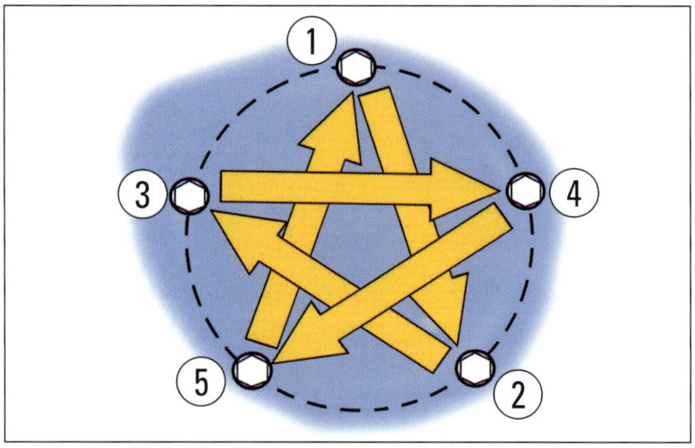

Anzugsfolge der Radschrauben: *Grundsätzlich immer die gegenüberliegende Schraube und über Kreuz anziehen (1-5).*

■ Kontrollieren Sie den Zustand der Radnabe. Säubern Sie diese gegebenenfalls mit der Drahtbürste und tragen Sie eine hauchdünne Schicht Kupferpaste auf. Das schützt vor weiterer Korrosion.

■ Setzen Sie jetzt das Rad an. Drehen Sie alle Radbolzen in das Gewinde ein und achten Sie darauf, dass das Rad gerade an der Nabe anliegt.

■ Ziehen Sie zunächst alle Räder handfest an.

■ Ziehen Sie die Radbolzen über Kreuz mit einem Drehmoment von 105 Nm an.

STÖRUNGSBEISTAND – Räder, Reifen und Radwechsel

Störung	Was kann das sein?	Was kann ich tun?
A Reifen verliert Luft	**1** Starker, einseitiger Verschleiß des Profils	Achsgeometriemesswerte stimmen nicht, Achsvermessung durchführen
	2 Verschleiß an den Außenkanten des Profils	Zu viel Luftdruck, Luftdruck kontrollieren
	3 Verschleiß in der Mitte des Profils	Zu wenig Luftdruck, Luftdruck kontrollieren
B Schütteln am Lenkrad	**1** Räder unwuchtig	Räder wuchten (lassen)
	2 Bremsscheiben verzogen	Bremsscheiben und Anlageflächen an der Nabe prüfen, gegebenenfalls ersetzen
	3 Bauteile von Fahrwerk oder Lenkung defekt	Fahrwerk und Lenkung prüfen, defekte Teile ersetzen und gegebenenfalls eine Achsvermessung durchführen

Reifenreparatur

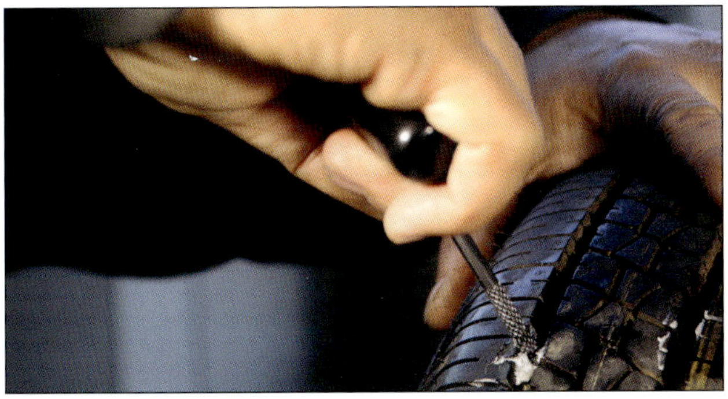

Stichkanal aufreiben: *Durch Eindrehen der Reibahle mit dem Handgriff wird der Stichkanal gereinigt und erweitert.*

Faden einziehen mit der Durchstichnadel: *Mit leichten Drehbewegungen den Faden in den Stichkanal drücken.*

Voraussetzungen

Eine Schraube oder ein Nagel im Reifen macht den Ersatz des Reifens noch nicht erforderlich. Solange der Schadensbereich auf der Lauffläche ist und das Innere des Reifens keinen weiteren Schaden genommen hat, ist eine Reparatur möglich. Grundsätzlich muss der Reifen für jede Reparatur abgezogen werden, um den Schaden von innen begutachten zu können und die Richtung des Stichkanals für die Reparatur sicherstellen zu können. Hierfür sind im wesentlichen zwei Reparatursysteme auf dem Markt. Wir möchten Ihnen hier ein Reparaturverfahren mit einem Reparaturfaden vorstellen. Bei sachgemäßer Handhabung nach den Herstellervorgaben kann der Reifen uneingeschränkt weitergenutzt werden.

Reparaturablauf

- Schadstelle ausfindig machen und wenn erforderlich, die Schraube oder den Nagel entfernen.
- Etwas Gleitmittel auf die Reibahle auftragen und die Reibahle unter leichter Drehbewegung in den Stichkanal hineindrücken.
- Durch wechselnde Zug- und Druckbewegungen den Stichkanal aufreiben, bis sich die Reibahle leichter bewegen lässt. Hierbei die Richtung des Einstichkanals beibehalten.
- Die Durchstichsicherung auf die Durchstichnadel aufsetzen.
- Den Reparaturfaden aus der Verpackung nehmen und in die Durchstichnadel einführen.
- Die Durchstichnadel mit dem Reparaturfaden in den erweiterten Einstichkanal bis Anschlag einführen und verdrehen.
- Die Durchstichnadel mit Schwung herausziehen.
- Die überstehenden Reste bis zur Profilhöhe abschneiden.
- Den vorgeschriebenen Reifendruck wieder herstellen.
- Mit einem Prüfspray (Seifenspray) die Reparaturstelle auf Dichtigkeit prüfen.

Überstände abschneiden: *Die Überstände des eingeschobenen Reparaturfadens bis zur Profilhöhe abschneiden.*

Reparaturstelle fahrbereit: *Nach Reparatur und erfolgreicher Dichtigkeitsprobe ist der Reifen wieder einsatzbereit.*

Fahrwerk

Als Fahrwerk werden die Teile des Fahrzeugs bezeichnet, die für die präzise Radführung mit bestmöglichem Bodenkontakt, die Richtungsstabilität und für eine komfortable und ausgeglichene Führung der Karosserie über dem Boden zuständig sind. Eigentlich gehören die Reifen auch dazu. Diese haben wir aber schon im letzten Kapitel behandelt und betrachten hier die Radführungskomponenten genauer.

Was ist eigentlich ein Fahrwerk?

Im Volksmund versteht man unter Fahrwerk eher nur die Stoßdämpfer und die Federn. Dass hinter diesem Begriff eine Konstruktion aus sehr vielen Bauteilen steht, die aufeinander abgestimmt den Spagat zwischen Komfort und präziser Radführung abdecken müssen, ahnt zuerst mal niemand. Zum Fahrwerk gehört alles, was zwischen Karosserie und Straße für die Radführung sorgt. Jede Veränderung, sei es durch Verschleiß oder aber auch durch Umbau, erfordert erhebliches Fachwissen durch den Monteur. Gerade bei Tuningmaßnahmen rund ums Fahrwerk darf nie vergessen werden, dass es sich um ein Kraftfahrzeug handelt, das sicher im Straßenverkehr bewegt werden soll. Kunstwerke werden nicht gefahren, sondern ausgestellt.

Auslegung des Fahrwerks

Damit ein Fahrzeug überhaupt geradeaus fahren kann, ist der Bezug zur Hinterachse extrem wichtig. Jeder, der mal erlebt hat, wie ein Auto reagiert, wenn die Hinterachse ausbricht (das Fahrzeug übersteuert dann ...), weiß, welche Auswirkung es hat, wenn die Hinterachse als sogenannte spurgebende Achse das Fahrzeug nicht mehr führt. Alle Fahrwerkswerte beziehen sich immer auf die Hinterachse. Sie ist der Bezugspunkt für die Konstruktion und natürlich auch für die Fahrwerksvermessung. Aus diesem Grund ist es, gelinde ausgedrückt, unsinnig die Vorderachse einzeln zu vermessen. Ein Rad kann neben der Drehbewegung sich auch seitlich neigen oder auch nach vorn oder hinten versetzt werden. Die Räder werden sogar beim Einlenken angehoben oder abgesenkt. Alle diese Funktionen entstehen aus dem Zusammenspiel der Bauteile und sind gewollt. Sogar die Veränderung der Höhenlage eines Fahrzeuges folgt solchen »Kennlinien« und hat selbstverständlich Einflüsse auf die Achsgeometrie und das Fahrverhalten. Auch wenn es kaum vorstellbar ist, haben sogar die Felgengröße und ihre Einpresstiefe Einfluss auf das Fahrwerk und seine Funktionen.

Ohne Reibung keine Kraftübertragung. Das kennen wir schon von der einen oder anderen Glatteisfahrt. Man kann sich vorstellen, dass für eine »spurgenaue« Fahrzeugführung der Kontakt der Reifen von entscheidender Wichtigkeit ist. Geht die Verbindung zwischen Reifen und Fahrbahn verloren, können weder Vortriebs-, Brems-, Seitenführungs- oder Lenkkräfte mehr übertragen werden. Wichtige Elemente für diese Aufgabe sind Federung und Stoßdämpfung. Bodenunebenheiten werden so durch Ein- und Ausfedern des einzelnen Rades möglichst ausgeglichen. Unerwünschtes Nachschwingen des Aufbaus verhindern die Stoßdämpfer. Sie müssten eigentlich Schwingungsdämpfer heißen, da sie zwar auch Stöße dämpfen, aber in der Hauptsache durch Federn verursachte Schwingungen abschwächen.

Lenkung und Fahrsicherheit

Die Lenkung soll möglichst feinfühlig sein und zielgenaues Lenken ermöglichen. Sie ist genau auf die Achsen und die Lenkgeometrie abgestimmt. Wie bei fast allen Autos heutzutage kommt beim Beetle eine Zahnstangenlenkung zum Einsatz. Sie gilt als besonders präzise und sorgt trotz der serienmäßigen Servounterstützung für ein noch direkteres und feinfühligeres Ansprechen der Lenkung. Die Lenkung ist ein Bauteil, von dem die gesamte Fahrsicherheit in besonderem Maße abhängt. Defekte, falsche Einstellungen und fehlerhafte Reparaturarbeiten können deshalb fatale Auswirkungen haben.

⚠ Fahrwerk und Lenkung

GEFAHRENHINWEIS

Die Arbeiten an Teilen des Fahrwerks und der Lenkung sind nicht immer fürs Do-it-yourself geeignet. Sie setzen Erfahrung und oft auch spezielle Werkstattgeräte sowie Spezialwerkzeuge voraus.

Fehlerhafte Reparaturen werden damit nicht nur zur Gefährdung für Sie selbst, sondern auch für andere Verkehrsteilnehmer. Denn genauso wie bei den Bremsen Ihres Beetles kann nur die einwandfreie Funktion aller Teile des Fahrwerks und der Lenkung die Fahrsicherheit gewährleisten. Die Teile der Lenkung und des Fahrwerks sind nach einer Beschädigung, zum Beispiel durch einen Unfall, meist zu ersetzen. So dürfen Sie beispielsweise defekte Teile der Radaufhängung nicht etwa einfach richten oder schweißen – sie müssen grundsätzlich erneuert werden.

Wenn Sie sich nicht sicher sind, ob Sie die betreffende Reparatur selbst ausführen können oder wenn Sie die dafür benötigten Werkzeuge nicht besitzen – überlassen Sie die Arbeit besser der Werkstatt.

McPherson-Federbein

WISSENSWERTES

Fahrbahnunebenheiten erzeugen an den Rädern Auf- und Abwärtsbewegungen. Mit Hilfe der Federbeine, bestehend aus Federn und Dämpfern, werden diese Bewegungen der Räder durch Ein- und Ausfedern kompensiert und der Kontakt zur Straße gehalten. Die Kombination der Feder- und Dämpfereinheit am Fahrzeug beeinflusst dabei wesentlich den Fahrkomfort, die Fahrsicherheit und auch das Kurvenverhalten.
Im Gegensatz zum Nutzfahrzeug kommt hierzu im Pkw fast durchgängig die Einzelradaufhängung zum Einsatz. Mit ihr können die ungefederten Massen gering gehalten werden und die Räder beeinflussen sich nicht gegenseitig beim Ein- und Ausfedern, wie beim Starrachsenprinzip.
Als kostengünstig und platzsparend hat sich das sogenannte ***McPherson-Federbein*** erwiesen. Seinen Namen verdankt es seinem Erfinder, dem US-Amerikaner Earl S. McPherson, dessen Patent erstmals 1948 zum Einsatz kam. Es entstand aus dem Doppelquerlenker-Federbein und ist, durch seine kompaktere Bauweise, besonders zum Einsatz in Klein- und Mittelklassewagen geeignet.
Die Platzersparnis resultiert aus der Ersetzung des oberen Querlenkers durch ein Schwingungsdämpferrohr, an dem die Achsschenkel befestigt sind. Das Stoßdämpferaußenrohr ist mit dem radlagertragenden Achszapfen und dem Spurstangenhebel fest verbunden. Beim Lenken schwenkt diese Einheit um die »Lenkachse« (gedachte Linie zwischen Domlager und Traggelenkbolzen), die mit ihrem oberen Ende in einem Gummilager der Karosserie sitzt (Domlager), während unten am Federbein ein frei bewegliches Kugelgelenk (Traggelenkbolzen) über einen Querlenker die zweite Verbindung zur Karosserie herstellt.

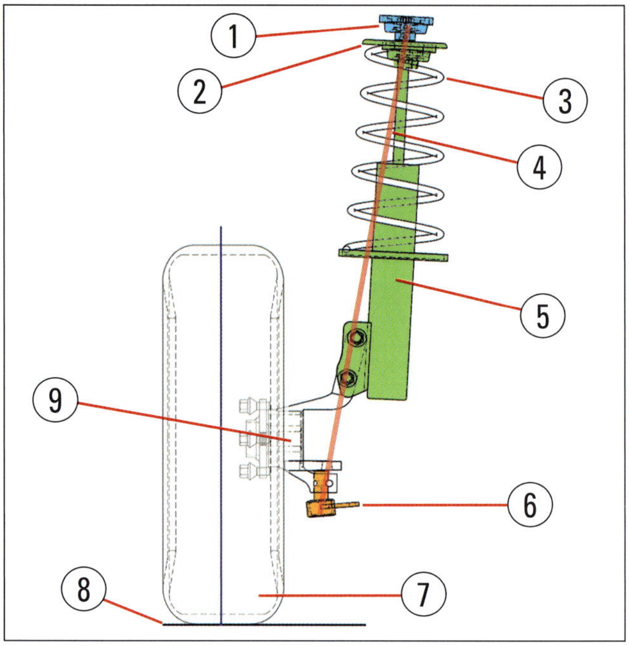

Reifenwuchtgerät: *1 Domlager, 2 Federteller oben, 3 Fahrwerksfeder, 4 Lenkachse (gedachte Linie), 5 Federbein, 6 Traggelenkbolzen, 7 Rad, 8 Fahrbahnoberfläche, 9 Achsschenkel mit eingebautem Radlager.*

Die Vorderachse

Die Mc-Pherson-Vorderachse besteht aus einem Querlenker unten und radführenden Federbeinen. Die meisten Fahrzeuge mit McPerson-Federbein werden über die Vorderräder angetrieben. Beim Beetle erfolgt der Antrieb über die Vorderachse. Zur Querstabilisierung wird ein Stabilisator verwendet, der verschraubt mit dem Achsträger über die Koppelstangen die Seitenneigung der Karosse mechanisch verringert. Der Dreiecklenker wird durch einen Hilfsrahmen aufgenommen, der an der Karosserie verschraubt ist.

Arbeiten an der Vorderachse

Achs- und Gelenkmanschetten

Die Kugelgelenke der Achsgelenke (rechts und links zwischen Querlenker und Lenk-Schwenklager) sitzen in einer Fett-Dauerfüllung in Kunststoffschalen. Staubkappen aus Kunststoff schützen sie vor Nässe und Schmutz. Die Gelenke sind wartungsfrei. Eine beschädigte Staubkappe bedeutet allerdings das vorzeitige »Aus« fürs Gelenk – eindringender Schmutz wirkt wie Schmirgelsand, Feuchtigkeit lässt es mit der Zeit festrosten.
Hilfreich für die folgende Prüfung sind ein Montierhebel, um das Spiel zwischen Gelenk und Gelenktopf zu überprüfen, und eine gute Handlampe.

- Fahrzeug vorne aufbocken, ideal wäre für die Prüfung eine Hebebühne.
- Lenkung zu der Seite voll einschlagen, die kontrolliert werden soll.

Gummimanschetten und Lager vorne: *1 Manschette Spurstangenkopf, 2 Traggelenkbolzen 3 Koppelstange, 4 Querlenkerlager, 5 Stabilisatorlager.*

Die folgenden Prüfungen müssen grundsätzlich für beide Fahrzeugseiten durchgeführt werden. Gerade bei Schäden an der Lagerung der Querlenker (4) sollten immer vier Lager ersetzt werden.

Kontrolle der Staubmanschetten

■ Die Gummimanschetten der Koppelstangen (3 im Bild oben links), der Traggelenkbolzen (2) und der Spurstangen (1) zusammendrücken – so entdecken Sie auch versteckte Risse.

■ Eine schadhafte Staubkappe kann nicht einzeln ersetzt werden, der Gelenkbolzen muss komplett ausgetauscht werden.

Traggelenkbolzen prüfen

■ Das Axialspiel prüfen, indem der Achslenker (6) kräftig mit Blick auf den Traggelenkbolzen (7) nach unten gezogen und wieder hochgedrückt wird.

■ Das Radialspiel prüfen, indem das Rad (8) mit Blick auf den Traggelenkbolzen (9) kräftig nach innen und außen gedrückt wird.

Spurstangengelenk prüfen

■ Umfassen Sie das Gelenk (10) der Spurstange fest mit der einen Hand.

■ Bewegen Sie die Spurstange (11), indem Sie versuchen sie mit der anderen Hand oder dem Montierhebel nach unten und oben zu drücken. Wenn Spiel vorhanden ist, bemerken Sie es in der Hand, mit der Sie das Gelenk der Koppelstange umfassen.

Querlenkerlager prüfen

■ Hinteres und vorderes Lager für Querlenker (4) genau prüfen. Dabei vor allem auf Risse des Gummilagers achten. Abgerissene Lagergummis müssen ersetzt werden. Hilfreich für diese Arbeitsschritte ist ein Reifenmontierhebel, um die Lagerung bewegen zu können.

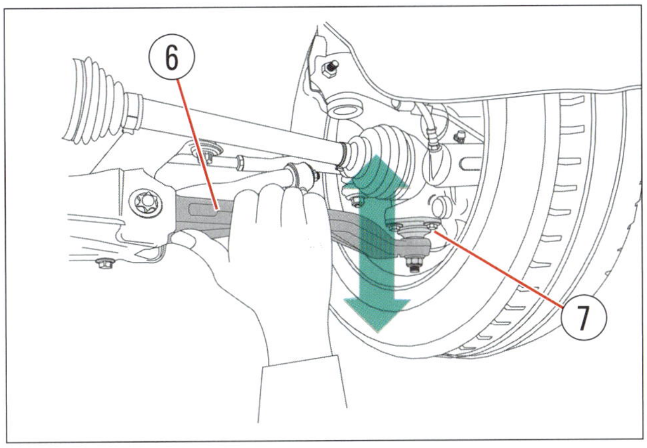

Axialspiel prüfen: *Achslenker (6) kräftig mit Blick auf den Traggelenkbolzen (7) nach oben und unten drücken.*

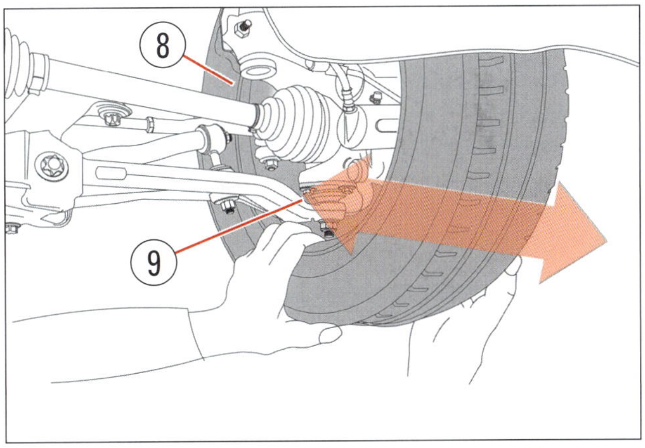

Radialspiel prüfen: *Rad (8) unten kräftig mit Blick auf den Traggelenkbolzen (9) nach innen und außen drücken.*

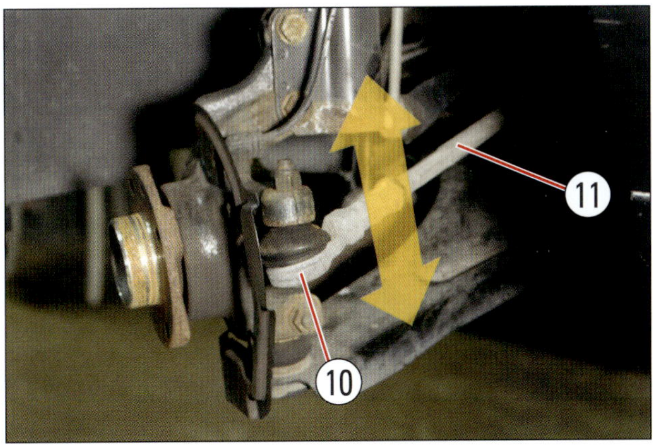

Spurstangenkopf prüfen: *Den Spurstangenkopf (10) umfassen, Spurstange (11) kräftig nach oben und unten drücken.*

WISSENSWERTES

Begriffe der Lenkgeometrie

Von der Stellung der Vorderräder wird die Straßenlage wesentlich bestimmt. Das bedeuten die wichtigsten Begriffe in jedem Vermessungsprotokoll:

Vorspur (A im Bild unten): Der vordere Abstand der Räder einer Achse ist kleiner als der hintere.

Nachspur (C im Bild unten): Der vordere Abstand der Räder einer Achse ist größer als der hintere.

Spurdifferenzwinkel: Für die Vorderradaufhängung festgelegte Abweichung zwischen den Radeinschlagwinkeln bei Stellung eines Rades auf 20°. Bei der Fahrt durch eine Kurve schwenkt das kurveninnere Rad zur Unterstützung der Lenkbewegung und der Lenkkräfte stärker ein als das kurvenäußere. Die Vorspur geht in Nachspur über (Räder einer Achse hinten enger zusammen).

Sturz: Die Neigung des Rades zu einer Senkrechten auf der Fahrbahn.

Nachlauf: Neigung der Lenkachse (Lenkdrehachse) in Richtung der Fahrzeuglängsachse. Durch den Nachlauf werden die Räder gezogen (und nicht geschoben). Sie neigen deshalb dazu, sich von selbst geradeaus zu stellen und diese Stellung auch beizubehalten.

Spreizung: Die Neigung der Lenkachse (Lenkungsdrehachse) zu einer Senkrechten auf der Fahrbahn. Denkt man sich eine Linie dieser Achse zum Boden und misst den Abstand zur Mittellinie durch das Rad (Mittelpunkt der Reifenaufstandsfläche), erhält man den Lenkrollradius. Dieser soll möglichst klein sein, um die Störkräfte in der Lenkung zu verringern. Die Spreizung bewirkt zusammen mit dem Nachlauf, dass sich bei eingeschlagenen Rädern das Fahrzeug etwas anhebt. Lässt man das Lenkrad los, stellen sich die Räder in die Mittelstellung zurück.

Geofahrachswinkel: Der Geofahrachswinkel (Geofahrachse) wird durch die Spur der beiden Hinterräder gebildet und beschreibt die Abweichung der Lage der Fahrzeugmittelachse (Symmetrieachse) zur tatsächlichen Fahrtrichtung.

Prüfen der Koppelstange

■ Umfassen Sie das Gelenk der Koppelstange fest mit der einen Hand.

■ Bewegen Sie den Stabilisator, indem Sie versuchen ihn mit der anderen Hand oder dem Montierhebel nach unten und oben zu drücken. Wenn Spiel vorhanden ist, bemerken Sie es in der Hand, mit der Sie das Gelenk der Koppelstange umfassen.

Lenkmanschetten prüfen

Die aus dem Zahnstangengehäuse austretende Zahnstange wird links und rechts durch eine Gummimanschette geschützt. Dringen durch einen rissigen oder beschädigten Faltenbalg Schmutz und Feuchtigkeit ein, verbinden sie sich mit dem Fett des Lenkgetriebes zu einer Schleifpaste, die ständig am Lenkritzel nagt. Eine verschlissene Manschette sollten Sie daher sofort ersetzen.

■ Leuchten Sie mit einer Taschenlampe jeden Faltenbalg ab.

■ Schlagen Sie die Lenkung voll nach rechts und links ein; ziehen Sie dann den Faltenbalg Stück um Stück auseinander, um Risse in den Falten zu erkennen.

Radeinstellung prüfen

Die richtige Stellung der Vorderräder entscheidet darüber, ob Ihr Fahrzeug auf ebener Strecke und in Kurven ruhig und sicher auf der Straße liegt.

■ Nach harter Berührung des Bordsteins kann die Geometrie der Vorderradaufhängung bereits empfindlich gestört sein. Auch verschlissene Gelenke und Gummilager oder unsachgemäße Reparaturen

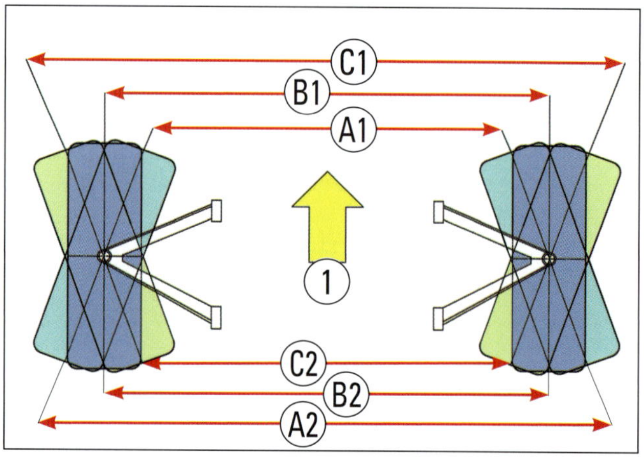

Spur, Vorspur und Nachspur: *1 Fahrtrichtung, A Vorspur (A1<A2), B Spur »0« (B1=B2), C Nachspur (C1>C2).*

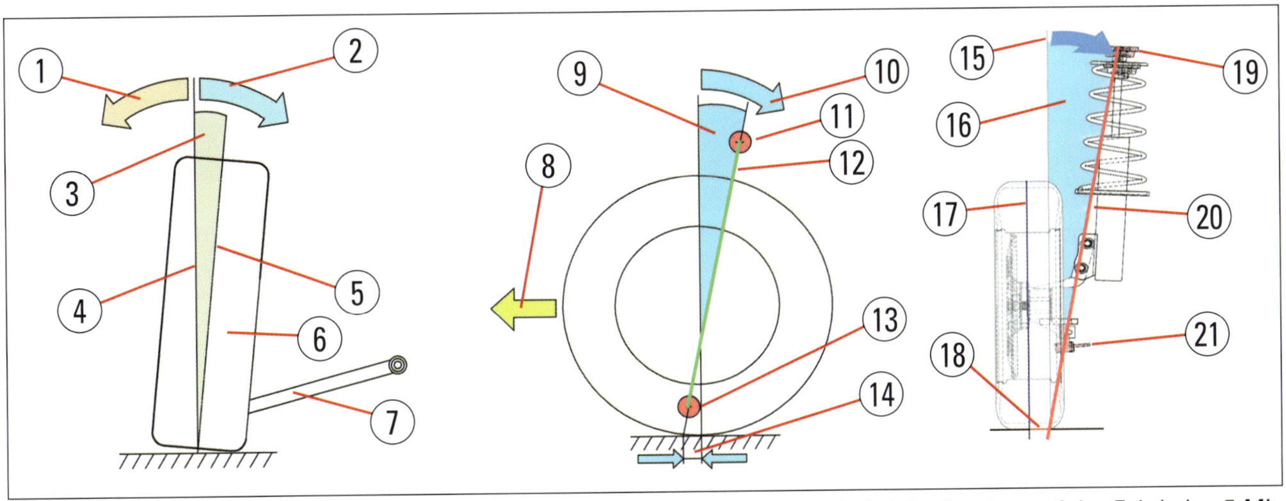

Sturz, Nachlauf und Spreizung: *1 Positiver Sturz, 2 negativer Sturz, 3 Sturzwinkel, 4 Senkrechte auf der Fahrbahn, 5 Mittelebene des Rades, 6 Rad, 7 Querlenker, 8 angenommene Fahrtrichtung, 9 Nachlaufwinkel, 10 positiver Nachlaufwinkel, 11 Domlager, 12 Lenkachse (gedachte Linie zwischen Domlager und Traggelenkbolzen), 13 Traggelenkbolzen, 14 Nachlaufstrecke, 15 Senkrechte auf der Fahrbahn, 16 Spreizungswinkel, 17 Radmittelebene, 18 Lenkrollhalbmesser, 19 Domlager, 20 Lenkachse (gedachte Linie zwischen Domlager und Traggelenkbolzen), 21 Traggelenkbolzen.*

wirken sich spürbar negativ auf das Fahrzeugverhalten aus. Unternehmen Sie deshalb ganz gezielt eine kurze Probefahrt zur Überprüfung der Lenkgeometrie. Dazu müssen die Reifen einer Achse dieselbe Reifensorte und Profiltiefe aufweisen und den gleichen vorgeschriebenen Luftdruck haben.

- Prüfen Sie regelmäßig, dass die Reifen sich gleichmäßig abnutzen.
- Lassen Sie regelmäßig eine Fahrwerksvermessung auf einem Achsmessstand durchführen. Die Kosten hierfür fallen geringer aus als der Ersatz zweier einseitig abgefahrener Reifen.

Schadensbild Stoßdämpfer: *Das ausgelaufene Dämpferöl, wie hier zu sehen, bedeutet einen Totalausfall.*

Zustand der Stoßdämpfer prüfen

Nach zwei verschlissenen Reifensätzen besitzen die Stoßdämpfer meist nur noch die Hälfte ihrer Wirkung. Sie sind dann reif für den Austausch. Schlechte Dämpfer gehören zu den schleichenden Verschleißerscheinungen. Die meisten Fahrer gleichen Mängel am Stoßdämpfer mit der Zeit unbewusst durch verändertes Fahrverhalten aus. Lassen Sie zu Ihrer Sicherheit das Bauteil zur exakten Diagnose einmal im Jahr auf dem Prüfstand eines Automobilclubs oder von TÜV/DEKRA kontrollieren. Die Schaukelmethode, bei der man den Wagen am betreffenden Kotflügel aufschaukelt und plötzlich loslässt, ersetzt keine Prüfung. Damit können Sie nur einen total ausgefallenen Stoßdämpfer feststellen. Dies gilt auch für die Sichtprüfung. Erkennen Sie bereits das ausgelaufene

Domlager im Dom vorne: *Die Aufnahme der Feder-Dämpfer-Einheit steht unter großer Beanspruchung. Eine Sichtkontrolle schadet daher von Zeit zu Zeit nicht.*

Dämpferöl, ist der Dämpfer ebenfalls schrottreif. Mit einigen Kontrollfragen können Sie dennoch die nachlassende Wirkung Ihrer Dämpfer feststellen.

Beim Fahren auf Folgendes achten

- Flattert die Lenkung? In diesem Fall haben die Räder nicht ständig Kontakt zum Boden.
- Schwingt die Karosserie bei Fahrbahnunebenheiten nach?
- Wirkt das Fahrzeug in Kurven schwammig? Dann werden die kurveninneren Räder nicht genügend auf den Asphalt gedrückt, die äußeren nicht stark genug entlastet. Sichtprüfung!
- Nutzen die Reifen gleichmäßig ab?
- Sind die Aufnahmen in den Radhäusern unbeschädigt?
- Weisen die Dämpfer offensichtlich Schaden auf (z. B. auslaufendes Dämpferöl, wie in Bild Mitte (auf der vorherigen Seite) zu erkennen?

Federbein vorne ausbauen

Für die Montagearbeiten ist es einfacher, beide Stoßdämpfer zeitgleich zu demontieren. Wird nur eine Seite aufgebockt, wird der Stabilisator auf der Vorderachse unter Spannung stehen und die Montagearbeiten unnötig erschweren.

- Heben Sie das Fahrzeug an.
- Schrauben Sie das entsprechende Rad ab.
- Bremsträger mit montiertem Bremssattel an der Vorderachse abbauen und mit angeschlossenem Bremsschlauch zur Seite hängen.
- Die Schraube (6 im Bild oben links auf der nächsten Seite) lösen und Drehzahlgeber vorn (ABS-Sensor) aus dem Achsschenkel herausziehen.
- Die Mutter an der Koppelstange am Federbein abschrauben und die Koppelstange aushängen.
- Die Mutter am Spurstangenkopf abschrauben und den Spurstangenkopf mit Abdrücker (Bild unten) vom Achsschenkel lösen und aushängen. Den Spurstangenkopf vorsichtig auspressen, da die Gummimanschette beschädigt werden kann. Die Gummimanschette auf Beschädigung prüfen und wenn Schäden erkennbar sind, den Spurstangenkopf erneuern.
- Öffnen Sie die Motorhaube vorne und lösen Sie die drei Schrauben (1 im Bild oben).
- Hängen Sie den Bremsschlauch und die Anschlusskabel zum ABS-Sensor und zur Belagverschleißanzeige am Stoßdämpfer aus und legen Sie sie aus dem Arbeitsbereich heraus.

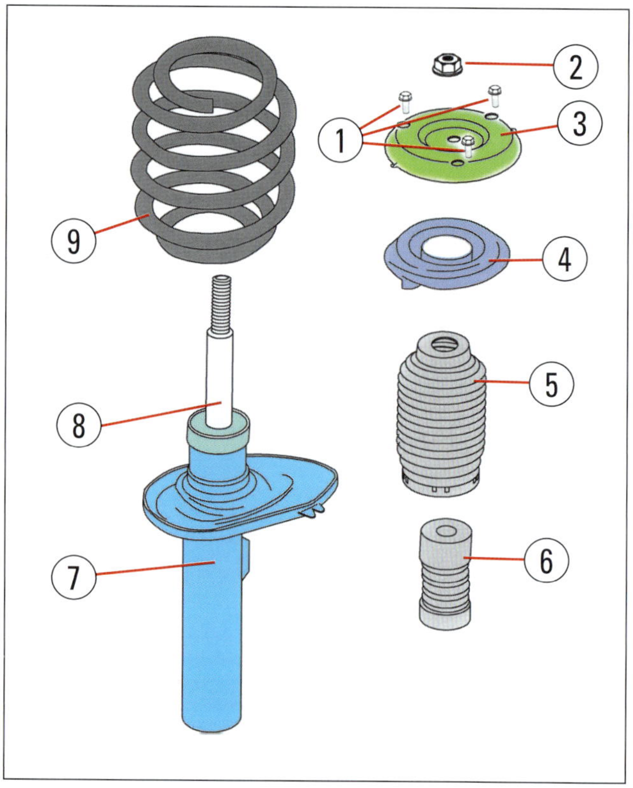

Federbein vorne: *1 Schrauben, 2 Mutter, 3 Domlager, 4 Gummilager Domlager, 5 Staubschutz Faltenbalg, 6 Anschlag-Puffer, 7 Stoßdämpfer, 8 Kolbenstange Stoßdämpfer, 9 Feder.*

Spurstangenkopf abdrücken: *Der Abdrücker vermeidet Schäden an Gewindebolzen und Dichtmanschette.*

- Unterbauen Sie den Querlenker so, dass er nicht durch das Gewicht des Achsschenkels nach dem Abbau des Federbeins nach unten gedrückt wird. Den Querlenker an der Vorderachse dabei nur so weit wie unbedingt notwendig nach unten drücken, andernfalls können die Gummibuchsen im Querlenker beschädigt werden.

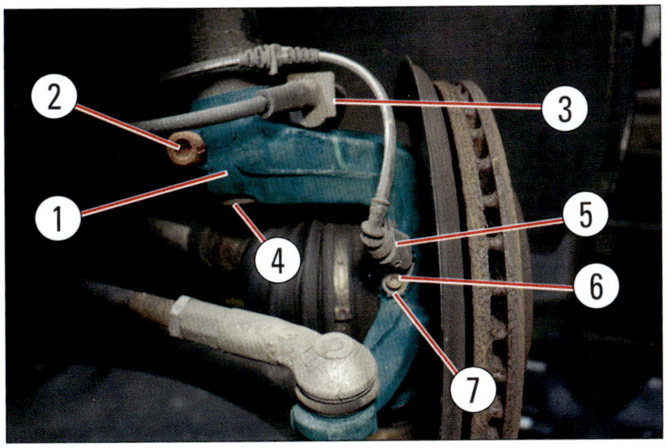

***Achsschenkel und Federbein:** 1 Achsschenkel, 2 Schraube und Mutter, 3 Halter mit Anschlusskabel, 4 Federbein, 5 Anschlusskabel, 6 Schraube ABS-Sensor (Raddrehzahlgeber), 7 ABS-Sensor (Raddrehzahlgeber).*

- Die Mutter abschrauben, die Schraube (2 im Bild oben) noch im Stoßdämpfer stecken lassen.
- Lassen Sie das Fahrzeug ab.
- Ziehen Sie die Schraube (2) heraus und weiten Sie den Achsschenkel etwas auf (Spezialwerkzeug).
- Sichern Sie den Achsschenkel gegen Herausklappen mit Kabelbindern an der Karosserie, um Schäden am Traggelenkbolzen und am Bremsschlauch zu verhindern.
- Nehmen Sie den Achsschenkel vom Federbein ab.
- Drehen Sie die Schrauben oben im Domlager ab und nehmen Sie den kompletten Stoßdämpfer, Federbein mit Feder und Anbauteilen heraus.

Die Montage erfolgt sinngemäß in umgekehrter Reihenfolge zur beschriebenen Demontage.

- Lassen Sie anschließend eine Fahrwerksvermessung auf einem Achsmessstand durchführen.

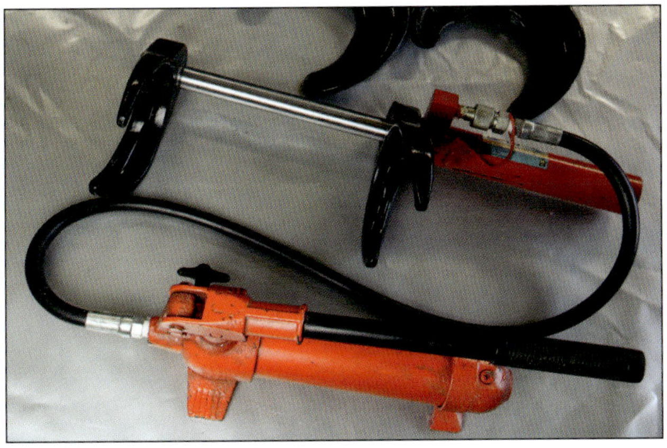

***Hydraulischer Federspanner:** Die deutlich teurere, aber auch schnellere und sicherere Feder-Spannmöglichkeit.*

***Feder spannen:** Der Federspanner sollte auf keinen Fall mit dem Schlagschrauber betätigt werden.*

Stoßdämpfer vorne ausbauen

Grundsätzlich müssen Stoßdämpfer immer zumindest achsweise ersetzt werden. Ein Unterschied im Dämpfungsverhalten hätte fatale Auswirkungen. Zur Demontage der Fahrwerksfeder vorne muss zwingend ein Federspanner verwendet werden. Die Vorspannung ist viel zu groß, als dass man sie sicher von Hand halten könnte.

- Bauen Sie das Federbein wie beschrieben aus.
- Setzen Sie den Federspanner entsprechend der Bedienungsanleitung des Federspanners an und spannen Sie die Feder so weit vor (Bild oben rechts), dass zwischen Domlager und Feder ein Spalt entsteht und die Feder leicht beweglich ist.
- Drehen Sie die zentrale Sicherungsmutter (2 im Bild oben auf der vorherigen Seite) des Domlagers heraus und nehmen Sie das Domlager ab.
- Nehmen Sie die Feder (9) vom Stoßdämpfer ab.

***Demontage vom Dämpfer in Reihenfolge:** 1 Domlager (meist mit Halteplatte), 2 Protektionkit, 3 Feder.*

■ Ziehen Sie auch das Protektionkit (5 und 6) vom Dämpfer ab.
■ Setzen Sie das neue Protektionkit (5 und 6) auf den Stoßdämpfer auf.
■ Prüfen Sie das Domlager (3) auf Leichtgängigkeit und Spiel.
■ Setzen Sie die vorgespannte Feder auf den neuen Dämpfer auf. Achten Sie auf den richtigen Sitz im Federteller.
■ Montieren Sie das Domlager oben.
■ Ersetzen Sie grundsätzlich alle selbstsichernden Muttern.
■ Kontrollieren Sie erneut den richtigen Sitz der Feder im Federteller und entspannen Sie den Federspanner langsam und gleichmäßig.
■ Lassen Sie anschließend eine Fahrwerksvermessung auf einem Achsmessstand durchführen.

Radlager ausbauen

Das Fahrzeug darf ohne montierte Antriebswellen und den Radlagern weder auf den Rädern abgestellt noch bewegt werden. Durch die Belastung werden die Radlager auseinandergedrückt und somit beschädigt. Verschrauben Sie die Radlager zumindest mit einer passenden Spannschraube.
■ Lösen Sie die Zentralschraube der Antriebswelle.
■ Das Fahrzeug mit der Hebebühne anheben und das entsprechende Rad abbauen.
■ Demontieren Sie den Halter des Fahrzeughöhensensors am Querlenker (soweit verbaut).
■ Drehen Sie die Schraube (4 im Bild oben) heraus und ziehen den ABS-Sensor (5) heraus.
■ Demontieren Sie den Bremssattel und befestigen Sie ihn mit einem Kabelbinder am Fahrzeugaufbau.
■ Bauen Sie die Bremsscheibe ab.
■ Lösen Sie die Verschraubung der Koppelstange am Stabilisator und schwenken Sie die Koppelstange zur Seite.
■ Drehen Sie die Muttern (8) ab und nehmen Sie die Bolzen des Traggelenkbolzens (7) aus dem Querlenker heraus.
■ Schwenken Sie das Federbein nach außen und nehmen Sie die Antriebswelle aus dem Radlager heraus.
■ Befestigen Sie die Antriebswelle am Fahrzeugaufbau.
■ Lösen Sie die Schrauben (3) und drehen Sie sie etwa 5 mm heraus.
■ Schlagen Sie mit einem Kunststoffhammer

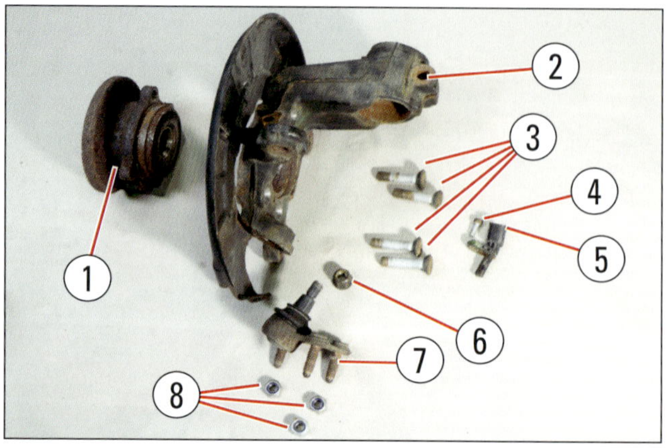

Radlager mit Gehäuse und Nabe im Achsschenkel: *1 Radlager mit Gehäuse, 2 Achsschenkel, 3 Schraube, 4 Schraube, 5 ABS-Sensor, 6 Mutter, 7 Traggelenkbolzen, 8 Muttern.*

Kontrolle der Magnetspur des Radlagers vor dem Einbau mit einer Prüfkarte: *1 Radlager, 2 Kontrollkarte 3 Kontrollfeld für Magnetfelder am Sensorring, 4 Sensorring.*

auf die Schraubenköpfe und lösen Sie die Radlagereinheit so aus ihrem Sitz.
■ Drehen Sie die Schrauben (3) heraus und nehmen Sie die Radlagereinheit (1) ab.

Der Einbau erfolgt sinngemäß in umgekehrter Reihenfolge zum Ausbau. Das Radlager ist zur Innenseite mit einem Magnetspurring (4 im Bild Mitte) ausgestattet. Das Radlager darf keinen Kontakt zu magnetischen Materialien bekommen. Der Magnetspurring kann unbrauchbar werden und das Radlager muss erneut ersetzt werden.
■ Prüfen Sie die Magnetspur (Bild unten) des Radlagers unbedingt vor der endgültigen Montage der Achsbauteile.
■ Reinigen Sie die Sitzflächen der Radlagereinheit im Achsschenkel (Radlagergehäuse) mit Schleifpapier.

■ Achten Sie beim Einsetzen des Radlagers darauf, dass sich das Lager nicht verkantet und gerade in den Achsschenkel hineinrutscht.
■ Prüfen Sie den ABS-Sensor auf Funktion.

Arbeiten an der Hinterachse

Die schon im Golf V bewährte Vierlenker-Hinterachse perfektioniert die Komfort- und Handlingeigenschaften. Drei Querlenker (einer davon ist die Spurstange 8) und ein Längslenker (7) pro Seite sorgen bei kompakter Konstruktion für hochpräzise Hinterradführung. Durch diese Anordnung können Längs- und Querdynamik getrennt voneinander abgestimmt werden. Das Ergebnis ist ein Höchstmaß an Fahrstabilität und spürbarer Komfort. Die Achseinheit wird über den Achsträger (5) mit der Karosserie verbunden. Wie bei der Vorderachse bewirken torsionsweiche und radialsteife Gummi-Metall-Lager ein sehr gutes Ansprechverhalten des Stabilisators. Die Karosserie wird bei Wankbewegungen schnell und effektiv beruhigt. Feder (3) und Dämpfer (1) sind voneinander getrennt angeordnet. Die Feder stützt sich am Längsträger ab, der Dämpfer ist direkt am Radträger angebunden. Durch die besondere Kinematik der Radstellung beim Einfedern wird »Vorspurlenken« erzeugt, das für ein neutrales bis leicht untersteuerndes Fahrverhalten bei allen Bedingungen sorgt. Die weit auseinanderstehenden Dämpfer ermöglichen breites Durchladen im Heckabteil. Radlager und Radnabe bilden eine Einheit, die per Dehnschraube mit dem Achszapfen des Radträgers verschraubt ist. Dadurch wird die Vorspannung des Lagers erreicht. Beim ebenfalls als kompakte Einheit ausgeführten Radlager vorn (»3. Generation «) muss das Lagerspiel nicht mehr eingestellt werden. Sturz und Spur an der Hinterachse sind über Exzenterschrauben einstellbar.

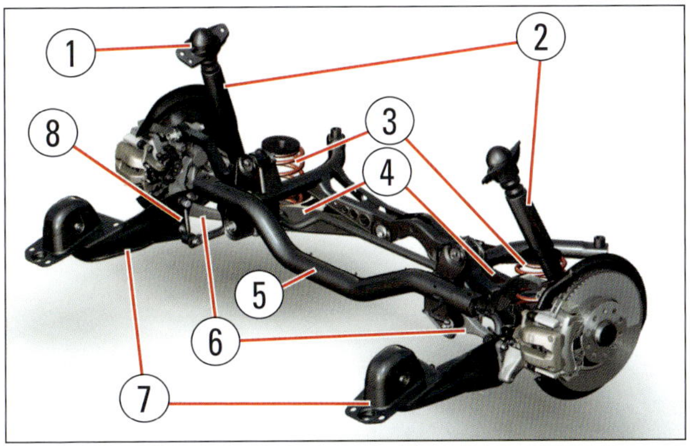

Hinterachse im Beetle: *1 Dämpferlager oben, 2 Stoßdämpfer, 3 Feder hinten, 4 Querlenker, 5 Achsrohr (Achsträger), 6 Zugstrebe, 7 Längslenker, 8 Koppelstange.*

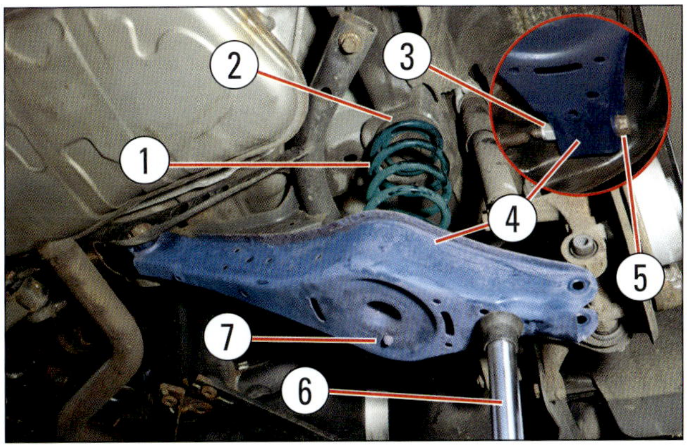

Ausbau der Feder hinten: *1 Feder, 2 Beilagegummi oben, 3 Mutter, 4 Querlenker, 5 Schraube, 6 Getriebeheber als Hubstütze, 7 Beilagegummi unten.*

Federn hinten ausbauen

Ein paarweiser Tausch der Hinterachsfedern (1 im Bild unten) wird von Volkswagen nicht vorgeschrieben, ist aber zu empfehlen.
■ Stellen Sie die Leergewichtslage für die Hinterachse fest (Radmittelpunkt bis zur Radlaufkante bei dem auf dem Boden stehenden Fahrzeug).
■ Heben Sie das Fahrzeug an.
■ Schrauben Sie das entsprechende Rad ab.
■ Den Querlenker (4 im Bild unten) mit Aggregatehubtisch oder einem Getriebeheber so weit anheben, dass der Stoßdämpfer leicht zusammengedrückt wird. Sichern Sie das Fahrzeug unbedingt auf der Hebebühne mit Spanngurten, um ein Herunterfallen oder Abrutschen von der Bühne zu verhindern.
■ Die äußere Schraube des Querlenkers (4) lösen und herausdrehen.
■ Den Querlenker mit einem Getriebeheber so weit absenken, dass die Schraubenfeder hinten (1) aus den Aufnahmen am Querlenker und am Rahmen oben herausgenommen werden kann.
■ Die Schraubenfeder (1) hinten herausnehmen.

Die Montage erfolgt sinngemäß in umgekehrter Reihenfolge zur beschriebenen Demontage.

■ Beachten Sie die Einbaulage der Schraubenfeder hinten.
■ Prüfen Sie das obere und untere Gummilager der Schraubenfeder hinten und die des Stoßdämpfers. Soweit erforderlich reinigen oder erneuern.

Stoßdämpfer hinten ausbauen

Grundsätzlich sollten immer beide Stoßdämpfer einer Achse ersetzt werden. Bei unterschiedlichem Dämpfungsverhalten kann es leicht zu unvorhersehbarem und gefährlichem Fahrverhalten kommen.
■ Heben Sie das Fahrzeug an. Sichern Sie das Fahrzeug unbedingt auf der Hebebühne mit Spanngurten, um ein Herunterfallen oder Abrutschen von der Bühne zu verhindern.
■ Schrauben Sie das entsprechende Rad ab.
■ Den Achsschenkel mit einem geeigneten Getriebeheber oder einem Aggregatehubtisch abstützen.
■ Den Achsschenkel vorsichtig so weit anheben, bis der Stoßdämpfer (2 im Bild Mitte) entlastet ist.
■ Die untere Schraube (9) herausdrehen.
■ Die Schrauben (4 und 9) herausdrehen.
■ Den Stoßdämpfer (2) herausnehmen.
■ Die Kolbenstange an den Abflachungen auf der Kolbenstange beim Drehen festhalten und die Mutter (5) abdrehen.
■ Den Stoßdämpferhalter oben (6) abnehmen.
■ Den Anschlagdämpfer (7) und das Schutzrohr (1) von der Kolbenstange abziehen.

Die Montage erfolgt sinngemäß in umgekehrter Reihenfolge zur beschriebenen Demontage.
■ Achten Sie auf richtigen Sitz der hinteren Federn in ihren Aufnahmen (Bild oben).

Radlager ausbauen

Das Radlager hinten wird als Radlagereinheit mit der Radnabe geliefert. Es ist auf der Welle des Achsschenkels mit einer Zentralschraube verschraubt.
■ Heben Sie das Fahrzeug an und sichern Sie es.
■ Schrauben Sie das entsprechende Rad ab.
■ Bauen Sie den entsprechenden Bremssattel und die Bremsscheibe ab.
■ Demontieren Sie den Deckel (1 im Bild unten) mit einem Schraubendreher oder einem scharfen Meißel.
■ Drehen Sie die Zentralschraube (4 im Bild unten) heraus und nehmen Sie das Radlagergehäuse (3) von der Welle des Achsschenkels ab.

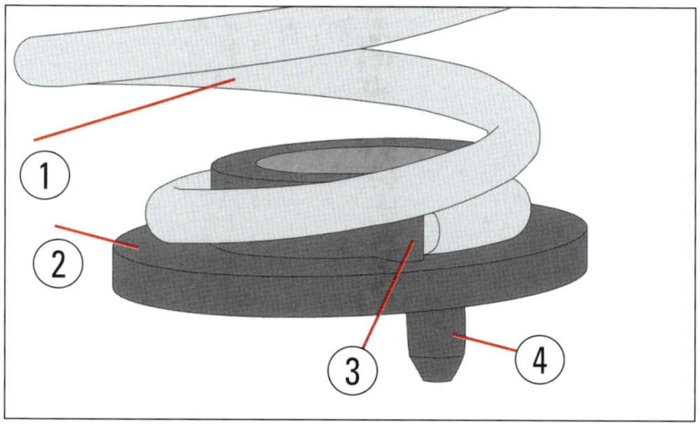

Sitz der Feder hinten: *1 Feder hinten, 2 Federlager im Querlenker hinten, 3 Anschlag im Federlager, 4 Nase.*

Stoßdämpfer hinten: *1 Schutzrohr, 2 Stoßdämpfer, 3 Befestigung oben, 4 Schrauben, 5 Mutter, 6 Domlager hinten, 7 Anschlagdämpfer, 8 Getriebeheber, 9 Schraube.*

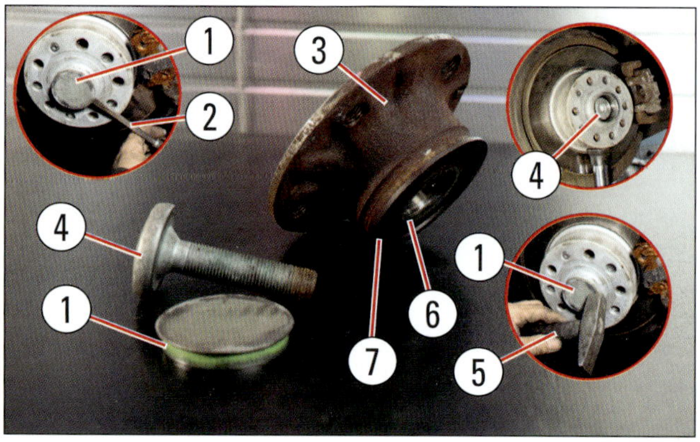

Radlagersatz hinten: *1 Deckel, 2 Schraubendreher, 3 Radnabe mit Radlager, 4 Zentralschraube, 5 Hammer, 6 Radlager, 7 Magnetspurring.*

Die Montage erfolgt sinngemäß in umgekehrter Reihenfolge zur beschriebenen Demontage.
■ Reinigen Sie die Sitzfläche auf der Nabenwelle gründlich und fetten Sie sie leicht ein.
■ Achten Sie darauf, dass der ABS-Sensor nicht beschädigt wird, und reinigen Sie den Sensorkopf.

Fahrwerk

Störung	Was kann das sein?	Was kann ich tun?
A Schwammiges Fahrverhalten	**1** Reifen zu geringer Luftdruck	Luftdruck kontrollieren
	2 Stoßdämpfer undicht	Ölverlust mit Finger prüfen, bleibt Öl am Finger: Stoßdämpfer tauschen
	3 Stoßdämpfer verschlissen	Kolbenstange auf Riefen und Abplatzung prüfen, evtl. die Stoßdämpfer beim TÜV auf einem Prüfstand prüfen lassen
	4 Achsmesswerte stimmen nicht	Achsvermessung durchführen
	5 Federn erlahmt	Federn prüfen ggf. austauschen
	6 Gummis an Querlenker Domlager oder Hinterachse erlahmt oder defekt	Neue Gummilager, Querlenker oder Streben einbauen
B Reifen	**1** starker, unregelmäßiger Verschleiß	Spurwerte stimmen nicht, Achsvermessung durchführen
	2 Sägezahnbildung am Profil	Stoßdämpfer verschlissen oder Lagerungen an Achsteilen defekt, Bauteile und Dämpfer prüfen.
	3 Verschleiß am Profilrand	Zu wenig Luftdruck
	4 Verschleiß in der Profilmitte	Zu wenig Luftdruck
C Klappern beim Überfahren von Unebenheiten	**1** Koppelstange defekt	Koppelstangen auf Spiel prüfen und gegebenenfalls ersetzen
	2 Spiel in der Lenkung	Lenkung prüfen
	3 Spiel in Fahrwerksteilen	Domlager, Traggelenk und Spurstangen prüfen
	4 Antriebswelle defekt	Antriebswellen prüfen und gegebenenfalls ersetzen
D Geräusche bei Kurvenfahrt	**1** Radlager defekt	Richtige Seite durch Wechselkurven feststellen
	2 Spurwerte stimmen nicht	Reifenprofil kontrollieren (siehe B)
	3 Antriebswelle defekt	Antriebswellen prüfen und gegebenenfalls ersetzen

Tieferlegung und Zugstufe

Die Aufgabe des Fahrwerks liegt im Wesentlichen darin, eine optimale Verbindung der Räder zur Fahrbahn zu ermöglichen, und natürlich können das die serienmäßigen Fahrwerkskomponenten. Dass das aber durchaus verbessert werden kann, wird tatsächlich erfahrbar, wenn man ein speziell auf ein Fahrzeug abgestimmtes Fahrwerk im Vergleich fahren kann. Stoßdämpfer sollen zwar Stöße von der Fahrbahn eindämpfen, aber auch Schwingungen des Fahrwerks reduzieren. Ob nun eine Tieferlegung über Fahrwerksfedern oder über ein komplettes Gewindefahrwerk nachgerüstet werden soll, können Sie mit eigenen Ansprüchen auswählen. Prüfen Sie grundsätzlich den Zustand der Fahrwerkskomponenten wie die Lagerungen, Koppelstangen und ersetzen Sie diese im Rahmen des geplanten Umbaus des Fahrwerks.

Dezent und sportlich: *Optisch und fahrdynamisch in einer anderen Liga: der Beetle und Beetle Cabrio.*

Fahrwerksfedern

Die Fahrwerksfedern von KW senken den Beetle um etwa 30 mm auf der Vorder- und Hinterachse ab. Neben der Tieferlegung wird die Abstimmung zum Seriendämpfer verbessert. Die Tieferlegung beschränkt sich entsprechend nicht nur auf den sportlichen optischen Eindruck, sondern das Einfederverhalten wird straffer, die Seitenneigung und auch das Ausfedern wird reduziert. Die Kosten für einen Tieferlegungssatz über die Fahrwerksfedern liegen bei etwa 220 Euro. Der Einbau unterscheidet sich nicht wesentlich vom Einbau der Serienfedern, die wir in diesem Kapitel beschrieben haben. Besonderheiten werden in den beiliegenden Beschreibungen dargestellt. Die Tieferlegung muss unverzüglich nach dem Einbau von einem anerkannten Sachverständigen (TÜV-Prüfer) abgenommen werden.

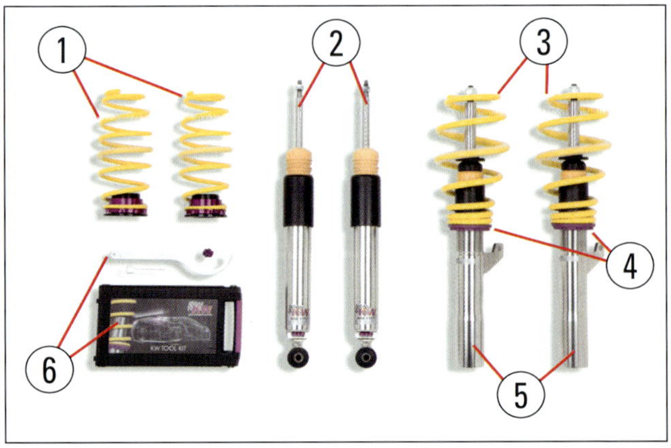

Tieferlegungssatz VW Beetle: *1 Fahrwerksfedern hinten, 2 Stoßdämpfer hinten, 3 Fahrwerksfeder vorne, 4 Verstellring untere Federauflage, 5 Stoßdämpfer vorne, 6 Werkzeugsatz zum Gewindefahrwerkssatz.*

Gewindefahrwerk

Zuerst einmal muss angemerkt werden, dass nicht alles was machbar ist auch automatisch zulässig ist. Kunst ist Kunst und gehört ins Museum oder auch in Messehallen. Für den Straßenbetrieb gibt es klare Vorgaben, die die Tieferlegung beschränken und in den Gutachten bis ins Detail beschrieben sind. Abweichung zu den Gutachten des Fahrwerks haben das Erlöschen der Betriebserlaubnis des Fahrzeugs zur Folge. Das Gewindefahrwerk ermöglicht die individuelle Abstimmung des Fahrzeugs in der Höhenlage aber auch im Dämpfungsverhalten durch Verstellen der Zugstufe. Mit viel Feingefühl können Sie über das Verändern der Zugstufe (die Ausfedergeschwindigkeit des Stoßdämpfers) das Fahrzeug auf die Streckenanforderungen oder auf veränderte Fahreigenschaften durch andere Rad-Reifenkombinationen anpassen. Die Kosten für ein Gewindefahrwerk liegen bei etwa 1600 Euro. Der Einbau unterscheidet sich nicht wesentlich vom Einbau der Serienfahrwerkskomponenten, die wir in diesem Kapitel beschrieben haben. Besonderheiten werden in den beiliegenden Beschreibungen dargestellt. Natürlich muss das Fahrwerk unverzüglich nach dem Einbau von einem anerkannten Sachverständigen (TÜV-Prüfer) abgenommen werden.

Bremsanlage

Hauptaufgabe der Bremsanlage ist die Umwandlung von kinetischer Energie (Bewegungsenergie) in Wärmeenergie, die durch Reibung entsteht. Temperaturen von mehreren Hundert Grad können dabei die Bremsscheibe sogar zum Glühen bringen. Umso wichtiger ist daher die vernünftige Wartung. Wir zeigen Ihnen alle Funktionen sowie alle Do-it-yourself-Arbeiten, die Sie an Ihren Bremsen durchführen können.

Grenzen der Belastbarkeit

Die Bremsanlage des VW Beetle gilt allgemein als robust und standfest. Der breiten Vielfalt unterschiedlicher Motorleistungen kommt der Hersteller mit dem Einbau verschieden dimensionierter Anlagen nach.
Der Beetle hat an der Vorderachse und der Hinterachse eine Scheibenbremse verbaut.
Obwohl die Bremsanlage also im Prinzip ausreichend dimensioniert ist, stößt die Anlage früher oder später an ihre Grenzen. Das ist ganz natürlich, denn eine Bremsanlage kann nichts anderes tun, als Bewegungsenergie in Wärme umzuwandeln.
Je mehr Masse und Belüftung die Bremsscheiben und Bremstrommeln haben, umso mehr Energie kann umgesetzt werden. Alle Teile der Bremsanlage werden dann zunehmend erwärmt, natürlich auch die Bremsflüssigkeit.
Bei rasanten Passabfahrten kann es also durchaus passieren, dass der Druckpunkt immer schwammiger und der Pedalweg immer länger wird. Ist die Bremsflüssigkeit alt und der Wassergehalt groß, werden jetzt mit Sicherheit Dampfblasen entstehen. Das kann gefährlich werden, denn irgendwann geht der Tritt ins Leere.
Bei extremer Beanspruchung meldet sich die Bremsanlage dann auch akustisch: Ein Wummern oder Brummen deutet auf eine thermische Überlastung hin. Die Scheibe beginnt sich zu verziehen, die Beläge fangen an zu schmieren. Gesellen sich noch spürbare Vibrationen hinzu, ist es höchste Zeit die Anlage bei mittlerer Geschwindigkeit, möglichst ohne Bremsbetätigung, abkühlen zu lassen.

Die Zweikreisbremsanlage

Die StVZO (Straßenverkehrs-Zulassungs-Ordnung) fordert für jedes Kfz zwei Bremsanlagen, die unabhängig voneinander arbeiten. Wenn ein System ausfällt, soll das andere das Fahrzeug immer noch abbremsen können. Deshalb verfügt auch Ihr Beetle über eine diagonal aufgeteilte Zweikreisbremsanlage analog Bild oben: Ein Bremskreis ist für linkes Vorderrad (1) und rechtes Hinterrad (2), der andere für rechtes Vorderrad (3) und linkes Hinterrad (4) zuständig. Fällt ein Bremskreis aus, bleiben ein Vorder- und ein Hinterrad bremsfähig. Man muss kräftiger aufs Pedal steigen, es lässt sich weiter durchtreten, der Anhalteweg wird länger.

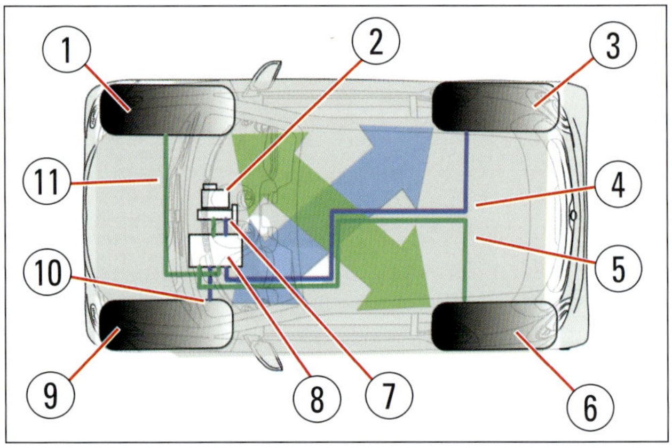

Zweikreis-Bremssystem: *1 Rad vorne rechts, 2 Vorratsbehälter, 3 Rad hinten rechts, 4 Bremskreis hinten (Kreis 1), 5 Bremskreis hinten (Kreis 2), 6 Rad hinten links, 7 Hauptbremszylinder, 8 Hydraulikeinheit (ABS), 9 Rad vorne links, 10 Bremskreis vorne (Kreis 2), 11 Bremskreis vorne (Kreis 1).*

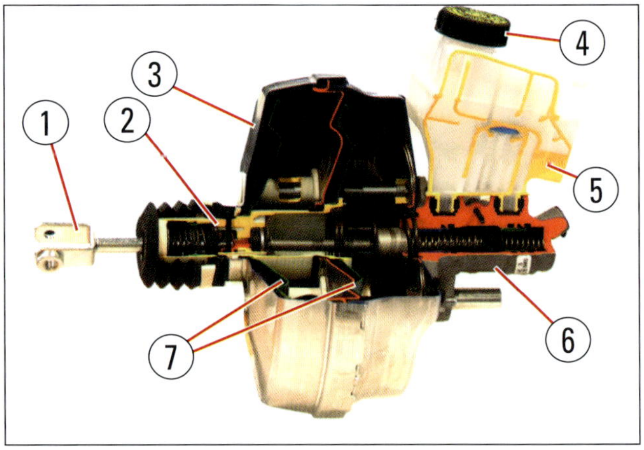

Bremskraftverstärker und Hauptbremszylinder: *1 Anschluss Bremspedal, 2 Steuerventil, 3 Bremskraftverstärker, 4 Verschlussdeckel, 5 Vorratsbehälter, 6 Tandem-Hauptbremszylinder, 7 Membrane im Bremskraftverstärker.*

Wie funktionieren die Bremsen?

Druckaufbau

Wenn Sie auf das Bremspedal treten, presst eine mit dem Pedal verbundene Druckstange (1 im Bild unten) zwei hintereinanderliegende Kolben in den Hauptbremszylinder (6), der sich unter der vorderen Serviceklappe befindet. Die Kolben übertragen die Kraft auf die dort eingeschlossene Bremsflüssigkeit. Der so entstehende hydraulische Druck in der Bremsflüssigkeit gelangt über Rohr- und Schlauchverbindungen zu den Radzylindern in den Bremssätteln und den Bremstrommeln. In diesen drücken Kolben die Bremsklötze gegen die Bremsscheiben. Dadurch verschiebt sich der auf langen Bolzen geführte Bremssattel und überträgt den gleichen Druck auf den äußeren Bremsklotz.

Druckabbau und Lüftspiel
Liegt der Bremsdruck nicht mehr an, wird die Rechteckmanschette zurückverformt und zieht den Kolben von den Bremsscheiben zurück. So entsteht zwischen Bremsklotz und Scheibe ein Spiel von weniger als einem Millimeter. Die Bremsscheibe dreht wieder frei, das Lüftspiel ist hergestellt.

Bremssystem im Beetle

Der Beetle verfügt serienmäßig über ein Antiblockiersystem. Es kommt ein ABS/ESP-System zum Einsatz. Neben dem Eingriff auf die Bremsanlage besteht die Möglichkeit, mit dem Bordnetzsystem und der Motorsteuerung einige Neuerungen wie die Nutzung des Generators zur Energierückgewinnung umzusetzen.

ABS, ASR, EBV und ESP
Es sind nun folgende Funktionen realisiert worden: ABS (Blockierverhinderer beim Bremsen), ASR (verhindert durchdrehende Räder), EBV regelt den Bremsdruck an der Hinterachse, ESP (Stabilitätsprogramm, um Schleudern einzudämmen) und das MSR reduziert das Motormoment zum Anfahren auf glatter Straße über den Eingriff in das System E-Gas.
Störungen am ABS-System haben keinen Einfluss auf das hydraulische System der Bremsanlage und Bremskraftverstärkung. Die herkömmliche Bremsanlage bleibt auch ohne das ABS-System funktionsfähig. Es muss jedoch mit einem veränderten Bremsverhalten gerechnet werden. Nach Aufleuchten der ABS-Kontrollleuchte können beispielsweise die Hinterräder beim Bremsen frühzeitig blockieren.

GEFAHRENHINWEIS

⚠ Bremsflüssigkeit

■ Die im Hydrauliksystem zirkulierende Flüssigkeit ist Bremsflüssigkeit nach dem Standard »FMVSS 116 DOT 4«, wovon auch die Weiterentwicklung »DOT 4 plus« erhältlich ist.

■ Bremsflüssigkeit auf keinen Fall mit mineralölhaltigen Flüssigkeiten (Öl, Benzin, Reinigungsmittel) in Verbindung bringen. Mineralöle beschädigen die Dichtungen und Gummitüllen der Bremsanlage!

■ Bremsflüssigkeit ist giftig. Sie darf wegen ihrer ätzenden Wirkung auch nicht mit Lack in Berührung kommen.

■ Eventuell ausgetretene Bremsflüssigkeit mit viel Wasser abspülen!

■ Bremsflüssigkeit ist hygroskopisch, das heißt, sie nimmt aus der umgebenden Luft Feuchtigkeit auf und ist darum stets in luftdicht verschlossenen Behältern aufzubewahren.

Funktionsprüfung der Bremse

Regelmäßige Kontrolle der Bremsanlage ist für Autofahrer die beste Lebensversicherung. Im Straßenverkehr entscheiden die Bremsen über Ihre Sicherheit und die anderer Verkehrsteilnehmer. Scheuen Sie sich nicht, die Räder abzunehmen und den Zustand von Bremsscheiben und Bremsbelägen gründlich zu prüfen!
Ans Schrauben sollten Sie sich nur dann wagen, wenn Sie sich wirklich auskennen, suchen Sie sonst besser eine Werkstatt auf.
Beim Reinigen der Anlage fällt Bremsstaub an, der zu schweren gesundheitlichen Schäden führen kann. Niemals Bremsstaub einatmen! Immer strikt darauf achten, dass Mineralöl, Schmierfett o. Ä. nicht in die Bremsanlage gelangen.

Prüfschritte in Eigenregie

Sichtprüfungen
■ Bremskraftverstärker, Hauptbremszylinder (Montage-Einheit mit Bremsflüssigkeitsbehälter links hinten im Motorraum) und Bremssattel auf Beschädigungen und Undichtigkeiten prüfen. Alle Anschlüsse und Verbindungen von Schläuchen und Rohrleitungen auf richtigen Sitz, Undichtigkeiten und Korrosion untersuchen.
■ Kontrollieren Sie besonders, ob Hydraulikleitungen geknickt oder Anschlüsse an der Hydraulikeinheit undicht sind. Undichtigkeiten und Schmutznester am Hydrauliksystem müssen beseitigt werden.
■ Bremsschläuche dürfen nicht in sich verdreht und

nirgendwo porös und brüchig sein. Bei maximalem Lenkeinschlag muss ihr Abstand zu anderen Achsteilen mindestens 15 mm betragen. Die Rastnasen der Leitungen müssen einwandfrei in den Haltern sitzen.

■ Wenn Bremsschläuche, elektrische Leitungen und Steckkupplungen Scheuerstellen aufweisen und Schläuche feucht oder aufgequollen sind: auswechseln!

Funktionsprüfung:

■ Bei laufendem Motor eine Minute lang mit voller Kraft aufs Bremspedal treten. Das Pedal darf nicht nachgeben. Eine exakte Druckprüfung ist allerdings Sache der Werkstatt mit Spezialgerät und Diagnosesystem.

■ Auf 50 km/h beschleunigen, Lenkrad loslassen, Hände griffbereit halten. Zuerst sanft, dann scharf bis zum Stillstand bremsen. Das Fahrzeug soll die Spur halten. Nach dem Test auf leicht abschüssiger Strecke das Fahrzeug aus dem Stand losrollen lassen. Drehen die Räder frei?

Felgen- und Bremstemperatur:

Räder anfassen oder besser noch die Temperatur mit einem Lasertemperaturfühler messen. Alle vier Felgen müssen etwa gleich warm sein.

■ Eine einzelne kalte Felge weist auf mangelhafte Bremsfunktion an diesem Rad hin.

■ Wenn eine Felge ungewöhnlich warm ist (oder wenn Ihnen das bei allen Felgen so scheint), muss weiter gesucht werden. Eine Ursache für zu hohe Temperatur können z. B. schleifende Bremsen oder defekte Radlager sein.

Professionelle Bremsenprüfung

Die Bremsenprüfung erfolgt auf einem 1-Achs-Rollenprüfstand. Die Anlagen erfüllen meist die Bedingung, dass die Prüfgeschwindigkeit 6 km/h nicht überschreitet, da sonst beim zeitversetzten Anlaufen der Rollen Bremseingriffe durch das EDS (elektronische Differenzialsperre, Bestandteil des ABS/ESP-Systems) erfolgen. Es wird jeweils eine Achse auf die Rollen gefahren. Handgeschaltete Autos in den Leerlauf, automatisch geschaltete in Stellung »N« schalten. Der Antrieb erfolgt durch die Rollen. Ratsam ist es, die Bremsentests von DEKRA, TÜV oder ADAC in Anspruch zu nehmen. Alle dabei oder auch ohne Geräte von Ihnen festgestellten Mängel müssen unverzüglich in eigener Arbeit oder durch die Werkstatt beseitigt werden.

Bremsanlage Vorderachse

Abmessungen der Bremse vorne

Bei den höheren Motorisierungsvarianten kommt eine innenbelüftete Bremsscheibe zum Einsatz. Die vordere Bremse wird nur als Betriebsbremse eingesetzt. Die Bremssättel werden hydraulisch betätigt.

Scheibendurchmesser	288 mm	312 mm
Bauform	FN3 (15)	FN3 (16)
Belagdicke (min. ohne Platte)	14 mm (2 mm)	14 mm (2 mm)
Scheibendicke	25 mm	25 mm
Verschleißmaß Dicke	22 mm	22 mm
Zentrierlochdurchmesser	65,0 mm	
Lochkreis Radschraube	5 x 112 mm	
Lockkreis Halteschraube	112 mm	

Je nach Motorisierung werden unterschiedliche Bremsenmodelle eingesetzt. Da sich die Bremssysteme oft nur durch die Hersteller im Zubehörbereich oder im Detail unterscheiden, sollten Sie sich grundsätzlich immer die richtigen Bauteile durch ein aktuelles Ersatzteilprogramm Ihres Zulieferers oder Händlers heraussuchen lassen.

Kontrolle der Bremsanlage vorne

Hinweise zur Prüfung

■ Kontrollieren Sie regelmäßig die Stärke der Bremsbeläge, mindestens jedoch alle 15.000 km oder einmal im Jahr. Zur Prüfung von Scheiben und Bremsbelägen können Sie durch einen Raddurchbruch schauen. Dabei sind Handlampe, Spiegel und Messschieber hilfreich. Für eine exakte Messung der Belagdicke ist aber die Demontage der Räder empfehlenswert. Kontrollieren Sie den Zustand der Bremsscheiben stets gemeinsam mit dem der Beläge.

■ Beim Erneuern von Bremsbelägen (2) beachten: Grundsätzlich immer auf beiden Seiten austauschen!

■ Mit neuen Bremsbelägen (3) sollten Sie auf den ersten 200 Kilometern häufige Vollbremsungen vermeiden. Der Belag kann verhärten (»verglasen«) und erreicht dann nicht mehr seine beste Bremswirkung.
■ Bremsbeläge (3), die Sie weiter verwenden können, sollten Sie beim Ausbau kennzeichnen. Sie müssen an gleicher Stelle wieder eingebaut werden.

Bremsbeläge prüfen (Bild oben):
Leuchten Sie mit einer Taschenlampe durch einen Durchbruch in der Felge. Die Dicke des äußeren Belages durch Sichtprüfung ermitteln. Den inneren Belag anleuchten und einen Spiegel anhalten. Dann die Dicke des inneren Belages durch Sichtprüfung ermitteln.
■ Zur besseren Beurteilung der Restbelagdicke einen Prüfspiegel benutzen oder das Rad abnehmen.
■ Anbauposition des Rades kennzeichnen.
■ Dicke des äußeren und inneren Belages messen. Bei der Belagdicke (1,5 mm ohne Rückenplatte) haben die Bremsbeläge ihre Verschleißgrenze erreicht und sind zu ersetzen.
■ Rad in der gekennzeichneten Position wieder anschrauben. Radbefestigungsschrauben über Kreuz mit 120 Nm anziehen ggf. Radschraubenkappen aufstecken.

Bremsscheiben prüfen (Bild Mitte):
Wenn die Scheibenbremsbeläge ersetzt werden müssen, sind unbedingt auch die Bremsscheiben auf Verschleiß zu prüfen. Fehlerbilder sind:
■ Risse,
■ Riefen,
■ Rost und
■ Grat am Bremsscheibenrand ggf. Bremsscheiben ersetzen (grundsätzlich achsweise).

De- und Montage der Bremssättel

■ Die Radschrauben der vorderen Räder lösen, aber noch nicht herausdrehen.
■ Fahrzeug anheben, Räder abbauen, elektrische Steckverbindung für Belagverschleißanzeige (soweit verbaut) trennen. Bremsschlauch eventuell aus dem Halter nehmen.
■ Die Haltefeder (2 im Bild unten) aus dem Bremssattel aushängen und vom Bremssattelträger abnehmen.
■ Beide Staubkappen aus der Bremssattellagerung herausziehen.

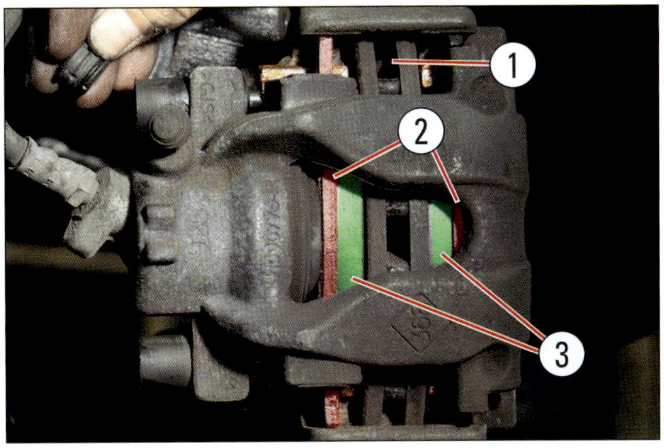

Belag und Belagträger: *1 Bremsscheibe, 2 Bremsbelagträgerplatte (rot markiert), 3 Bremsbeläge (grün markiert).*

Zustand der Bremsscheiben: *Starke Riefenbildung auf den Reibflächen und Gratbildung durch Abnutzung sind gewichtige Gründe die Bremsscheiben zu erneuern.*

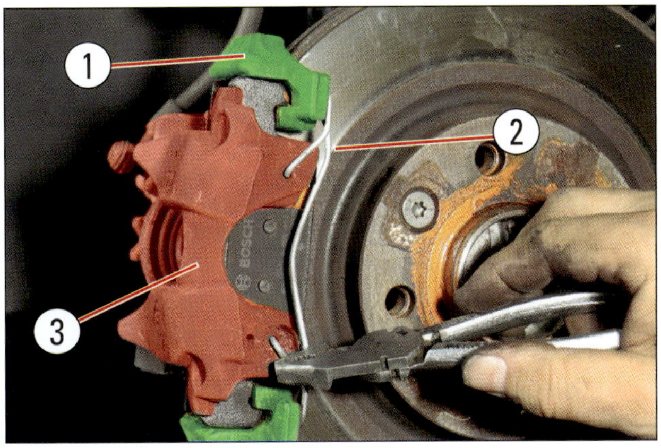

Demontage Bremssattel vorne: *1 Bremssattelträger, 2 Feder (Haltefeder), 3 Bremssattel.*

■ Beide Schrauben aus der Bremssattellagerung (2) herausdrehen.
■ Mit einem Schraubendreher den Bremskolben mit dem Bremsbelag im Bremssattel etwas zwischen

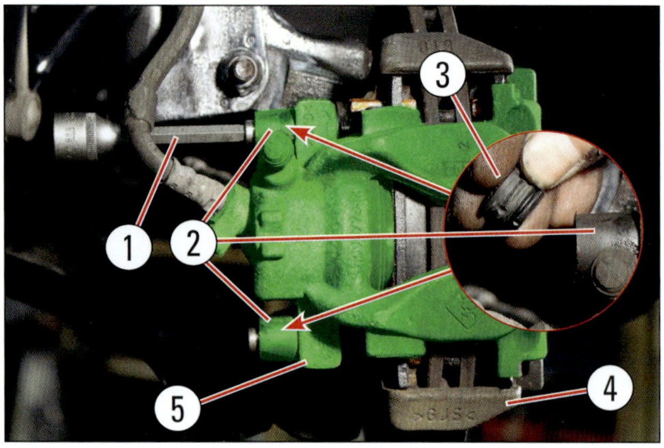

Demontage des Bremssattels: *1 Innensechskantnuss, 2 Lagerung Bremssattel (Schwimmlager), 3 Schutzkappen, 4 Sattelträger, 5 Bremssattel.*

Bremsscheibe und Bremssattel zurückdrücken.

■ Den Bremssattel (5) abnehmen und so mit Draht befestigen, dass das Gewicht des Bremssattels den Bremsschlauch nicht belastet bzw. beschädigt.

Die Montage erfolgt sinngemäß in umgekehrter Reihenfolge zur beschriebenen Demontage.

De- und Montage der Bremsbeläge

■ Die Radschrauben lösen, aber noch nicht herausdrehen.

■ Das Fahrzeug anheben und die Räder abbauen.

■ Die elektrische Steckverbindung für die Belagverschleißanzeige (soweit vorhanden) trennen.

■ Eventuell den Bremsschlauch aus dem Halter nehmen.

■ Den Bremssattel wie bereits beschrieben demontieren.

■ Weiter zu verwendende Bremsbeläge beim Ausbau unbedingt kennzeichnen und die Beläge an gleicher Stelle wieder einbauen, sonst kann ungleichmäßige Bremswirkung entstehen!

■ Ziehen Sie den inneren Belag (2 im Bild oben rechts) vom Bremskolben im Bremssattel (1) ab.

■ Nehmen Sie den äußeren Bremsbelag (2 im Bild Mitte) vom Sattelträger (1) ab.

■ Reinigen Sie die Anlageflächen für die Beläge am Sattelträger (1) gründlich und entfernen Sie eventuell vorhandene Korrosion.

■ Bremsen-Montagepaste oder Kupferpaste auf die Auflagestellen an Bremsträger und Bremssattel dünn auftragen.

■ Den Bremssattel zurückstellen. Der Kolben des

De- und Montage des inneren Bremsbelages: *1 Bremssattel mit Bremskolben, 2 innerer Bremsbelag.*

De- und Montage des äußeren Bremsbelags: *1 Sattelträger am Achsschenkel, 2 äußerer Bremsbelag.*

Rückstellen des Bremssattels: *1 Bremssattel, 2 Anlageplatte Bremssattel innen, 3 Hubspindel.*

Bremssattels (1 im Bild oben rechts) muss zurückgedrückt werden. Verwenden Sie dazu ein Bremssattelrückstellwerkzeug (Bild unten). Mit einer Zange werden leicht Schäden an Bremskolben, Manschette oder am Sattel selbst verursacht.

■ Neue Bremsbeläge (2 im Bild mitte auf der vorherigen Seite) außen in den Bremsträger (1) einlegen.
■ Neue Bremsbeläge (2 im Bild oben rechts auf der vorherigen Seite) innen im Bremskolben einklipsen.

Die Montage erfolgt sinngemäß in umgekehrter Reihenfolge zur beschriebenen Demontage.
■ Kontrollieren Sie den Bremsflüssigkeitsstand.

De- und Montage der Bremsscheiben

■ Demontieren Sie den Bremssattel und die Bremsbeläge wie bereits beschrieben.
■ Drehen Sie die Schraube (2 im Bild unten) in der Bremsscheibe (1) heraus. Verwenden Sie unbedingt einen passenden Schlüssel. Lösen Sie die Schrauben durch einige Hammerschläge. Sie sind recht oft festgerostet.
■ Drehen Sie die Schraube (2 im Bild oben) heraus und nehmen Sie den Bremssattelträger (3) ab.
■ Nehmen Sie die Bremsscheibe von der Radnabe ab. Auch hier kann Rostbildung dafür sorgen, dass die Bremsscheibe sehr fest sitzt. Im Extremfall helfen nur gezielte Hammerschläge von hinten auf die Bremsscheibe, um sie zu lösen. Der Ersatz ist dann nicht mehr abzuwenden.
■ Reinigen Sie die Auflagefläche der Bremsscheibe auf der Radnabe sehr gründlich. Sehr gut und einfach gelingt das mit einer Topfbürste auf dem Winkelschleifer oder der Bohrmaschine. Geringe Korrosionsreste können das saubere Aufliegen der Bremsscheibe verhindern oder zumindest verschlechtern. Daraus resultiert eine ungleichmäßige Wärmeableitung, die schnell einen Verzug der Scheibe nach sich ziehen kann.
■ Tragen Sie im Bereich der Auflage der Bremsscheibe auf der Radnabe etwas (sehr wenig!) Montagepaste oder Kupferpaste auf. So wird das Festkorrodieren etwas hinausgezögert.
■ Ersetzen Sie die Befestigungsschraube (2 im Bild unten) in der Bremsscheibe in jedem Fall.

Die weitere Montage erfolgt sinngemäß in umgekehrter Reihenfolge zur beschriebenen Demontage.

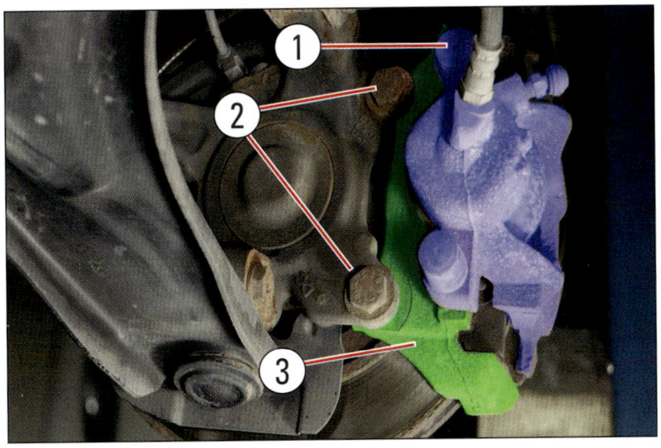

De- und Montage des Sattelträgers: *1 Bremssattel, 2 Schrauben Sattelträger am Achsschenkel, 3 Sattelträger.*

De- und Montage der Bremsscheibe: *1 Bremsscheibe, 2 Schrauben Bremsscheibe, 3 Radnabe.*

Bremsanlage Hinterachse

Abmessungen der Bremse hinten

Die Scheibenbremse hinten ist eine Bremsscheibe ohne Innenbelüftung aus Stahlguss. Die Betätigung der Betriebsbremse erfolgt hydraulisch. Für die Handbremse werden die gleichen Beläge mechanisch über Seilzüge und die Hubmechanik mit Nachstellung im Bremssattel betätigt. Ein Nachstellen ist hier nicht erforderlich.

Durchmesser	272 mm	253 mm
Bauform	Bosch	CI 38 (15")
Belagdicke (min. ohne Platte)	12 (2 mm)	11 (2 mm)
Scheibendicke	10 mm	
Verschleißmaß Dicke	8 mm	
Zentrierlochdurchmesser	65,0 mm	
Lochkreis Radschraube	5 x 112 mm	
Lockkreis Halteschraube	112 mm	

Kontrolle der Bremsbeläge hinten

Die Prüfung der Bremsbeläge erfolgt wie in diesem Kapitel für die vorderen Bremsbeläge beschrieben.

De- und Montage der Bremssättel

Demontage des Bremssattels:

- Die Radschrauben der hinteren Räder lösen, aber noch nicht herausdrehen.
- Fahrzeug anheben, Räder abbauen, elektrische Steckverbindung für Belagverschleißanzeige (soweit verbaut) trennen.
- Drehen Sie die Schrauben (1 im Bild oben) heraus. Halten Sie dazu die Lagerbolzen (2) gegen.
- Nehmen Sie den Bremssattel (3) von den Lagerbolzen (2) ab. Achten Sie darauf den Bremsschlauch und den Handbremszug nicht zu knicken.

Rückstellen des Bremssattels:

Wenn erforderlich, stellen Sie den Bremssattel mit einem Rücksteller (Bild Mitte) zurück. Der Kolben muss beim Rückstellen im Uhrzeigersinn verdreht werden.

- Montieren Sie den Rücksteller wie im mittleren Bild gezeigt im Bremssattel.
- Drehen Sie die Spindel im Uhrzeigersinn nach rechts und spannen Sie gleichzeitig die Spannmutter durch Festhalten leicht nach. Die Spindel greift mit der Adapterplatte in den Bremskolben ein und verdreht diesen. Die Spannmutter drückt den Bremskolben in den Bremssattel zurück.
- Achten Sie darauf, dass die Manschette sich nicht am Bremskolben verhängt und beschädigt wird.

Wartung an der Lagerung der Bremssättel:

- Ziehen Sie die Lagerbolzen (2 im Bild oben) aus dem Satteltträger heraus.
- Kontrollieren Sie, ob diese leichtgängig sind und keine Korrosionsspuren aufweisen oder sogar festgerostet sind (3 im Bild unten).
- Kontrollieren Sie den Zustand der Staubschutzbälge.
- Tragen Sie etwas Bremsenmontagefett auf (Bild unten).
- Führen Sie die Lagerbolzen wieder in den Sattelträger ein.
- Achten Sie auf den richtigen Sitz der Staubschutzbälge am Sattelträger und dem Lagerbolzen. Die Staubschutzbälge und die Lagerbolzen sind als Reparatursatz im Zubehörhandel erhältlich. Auch der Sattelträger kann einzeln erworben werden.

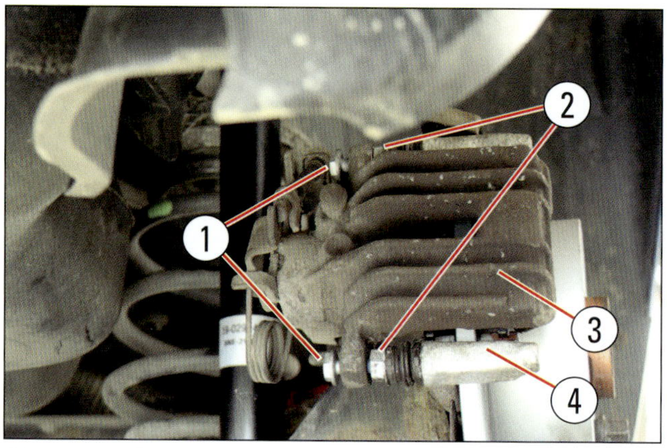

Bremssattel an der Hinterachse: *1 Schrauben, 2 Lagerbolzen, 3 Bremssattel, 4 Bremssattelträger.*

Rückstellen des Bremssattels: *1 Bremssattel, 2 Adapterplatte, 3 Gegendruckplatte, 4 Spannmutter, 5 Spindel.*

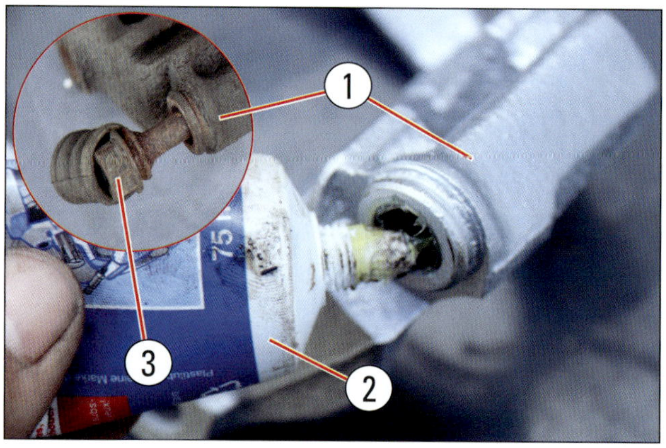

Montage der Lagerbolzen: *1 Bremssattelträger, 2 Bremsenmontagefett, 3 festgerosteter Lagerbolzen.*

Die Montage erfolgt jeweils sinngemäß in umgekehrter Reihenfolge zur beschriebenen Demontage.

Prüfen der Grundeinstellung der Hubmechnik in den hinteren Bremssätteln:

■ Der Handbremshebelweg ist abhängig von der Einstellung der Hubmechanik in den hinteren Bremssätteln. Wird der Hebelweg größer, muss kontrolliert werden, ob die Handbremshebel (2 im Bild oben) am Anschlag (3) anliegen. Ist das nicht der Fall, kann die Mechanik im Inneren der Bremssättel nicht nachstellen und der Hebelweg wird größer.

■ Prüfen Sie, ob der Handbremshebel (2) am Bremssattel sich leicht bewegen lässt und selbstständig wieder am Anschlag (3) aufliegt. Ist das nicht der Fall, müssen die Handbremsseile und die Bremssättel auf Schäden geprüft werden.

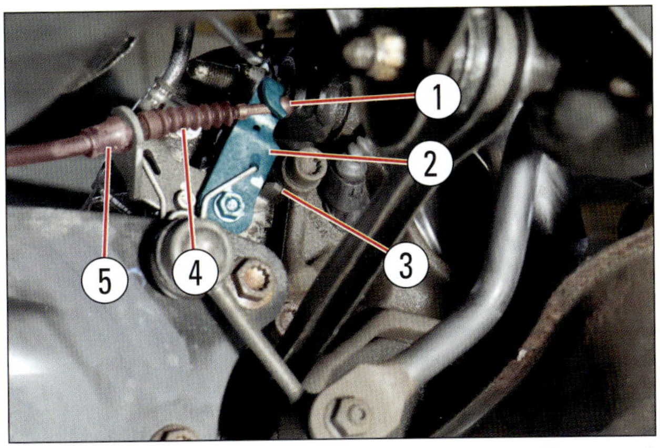

Handbremsseil am Bremssattel hinten: *1 Handbremsseil, 2 Handbremshebel, 3 Anschlag, 4 Staubschutzbalg, 5 Sicherung Handbremsseil.*

De- und Montage der Bremsbeläge

■ Die Radschrauben lösen, aber noch nicht herausdrehen.

■ Das Fahrzeug anheben und die Räder abbauen.

■ Die elektrische Steckverbindung für die Belagverschleißanzeige (soweit vorhanden) trennen.

■ Den Bremssattel wie bereits beschrieben demontieren.

■ Weiter zu verwendende Bremsbeläge beim Ausbau unbedingt kennzeichnen und die Beläge an gleicher Stelle wieder einbauen, sonst kann ungleichmäßige Bremswirkung entstehen!

■ Nehmen Sie die Bremsbeläge (3 im Bild Mitte) vom Sattelträger (1) ab.

■ Reinigen Sie die Anlageflächen für die Beläge am Sattelträger (1 im mittleren Bild) gründlich und entfernen Sie eventuell vorhandene Korrosion.

■ Bremsen-Montagepaste oder Kupferpaste auf die Auflagestellen am Bremsträger dünn auftragen.

■ Stellen Sie den Bremssattel wie auf der Seite zuvor beschrieben zurück.

■ Tragen Sie etwas Bremsen-Montagepaste oder Kupferpaste auf die Anlagestellen der Bremsbeläge am Bremssattel auf.

■ Setzen Sie die Bremsbeläge in den Bremssattelträger ein.

■ Kontrollieren Sie, ob die Lagerbolzen leichtgängig sind, und führen Sie wie bereits auf der Seite zuvor beschrieben die Wartung für die Lagerbolzen durch.

■ Setzen Sie den zurückgestellten Bremssattel auf die Lagerbolzen auf. Drücken Sie hierbei die Lagerbolzen etwas zurück.

■ Drehen Sie die beiden neuen Schrauben (1 im Bild oben auf der Seite zuvor) von Hand ein.

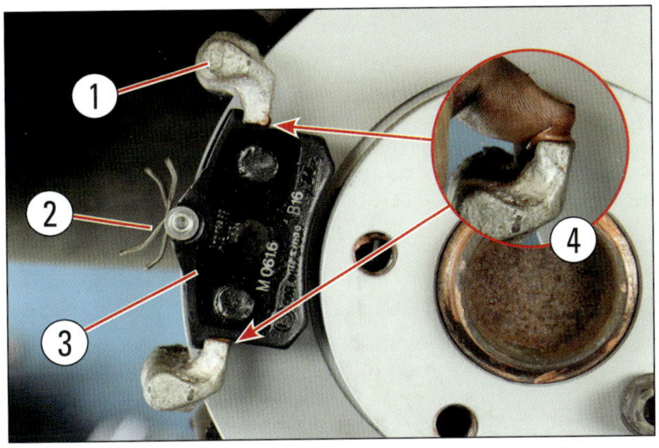

Bremsbeläge hinten: *1 Sattelträger, 2 Andruckfedern, 3 Bremsbeläge, 4 Montagepaste am Sattelträger.*

■ Drehen Sie die Schrauben (1) fest. Halten Sie dazu die Lagerbolzen (2) gegen.

■ Betätigen Sie die Fußbremse mehrfach und betätigen Sie den Handbremshebel der Feststellbremse im Innenraum.

■ Kontrollieren Sie, dass die Handbremshebel wieder am Anschlag (Bild oben) anliegen und die Räder bei gelöster Bremse frei drehen. Ein leichtes Anschleifen der Beläge ist hörbar.

Die weitere Montage erfolgt sinngemäß in umgekehrter Reihenfolge zur beschriebenen Demontage.

De- und Montage der Bremsscheiben

■ Demontieren Sie den Bremssattel und die Bremsbeläge wie bereits beschrieben.

■ Drehen Sie die Schraube (3 im Bild mitte auf der nächsten Seite) in der Bremsscheibe (1) heraus. Verwenden Sie unbedingt einen passenden Schlüssel. Lösen Sie die Schrauben durch einige Hammerschläge. Sie sind recht oft festgerostet.

■ Drehen Sie die Schraube (2 im Bild oben) heraus und nehmen Sie den Bremssattelträger ab.

■ Die Bremsscheibe lässt sich meist ohne Demontage des Sattelträgers aus dem Sattelträger herausschwenken. Nehmen Sie die Bremsscheibe (1) von der Radnabe ab. Auch hier kann Rostbildung dafür sorgen, dass die Bremsscheibe sehr fest sitzt. Im Extremfall helfen nur gezielte Hammerschläge von hinten auf die Bremsscheibe, um sie zu lösen. Der Ersatz ist dann nicht mehr abzuwenden.

■ Reinigen Sie die Auflagefläche der Bremsscheibe auf der Radnabe sehr gründlich. Sehr gut und einfach gelingt das mit einer Topfbürste auf dem Winkelschleifer oder der Bohrmaschine. Geringe Korrosionsreste können das saubere Aufliegen der Bremsscheibe verhindern oder zumindest verschlechtern. Daraus resultiert eine ungleichmäßige Wärmeableitung, die schnell einen Verzug der Scheibe nach sich ziehen kann.

■ Tragen Sie im Bereich der Auflage der Bremsscheibe auf der Radnabe etwas (sehr wenig!) Montagepaste oder Kupferpaste auf. So wird das Festkorrodieren etwas hinausgezögert.

■ Ersetzen Sie die Befestigungsschraube (3 im Bild Mitte) in der Bremsscheibe in jedem Fall.

Die weitere Montage erfolgt sinngemäß in umgekehrter Reihenfolge zur beschriebenen Demontage.

De- und Montage der Handbremsseile

■ Die Radschrauben lösen, aber noch nicht herausdrehen.

■ Das Fahrzeug anheben und die Räder abbauen.

■ Lösen Sie die Handbremse.

Fahrzeuge ohne Mittelarmlehne vorne:

■ Nehmen Sie die Matte im Fach der Mittelkonsole hinten heraus.

■ Öffnen Sie die Serviceklappe unter der Matte.

Fahrzeuge mit Mittelarmlehne:

■ Demontieren Sie die hintere Abdeckung (1 im Bild unten) der Armlehne (6).

■ Die Schraube (4) herausdrehen.

■ Demontieren Sie die Mutter (5).

■ Nehmen Sie die Mittelkonsole (6) nach oben ab.

Sattelträger Bremssattel hinten: *1 Bremssattel hinten, 2 Schrauben im Achsschenkel des Sattelträgers.*

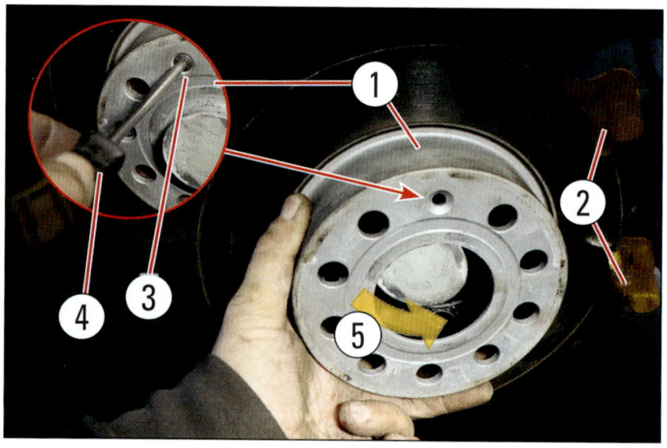

Bremsscheibe »ausschwenken«: *1 Bremsscheibe hinten, 2 Bremssattelträger, 3 Sicherungsschraube, 4 Torx-Schraubendreher, 5 Bewegungsrichtung zum Ausbau.*

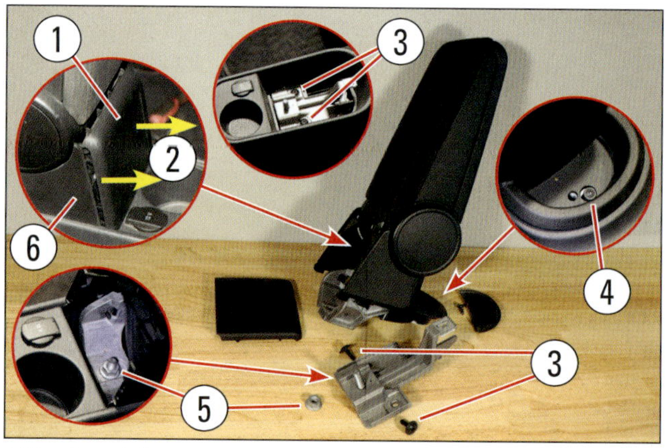

Mittelarmlehne vorne: *1 Abdeckung 2 Bewegungsrichtung, 3 Schrauben, 4 Schraube, 5 Mutter, 6 Mittelkonsole.*

Weiter für alle Fahrzeuge:

■ Lösen Sie die Nachstellmutter (5 im Bild oben auf der nächsten Seite) der Seilwaage so weit, dass Sie das entsprechende Bremsseil aushängen können.

■ Hängen Sie das entsprechende Bremsseil aus der Seilwaage (4 im Bild oben) aus.
■ Drücken Sie den Bremshebel am Bremssattel (5 im Bild unten) nach vorne (6).
■ Nehmen Sie den Bremszug aus dem Bremshebel heraus (7).
■ Drücken Sie die Rastnasen (8) zusammen und ziehen Sie das Bremsseil (4) aus dem Halter am Bremssattel heraus.
■ Ziehen Sie das Bremsseil aus dem Halteclip (3) am Längslenker heraus.
■ Soweit vorhanden, ziehen Sie das Bremsseil aus dem Halter an der Hinterachse heraus.
■ Soweit vorhanden, nehmen Sie das Bremsseil aus dem Halter an der Karosserie heraus.
■ Ziehen Sie das Bremsseil aus dem Führungsrohr (1) heraus.
■ Nehmen Sie das Bremsseil heraus.

Die Montage erfolgt sinngemäß in umgekehrter Reihenfolge zur beschriebenen Demontage.
■ Prüfen Sie den Zustand der Bremsseile vor der Montage genau.
■ Prüfen Sie die Länge des Bremszuges (Innen- und Außenzug) vor der Montage genau.

Einstellen der Handbremse

Grundsätzlich ist ein Nachstellen der Handbremse nicht erforderlich. Die Bremssättel stellen bei Verschleiß durch die in den Bremssätteln verbaute Hubmechanik den Betätigungsweg selbstständig nach. Die Einstellarbeiten können aber nach dem Wechsel der Bremszüge erforderlich werden.

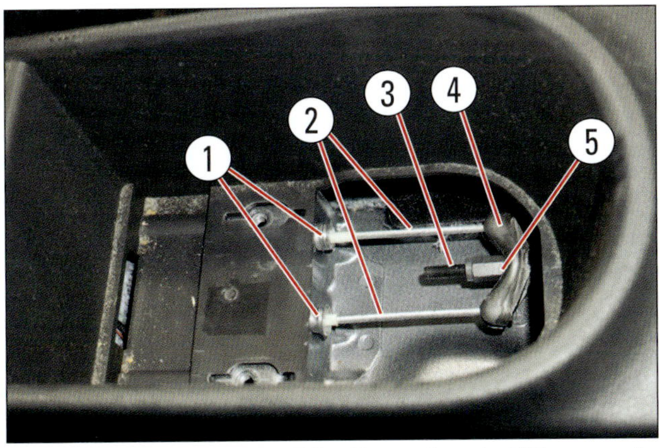

Seilwaage unter der Mittelkonsole: *1 Führungsrohr, 2 Seilzüge, 3 Zugspindel, 4 Seilwaage, 5 Mutter.*

Prüfung der Einstellung:
■ Handbremse einmal betätigen und wieder lösen.
■ Betriebsbremse betätigen, lösen und ca. 1 Sekunde warten.
■ Handbremse bei gedrücktem Knopf anziehen und lösen. Diesen Vorgang wiederholen, bis kein »Betätigungsklicken« mehr in der Bremstrommel hörbar ist.
■ Das Freidrehen der Hinterräder prüfen.

Einstellung korrigieren:
■ Demontieren Sie die Abdeckung in der Mittelkonsole, beziehungsweise die Mittelarmlehne wie auf der vorherigen Seite bereits beschrieben.
■ Lösen Sie die Einstellmutter der Seilwaage (5 im Bild oben) so weit, dass die Bremshebel an den Bremssätteln an den Anschlägen (siehe Bild oben auf Seite 106) anliegen.
■ Ziehen Sie die Mutter (5 im Bild oben) so weit an, dass die Bremshebel an den Bremssätteln gerade so

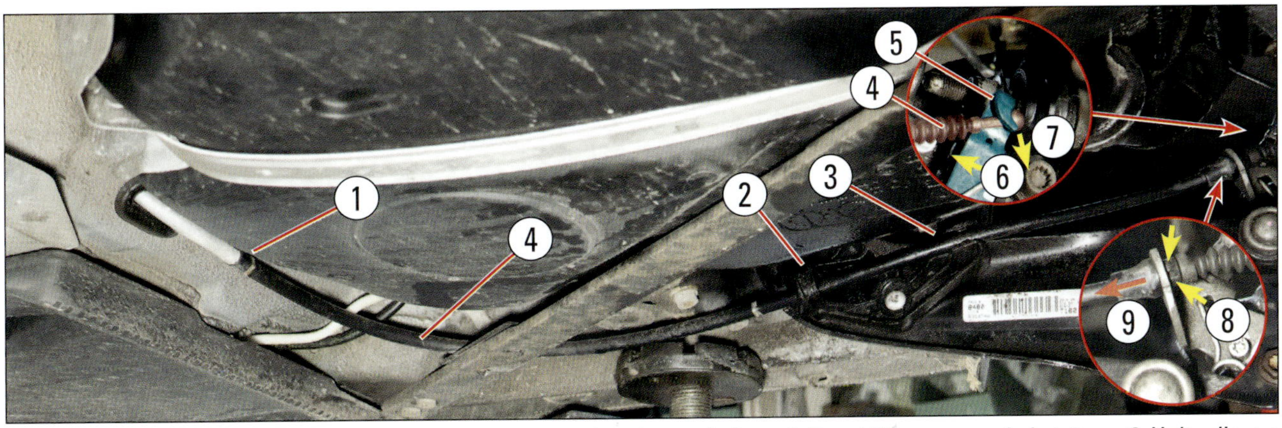

Handbremsseil von unten: *1 Bremsseil ins Führungsrohr eingeschoben, 2 Durchführung am Achsträger, 3 Halteclip am Längslenker, 4 Handbremsseil, 5 Bremshebel am Bremssattel, 6 Bewegungsrichtung zum Aushängen, 7 Bewegungsrichtung zum Aushängen, 8 Entsichern der Rastnasen, 9 Bewegungsrichtung zum Herausziehen des Handbremsseils.*

eben vom ihrem Anschlag am Bremssattel abheben. Der Abstand zwischen Bremshebel und Anschlag darf höchstens 1,5 mm betragen.

■ Prüfen Sie, dass beide Räder bei gelöster Handbremse frei drehen und bei gezogener Handbremse blockiert sind.

Schalter und Sensoren

De- und Montage Bremslichtschalter

Der Bremslichtschalter ist von vorne am Hauptbremszylinder verschraubt. Etwas schwierig, aber immerhin zugänglich ist er vom Motorraum aus. Durch den Wechsel entsteht keine Undichtigkeit und das Bremssystem muss somit nach dieser Arbeit auch nicht entlüftet werden.

■ Entsichern Sie den Steckkontakt (3 im Bild oben) und ziehen Sie ihn ab.
■ Drehen Sie die Schraube (2) heraus.
■ Nehmen Sie den Bremslichtschalter vom Hauptbremszylinder ab.

Die Montage erfolgt sinngemäß in umgekehrter Reihenfolge der beschriebenen Demontage.

■ Lesen Sie den Fehlerspeicher aus und löschen Sie ihn gegebenenfalls.

De- und Montage ABS-Sensoren

Grundsätzlich sollten Sie die Sensoren nur dann ausbauen, wenn sie durch einen Defekt im Fehlerspeicher des Bremssystems angezeigt werden. Allerdings muss die abgelegte Fehlerursache nicht unbedingt am Sensor zu finden sein. Der ABS-Sensorring ist fest im Radlager verbaut. Er kann leicht beschädigt werden, schon wenn er in Kontakt mit einem Magneten kommt oder das Radlager (vordere Radlager) falsch herum montiert wurde. Die Magnetspur kann mit einer Kontrollkarte überprüft werden, die die Feldlinien des Magnetrings sichtbar macht (Bild Mitte). Eine Lücke oder Abweichung kann so leicht entdeckt werden. Bei einem Fehler kann der Magnetring nicht ersetzt werden.

Demontage des ABS-Sensors

Die Montagearbeit unterscheidet sich für den vorderen und den hinteren Sensor bis auf den Einbauort nicht wesentlich.

■ Fragen Sie den Fehlerspeicher über einen geeigneten Tester ab.
■ Unterbauen Sie das Fahrzeug und heben Sie es an.

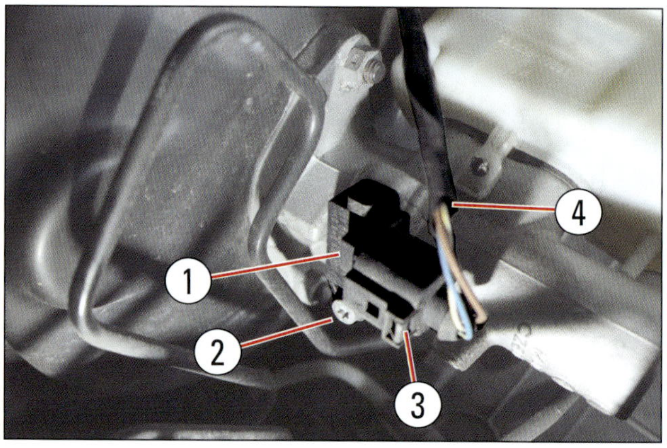

Bremslichtschalter am Hauptbremszylinder: *1 Bremslichtschalter, 2 Schraube, 3 Raste, 4 Anschlusskabel.*

Kontrollkarte am Radlager: *1 Radlager, 2 Sensorring, 3 Kontrollkarte, 4 Kontrollfeld für Magnetfelder am Sensor.*

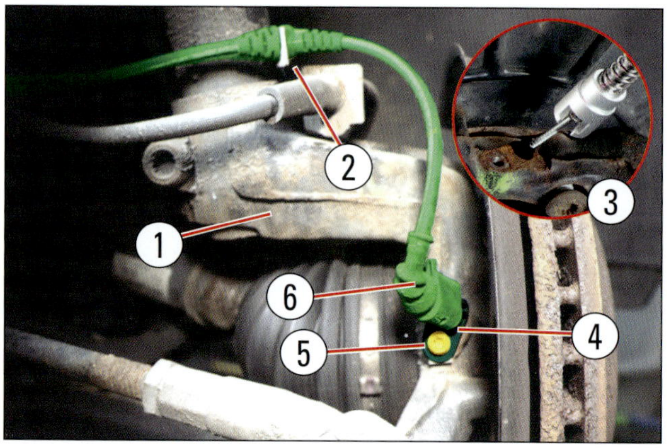

ABS-Sensor vorne: *1 Achsschenkel, 2 Halter, 3 Ausziehen eines abgerissenen Sensors, 4 Sensor, 5 Schraube, 6 Kabel.*

■ Bauen Sie das entsprechende Rad ab.
■ Lösen Sie die Schraube des ABS-Sensors. Die Schrauben können durchaus etwas festgerostet sein.
■ Mit einigen Hammerschlägen können sie oft leichter gelöst werden.
■ Entsichern Sie den Anschlussstecker am Sensor ab und ziehen Sie ihn ab.
■ Drehen Sie die Schraube am ABS-Sensor heraus.
■ Ziehen Sie den Sensor mit leichter Drehbewegung gerade heraus. Reißt er hierbei ab, kann er mit Hilfe einer Spax-Schraube herausgezogen werden.
■ Reinigen Sie die Bohrung und das Gewinde gründlich und fetten Sie es mit etwas Kettenfett ein.

Die Montage erfolgt sinngemäß in umgekehrter Reihenfolge der beschriebenen Demontage.
■ Lesen Sie den Fehlerspeicher aus und löschen Sie ihn gegebenenfalls.

ABS-Sensor hinten: *1 ABS-Sensor, 2 Ansicht von außen, 3 Sensorring, 4 Radnabe, 5 Achsschenkel.*

■ Wird ein gebrauchter Sensor verwendet, reinigen Sie den Sensor gründlich und kontrollieren Sie ihn vor dem Einbau auf Schäden oder Risse.

Bremsflüssigkeit

Bremsflüssigkeit kontrollieren

Viele Arbeiten an der Bremsanlage, vor allem Wartungen, können Sie selbst ausführen. Auch bei einer intakten Bremsanlage kann zum Beispiel der Bremsflüssigkeitspegel sinken. Ursache ist der Verschleiß an den Bremsbelägen. Ein sinkender Pegel kann aber auch mit Defekten am Kupplungssystem zusammenhängen. Regelmäßige Kontrolle des Standes ist auf jeden Fall eine gute Wartungsarbeit.
■ Flüssigkeitsstand von außen am Behälter kontrollieren: Der Pegel muss zwischen den Markierungen »MIN« und »MAX« liegen (roter Pfeil im Bild unten).

Füllstand in Abhängigkeit der Bremsbelagstärke
Wenn die Bremsbeläge schon sehr abgefahren sind (und bald erneuert werden müssen), ist ein Pegelstand leicht über »MIN« noch zulässig. Beim Einbau neuer Beläge werden dann nämlich die Bremskolben wieder zurückgedrückt, wodurch der Stand im Bremsflüssigkeitsbehälter wieder ansteigt. Sind aber die Bremsbeläge noch neuwertig und hat die vorangegangene Prüfung keine Undichtigkeit im Bremssystem ergeben, muss zur Überbrückung bis zum nächsten Wechsel der Bremsflüssigkeit etwas nachgefüllt werden.
■ Nachfüllen nur die schon erwähnte Bremsflüssigkeit nach Norm DOT 4.

■ Die Steckverbindung trennen und den Deckel abschrauben. Deckel mit Schwimmereinsatz herausnehmen, das Sieb bleibt im Behälter. Bremsflüssigkeit nachfüllen. Der Füllstand (roter Pfeil im Bild unten) muss stets ausreichend sein, damit keine Luft ins Bremssystem gelangen kann.

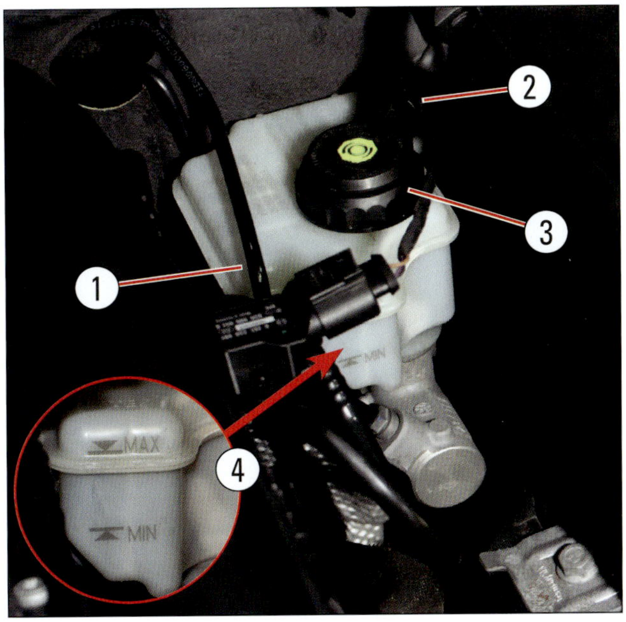

Einbauposition Bremsflüssigkeitsbehälter: *1 Bremsflüssigkeitsbehälter, 2 Stecker zum Warnkontakt, 3 Deckel Vorratsbehälter (darunter ein Siebfilter), 4 Füllstandsmarker.*

Bremsanlage

Störung	Was kann das sein?	Was kann ich tun?
A Bremsen quietschen	**1** Hochfrequente Schwingungen	Längskanten der Beläge mit einer Feile anschrägen, dazu Anti-Quietsch-Paste auf Rückseite der Beläge
	2 Verglaste Beläge nach extremer Überhitzung	Die Bremsklötze müssen ersetzt werden; dabei die Scheiben genau prüfen
	3 Beläge verschlissen, der Verschleißanzeiger liegt an	Die Bremsklötze müssen ersetzt werden, dabei die Scheiben genau prüfen
B Schwache Bremswirkung bei zu hartem Bremspedal	**1** Bremskraftverstärker ausgefallen	Bremskraftverstärker und die Unterdruckversorgung prüfen
	2 Unterdruckversorgung ausgefallen	Unterdruckanschluss prüfen, evtl. ein Marderbiss?
C Schwache Bremswirkung bei zu weichem Bremspedal	**1** Bremse überhitzt	Bei langsamer Fahrt abkühlen lassen
	2 Luft im System	Mit speziellem Gerät entlüften lassen und dabei die Bremsflüssigkeit erneuern
D Übermäßiger Verschleiß	**1** An allen Bremsen: Überstrapazieren der Bremse	Lieber etwas stärker und dafür weniger lang bremsen
	2 An einer Bremse: schwergängiger Sattel oder Belag verklemmt	Zerlegen und reinigen, etwas stärkerer Verschleiß an der Kolbenseite ist jedoch normal
	3 An einer Achse: ungünstige Materialpaarung	Scheiben und Beläge ersetzen und dabei Originalteile verwenden
	4 Nur hinten: Luftspiel zu gering	Park- und Feststellbremse überprüfen. Sie sollte erst nach der ersten Tastung greifen
E Park- und Feststellbremse reagiert träge oder gar nicht	**1** Bremsseile oder Bremshebel an den Bremsbacken festgerostet	Bremsseile und Backensatz der Trommelbremse hinten prüfen und gegebenenfalls erneuern
	2 Versteller für den Belagverschleiß festgerostet	Versteller, Rückstellfedern und Backensatz der Trommelbremse überprüfen und gegebenenfalls erneuern
	3 Beläge hinten abgenutzt oder verglast	Bremsbeläge tauschen und dabei die Bremsscheibe genau inspizieren, bei Riefen austauschen

Bremsanlage

Störung	Was kann das sein?	Was kann ich tun?
F Bremsflüssigkeitsstand zu niedrig	**1** Starker Verschleiß an den Bremsbelägen	Alle Bremsen auf Verschleiß prüfen und ggf. ersetzen, beim Zurücksetzen der Kolben steigt der Stand an
	2 Flüssigkeitsverlust	Undichte Stelle lokalisieren (Bremsleitungen?), bei deutlichem Leck: Auto abschleppen lassen
G Warnleuchte geht an	**1** Bremsflüssigkeitsstand prüfen	Unbedingt die Bremsbelagstärke beachten, wenn nötig etwas nachfüllen
	2 Handbremse ist angezogen	Handbremse lösen, wenn das bereits erfolgt ist, den Handbremsschalter prüfen
H Schiefziehen beim Bremsen	**1** Reifenzustand fehlerhaft	Reifenprofil und Luftdruck überprüfen
	2 Eine Bremse oder ein Bremskreis ist defekt	An den Felgen die Temperatur erfühlen. Ist eine heißer als die anderen, hängt der Bremssattel; ist eine zu kalt, kommt hier kein Bremsdruck an
I Hässliche Schleifgeräusche beim Bremsen	**1** Bremsscheiben angerostet	Vor und nach längeren Standphasen die Bremsanlage frei bremsen
	2 Bremsbeläge verschlissen	Prüfen, ob der Verschleißanzeiger bereits an der Bremsscheibe kratzt
	3 Fremdkörper in der Bremsanlage	Fahren Sie ein paarmal rückwärts und bremsen Sie dann
J Vibrationen beim Bremsen	**1** Bremsscheiben verzogen	Scheiben genau anschauen! Blaue Verfärbung deutet auf thermische Überlastung hin, dabei können sich die Scheiben verzogen haben. Auch Korrosion oder Verschmutzungen zwischen Bremsscheibe und Anlagefläche können für einen thermischen Verzug verantwortlich sein. Kontrolle und Reinigung sind hier immer sinnvoll
	2 Bremsscheiben verschmiert	Auf den Scheiben können Spuren von Fremdmaterial verblieben sein, die für ein Rubbeln sorgen
	3 Spiel in der Radaufhängung	Querlenker und andere Bauteile prüfen
	4 Ungünstige Materialpaarung	Scheiben und Beläge ersetzen und dabei Originalteile verwenden. Falsche Fahrwerk- und Lenkungsteile können zu Bremsflattern führen

Bremsflüssigkeit testen

Nach statistischen Erhebungen muss seit Jahren jedes fünfte Kraftfahrzeug auf deutschen Straßen wegen Mängeln an der Bremsanlage beanstandet werden. Die Sachverständigenorganisation DEKRA verweist immer wieder darauf, dass sehr viele Fahrzeuge mit Bremsflüssigkeit unzulänglicher Qualität unterwegs sind. Bei 20 Prozent der auf Bremsflüssigkeit überprüften Fahrzeuge wird der äußerst kritische Siedepunkt von 150 °C (neuwertige Bremsflüssigkeit: 270 bis 300 °C!) unterschritten. Das kann zum Versagen der Bremsen führen, weshalb der Wechsel alle zwei Jahre dringend zu empfehlen ist. Sie benötigen dazu einen Liter frische Bremsflüssigkeit der Spezifikation FMVSS 116 DOT 4.

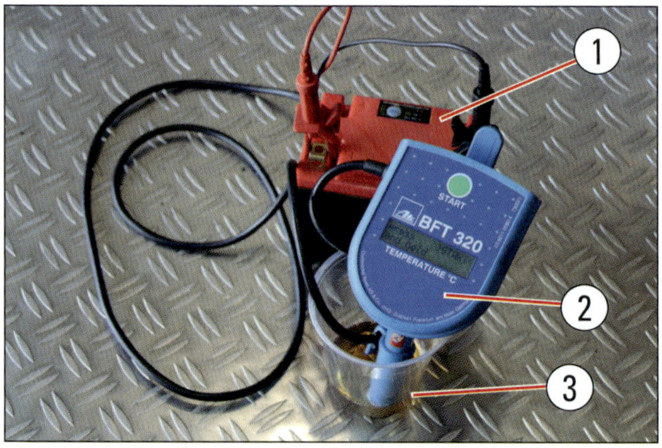

Testgerät für den Siedepunkt der Bremsflüssigkeit: *1 Batterie als Spannungsversorgung, 2 Testgerät, 3 Becher mit Bremsflüssigkeit (lässt sich auch im Ausgleichsbehälter prüfen).*

Bremsflüssigkeit wechseln

Für einen sachgerechten Bremsflüssigkeitswechsel ist ein Bremsenentlüftungsgerät erforderlich. Lassen Sie diese Arbeiten grundsätzlich in einer Werkstatt durchführen.

Die Entlüftung wird mit einem Druckentlüftungsgerät durchgeführt. Über den Schraubverschluss des Vorratsbehälters wird frische Flüssigkeit mit einem Druck bis zu 1,5 bar in den Vorratsbehälter gepresst. Das ist nur dann möglich, wenn alte Bremsflüssigkeit durch einen Entlüftungsnippel ablaufen kann. So kann kein Flüssigkeitsmangel auftreten und keine Überfüllung des Vorratsbehälters erfolgen.

- Reinigen Sie den Bereich um die Entlüftungsnippel der Bremszangen der Vorderräder, der Bremszylinder der Hinterräder und des Kupplungsnehmerzylinders gründlich und ziehen Sie die Abdeckkappen ab.
- Reinigen Sie den Bereich um den Deckel des Vorratsbehälters.
- Schrauben Sie den Deckel des Vorratsbehälters ab und schrauben Sie den Fülladapter auf. Schließen Sie den Druckschlauch am Fülladapter an.
- Schließen Sie die Spannungsversorgung für das Entlüftungsgerät an.
- Überprüfen Sie die Druckeinstellung. Sie sollte bei etwa 1,5 bar liegen.
- Schalten Sie das Entlüftungsgerät ein.
- Schließen Sie einen Auffangbehälter am Entlüftungsnippel 1 im Bild unten an und lassen Sie etwa 0,25 l Bremsflüssigkeit ablaufen. Führen Sie diesen Vorgang für alle Entlüftungspunkte (1 - 5) durch.
- Prüfen Sie nach der Montage den Pedaldruck.

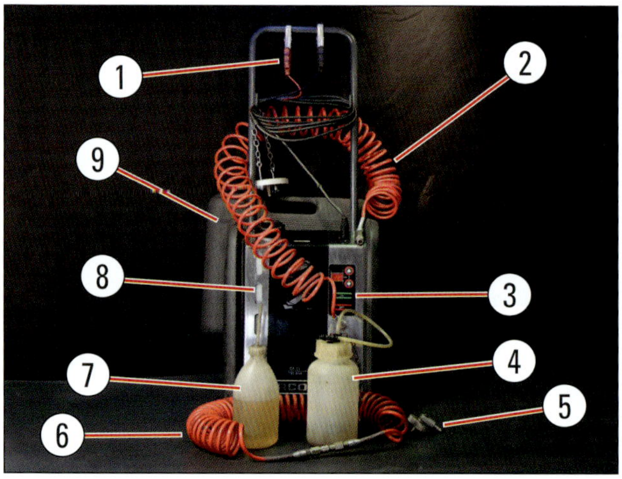

Professionelles Bremsenentlüftungsgerät: *1 Anschlusskabel, 2 Druckleitung, 3 Schaltfeld, 4 Auffangflasche, 5 Adapter Vorratsbehälter, 6 Verlängerung, 7 Füllflasche, 8 Gerätetank, 9 Adapterkoffer.*

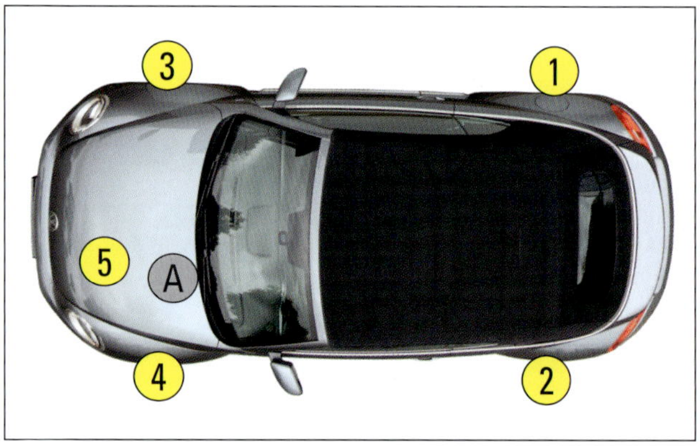

Reihenfolge zum Entlüften der Bremshydraulik: *A Ausgleichsbehälter und Hauptbremszylinder, 1 Radbremse hinten rechts, 2 Radbremse hinten links, 3 Radbremse vorne rechts, 4 Radbremse vorne links, 5 Kupplungszylinder (beim Schaltgetriebe).*

Karosserie

Bestwerte für statische und dynamische Steifigkeit der Karosserie sorgen beim Beetle für Qualität, Sicherheit, gute Fahrdynamik und Schwingungskomfort sowie für ausbalancierte Akustik. Was man hieran im Bedarfsfall selbst warten und reparieren kann, zeigen wir in diesem Kapitel. Natürlich werden wir Ihnen die Besonderheiten der Karosserie Ihres Beetle auch mit den erforderlichen Abmessungen und Einstellwerten vorstellen.

Fugen- und Spaltmaße

Spalt- und Fugenmaße ermitteln

Die Spaltmaße werden mit einer Fühlerlehre für Karosseriespalte an den Messpunkten (Bilder unten) erfasst. Der Luftspalt zwischen den Karosseriekanten (Fugen oder Spalte) darf nicht kegelförmig verlaufen. Die Abweichungen von der Parallelität darf höchstens 1 mm betragen. Bei zu großen Spaltmaßen müssen die beweglichen Karosserieteile entsprechend eingestellt werden. Die in den Tabellen angegebenen Richtwerte wurden für die Instandsetzungsarbeiten an Unfallfahrzeugen ausgegeben.

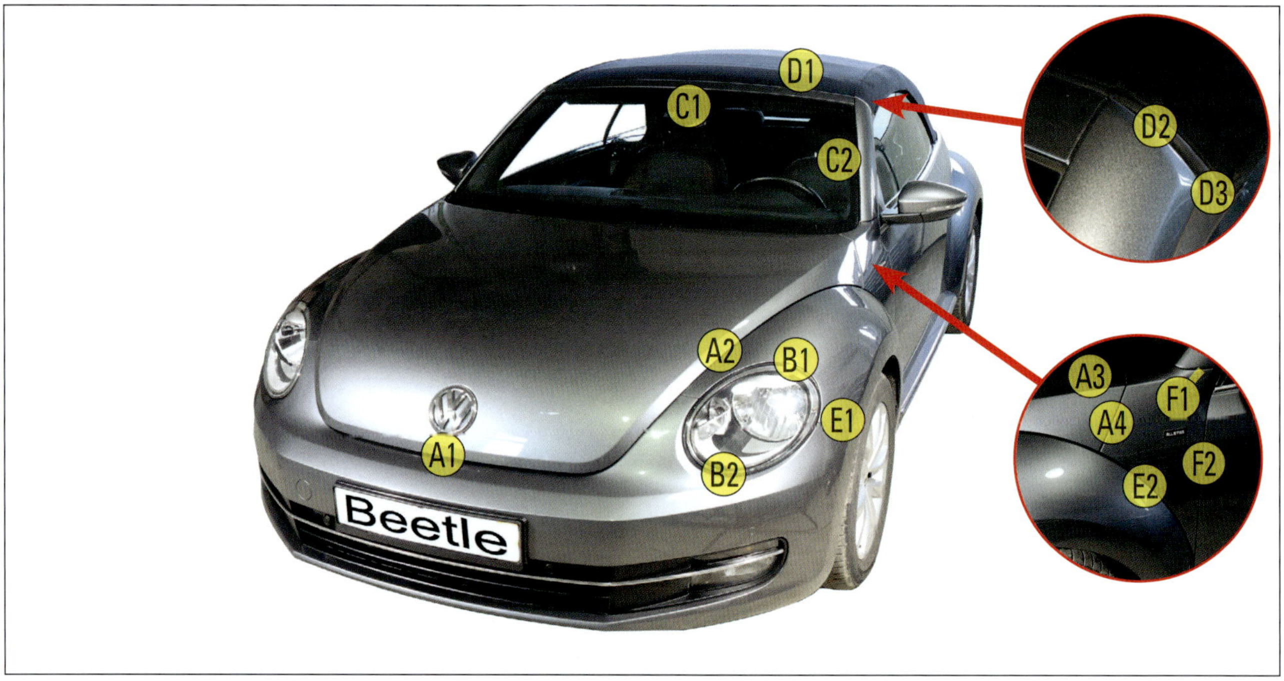

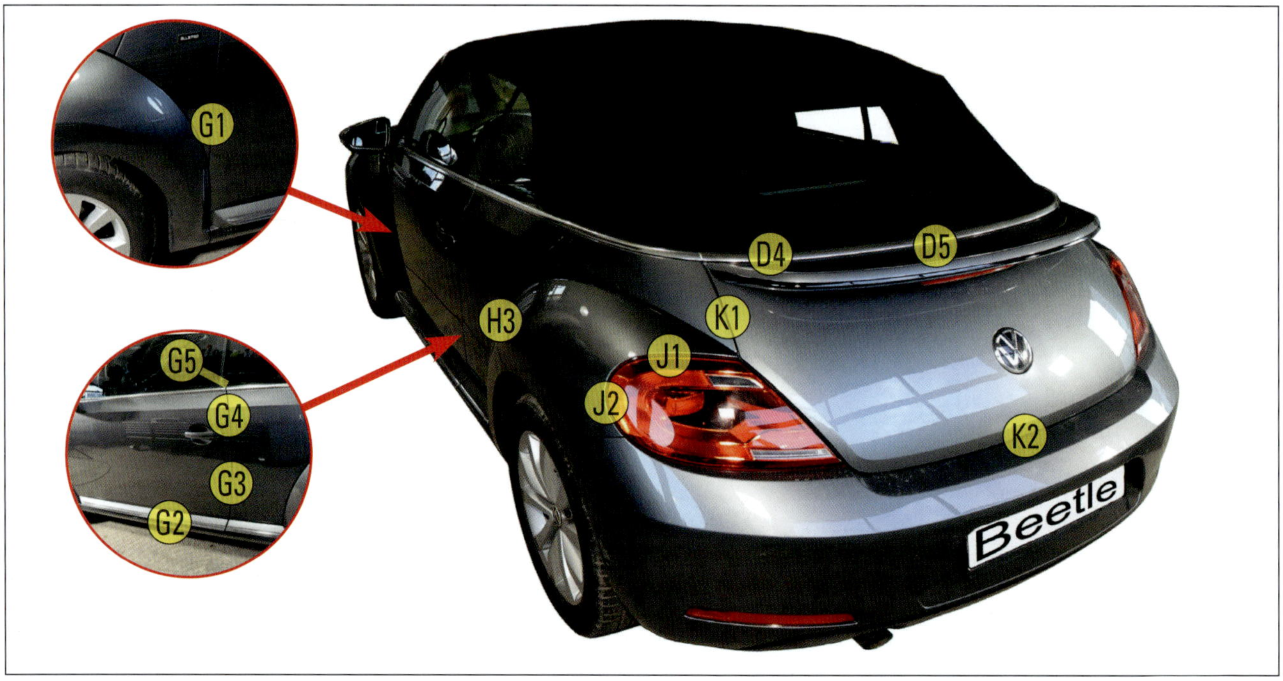

Fugenmaße in der Übersicht

In der Tabelle unten haben wir Ihnen die wichtigsten Spalt- und Fugenmaße zusammengetragen. Die Buchstaben in der Spalte »Kürzel im Bild« finden Sie in den beiden Bildern auf der vorherigen Seite.

Benennung des Fugenmaßes		Kürzel im Bild	Maß in mm
Haube vorne			
Motorhaube zum Stoßfänger	Spaltmaß	A1	8,5 mm +/- 0,5 mm
Motorhaube zum Kotflügel	Spaltmaß	A2	5,0 mm +/- 0,5 mm
Motorhaube zur A-Säulenverkleidung oben	Spaltmaß	A3	4,0 mm +/- 0,5 mm
	Überstand		0 mm +/- 0,5 mm
Motorhaube zur A-Säulenverkleidung seitlich	Spaltmaß	A4	3,1 mm +/- 0,5 mm
	Überstand		0 mm +/- 0,5 mm
Scheinwerfer vorne			
Scheinwerfer zum Kotflügel	Spaltmaß	B1	2,0 mm +/- 0,5 mm
	Überstand		0 mm +/- 0,5 mm
Scheinwerfer zum Stoßfänger	Spaltmaß	B2	2,5 mm +/- 0,5 mm
Frontscheibe			
Frontscheibe zum Scheibenrahmen oben	Spaltmaß	C1	2,5 mm +/- 0,5 mm
	Überstand		2,5 mm +/- 0,5 mm
Frontscheibe zum Scheibenrahmen zur A-Säule	Spaltmaß	C2	2,5 mm +/- 0,5 mm
Verdeck			
Verdeck zum Scheibenrahmen oben	Spaltmaß	D1	8,5 mm +/- 1 mm
	Überstand		2,0 mm +/- 1 mm
Verdeck zur A-Säule oben	Spaltmaß	D2	8,0 mm +/- 1 mm
	Überstand		0 mm +/- 1 mm
Verdeck zur A-Säule unten	Spaltmaß	D3	8,5 mm +/- 1 mm
	Überstand		1,0 mm +/- 1 mm
Verdeck zur Zierleiste links und rechts	Spaltmaß	D4	4,0 mm +/- 0,5 mm
	Spaltmaß	D5	5,0 mm +/- 0,5 mm
Kotflügel vorne			
Kotflügel vorne zum Stoßfänger vorne	Spaltmaß	E1	0 mm +/- 0,5 mm
	Überstand		0,3 mm +/- 0,5 mm
Kotflügel vorne zur A-Säulenverkleidung	Spaltmaß	E2	5,0 mm +/- 0,5 mm
A-Säulenverkleidung			
A-Säulenverkleidung zur A-Säule oben	Spaltmaß	F1	2,0 mm +/- 1 mm
	Überstand		2,2 mm +/- 0,5 mm
A-Säulenverkleidung zur Tür oben	Spaltmaß	F2	4,3 mm +/- 0,5 mm
	Überstand		0 mm +/- 1,0 mm
Tür			
Tür zur A-Säulenverkleidung unten	Spaltmaß	G1	3,5 mm +/- 0,5 mm
Tür zum Schweller	Spaltmaß	G2	4,4 mm +/- 0,8 mm

Benennung des Fugenmaßes		Kürzel im Bild	Maß in mm
Tür (Fortsetzung)			
Tür zum Seitenteil hinten Mitte	Spaltmaß	G3	3,5 mm +/- 0,5 mm
Tür zum Seitenteil hinten oben	Spaltmaß	G4	3,5 mm +/- 0,5 mm
Tür zum Seitenteil hinten oben	Überstand	G4	0 mm +/- 1,0 mm
Türleiste oben zur Seitenteilleiste	Spaltmaß	G5	9 mm +/- 1,0 mm
	Überstand		0 mm +/- 1,0 mm
Kotflügel hinten			
Kotflügel hinten zum Seitenteil	Spaltmaß	H3	4 mm +/- 0,5 mm
Rückleuchten			
Rückleuchten zum Kotflügel oben	Spaltmaß	J1	1,0 mm +/- 0,5 mm
	Überstand		1,0 mm +/- 0,5 mm
Rückleuchten zum Kotflügel seitlich	Spaltmaß	J2	1,0 mm +/- 0,5 mm
	Überstand		1,0 mm +/- 0,5 mm
Kofferraumdeckel			
Kofferraumdeckel zum Seitenteil	Spaltmaß	K1	1,0 mm +/- 0,5 mm
	Überstand		0,5 mm +/- 0,5 mm
Kofferraumdeckel zum Stoßfänger	Spaltmaß	K2	5,5 mm +/- 0,5 mm

Verglasung

Die Fahrzeugverglasung ist nicht nur recht wichtig, sondern beim Cabriolet schon etwas Besonderes. Während die Frontscheibe auch in den geschlossenen Varianten verbaut ist, sind alle anderen Scheiben etwas Besonderes. Sie sind entweder im Verdeck verbaut oder der, nicht mehr vorhandene, Scheibenrahmen sowie die Abdichtung stellen besondere Anforderungen an die Ansteuerung der Scheibenmotoren.

Frontscheibe

Die Frontscheibe im Beetle ist eingeklebt. Sicherlich können Sie die Scheibe mit viel Aufwand auch selbst entfernen. Das Risiko für Lack und Kunststoff ist jedoch recht hoch. Die meisten Autoglas-Firmen wie Carglass bieten heute einen »Vor-Ort-Service« an. Die Profis können oftmals auch eine intakte Scheibe ausbauen und später auch wieder einsetzen. Die Kosten dafür erfragen Sie am besten bei einem Autoglaser in Ihrer Nähe. Wir werden Ihnen an dieser Stelle zumindest die Abstandsmaße und die Besonderheiten zur Montage der Frontscheibe vorstellen.

Vorbereitungsarbeiten zur Frontscheibenmontage

Hier bietet sich etwas Einsparpotenzial. Wenn Sie die Demontagearbeiten selbst erledigen, können Sie vielleicht etwas am Arbeitslohn für den Autoglaser einsparen. Fragen Sie ruhig mal nach.

- Öffnen Sie die Motorhaube.
- Demontieren Sie den Rückspiegel. Die Beschreibung hierzu finden Sie im Anschluss.
- Demontieren Sie eventuell die Sonnenblenden und die A-Säulenverkleidungen. Diese Arbeiten beschreiben wir etwas später im Kapitel »Innenraum«.
- Bauen Sie, wie schon im Kapitel »Fit durch den Winter« beschrieben, die Scheibenwischerarme ab.

Ausrichten der Frontscheibe

Mit dieser Arbeit wird die Positionierung der Scheibe fixiert. Das Ausrichten beim Kleben wird so erleichtert.

- Windschutzscheibe (1) auf die Abstandhalter am Karosserieflansch auflegen, Windschutzscheibe (1) oben ausrichten und seitlich ausmitteln.
- Geeignete Streifen Klebeband (Pfeile) aufkleben und an der Oberkante der Windschutzscheibe (1) durchtrennen.
- Windschutzscheibe (1) vom Karosserieflansch abnehmen und Scheibe zum Einkleben vorbereiten (lassen).

Rückspiegel

■ Der Ausbau des Rückspiegels fällt je nach Ausstattung etwas anders aus. Ist eine Kamera für den Spurhalteassistenten verbaut, muss diese anschließend in einer Fachwerkstatt neu justiert werden.
■ Je nach Ausstattung unterscheidet sich die Frontscheibe in der Tönung, der Ausführung und auch vom Spiegelhalter. Geben Sie die Austattungsvarianten bei der Bestellung der Scheibe grundsätzlich an.
■ Die Halteplatten können mit einem Cerankochfeldschaber von der Scheibe geschnitten werden. Da Sie hier schnell die sichtbare Fläche des Halters verkratzen können, sollten Sie diese Arbeit dem Autoglaser überlassen.

Innenspiegel ohne Sensor:
■ Drehen (2 im Bild Mitte) Sie den Halter des Innenspiegels im Uhrzeigersinn und nehmen Sie den Innenspiegel (3) von der Halteplatte (1) ab.

Zur Montage drücken Sie den Spiegel (3) wieder gerade auf die Halteplatte (1) auf.

Innenspiegel mit Sensor:
■ Ziehen Sie den Zündschlüssel ab und legen Sie ihn zur Seite.
■ Hebeln Sie die Verkleidungen (1 im Bild unten) von unten von der Mitte nach rechts und links ab.
■ Nehmen Sie die Verkleidungen (1) ab.
■ Ziehen Sie die Steckkontakte (6) ab.
■ Lösen Sie mit einem kleinen Schraubendreher die seitlichen Sicherungsclipse(5) und schieben Sie den Spiegel (7) auf der Scheibe nach unten.
■ Haken Sie die Kabelführung (4) unten aus Verrastung mit der Halteplatte (2) des Rückspiegels aus.
■ Ziehen Sie die Kabelführung (4) unten aus Blende für die Dachverkleidung heraus.
■ Trennen Sie die Steckverbindung für den Regensensor (3).
■ Nehmen Sie den Regensensor zuerst oben (c) dann unten (d) aus Halteplatte (2) heraus.
■ Ziehen Sie die Kabelführung (4) oben aus der Verrastung mit der Halteplatte (2) heraus.
■ Ziehen Sie die Kabelführung (4) oben aus der Blende für Dachverkleidung heraus.
■ Nehmen Sie die Blende für Dachverkleidung nach unten aus der Dachverkleidung heraus. Führen Sie dabei die Steckverbindung zusammen mit dem elektrischen Leitungsstrang durch die Blende.

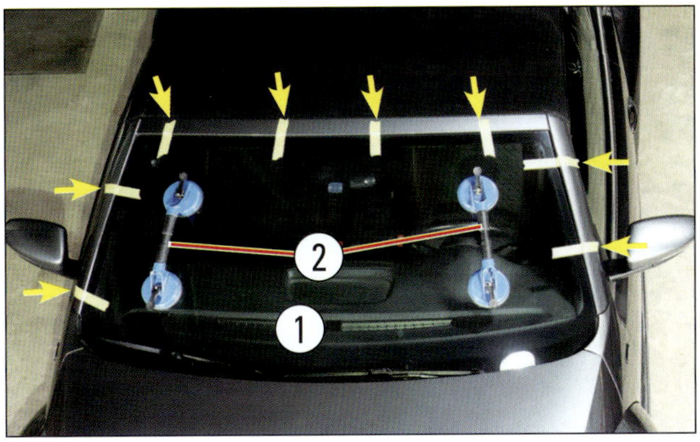

Ausrichten der Frontscheibe: *1 Frontscheibe (Windschutzscheibe), 2 Saughalter, Pfeile Klebeband zum Fixieren.*

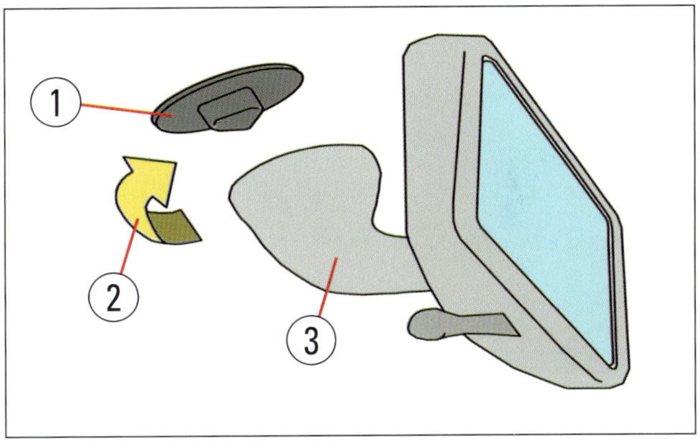

Spiegel ohne Sensor: *1 Halteplatte an der Frontscheibe, 2 Bewegungsrichtung des Spiegels zum Lösen, 3 Rückspiegel.*

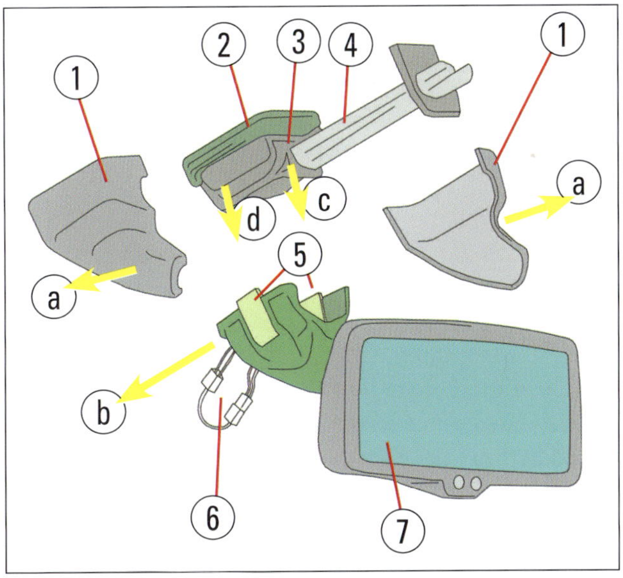

Spiegel mit Sensor: *1 Abdeckung, 2 Halteplatte, 3 Regensensor, 4 Kabelführung, 5 Halteklammern, 6 Anschlusskabel, 7 Rückspiegel, a Abziehen der Abdeckung, b Abziehen des Rückspiegels, c erste Bewegungsrichtung zum Abziehen, d zweite Bewegungsrichtung zum Abziehen.*

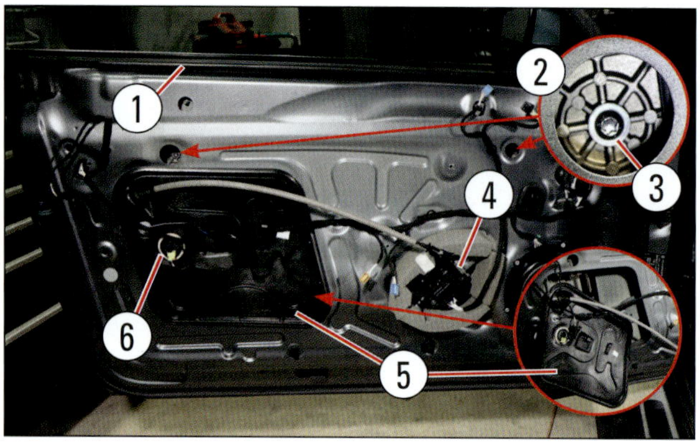

Die Türscheibe in der Tür vorne: 1 Türschachtleiste, 2 Deckel Bohrung, 3 Schraube, 4 Fensterhebermotor, 5 Deckel (Zugang zum Türinnenraum), 6 Sensor für den Seitenaufprall.

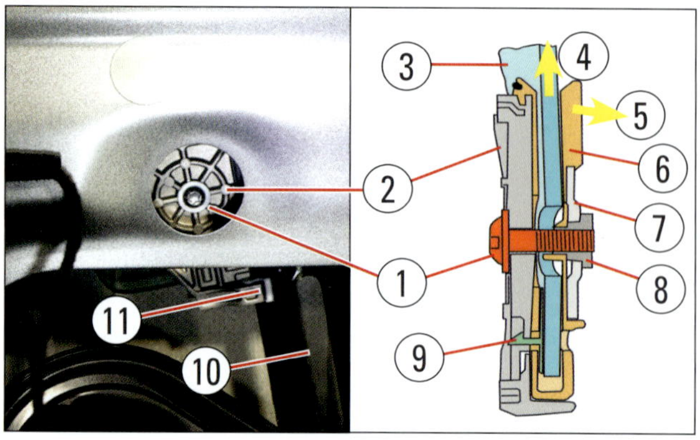

Scheibenklemmung: 1 Klemmschraube, 2 Hubstück, 3 Fensterscheibe, 4 Demontagerichtung, 5 Klemmstück öffnen, 6 Klemmbacke, 7 Scheibe, 8 Gewindestück, 9 Beilage, 10 Fensterführung, 11 Gleitstück.

Die Montage erfolgt sinngemäß in umgekehrter Reihenfolge zur Demontage.

■ Prüfen Sie abschließend die Funktion der Sensoren und des Spiegels.

Die Türscheiben

Schalten Sie die Zündung ein und fahren Sie die Fensterscheibe ganz nach unten.

■ Ziehen Sie die Schachtleite sehr vorsichtig und sehr gleichmäßig gerade nach oben ab. In der Leiste ist ein Metalleinleger verbaut. Wird dieser bei De- oder Montage beschädigt, wird die Leiste nicht mehr gerade verbaut werden können und muss erneuert werden.

■ Demontieren Sie die Türverkleidung innen. Die Arbeitsschritte finden Sie im Kapitel »Innenraum«.

■ Ziehen Sie die Deckel (2 im Bild oben links) und die Deckel unten (5) ab.

■ Schalten Sie die Zündung ein und betätigen Sie die Scheibe, bis Sie die Verschraubungen erreichen können. Kann der Motor nicht betätigt werden, muss er ausgebaut werden. Das Fenster kann dann von Hand in die Demontageposition geschoben werden. Achten Sie darauf, dass die Seilzugspindel bei der Demontage des Fensterhebermotors nicht herausfällt.

■ Lösen Sie die Klemmschraube (1 im Bild oben rechts), schrauben Sie sie aber nicht ab.

■ Drücken Sie die Klemmbacke (5) auseinander.

■ Drehen Sie die Klemmschraube (1) heraus und drücken Sie die Klemmbacke (6) auseinander. Ziehen Sie gleichzeitig die Türscheibe (3) nach oben aus der Klemmbacke (6) heraus.

■ Nehmen Sie die Türscheibe (3) nach oben aus dem Fensterschacht heraus.

Die Montage erfolgt sinngemäß in umgekehrter Reihenfolge zum beschriebenen Ausbau.

■ Achten Sie darauf, dass die Türscheibe richtig in die Fensterführung in der Tür eingesetzt ist.

■ Die Türscheibe ohne Druck in die Klemmbacke (6) einführen und mit leichtem Druck in der Klemmbacke (6) verrasten.

■ Richten Sie die Türscheibe zur Fensterführung (10) aus.

■ Ziehen Sie die Klemmschrauben (1) fest.

■ Prüfen Sie abschließend den Lauf des Fensters nach oben und nach unten.

Fensterhebermotor Türscheibe

■ Demontieren Sie die Türverkleidung innen. Die Arbeitsschritte finden Sie im Kapitel »Innenraum«.

■ Ziehen Sie, soweit vorhanden, die Schaumdämmung um den Motor ab.

■ Fixieren Sie die Fensterscheibe mit Klebeband, um ein Herunterfallen der Scheibe zu verhindern.

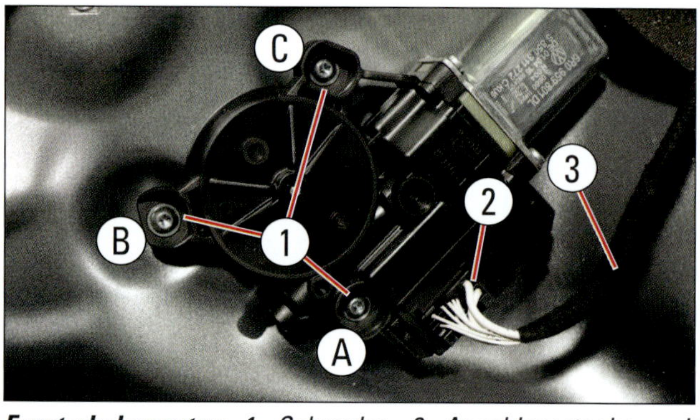

Fensterhebermotor: 1 Schraube, 2 Anschlussstecker mit Raste, 3 Anschlusskabel, A-C Anzugsfolge der Schrauben.

■ Schalten Sie die Zündung ein und ziehen Sie den Zündschlüssel ab.
■ Entsichern Sie die Steckerraste und ziehen Sie den Anschlussstecker (2) vom Wischermotor ab.
■ Drehen Sie die Schrauben (1 im Bild unten auf der Seite zuvor) heraus.
■ Nehmen Sie den Motor des Fensterhebers ab. Achten Sie darauf, dass die Seilzugspindel bei der Demontage des Fensterhebermotors nicht herausfällt.

Die Montage erfolgt sinngemäß in umgekehrter Reihenfolge zum beschriebenen Ausbau.
■ Achten Sie darauf, dass der Scheibenmotor richtig in die Fensterführung in der Tür eingesetzt ist. Wird ein neuer Fensterhebermotor eingebaut, muss dieser nach der Montage mit einem geeigneten Diagnosetester hinsichtlich der Begrenzungsströme angelernt werden.

Die Seitenscheiben

Um die Seitenscheibe ausbauen zu können, ist erforderlich, etwas Platz zu gewinnen. Dazu wird das Zwischenblech (7 im Bild oben) auf der Innenseite des Fensterschachtes demontiert.
■ Demontieren Sie die Seitenverkleidung innen. Die Arbeitsschritte finden Sie im Kapitel »Innenraum«.
■ Lösen Sie die Befestigungsschrauben (2) und drehen Sie sie heraus.
■ Nehmen Sie das Zwischenblech (7) und das Schaumstück (4) heraus.
■ Drehen Sie die beiden Schrauben (5) heraus und nehmen Sie die Seitenscheibe (1) nach oben heraus.

Die Montage erfolgt sinngemäß in umgekehrter Reihenfolge zum beschriebenen Ausbau.
■ Achten Sie darauf, dass die Seitenscheibe (1) richtig in der Aufnahme (6) einsitzt.

Fensterhebermotor Seitenscheibe

Der Fensterhebermotor der Seitenscheibe ist nur zusammen mit der Hubmechanik lieferbar. Der Ersatz des Hebermotors einzeln ist nicht vorgesehen.
■ Demontieren Sie die Seitenverkleidung innen. Die Arbeitsschritte finden Sie im Kapitel »Innenraum«.
■ Bauen Sie die entsprechende Seitenscheibe wie bereits beschrieben aus.
■ Lösen Sie den Clip der Zierleiste vor und nach der Verbindungsstelle zum Mittelteil der Zierleiste.

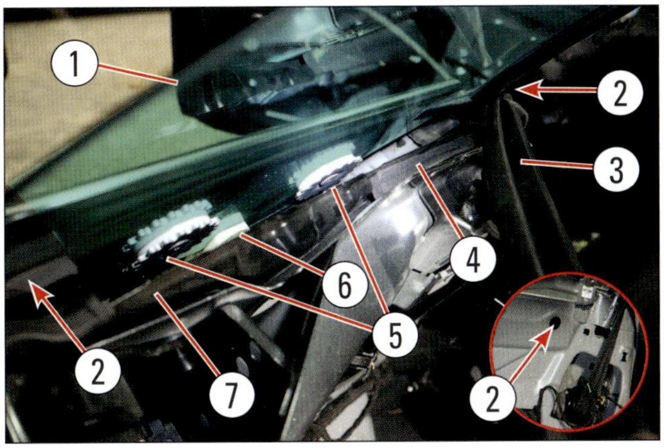

Blick in den Fensterschacht: *1 Scheibe Seitenteil, 2 Schrauben Zwischenblech, 3 Schachtleiste, 4 Schaumstück, 5 Schrauben Seitenscheibe, 6 Aufnahme des Fensterhebers, 7 Zwischenblech.*

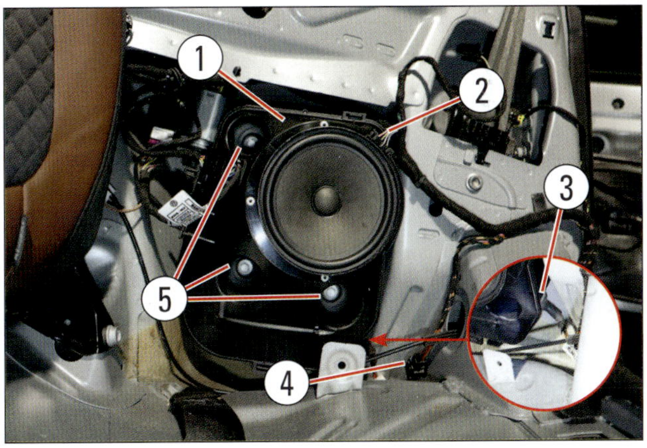

Verkabelung zum Fensterheber: *1 Lautsprecher hinten, 2 Anschlussstecker, 3 Kabeldurchführung, 4 Anschlusskabel Fensterhebermotor, 5 Schrauben.*

■ Soweit erforderlich, den Clip im Gummi am Anfang der Zierleiste lösen.
■ Ziehen Sie die Zierleiste vorsichtig so weit ab bis Sie sie an der Verbindungsstelle auseinanderziehen können.
■ Soweit noch nicht geschehen, ziehen Sie das Formgummi der Zierleiste vom Zwischenblech ab.
■ Nehmen Sie die Zierleiste ab.
■ Ziehen Sie die Türdichtung im Bereich der Seitenscheibe ab.
■ Lösen Sie die Befestigungsschrauben (2 im Bild oben) und drehen Sie sie heraus.
■ Nehmen Sie das Zwischenblech (7) und das Schaumstück (4) heraus.
■ Fahren Sie die Seitenscheibe ganz nach oben.
■ Entsichern Sie den Steckkontakt und ziehen Sie ihn (2 im Bild mitte) am Lautsprecher ab.

- Clipsen Sie den Bowdenzug aus dem Lautsprechergehäuse aus.
- Drehen Sie die Schrauben (5 im Bild mitte auf der vorherigen Seite) heraus.
- Nehmen Sie den Lautsprecher zum Innenraum hin ab.
- Ziehen Sie das Anschlusskabel (4) zum Scheibenhebermotor ab.
- Schieben Sie das Kabel in das Lautsprechergehäuse hinein.
- Nehmen Sie das Anschlusskabel aus dem Lautsprechergehäuse heraus.
- Legen Sie den Lautsprecher zur Seite.
- Ziehen Sie die Stopfen ab und drehen Sie die Muttern darunter (2 und 3 im Bild oben) ab.
- Lösen Sie die untere Mutter (4) und belassen Sie sie auf dem Gewinde.
- Nehmen Sie den Fensterheber von den Gewindebolzen ab und ziehen Sie sie nach ober heraus.

Die Montage erfolgt sinngemäß in umgekehrter Reihenfolge zum beschriebenen Ausbau.

- Achten Sie darauf, dass der Abstand »a« bei 3 mm liegt.
- Kontrollieren Sie den Sitz der Kabeltülle im Lautsprechergehäuse.

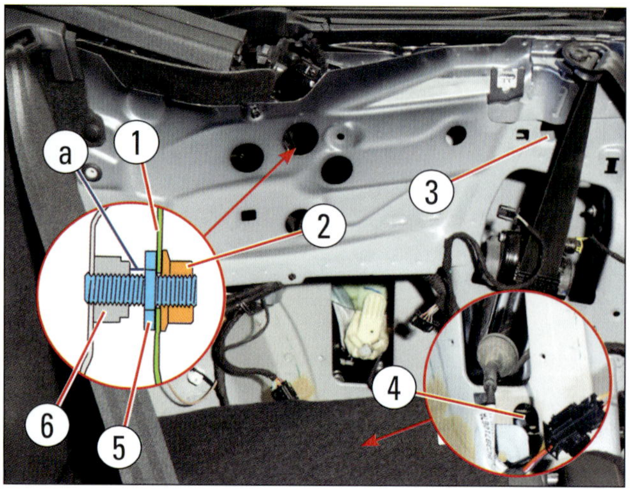

Befestigung Fensterheber: *1 Fensterheber, 2-4 Mutter, 5 Einstellbolzen, 6 Gewindestück im Karosserieblech, a Abstand zwischen Karosserieblech und Einstellbolzen.*

Heckscheibe Cabriolet

Die Heckscheibe ist Bestandteil des Cabrioverdecks. Sie ist werkseitig nicht einzeln lieferbar. Einige Spezialisten, die sich auch auf die Reproduktion von Verdecken spezialisiert haben, verwenden neben einigen Formteilen des Originalverdecks auch die Heckscheibe wieder.

Verdeck

Wir werden Ihnen nun in diesem Unterkapitel einige Arbeiten rund um das Verdeck und die Betätigung vorstellen. Zwar sind diese Arbeiten für einen erfahrenen Mechaniker nicht besonders anspruchsvoll, wenn Sie sich jedoch nicht sicher sind, sollten Sie diese Arbeiten mit Hilfe eines Sattlers oder eben eines Mechanikers durchführen, der Erfahrungen mit den Arbeiten rund um das Verdeck hat.

Wartung am Verdeck

Wartung der Führungen

Natürlich muss darauf geachtet werden, dass das Verdeck leicht, ruckfrei und ohne Klemmstellen auf- und zuläuft. Schwergängige Gelenke oder ein hakeliger Lauf der Motoren oder des Antriebs hat recht schnell Schäden mit nicht unerheblichem Reparaturaufwand an der Verdeckmechanik zur Folge. Bei Wartungsarbeiten am Verdeck liegt der Schwerpunkt in der Reinigung und der Schmierung der Veriegelungen im Scheibenrahmen und der Antriebsverzahnung links und rechts im Seitenteil.

- Kontrollieren Sie die Verriegelungen auf dem Scheibenrahmen und der vorderen Verdeckkante auf Ablagerungen.
- Wenn erforderlich, reinigen Sie die Verdeckschienen mit einem Mikrofaserlappen und etwas Silikonentferner.
- Tragen Sie etwas säurefreies Fett oder besser sogar ein spezielles multifunktionales PFPE-Spray auf (oder auch Fluid), das werkseitig verwendet wird. Das Mittel eignet sich auch für die Pflege der Gummidichtungen.

Wartung der Dichtungen

- Die Dichtungen des Verdecks und der Anlageschienen sollten regelmäßig gereinigt und mit einem nicht rückfettenden Profilgummipflegemittel eingerieben werden.
- Überschüssiges Profilgummipflegemittel abreiben.

WISSENSWERTES

Verdeckmontage

Arbeitsplatz

■ Zur Vermeidung von Verwindungen bzw. Verspannungen der Karosserie, die zu Einstellungsfehlern bei Reparaturarbeiten am Verdeck bzw. dessen Anbauteilen führen, muss das Fahrzeug waagerecht auf dem Boden stehen.

Befestigungspositionen

■ Kabel und Befestigungen von Stoffteilen müssen grundsätzlich immer an den Stellen angebracht werden, an denen sie werkseitig befestigt worden sind.

Setzzeit bei neuem Verdeck

Nach dem Erneuern des Faltdachs bzw. Heckverdecks, können erhöhte Schließkräfte am Faltdach und am Spannbügel auftreten.

■ Das Verdeck muss mindestens 12 h geschlossen bleiben ohne Öffnungen und Schließungen. Die erhöhten Schließkräfte lassen im Laufe der Betriebszeit (nach den ersten Fahrten in höherer Geschwindigkeit) nach.

■ Eingerissene oder anderweitig beschädigte Dichtungen müssen ersetzt werden.

Verdeck ausbauen

Der Ausbau des Verdecks ist eine anspruchsvolle Arbeit. Grundsätzlich muss ein Verdeck abschließend eingestellt oder die Einstellung geprüft werden. Das wiederum sollten Sie einem erfahrenen Autosattler überlassen. Leicht können falsche Einstellung oder Vorspannung Windgeräusche oder sogar vermeidbare Schäden am Verdeck verursachen.

■ Die Kofferraumverkleidung links und rechts lösen oder besser sogar ausbauen.

■ Die Seitenverkleidungen links und rechts ausbauen. Diese Arbeitsschritte finden Sie im Kapitel »Innenraum«.

■ Lösen Sie den Clip der Zierleiste vor und nach der Verbindungsstelle zum Mittelteil der Zierleiste.

■ Soweit erforderlich den Clip im Gummi am Anfang der Zierleiste lösen.

■ Ziehen Sie die Zierleiste vorsichtig so weit ab, bis Sie sie an der Verbindungsstelle auseinanderziehen können.

■ Entriegeln Sie das Verdeck und öffnen Sie es ein Stück. Lassen sich die Motoren aufgrund eines Defektes nicht mehr bedienen, kann das Verdeck mit einem Helfer in die gewünschte Position gebracht werden. Dazu wird das Verdeck rechts und links gleichzeitig langsam und äußerst vorsichtig nach hinten gedrückt.

■ Ziehen Sie die Abdeckkappe des Spanngurtes. Lösen Sie die Verriegelung und ziehen Sie den Spanngurt heraus.

■ Drehen Sie die Verschraubungen des Spanngurtes im Kofferraum heraus.

■ Entriegeln Sie die beiden Rastnasen und schieben Sie den Spanngurt durch die Öffnung im Verdeckkasten nach oben. Klappen Sie den Spannbügel nicht nach oben. Der Clip oder die Laschen im Bereich des Verdeckscharniers können leicht ausreißen oder beschädigt werden.

■ Lösen Sie den Wassersack umlaufend von der Karosserie.

■ Entfernen Sie die Klebebandreste vom Wassersack und von der Karosserie vorsichtig. Die Klebebänder müssen bei der Wiedermontage erneuert werden.

■ Lösen Sie die Gummitüllen aus den Löchern der Karosserie.

■ Öffnen Sie das Verdeck. Lassen sich die Motoren aufgrund eines Defektes nicht mehr bedienen, kann das Verdeck mit einem Helfer in die gewünschte Position gebracht werden. Dazu wird das Verdeck rechts und links gleichzeitig, langsam und äußerst vorsichtig nach hinten gedrückt.

■ Lösen Sie die Verschraubungen der Massepunkte (2 im Bild unten) für das Verdeck am Seitenteil innen.

■ Legen Sie die Anschlusskabel (3) zu den Verdeckmotoren links und rechts frei.

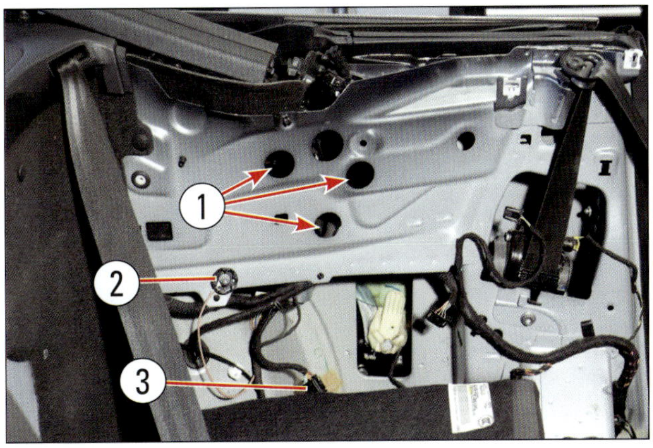

***Verdeckbefestigung:** 1 Verschraubung im Seitenteil, 2 Masseanschluss zum Verdeck, 3 Anschlusskabel zum Verdeckmotor.*

- Entsichern Sie die Steckkontakte und ziehen Sie sie ab.
- Drehen Sie die Verschraubungen (1 im Bild unten auf der vorherigen Seite) des Verdecks rechts und links heraus. Das Verdeck liegt nun auf den Haltebolzen in der Karosserie auf.
- Decken Sie die Lackteile der Seitenteile und im Heckbereich mit Klebeband ab, um Lackschäden zu vermeiden.
- Kontrollieren Sie, ob die Anschlusskabel und die Anbauteile des Verdecks freigängig sind.
- Heben Sie das Verdeck mit einem Helfer gleichmäßig nach oben von den Haltebolzen ab. Drücken Sie hierbei das Verdeck im Bereich des Gelenks höchstens 25 mm zusammen.
- Legen Sie das Verdeck auf einer weichen Unterlage ab. Volkswagen montiert das Verdeck auf einem Grundrahmen, sodass es lediglich an den originalen Verschraubungspunkten belastet wird.

Die Montage der Anbauteile erfolgt sinngemäß in umgekehrter Reihenfolge zum beschriebenen Ausbau.

- Achten Sie auf die richtige Vorspannung des Verdecks.
- Kontrollieren Sie vor der Montage den Wassersack und seine Befestigungspunkte.
- Erneuern Sie die Klebestreifen rechts und links auf der Karosseriekante.

Arbeit an der Verdeckveriegelung

Schließbügel im Scheibenrahmen:
Der Mikroschalter (3 im Bild oben) ist werkseitig nicht einzeln lieferbar. Bei einem Defekt wird der Schließbügel ersetzt.

- Bauen Sie die Dachrahmenverkleidung oben und unten ab. Die Arbeitsschritte dazu finden Sie im Kapitel »Innenraum«.
- Entsichern Sie die Steckverbindung (4) und ziehen Sie sie auseinander.
- Drehen Sie die Schrauben (1) heraus und nehmen Sie den Schließbügel (2) ab.

Die Montage der Anbauteile erfolgt sinngemäß in umgekehrter Reihenfolge zum beschriebenen Ausbau.

Verkleidung der Verdeckvorderkante:

- Drehen Sie die Schrauben (1 im Bild Mitte) heraus. Unter den Verschraubungen können zum Toleranzausgleich Scheiben verbaut sein. Notieren Sie sich die Anzahl und die Einbauposition der Scheiben für die Montage.
- Lösen Sie die Leiste (2) aus der Dichtung (3) und nehmen Sie sie ab.
- Drehen Sie die Schrauben (7 im Bild mitte) heraus.
- Ziehen Sie die Verkleidung (4) nach unten und lösen Sie dabei die Halteclips (6).

Die Montage der Anbauteile erfolgt sinngemäß in umgekehrter Reihenfolge zum beschriebenen Ausbau.

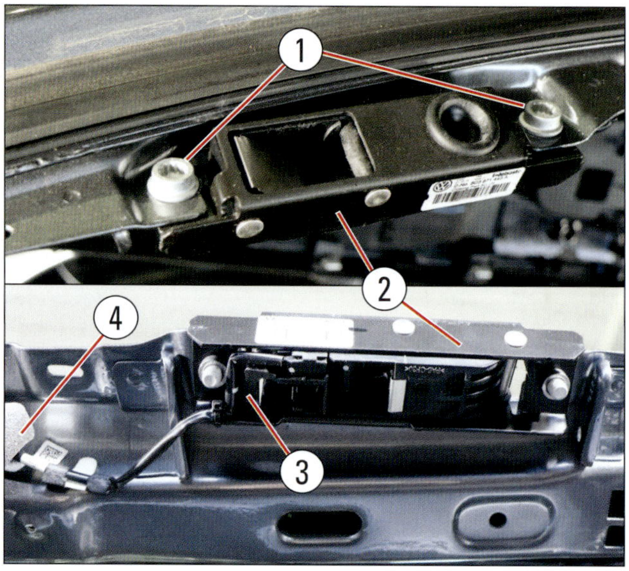

Verdeckverriegelung im Scheibenrahmen: *1 Schrauben, 2 Schließbügel, 3 Mikroschalter, 4 Steckkontakt.*

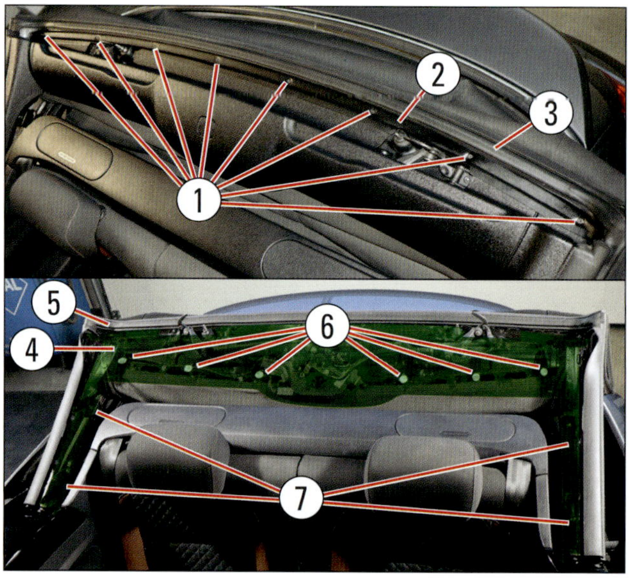

Verkleidung Verdeckvorderkante: *1 Schrauben, 2 Leiste, 3 Dichtung, 4 Verkleidung, 5 Verdeckvorderkante, 6 Clips, 7 Schraube mit Scheibe.*

Verdeckschloss in der Verdeckvorderkante:
■ Demontieren Sie die Verkleidung der Verdeckvorderkante wie bereits beschrieben.
■ Heben Sie die Sicherungsklammern (2 im Bild oben) an den Kugelköpfen mit einem kleinen Schraubendreher an. Volkswagen schreibt nach der Demontage des Gestänges vor, die Federklammer zu ersetzen.
■ Ziehen Sie den Gelenkkopf (3) von der Kugel ab.
■ Drehen Sie die Muttern (4) ab und nehmen Sie das Verdeckschloss (5) ab. Unter den Verschraubungen können zum Toleranzausgleich Scheiben verbaut sein. Notieren Sie sich die Anzahl und die Einbauposition der Scheiben für die Montage.

Die Montage erfolgt sinngemäß in umgekehrter Reihenfolge zum beschriebenen Ausbau.
■ Prüfen Sie die Funktion der Verriegelung vor der Montage der Verkleidung.

Motor der Verdeckverriegelung:
■ Demontieren Sie die Verkleidung der Verdeckvorderkante wie bereits beschrieben.
■ Heben Sie die Sicherungsklammern (2 im Bild oben) an den Kugelköpfen mit einem kleinen Schraubendreher an. Volkswagen schreibt nach der Demontage des Gestänges vor, die Federklammer zu ersetzen.
■ Ziehen Sie den Gelenkkopf (3) von der Kugel ab.
■ Entsichern Sie die Steckerraste des Schalters für die Windlaufverriegelung (3) ab.
■ Entsichern Sie die Steckerraste des Anschlusskabels für den Verriegelungsmotor (4) ab.
■ Lösen Sie die Muttern (2) und nehmen Sie die Verdeckverriegelung mit Motor ab.
■ Drehen Sie die Schraube (3 im Bild unten) am Motor für die Verdeckverriegelung heraus.
■ Ziehen Sie den Motor von der Welle ab und schwenken Sie ihn aus der Lagerung (2) heraus.

Die Montage erfolgt sinngemäß in umgekehrter Reihenfolge zum beschriebenen Ausbau.
■ Stellen Sie die Welle etwa in die Mittelstellung.
■ Tragen Sie etwas Fett auf die Kugeln der Schubstangen vor der Montage auf.
■ Prüfen Sie den festen Sitz der Uniballgelenke.
■ Stecken Sie den Motor etwa 1 cm auf die Zahnung der Welle auf.
■ Setzen Sie den Motor wieder in die Lagerung (2) ein und schieben ihn auf die Welle auf.

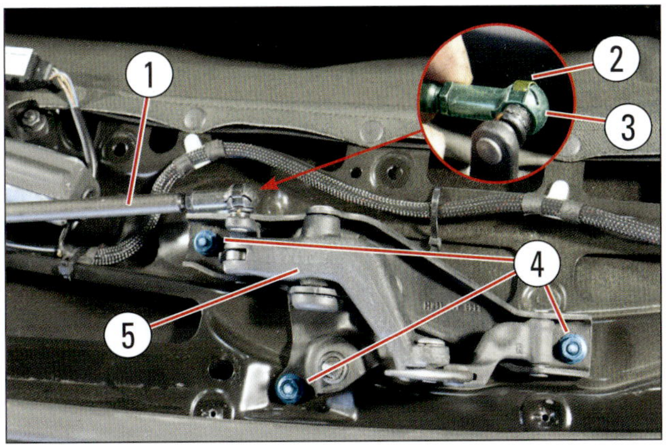

Verdeckschloss: *1 Schubstrebe zum Motor des Verdeckschlosses, 2 Clip, 3 Uniballgelenk, 4 Mutter, 5 Verdeckschloss.*

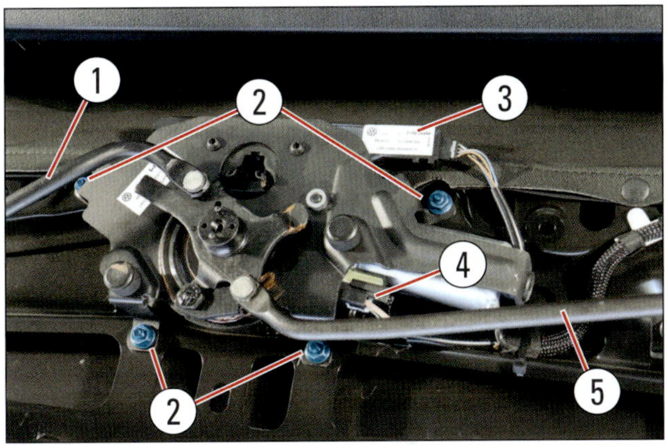

Motor Verdeckschlossunterseite: *1 Schubstrebe, 2 Mutter, 3 Mikroschalter, 4 Anschlusskabel Motor, 5 Schubstrebe.*

Motor Verdeckschlossoberseite: *1 Motor Verdeckschloss, 2 Lagerung, 3 Schraube.*

■ Ziehen Sie die Schraube (3) an und montieren Sie die Verdeckverriegelung wieder.
■ Prüfen Sie die Funktion der Verriegelung und den Ablauf vom Schließen und Öffnen des Verdecks vor der Montage der Verkleidung.

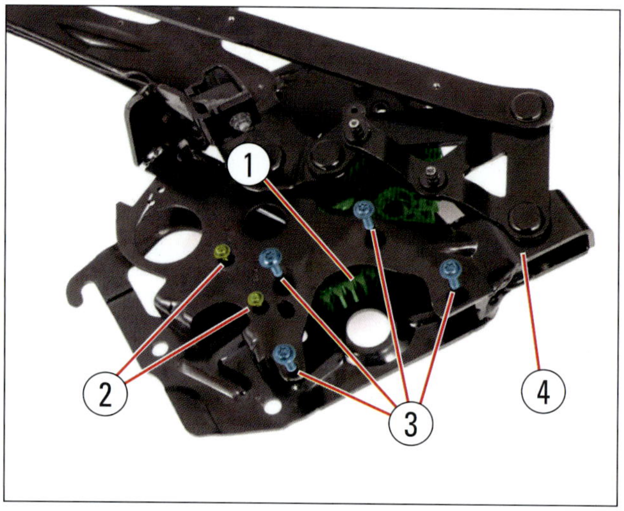

Motor Verdeckantrieb: *1 Zahnsegment, 2 Schrauben, 3 Schrauben Motor, 4 Verdeckgestell (eine Seite).*

Arbeit an den Verdeckmotoren

Motor Verdeckantrieb:
Die Motoren des Verdeckantriebs rechts und links können einzeln ersetzt werden.

■ Demontieren Sie das Verdeck wie bereits beschrieben.

■ Montieren Sie das Verdeck auf dem bereits beschriebenen Verdeckhalterahmen.

■ Klappen Sie mit einem Helfer das Verdeck vorsichtig und gleichmäßig so weit auf, dass Sie die Schraube für den Kabelhalter erreichen können.

■ Drehen Sie die Schraube (2) für den Kabelhalter am Halter heraus.

■ Nehmen Sie den Kabelhalter am Halter ab und legen Sie das Kabel frei.

■ Drehen Sie die Schrauben des Motors (3) heraus und nehmen Sie den Motor vom Zahnsegment (1) ab.

■ Nehmen Sie die Abdeckung des Motors von der Rückseite ab.

Die Montage der Anbauteile erfolgt sinngemäß in umgekehrter Reihenfolge zum beschriebenen Ausbau.

■ Prüfen Sie die Funktion der Verriegelung vor der Montage der Verkleidung.

Zahnsegment wechseln:
Die Zahnsegmente des Verdeckantriebs rechts und links können wie die Motoren einzeln ersetzt werden.

■ Demontieren Sie das Verdeck wie bereits beschrieben.

■ Montieren Sie das Verdeck auf dem bereits beschriebenen Verdeckhalterahmen.

■ Bauen Sie den entsprechenden Verdeckmotor wie bereits beschrieben aus.

■ Drehen Sie die beiden oberen Schrauben des jeweiligen Zahnsegmentes los. Halten Sie dazu die Muttern auf der Rückseite gegen.

■ Verdrehen Sie das Zahnsegment etwas, um die verbliebene dritte Schraube erreichen zu können.

■ Nehmen Sie das entsprechende Zahnsegment ab.

Die Montage der Anbauteile erfolgt sinngemäß in umgekehrter Reihenfolge zum Ausbau.

■ Prüfen Sie die Funktion des Verriegelung vor der Montage der Verkleidung.

Arbeit an der Verdeckbespannung

Die Arbeiten am Verdeck, an der Verspannung und der Einstellung sind Arbeiten, die Sie besser an Profis vergeben sollten. Bei Schäden am Verdeck sollten Sie grundsätzlich mit dem Fahrzeug beim Autosattler vorstellig werden. Qualität und Passgenauigkeit machen die Arbeit am und mit dem Fahrzeug erforderlich. Soweit es beispielsweise darum geht, die Verdeckscheibe zu ersetzen, bleiben Ihnen nur zwei Wege. Der Hersteller ersetzt das komplette Verdeck. Es sind keine Ersatzteile und auch keine Scheibe lieferbar. Die Alternative ist der Autosattler. Hier können nicht nur Teile des Verdecks sachgerecht instandgesetzt werden, sondern auch für den Scheibenersatz haben sich die Spezialisten mit ihrer handwerklichen Erfahrung Gedanken gemacht.

Wie finde ich einen guten Autosattler?
In der Regel werden Sie über die Suchmaschinen im Internet schnell fündig. Oftmals können Sie die Standorte schon in einer Übersichtskarte einsehen. Betrachten Sie sich die Webseiten genauer und besuchen Sie den Autosattler Ihrer Wahl und lassen Sie sich beraten. Die Spezialisten unter den Autosattlern können Ihnen vor Ort auch Referenzarbeiten zeigen.

Arbeiten, die Sie hier selbst übernehmen können:
Selbstverständlich können Sie die Arbeiten des Autosattlers etwas erleichtern. Inwieweit diese Vorarbeiten dann Einfluss auf die Rechnung haben, sollten Sie mit Ihrem Autosattler absprechen.

■ Demontage der Rücksitze

■ Demontage der Seitenwände

■ Demontage der Kofferraumverkleidungen

Hauben, Klappen und Deckel

Wichtige Montagehinweise

Kunststoffverkleidungen zeigen im Alltag erhebliche Vorteile, da nicht alle kleinen Rempler sichtbar sind. Die recht hohe Flexibilität verhindert auch so manchen Steinschlag. Korrosion ist ein Fremdwort. Im Laufe der Zeit und auch bei kalten Temperaturen nimmt die Flexibilität des Materials aber ab. Grundsätzlich sollten Sie, auch bei recht jungen Fahrzeugen, das Biegen und unnötige Verformen der Anbauteile vermeiden. Bruchstellen bedeuten den Ersatz der betroffenen Bauteile. Gerade im Prallbereich sollten Sie auf Reparaturversuche am Kunststoff wie Kleben und Schweißen verzichten. Auch wenn es oftmals viel einfacher erscheint, ein anliegendes Bauteil etwas »wegzubiegen«, kann das schnell mit einem knackenden Geräusch den Reparaturumfang erweitern. Lieber etwas mehr mit Umsicht demontieren. Wir werden Ihnen eine möglichst schonende Demontage der Karosserieteile vorstellen.

Demontage der Motorhaube

Die Motorhaube ist an zwei Scharnieren gesichert und rastet im Haubenschloss in zwei Stufen ein. In der ersten Stufe wird die Haube im »Fanghaken« gehalten. Dieser wird über den Hebel im Öffnungsspalt zwischen Kühlergrill und Motorhaube erreicht. In der zweiten Stufe rastet das Haubenschloss ein. Erst hier erreicht die Haube die Passform in den Karosseriekonturen.

■ Betätigen Sie den Haubenzug. Das Haubenschloss springt auf.

■ Betätigen Sie den Hebel im Spalt zwischen Haube und Kühlergrill und öffnen Sie die Haube.

Vorbereitungsarbeiten zur Demontage:

■ Soweit keine Gasdruckdämpfer verbaut sind, stellen Sie die Haubenstütze (6 im Bild oben) auf.

■ Clipsen Sie die Waschdüse (5 im Bild unten) aus der Haube aus.

■ Entsichern Sie den jeweiligen Sicherungsclip (2) und ziehen Sie den Waschschlauch von der Waschdüse ab.

■ Entsichern Sie die Raste (3) und ziehen Sie den jeweiligen Steckkontakt (4) für die Wachdüsenheizung ab.

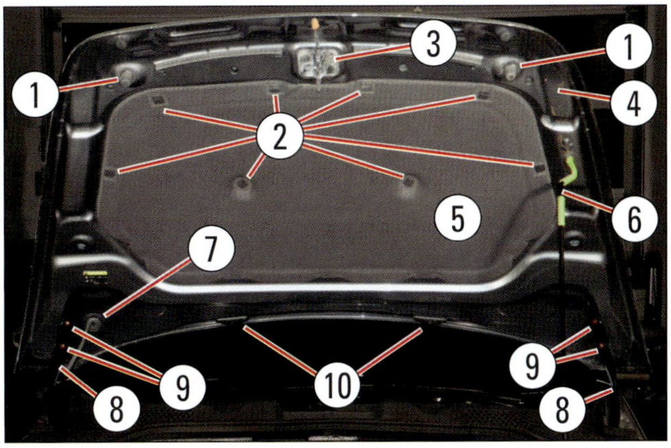

Montageübersicht der Motorhaube: *1 Einstellbare Auflager, 2 Klammern, 3 Haubenverschluss, 4 Motorhaube, 5 Schalldämmung, 6 Haubenstütze, 7 Durchführung Waschdüsen, 8 Haubenscharnier, 9 Schrauben, 10 Waschdüsen.*

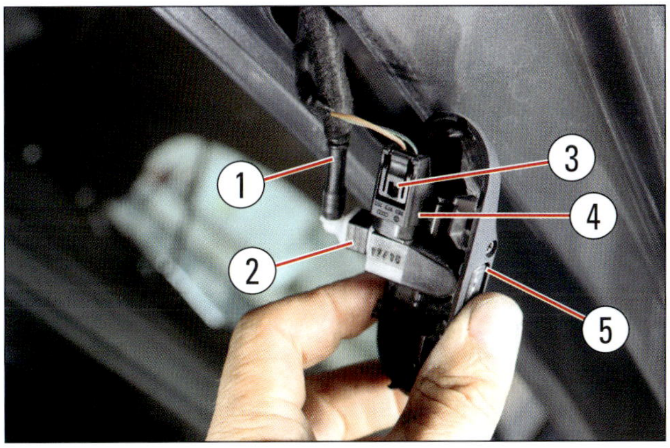

Waschdüse in der Motorhaube: *1 Waschschlauch, 2 Sicherungsclip, 3 Raste, 4 Steckkontakt, 5 Waschdüse.*

■ Nehmen Sie beide Waschdüsen ab.

■ Legen Sie die Durchführung (7) für den Waschschlauch und den elektrischen Anschluss der Waschdüsen frei und ziehen Sie den Versorgungsstrang aus der Haube heraus.

Demontage der Haubendämmung:

■ Drücken Sie die Klammern (2 im Bild oben) zusammen und ziehen Sie sie heraus.

■ Nehmen Sie die Schalldämmung (5) aus den Aussparungen in der Haube unten heraus.

■ Nehmen Sie die Haubendämmung ab.

Demontage der Motorhaube:

■ Lösen Sie die Schrauben (9 im Bild oben), drehen Sie sie aber noch nicht heraus.

■ Halten Sie zusammen mit einem Helfer die Motorhaube rechts und links im Bereich des Scharniers mit einer Hand fest. Die andere Hand hält die Haube an der Vorderkante fest.
■ Drehen Sie abwechselnd mit Ihrem Helfer mit der Hand von der Haubenkante die Schrauben (9) heraus.
■ Nehmen Sie die Haube ab und stellen sie sicher auf die abgeklebten Spitzen, eine geeignete Unterlage oder legen Sie sie sicher auf Böcken oder einer Werkbank ab.

Die Montage erfolgt sinngemäß in umgekehrter Reihenfolge zur beschriebenen Demontage.
■ Prüfen Sie die Funktion der Waschdüsen.

Demontage der Heckklappe

Vorbereitungsarbeiten zur Demontage:
■ Drehen Sie die Schraube (3 im Bild oben) heraus.
■ Hebeln Sie die Verkleidung (2) im Bereich der Clips (1) mit einem Montagehebel von der Heckklappe ab.
■ Nehmen Sie die Verkleidung ab.
■ Demontieren Sie die linke Kofferraumverkleidung. Für die Demontage der Heckklappe reicht es aus, die linke Kofferraumverkleidung im hinteren Teil zu lösen.
■ Entsichern Sie die Steckkontakte (1, 3 und 4) und ziehen Sie Steckverbindungen zum Kofferraum ab.
■ Führen Sie die Anschlusskabel aus dem Kofferraum heraus.
■ Lösen Sie die Kupplung des Bowdenzugs (5) zur Notentriegelung von der Heckklappe ab.
■ Ziehen Sie den Bowdenzug zur Notentriegelung (6) etwas zurück (a) und klappen (b) Sie die Kupplung auf.
■ Hängen Sie den Zug aus der Kupplung aus.
■ Lösen Sie die Tülle und die Bowdenzugführung am Klappenscharnier.
■ Führen Sie den Bowdenzug aus der Heckklappe heraus.

Demontage der Heckklappe:
■ Lösen Sie die Muttern (3 im Bild oben auf der nächsten Seite), aber noch nicht abdrehen. Die Mutter 2 nicht lösen. Sie fixiert die Passung der Heckklappe. Wird Sie gelöst, muss die Heckklappe neu eingepasst werden.
■ Halten Sie zusammen mit einem Helfer die Heckklappe rechts und links im Bereich des Scharniers mit einer Hand fest. Die andere Hand hält die Heckklappe an der Kante fest.

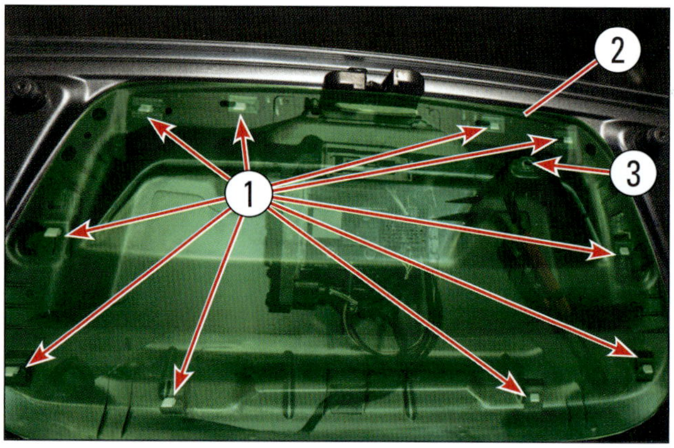

Heckklappenverkleidung: *1 Clip, 2 Heckklappenverkleidung, 3 Schraube in der Griffmulde.*

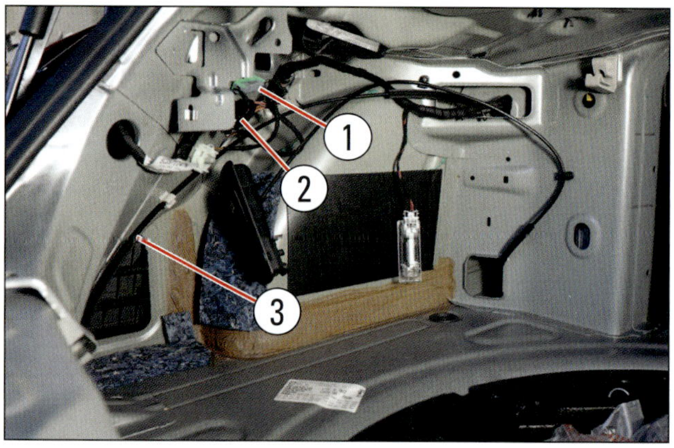

Steckkontakte im Kofferraum: *1 Anschluss Videosignal, 2 Anschluss Griffsensor und Spannungsversorgung, 3 Bowdenzug zur Notentriegelung.*

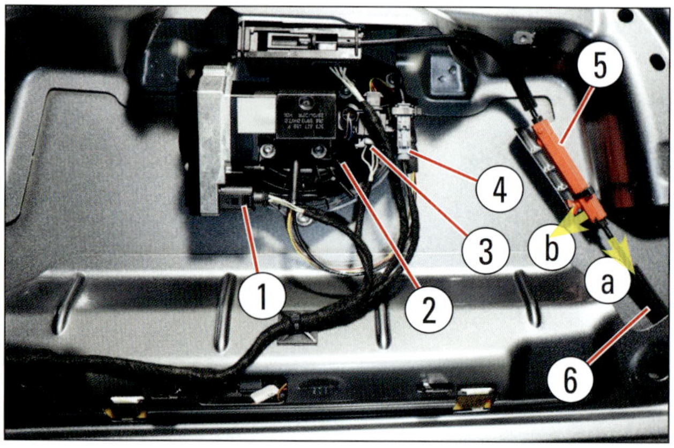

Anschlüsse in der Heckklappe: *1 Anschluss Servo, 2 Griffmodul, 3 Anschluss Griffsensor und Spannungsversorgung, 4 Anschluss Videosignal, 5 Bowdenzugkupplung, 6 Bowdenzug, a Bowdenzug leicht herausziehen, b Kupplung öffnen.*

■ Drehen Sie abwechseln mit Ihrem Helfer mit der Hand von der Kante die Muttern (3) ab.

■ Nehmen Sie die Heckklappe ab und stellen sie sicher auf eine geeignete Unterlage oder legen Sie sie sicher auf Böcken oder einer Werkbank ab.

Wechsel des Klappendämpfers:
Die Klappendämpfer sind sogenannte Gasfedern. Im intakten Zustand herrscht im Inneren ein hoher Druck. Gehen Sie grundsätzlich vorsichtig mit den Dämpfern um. Versuchen Sie nicht die Klappendämpfer zu zerlegen. Wechseln Sie die Klappendämpfer immer paarweise.
■ Öffnen Sie die Heckklappe und halten Sie sie in der oberen Stellung fest.
■ Hebeln Sie mit einem kleinen Schraubendrehen die Sicherungsklammern vom Dämpfergelenk oben und unten ab (a).
■ Nehmen Sie den Klappendämpfer ab.
Für die Montage kontrollieren Sie, dass die Klammern auf dem Gelenk sitzen.
■ Soweit Sie die Haube loslassen müssen, legen Sie sie vorsichtig auf dem Schloss ab.
■ Setzen Sie den Dämpfer auf der Kugel an und drücken Sie ihn auf die Kugel auf. Er muss hör- und fühlbar einrasten.

Heckspoiler auf der Klappe

Der Spoiler ist über die Kugelzapfen (2 in den Bildern oben, nächste Seite) und doppelseitigem Klebeband fixiert sowie mit Klebedichtmasse (3) auf der Heckklappe verklebt.

Fahrzeuge mit Satellitenantenne im Heckspoiler:
■ Öffnen Sie die Heckklappe und demontieren Sie die Innenverkleidung. Die Arbeitsschritte hierzu finden Sie im Kapitel »Innenraum«.
■ Entsichern Sie die Steckkontakte und ziehen Sie die Steckkontakte auseinander.
■ Legen Sie die Anschlusskabel zum Spoiler frei.

Weiter für alle Fahrzeuge:
■ Reinigen Sie den Montagebereich des Heckspoilers gründlich, um Lackschäden zu vermeiden.
■ Erwärmen Sie mit einem Heißluftföhn das doppelseitige Klebeband rechts und links (1 in den Bildern oben auf der nächsten Seite).
■ Decken Sie den Bereich um den Heckspoiler mit Klebeband ab, um dem Lack zu schonen.
■ Lösen Sie das Klebeband vorsichtig mit einem Montagekeil.

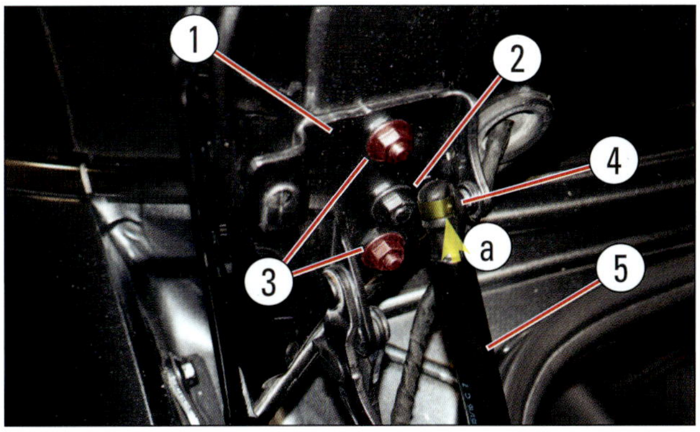

Heckklappenscharnier: *1 Scharnierplatte, 2 Mutter des Zentrierzapfens, 3 Muttern Heckklappe, 4 Sicherungsklammer, 5 Klappendämpfer, a Demontagerichtung vom Dämpfer.*

■ Legen Sie einen Schneidfaden (Achtung Lackschäden) zwischen Spoiler und Heckklappe ein.
■ Spannen Sie entsprechende Handgriffe ein und schneiden Sie die Klebenaht (3) mit vorsichtigen Zugbewegungen hin und her. Achten Sie hierbei darauf, dass Sie die Kugelzapfen (2) und soweit vorhanden das Anschlusskabel der Satellitenantenne nicht beschädigen.
■ In der Mitte des Heckspoilers ist unten ein Zentrierstift verbaut. Dieser wird nicht mehr benötigt.
■ Entfernen Sie die Rückstände des doppelseitigen Klebebandes auf dem Heckspoiler und der Heckklappe. Verwenden Sie dazu einen geeigneten mechanischen oder chemischen Klebstoffentferner. Achten Sie darauf, dem Lack nicht zu schädigen.
■ Soweit die Dichtbänder unterhalb der Klebenaht (3) beschädigt wurden, müssen diese auch ersetzt werden.
■ Schneiden Sie mit einem Scheibenmesser (Schaber, Cuttermesser) die alte Klebedichtnaht bis auf etwa 2 mm zurück.

Bei Verwendung von Neuteilen:
Wenn Sie Neuteile verwenden oder die Verklebung auf neu lackierte Teile erfolgen soll, beachten Sie die Trocknungszeit des Lackes, die Sie am besten beim Lackierer erfragen. Die Lackflächen müssen mit einer Grundierung (Primer) vorbehandelt werden, um eine optimale Verklebung zu gewährleisten.
■ Setzen Sie den vorbereiteten Spoiler (alte Klebestellen sind entfernt oder zurückgeschnitten) mit den Kugelzapfen der Heckklappe auf.
■ Fixieren Sie ihn wenn erforderlich mit Klebeband.
■ Kleben Sie die Konturen des Heckspoilers sehr genau ab.

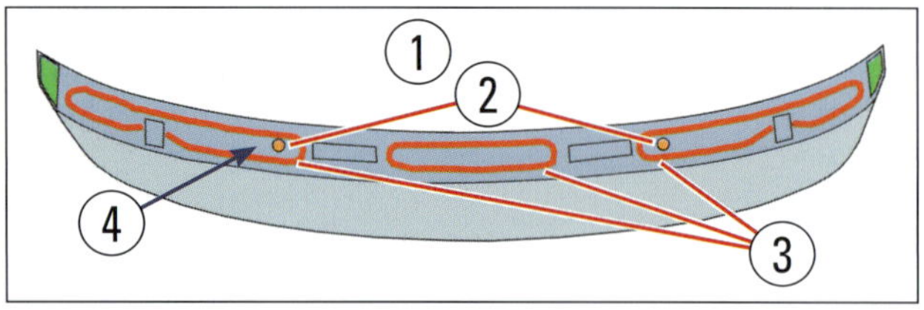

Alte Klebeausführung: *1 Doppelseitige Klebestreifen, 2 Kugelzapfen, 3 Klebenaht, 4 Antenne für Satellitentuner.*

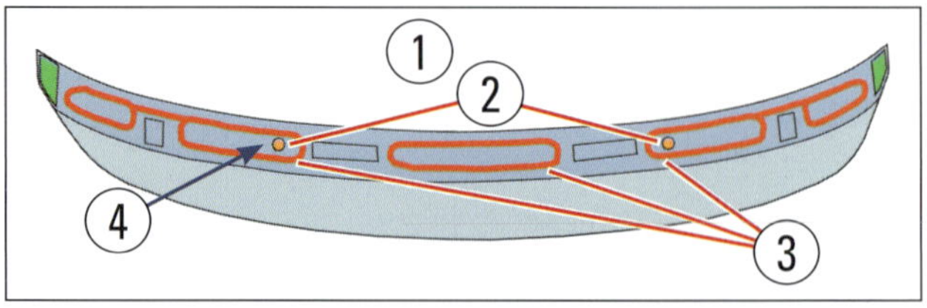

Neue Klebeausführung: *1 Doppelseitige Klebestreifen, 2 Kugelzapfen, 3 Klebenaht, 4 Antenne für Satellitentuner.*

■ Übertragen Sie die Klebekonturen (die Bahnen der Dichtmasse 3) auf die Heckklappe.
■ Tragen Sie den Klebeprimer auf die vorgesehenen Klebestellen der Klebedichtnaht auf (3 im Bild rechts oben). Die Lage der Klebedichtnähte wurde werkseitig verändert. Sie sollten hier nun die neuere Varianten (im Bild rechts oben) anwenden.
■ Lassen Sie den Primer entsprechend der Herstellervorgaben ablüften. Zumeist sind das etwa 10 Minuten bei etwa 20 °C.

Weiter für alle Fahrzeuge:
■ Bringen Sie die neuen Klebestreifen (1) und, wenn erforderlich, die unteren Dichtstreifen auf den Spoiler auf. Belassen Sie die Schutzfolie für die Verklebung auf der Heckklappe noch auf dem doppelseitigen Klebeband.
■ Tragen Sie die Klebedichtmasse auf die Bereiche (3) im Bild oben rechts auf.
■ Entfernen Sie die Schutzfolie des doppelseitigen Klebebandes.
■ Setzen Sie den Heckspoiler zusammen mit einem Helfer auf der Heckklappe auf.
■ Drücken Sie den Heckspoiler an und fixieren Sie ihn mit Klebeband.

Die weitere Montage der Anbauteile erfolgt sinngemäß in umgekehrter Reihenfolge zum beschriebenen Ausbau.
■ Warten Sie die Trocknungszeit des Klebstoffes entsprechend der Herstellerangaben ab.
■ Reinigen Sie den Arbeitsbereich an Spoiler und Heckklappe gründlich.

Bowdenzug der Haubenöffnung

Der Bowdenzug ist zweiteilig. Die Kupplung ist über dem linken Scheinwerfer verbaut.
■ Öffnen Sie die Motorhaube,
■ Lösen Sie den Clip der Bowdenzugkupplung und nehmen Sie ihn etwas heraus.

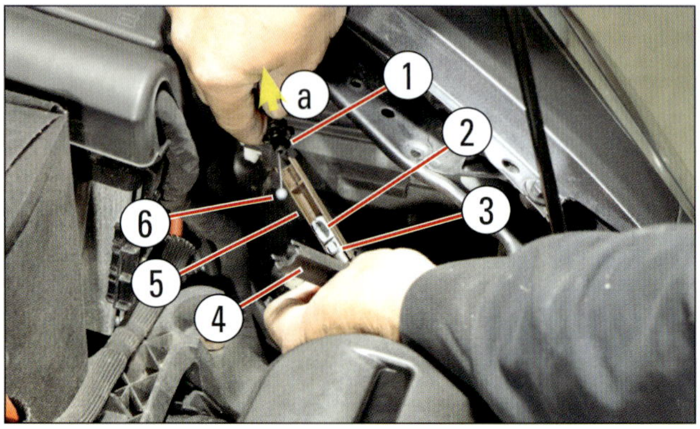

Kupplung am Haubenzug: *1 Hinterer Bowdenzug, 2 Kupplungsstück mit dem vorderen Bowdenzug, 3 Feder, 4 Verschlussdeckel, 5 Kupplung, 6 Kugel zum Zug, a Zugrichtung.*

■ Ziehen Sie den Bowdenzug zum Haubenschloss (1) etwas zurück (a) und klappen (4) Sie den Verschlussdeckel der Kupplung auf.
■ Hängen Sie den Zug (1) aus der Kupplung (5) aus.

Vorderer Bowdenzugteil:
■ Trennen Sie den Bowdenzug an der Kupplung über dem Scheinwerfer wie bereits beschrieben.
■ Bauen Sie das Haubenschloss aus.
■ Drücken Sie die Laschen am Halter zusammen und nehmen Sie den Bowdenzug vom Schloss ab.
■ Soweit der Bowdenzug ausgebaut werden soll, legen Sie ihn frei und nehmen ihn heraus.

Hinterer Bowdenzugteil:
■ Trennen Sie den Bowdenzug an der Kupplung über dem Scheinwerfer wie bereits beschrieben.
■ Ziehen Sie den Hebel zur Haubenöffnung und halten Sie ihn in dieser Stellung fest.
■ Hebeln Sie mit einem kleinen Schraubendreher (wie im Bild oben links auf der nächsten Seite gezeigt) die Sicherungsklammer (3) heraus.
■ Stecken Sie den Schraubendreher in die Lücke ein und hebeln Sie den Schraubendreher in Richtung (a). Die Sicherungsklammer (3) wird dann komplett herausfallen.

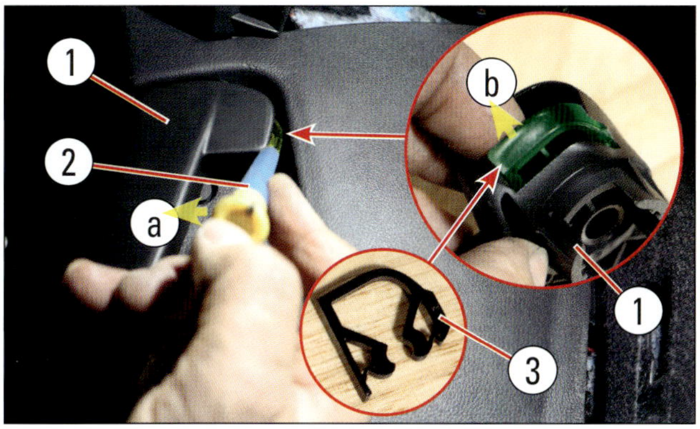

Demontage Hebel Haubenöffnung: *1 Hebel, 2 Schraubendreher, 3 Sicherungsklammer, a Bewegungsrichtung des Schraubendrehers, b Bewegungsrichtung der Sicherungsklammer.*

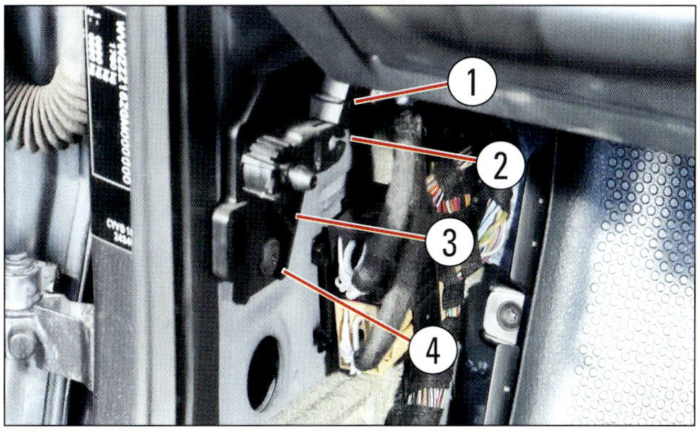

Halter Hebel Haubenöffnung: *1 Bowdenzug, 2 Betätigungshebel, 3 Halter, 4 Schraube.*

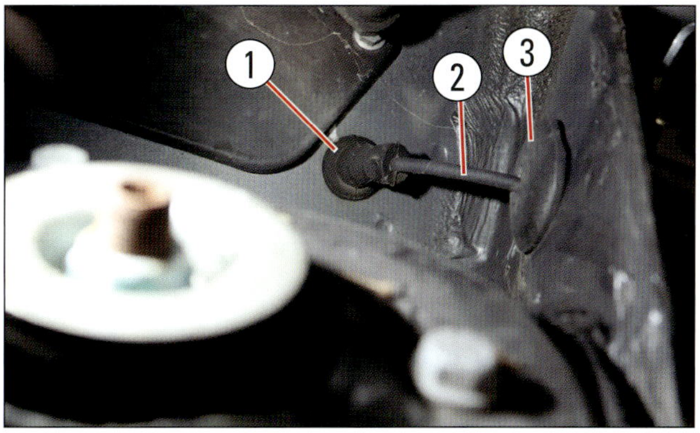

Durchführung Haubenzug: *1 Abdichtung zum Innenraum, 2 Bowdenzug, 3 Abdichtung zum Kotflügel.*

■ Bauen Sie die Verkleidung auf der A-Säule ab. Die Beschreibung zu den Arbeitsschritten finden Sie im Kapitel »Innenraum«.
■ Drehen Sie die Schraube (4 im Bild oben rechts) heraus und nehmen Sie den Halter ab.
■ Ziehen Sie den Bowdenzug aus dem Halter (3) heraus.
■ Nehmen Sie den Bowdenzug aus dem Betätigungshebel (2) heraus.
■ Nehmen Sie die Abdichtungen heraus (3 und 1) im Bild Mitte) und legen Sie den Bowdenzug (2) frei.

Die Montage erfolgt sinngemäß in umgekehrter Reihenfolge zur jeweiligen Demontage.
■ Prüfen Sie die Funktion des Haubenschlosses vor der Montage aller Verkleidungsteile und dem Schließen der Haube.

Betätigungen der Heckklappe

Der Bowdenzug zur Notöffnung ist zweiteilig. Die Kupplung ist unter der Heckklappenverkleidung verbaut. Betätigt wird er über eine herausnehmbare Abdeckung in der hinteren Seitenverkleidung auf der Fahrerseite. Der Bowdenzug wird über die linke Seite bis zur Notöffnungsbetätigung geführt. Die reguläre Betätigung des Heckklappenschlosses erfolgt elektrisch über einen Mikroschalter im Hecklogo. Der Öffnungswunsch wird durch Aufklappen des VW-Logos in der Heckklappe mitgeteilt. Die Ansteuerung erfolgt über das Bordnetzsteuergerät.
■ Bauen Sie die Verkleidung der Heckklappe ab. Die Beschreibung zu den Arbeitsschritten finden Sie im Kapitel »Innenraum«.

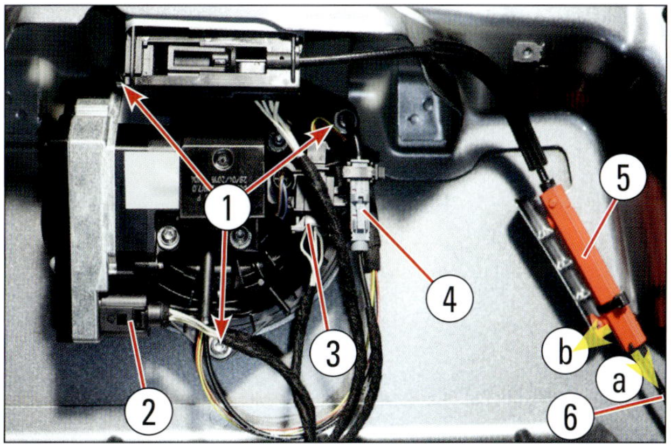

Anschlüsse in der Heckklappe: *1 Schrauben, 2 Anschluss Servo, 3 Anschluss Griffsensor und Spannungsversorgung, 4 Anschluss Videosignal, 5 Bowdenzugkupplung, 6 Bowdenzug, a Bowdenzug leicht herausziehen, b Kupplung öffnen.*

■ Ziehen Sie die Steckverbindung zum VW-Logo (Heckklappenbetätigung) ab.
■ Ziehen Sie, so weit verbaut, die Anschlusskabel (3) und (4) bei Fahrzeugen mit verbauter Rückfahrkamera ab.

■ Drehen Sie die Schrauben (1 im Bild unten auf der vorherigen Seite) heraus.
■ Verdrehen Sie das VW-Logo (Heckklappenbetätigung) im Uhrzeigersinn, um die Verrastung zu lösen.
■ Ziehen Sie den Wasserablaufschlauch am VW-Logo (Heckklappenbetätigung) ab.
■ Nehmen Sie das VW-Logo (Heckklappenbetätigung) heraus.

Die Montage erfolgt sinngemäß in umgekehrter Reihenfolge zur jeweiligen Demontage.
■ Prüfen Sie die Funktion des Haubenschlosses vor der Montage aller Verkleidungsteile und dem Schließen der Heckklappe.

Demontage des Haubenschlosses

■ Öffnen Sie die Motorhaube und sichern Sie sie mit der Haubenstütze.
■ Lösen Sie den Clip der Bowdenzugkupplung im Bereich des Scheinwerfers vorne links und nehmen Sie ihn etwas heraus.
■ Ziehen Sie den Bowdenzug zum Haubenschloss (siehe »Bowdenzug der Haubenöffnung«) etwas zurück (a) und klappen (4) Sie den Verschlussdeckel der Kupplung auf.
■ Hängen Sie den Zug (1) aus der Kupplung (5) aus. Drehen Sie die beiden Schrauben (1 im Bild oben) heraus.
■ Ziehen Sie das Klappenschloss vorsichtig nach oben so weit heraus, dass Sie den Mikroschalter erreichen können.
■ Entriegeln Sie den Rasthaken zum Mikroschalter und nehmen Sie den Mikroschalter aus dem Schloss heraus.
■ Drücken Sie die beiden Laschen am Halter des Haubenzugs seitlich zusammen und nehmen Sie den Haubenzug vom Haubenschloss ab.
■ Nehmen Sie das Haubenschloss ab.

Die Montage erfolgt sinngemäß in umgekehrter Reihenfolge zur jeweiligen Demontage.
■ Prüfen Sie die Funktion des Haubenschlosses vor dem Schließen der Motorhaube.

Demontage des Heckklappenschlosses

Das Heckklappenschloss wird im Normalfall elektrisch betrieben. Es ist aber möglich, es über die Notentriegelungszug im Türeinsieg auf der Fahrerseite zu öffnen.
■ Drehen Sie die Schraube (3 im Bild oben im Kapitel »Demontage der Heckklappe«) heraus.
■ Hebeln Sie die Verkleidung (2) im Bereich der Clips (1) mit einem Montagehebel von der Heckklappe ab.
■ Nehmen Sie die Verkleidung ab.
■ Hebeln Sie die Verkleidung des Heckklappenschlosses vom Heckklappenschloss ab.
■ Entsichern Sie den Steckkontakt am Heckklappenschloss und ziehen Sie den Steckkontakt ab.
■ Clipsen Sie den Zug für die Notentriegelung (4) am Kofferraumschloss ab.
■ Drehen Sie die beiden Schrauben (1 im Bild unten rechts) heraus.
■ Nehmen Sie das Heckklappenschloss ab.

Die Montage erfolgt sinngemäß in umgekehrter Reihenfolge zur jeweiligen Demontage.
■ Prüfen Sie die Funktion des Heckklappenschlosses vor der Montage dem Schließen der Heckklappe.
■ Prüfen Sie die Funktion der Notentriegelung vor dem Schließen der Heckklappe.

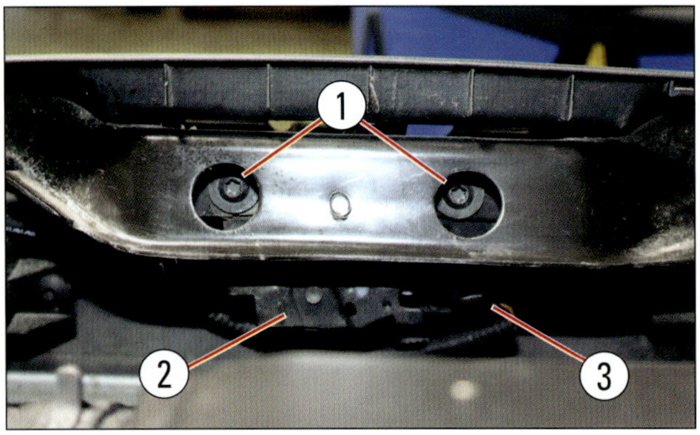

Haubenschloss im Schließblech vorne: *1 Schrauben, 2 Haubenschloss, 3 Steckkontakt Mikroschalter Haubenschloss.*

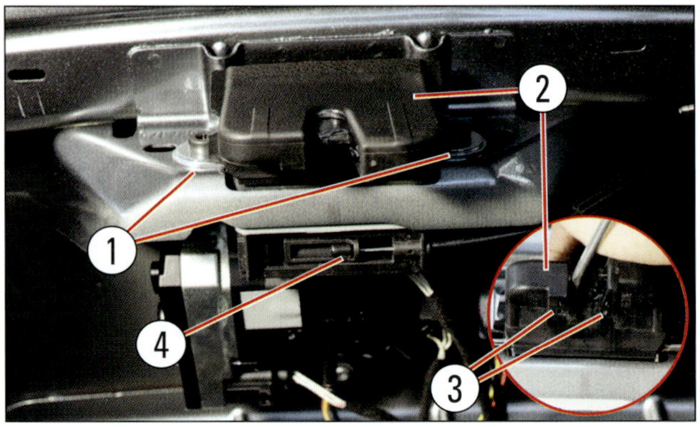

Heckklappenschloss: *1 Schrauben, 2 Schlossabdeckung, 3 Rastnasen Abdeckung, 4 Notentriegelungszug.*

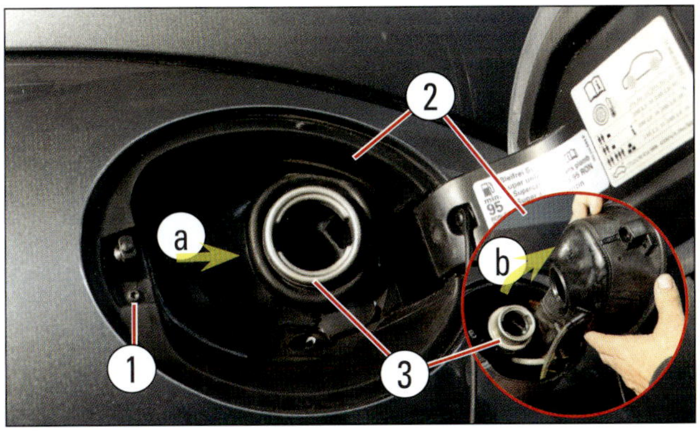

Ausbau Tankklappenmodul: *1 Schraube, 2 Tankklappenmodul, 3 Tankstutzen, a ausrasten, b herausschwenken.*

Montage am Tankklappenmodul

Demontage des Tankklappenmoduls:

■ Öffnen Sie die Tankklappe und reinigen Sie den Bereich um den oder die Tankeinfüllstutzen gründlich.

■ Demontieren Sie den Tankdeckel.

■ Ziehen Sie die Gummidurchführung vom Tankstutzen (3 im Bild oben links) ab.

■ Soweit verbaut, ziehen Sie die Gummidurchführung auch vom Stutzen für das Reduktionsmittel ab.

■ Drehen Sie die Schraube (a) heraus.

■ Ziehen Sie das Tankklappenmodul (2) nach vorne aus den Verrastungen im Bereich der Schraube heraus.

■ Schließen Sie die Tankklappe und schwenken (b) das Tankklappenmodul aus der Öffnung heraus.

■ Nehmen Sie das Tankklappenmodul (2) zusammen mit dem Wasserablaufschlauch heraus.

Die Montage erfolgt sinngemäß in umgekehrter Reihenfolge zur jeweiligen Demontage.

■ Reinigen Sie das Tankklappenmodul und die Aussparung in der Karosserie vor der Wiedermontage gründlich.

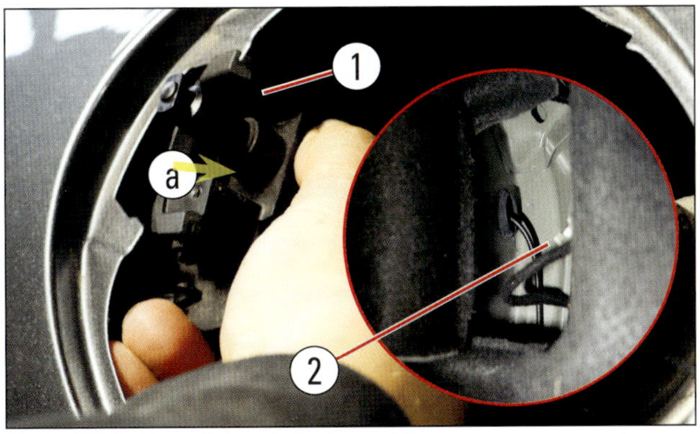

Verriegelung im Tankklappenmodul: *1 Verriegelungselement, 2 Steckkontakt in der Kofferraumluke.*

Demontage des Verriegelungselementes des Tankklappenmoduls:

■ Bei Fahrzeugen mit Subwoofer im Kofferraum, müssen die rechte Kofferraumverkleidung und der dahinter liegende Subwoofer ausgebaut werden.

■ Bei Fahrzeugen ohne Subwoofer ist das Anschlusskabel durch die Abdeckung in der rechten Kofferraumverkleidung erreichbar.

■ Ziehen Sie die Steckverbindung (2 im Bild oben rechts) zum Stellelement ab.

■ Drücken Sie die Gummidurchführung in das Radhaus hinein.

■ Bauen Sie wie beschrieben das Tankklappenmodul aus.

■ Ziehen Sie das Anschlusskabel mit dem Anschlussstecker vom Kofferraum aus durch die in die Öffnung des Tankklappenmoduls hinein.

■ Ziehen (a) Sie das Verriegelungselement (1) vom Seitenteil ab und nehmen es heraus.

Die Montage erfolgt sinngemäß in umgekehrter Reihenfolge zur jeweiligen Demontage.

■ Prüfen Sie die Funktion des Verriegelungselementes sowie die Verrastung beim Öffnen und Schließen der Tankklappe.

Fahrer- und Beifahrertür

Ausbau der Türen

Vorbereitungsarbeiten:

Sollen die Türen lediglich ausgebaut werden, ist ein Zerlegen der Tür nicht erforderlich. Die Anschlusskabel sind über einen Steckkontakt an der B-Säule zugänglich.

■ Lassen Sie die Türscheibe zum Schutz vollständig herunter.

■ Schalten Sie die Zündung aus und ziehen Sie den Zündschlüssel ab.

■ Bauen Sie die untere A-Säulenverkleidung auf der entsprechenden Seite ab. Die Arbeiten stellen wir Ihnen im Kapitel »Innenraum« im Detail vor.

Demontage der Tür:
■ Ziehen Sie die Steckverbindung zur Tür ab.
■ Entsichern Sie die Raste (1 im Bild Mitte) des Faltenbalgs (2) und nehmen Sie ihn von der A-Säule ab.
■ Drehen Sie die Schraube (7 im Bild oben) aus dem Türfangband (5) heraus.
■ Schieben Sie das Türfangband (5) nach innen.
■ Ziehen Sie die Kappen (4) von den Sicherungsschrauben ab und lösen Sie die Sicherungsschrauben darunter, drehen Sie aber nicht ganz heraus.
■ Heben Sie die Tür mit einem Helfer gerade nach oben von den Scharnieren ab.

Die Montage erfolgt sinngemäß in umgekehrter Reihenfolge zur beschriebenen Demontage.
■ Prüfen Sie die Funktion und die Einstellung der Tür zur Karosserie. Eine Einstellung ist bei der Verwendung der gleichen Tür nicht erforderlich. Wurden Veränderungen, eine andere Tür oder Richtarbeiten durchgeführt, beachten Sie die Spaltmaße am Anfang dieses Kapitels.
■ Prüfen Sie die elektrischen Funktionen der Tür.

Demontage des Türgriffes mit Schließzylinder:
■ Betätigen Sie den Türgriff und stecken Sie einen kleinen Schraubendreher in die Öffnung der Abdeckung (1 im Bild unten) hinein.
■ Klappen Sie die Abdeckkappe des Schließzylinders nach oben (a) und nehmen Sie sie ab.
■ Ziehen Sie die Abdeckkappe (1) ab.
■ Ziehen Sie die Gummikappe (2) ab.
■ Drehen Sie die Schraube (4) heraus.
■ Drehen Sie die Schraube (2) bis zum Anschlag heraus.
■ Betätigen Sie den Türgriff und ziehen Sie den Schließzylinder gerade heraus.
■ Lassen Sie den Türgriff wieder los und ziehen Sie ihn etwas zurück (c).
■ Schwenken (d) Sie den Türgriff hinten aus der Aussparung der Tür heraus und nehmen ihn dann aus der vorderen Aussparung heraus.

Demontage des Türgriffes ohne Schließzylinder:
Ist kein Schließzylinder verbaut, muss die verbaute Kappe mit einem Montagehaken (VW T10389) (5 im Bild unten) zurückgezogen (entriegelt) werden.
■ Ziehen Sie die Abdeckung in der Tür (7) ab und führen Sie den Montagehaken (VW T10389) hinter den Verriegelungshaken (6) ein.
■ Ziehen Sie den Montagehaken so weit zurück, bis

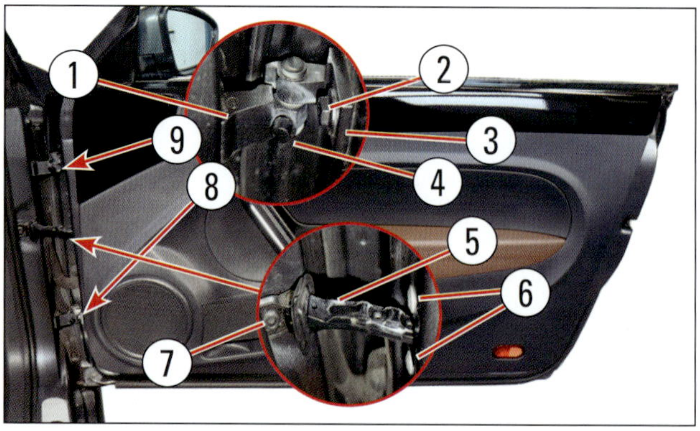

Türbefestigung zum Ausbau: *1 Scharnier (A-Säule), 2 Schraube, 3 Scharnier (Tür), 4 Sicherungsschraube mit Kappe, 5 Türfangband, 6 Schrauben, 7 Schraube.*

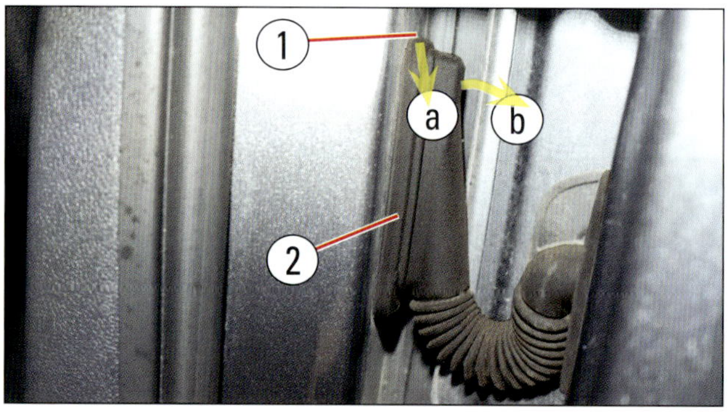

Elektrischer Anschluss zur Tür: *1 Raste über das Gummi zu betätigen, 2 Faltenbalg, a Raste drücken, b Faltenbalg abklappen und abnehmen.*

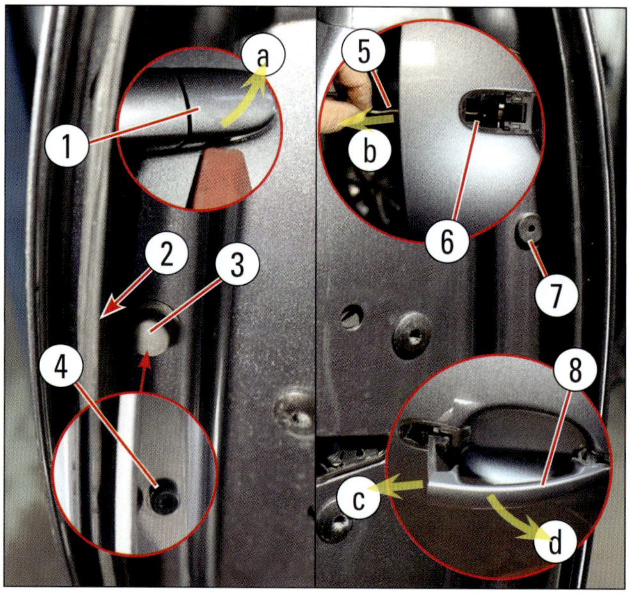

Türgriffe: *1 Abdeckung links, 2 Schraube (verdeckt), 3 Gummikappe, 4 Schraube, 5 Montagehaken, 6 Verriegelungshaken, 7 Abdeckung, 8 Türgriff, a Schlossabdeckung abheben, b Montagehaken ziehen, c Griff zurückziehen, d Griff ausschwenken.*

die Abdeckkappe entriegelt ist.
■ Betätigen Sie den Türgriff und ziehen Sie die Abdeckkappe gerade heraus.
■ Lassen Sie den Türgriff wieder los und ziehen Sie ihn etwas zurück.
■ Schwenken Sie den Türgriff hinten aus der Aussparung der Tür heraus und nehmen ihn dann aus der vorderen Aussparung heraus.

Die Montage erfolgt sinngemäß in umgekehrter Reihenfolge zur jeweiligen beschriebenen Demontage.
■ Prüfen Sie die Funktion des Türgriffes.
■ Prüfen Sie, dass sich der Türgriff und der verbaute Schließzylinder leicht betätigen lassen.

Demontage des Türschlosses:
■ Bauen Sie die entsprechende Türverkleidung ab.
■ Die Arbeitsschritte hierzu finden Sie im Kapitel »Innenraum«.
■ Entsichern Sie den Steckkontakt und ziehen Sie den Stecker (2 im Bild mitte) ab.
■ Soweit verbaut, demontieren Sie den Schließzylinder wie bereits beschrieben.
■ Drehen Sie die Schrauben (1) heraus.
■ Lösen Sie den Halter für die den Außengriffschalter vom Türschloss.
■ Nehmen Sie das Türschloss heraus.
■ Verdrehen Sie den Seilzug für den Türaußengriff am Türschloss um 90° und nehmen Sie ihn vom Türschloss ab.
■ Schwenken Sie den Seilzug aus der Betätigungslasche des Türschlosses heraus.
■ Soweit verbaut, nehmen Sie die Sicherungsklammer über dem Seilzug für die Innenbetätigung des Türschlosses ab.
■ Verdrehen Sie den Seilzug für den Türinnengriff am Türschloss um 90° und nehmen Sie ihn vom Türschloss ab.

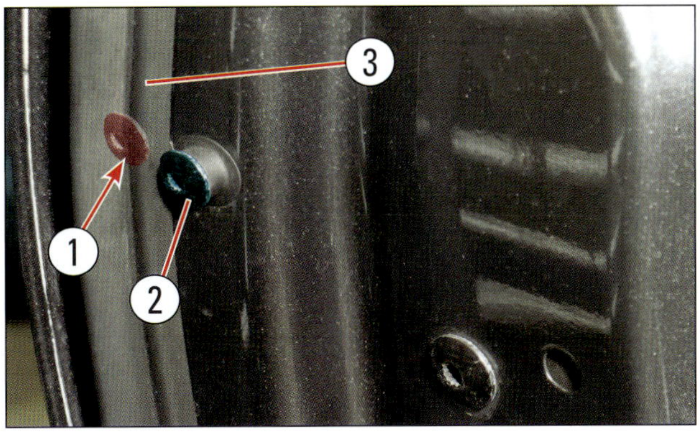

***Verschraubungen am Türschloss:** 1 Sicherungsschraube (verdeckt) (sitzt im Türschloss und kann nicht herausgedreht werden), 2 Halteschraube, 3 Türdichtung.*

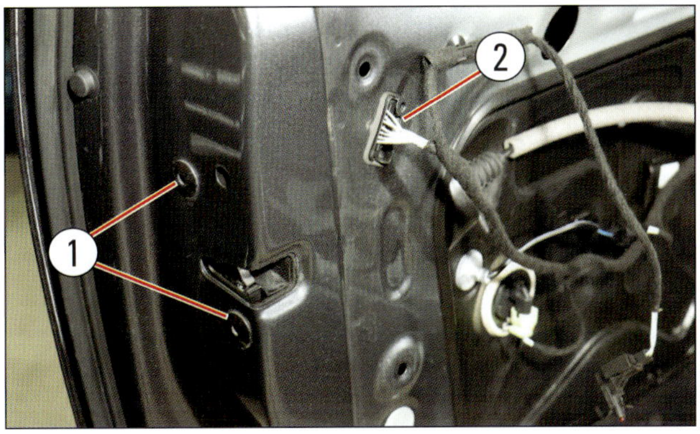

***Türschloss Ausbau:** 1 Schraube Türschloss , 2 Anschlussstecker zum Türschloss.*

■ Schwenken Sie den Seilzug aus der Betätigungslasche des Türschlosses heraus.
■ Nehmen Sie das Türschloss aus der Tür heraus.

Die Montage erfolgt sinngemäß in umgekehrter Reihenfolge zur jeweiligen beschriebenen Demontage.
■ Prüfen Sie die Funktion des Türschlosses und des Türgriffes vor der Montage der Verkleidung.

Kotflügel vorne und hinten

Demontage der Innenkotflügel

Die Innenkotflügel (Radhausschalen) schützen die Karosserie vor Steinschlag und groben Verschmutzungen. In regelmäßigen Abständen sollten Sie die Innenradläufe demontieren und die Ansammlungen von Blättern, Dreck und anderen Verschmutzungen mit viel Wasser aus den Radhäusern waschen.

Demontage der Radhausschalen vorne:
Die Radhausschalen (Innenkotflügel) können sehr gut für ein einzelnes Rad demontiert werden. Die Verschraubungen sind für alle Radhausschalen zugänglich. Wenn Sie mit einem Wagenheber arbeiten, sollten Sie das Fahrzeug auf Abstellböcke abstellen.
■ Heben Sie das Fahrzeug an und schrauben Sie das entsprechende Rad ab.

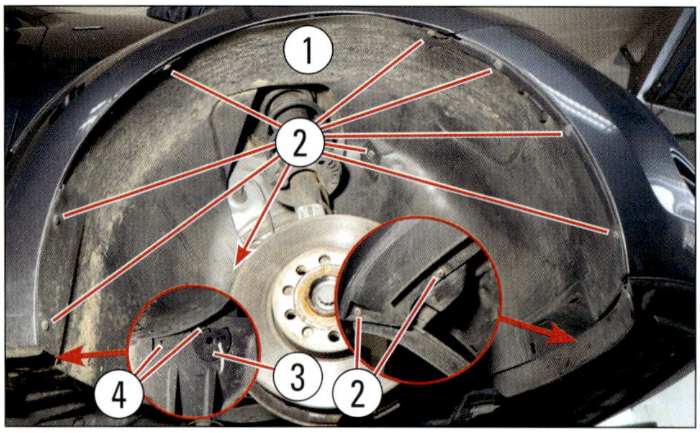

***Radhausschale vorne:** 1 Radhausschale, 2 Schrauben, 3 Einsteller, 4 Rasten.*

***Radhausschale hinten:** 1 Radhausschale, 2 Schrauben.*

- Die Schrauben (2 im Bild oben links) herausdrehen.
- Lösen Sie die Verrastungen (4).
- Nehmen Sie den Innenkotflügel ab.

Demontage der Radhausschalen hinten:
Die Radhausschalen (Innenkotflügel) können sehr gut für ein einzelnes Rad demontiert werden. Die Verschraubungen sind für alle Radhausschalen zugänglich. Wenn Sie mit einem Wagenheber arbeiten, sollten Sie das Fahrzeug auf Abstellböcke abstellen.
- Heben Sie das Fahrzeug an und schrauben Sie das entsprechende Rad ab.
- Drehen Sie die Schrauben (2 im Bild oben rechts) heraus.
- Nehmen Sie den Innenkotflügel ab.

Die Montage erfolgt sinngemäß in umgekehrter Reihenfolge zur beschriebenen Demontage.
- Reinigen Sie den Innenkotflügel und prüfen Sie den Zustand der Schrauben und der Gewindeeinsätzen vor der Montage.

Demontage der Kotflügel vorne

Demontage der vorderen Kotflügel:
- Bauen Sie die entsprechende Radhausschale aus.
- Ziehen Sie (soweit verbaut) die Geräuschdämmung vorne zwischen Kotflügel und Träger oben in Richtung A-Säule heraus.
- Bauen Sie die entsprechende Tür aus.
- Demontieren Sie das Schließblech vor der A-Säule.
- Bauen Sie die Stoßfängerverkleidung vorne an.
- Drehen Sie die Mutter (3 im Bild unten) vom Radhaus aus am Halter ab.
- Drehen Sie die Schrauben 6 von unten heraus.
- Drehen Sie die Schraube 4 im Türeinstieg heraus.
- Drehen Sie die Schraube 2 vom Motorraum aus heraus.
- Nehmen Sie den Kotflügel vorsichtig ab.

Die Montage erfolgt sinngemäß in umgekehrter Reihenfolge zur beschriebenen Demontage.
- Kontrollieren Sie, dass die Anlagestellen nicht aufgescheuert sind und ausreichend Korrosionsschutz vorhanden ist.

Demontage der Kotflügel oben:
Beschrieben wird hier die Demontage des Blechteils zwischen Haube, Tür und Kotflügel (7 im Bild unten).
- Bauen Sie die entsprechende Radhausschale aus.
- Ziehen Sie (soweit verbaut) die Geräuschdämmung vorne zwischen Kotflügel und Träger oben und die in Richtung A-Säule heraus.
- Bauen Sie die entsprechende Tür aus.

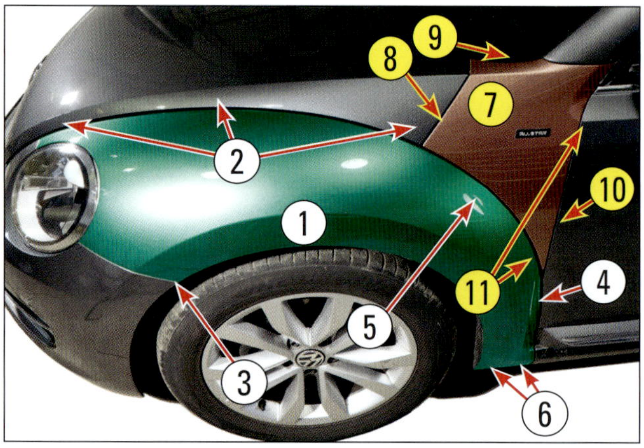

***Kotflügel vorne:** 1 Kotflügel (weiße Zahlen), 2 Schrauben Kotflügelkante, 3 Mutter Halter vorne, 4 Schraube Einstieg, 5 Schraube Radkasten, 6 Schrauben Schweller, 7 Kotflügel oben (gelbe Zahlen), 8 Schraube Motorraum, 9 Schraube Windleitblech, 10 Schraube Einstieg, 11 Schrauben Radkasten.*

■ Öffnen Sie die Haube.
■ Bauen Sie die Wasserkastenabdeckung ab.
■ Drehen Sie die Schrauben (8 und 9 im Bild unten auf der vorherigen Seite heraus.
■ Drehen Sie die Schrauben (11) vom Radkasten aus heraus.
■ Drehen Sie die Schraube (10) heraus.
■ Nehmen Sie den Kotflügel oben nach oben ab.

Die Montage erfolgt sinngemäß in umgekehrter Reihenfolge zur beschriebenen Demontage.
■ Kontrollieren Sie, dass die Anlagestellen nicht aufgescheuert sind und ausreichend Korrosionsschutz vorhanden ist.

Demontage der Kotflügel hinten

■ Bauen Sie die entsprechende Radhausschale aus.
■ Demontieren Sie den Stoßfänger hinten.
■ Bauen Sie den seitlichen Kotflügelhalter unter der Stoßfängerverkleidung ab.
■ Erwärmen Sie die Zierleiste hinten mit einem Heißluftföhn und hebeln Sie sie vorsichtig vom Seitenteil ab. Die Zierleiste ist mit Klebestreifen verklebt und sitzt in Stopfen im Seitenteil ein.

Demontage des rechten Kotflügels:
■ Bauen Sie die Tankklappeneinheit wie bereits in diesem Kapitel beschrieben aus.
■ Demontieren Sie das Verriegelungselement wie bereits beschrieben.

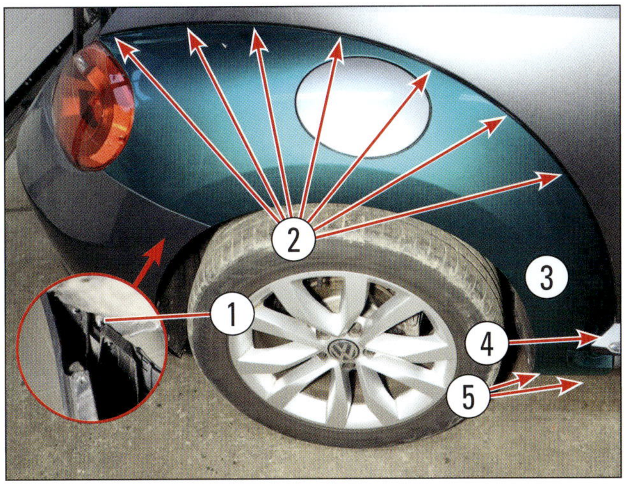

Kotflügel hinten: *1 Mutter im Radhaus, 2 Schrauben (Achtung unterschiedliche Gewindestärken!), 3 Kotflügel hinten, 4 Schraube unter der Zierleiste, 5 Schrauben im Schweller.*

Weiter für beide Kotflügel:
■ Drehen Sie die Schrauben (4 und 5) am Kotflügel unten heraus.
■ Demontieren Sie die Mutter (1) an der Kotflügelstrebe.
■ Drehen Sie die Schrauben (2 im Bild oben) heraus.
■ Nehmen Sie den Kotflügel vorsichtig ab.

Die Montage erfolgt sinngemäß in umgekehrter Reihenfolge zur beschriebenen Demontage.
■ Kontrollieren Sie, dass die Anlagestellen nicht aufgescheuert sind und ausreichend Korrosionsschutz vorhanden ist.

Stoßfänger vorne und hinten

Demontage des Stoßfängers vorne

Demontage der Frontblende:
■ Öffnen Sie die Motorhaube.
■ Demontieren Sie die Spreiznieten (1) im Bild unten. Schieben Sie einen Montagekeil (VAG 3409) zwischen den Stoßfänger und die Frontblende (3) und lösen Sie die Frontblende so vom Stoßfänger.
■ Ziehen Sie die Frontblende nach vorne ab.
■ Nehmen Sie die Frontblende heraus.

Die Montage erfolgt sinngemäß in umgekehrter Reihenfolge zur beschriebenen Demontage.
■ Achten Sie darauf, dass die Frontblende im Stoßfänger richtig einsitzt und dort einrastet.

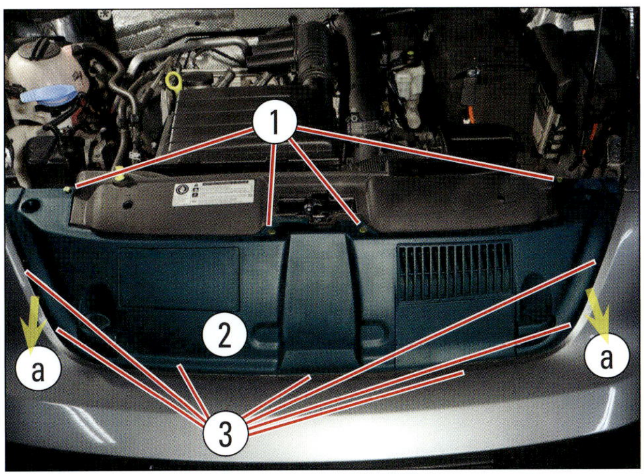

Demontage der Frontblende: *1 Spreiznieten, 2 Frontblende, 3 Verrastungen im Stoßfänger, a Abziehen der Verrastungen.*

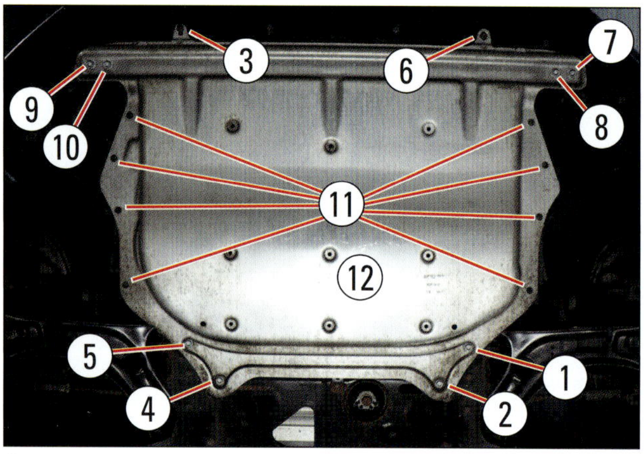

Demontage der Motorschutzplatte: *1-10 Gewindeschrauben M8, 11 Blechschrauben, 12 Unterfahrschutz/Dämmung.*

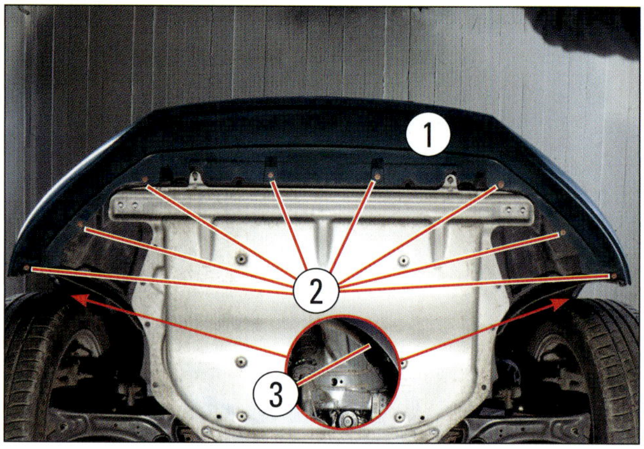

Stoßfänger vorne von unten: *1 Stoßfängerverkleidung vorne, 2 Blechschrauben von unten, 3 Schrauben zum Kotflügel.*

Demontage der Motorschutzplatte:
Die Demontagearbeiten sind auch für die Wartungsarbeiten erforderlich.

■ Heben Sie das Fahrzeug an.
■ Drehen Sie die Schrauben (11 im Bild oben links) heraus.
■ Drehen Sie die Schrauben (1-10) heraus. Halten Sie hierbei die Schutzplatte (12) fest.
■ Nehmen Sie die Schutzplatte (12) ab.

Die Montage erfolgt sinngemäß in umgekehrter Reihenfolge zur beschriebenen Demontage.

■ Reinigen Sie die Gewinde und die Blechmuttern.
■ Sprühen Sie die Gewinde und die Blechmuttern mit etwas Kettenspray ein.
■ Ersetzen Sie beschädigte oder stark korrodierte Blechmuttern vor der Montage.
■ Drehen Sie die Schrauben 1-10 ein und richten Sie hierbei die Schutzplatte aus.
■ Drehen Sie die Schrauben (11) wieder ein.
■ Ziehen Sie die Schrauben in der Reihenfolge 1-10 und anschließend die Blechschrauben (11) wieder fest.

Demontage des Stoßfängers vorne:

■ Bauen Sie die Motorschutzplatte wie bereits oben beschrieben ab.
■ Demontieren Sie die Frontblende wie beschrieben.
■ Lösen Sie die Befestigungen der Radhausschalen in der Stoßfängerverkleidung rechts und links und ziehen Sie die Radhausschale etwas zurück.
■ Nehmen Sie die beiden Scheinwerfer rechts und links heraus. Die Demontagearbeiten hierzu finden Sie im Kapitel »Die Elektrik«.

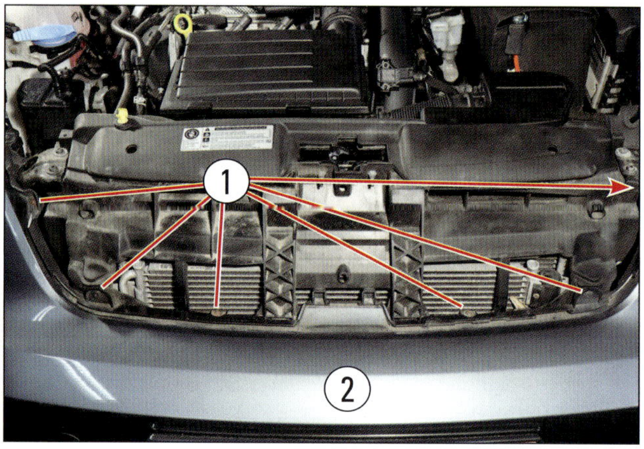

Stoßfänger vorne von oben: *1 Blechschrauben von unten, 2 Stoßfängerverkleidung vorne.*

■ Drehen Sie die Schrauben zum Kotflügel links und rechts (3 im Bild oben rechts) heraus.
■ Drehen Sie die Schrauben (2) unten in der Stoßfängerverkleidung heraus.
■ Drehen Sie die sechs Schrauben im Bereich der Frontblende (1 im Bild Mitte rechts) vorne heraus.
■ Die nächsten Arbeitsschritte führen Sie am besten zusammen mit einen Helfer durch.
■ Ziehen Sie die Stoßfängerverkleidung aus den Führungsprofilen am Kotflügel zur Seite ab.
■ Ziehen Sie die Stoßfängerverkleidung aus der Verrastung neben dem Scheinwerfer heraus.
■ Nehmen Sie die Stoßfängerverkleidung gerade nach vorne ab.
■ Entsichern Sie die Stecker zu den Leuchten und Sensoren im Stoßfänger und ziehen Sie sie ab.
■ Legen Sie den Stoßfänger auf einer weichen Unterlage oder auf gepolsterten Montageböcken ab.

Die Montage erfolgt sinngemäß in umgekehrter Reihenfolge zur beschriebenen Demontage.

- Reinigen Sie die Blechmuttern und die Sitz- und Führungsnuten.
- Sprühen Sie die Blechmuttern mit etwas Kettenspray ein.
- Ersetzen Sie beschädigte oder stark korrodierte Blechmuttern vor der Montage.

Demontage des Stoßfängers hinten

- Drehen Sie die Schrauben (2 im Bild oben) heraus.
- Drehen Sie die Schrauben im Innenradlauf zur Stoßfängerverkleidung links und rechts heraus.
- Drehen Sie die Mutter (3) von unten links und rechts heraus.
- Bauen Sie die beiden Rückleuchten wie im Kapitel »Die Elektrik« beschrieben aus.
- Drehen Sie die Schraube (2 im Bild Mitte) unter dem Rücklicht links und rechts heraus.
- Die nächsten Arbeitsschritte führen Sie am besten zusammen mit einem Helfer durch.
- Ziehen Sie die Stoßfängerverkleidung aus den Führungsprofilen am Kotflügel zur Seite ab.
- Lösen Sie die Verrastungen (1) im Bereich der Rückleuchten.
- Nehmen Sie die Stoßfängerverkleidung gerade nach hinten ab.
- Entsichern Sie die Stecker zu den Leuchten und Sensoren im Stoßfänger und ziehen Sie sie ab.
- Legen Sie den Stoßfänger auf einer weichen Unterlage oder auf gepolsterten Montageböcken ab.

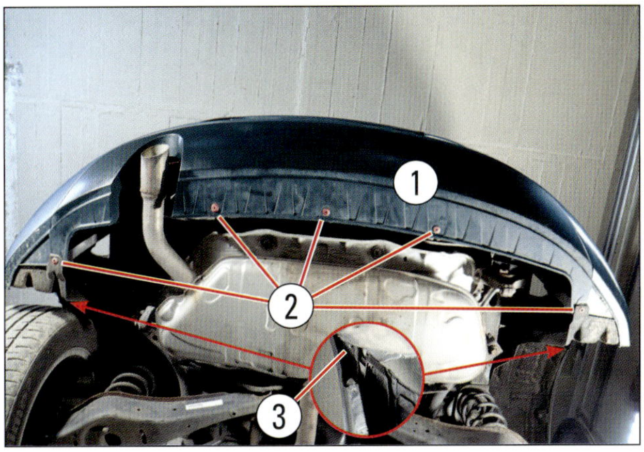

Stoßfänger hinten (Ansicht von unten): *1 Stoßfängerverkleidung, 2 Blechschrauben, 3 Verschraubung am Kotflügelhalter.*

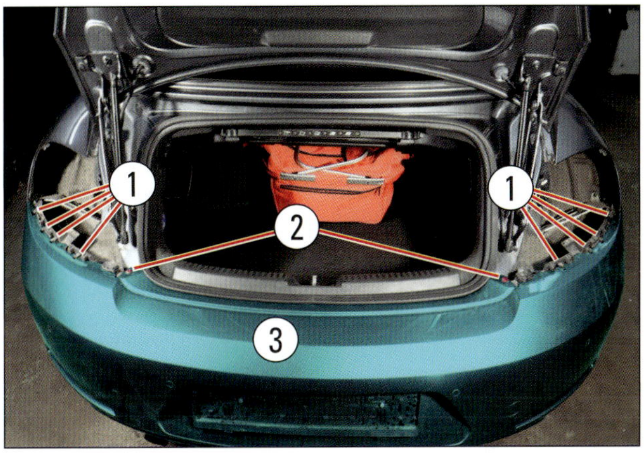

Stoßfänger hinten (Ansicht von oben): *1 Verrastungen im Stoßfängerträger, 2 Blechschrauben, 3 Stoßfängerverkleidung.*

Die Montage erfolgt sinngemäß in umgekehrter Reihenfolge zur beschriebenen Demontage.

- Reinigen Sie die Blechmuttern und die Sitz- und Führungsnuten am Kotflügel und den Rückleuchten.
- Sprühen Sie die Blechmuttern mit etwas Kettenspray ein.
- Ersetzen Sie beschädigte oder stark korrodierte Blechmuttern vor der Montage.
- Prüfen Sie den Zustand der Verrastungen.

Wischerarme und Windleitblech

Das Windleitblech oder auch die Wasserkastenabdeckung schützt den Bereich vor der Windschutzscheibe vor groben Verschmutzungen. Im Wasserkasten wird nach rechts und links unter den Innenradläufen das abfließende Wasser abgeleitet. Da es sich aber nicht nur um Wasser handelt, sondern auch um Blattreste und andere Verschmutzungen wie Sand und alles was durch die feinen Durchlässe hindurch passt, macht es Sinn die Innenradläufe von Zeit zu Zeit zu demontieren und die Bereich um die Wasserabläufe und die Radhäuser mit Wasser gründlich auszuspülen. Auch die Wasserkästen selbst sollten dann in die Reinigung mit einbezogen werden.

Demontage der Wischerarme

- Schalten Sie die Zündung aus und ziehen Sie den Zündschlüssel ab.

■ Ziehen Sie die Abdeckkappen in den Wischerarmen ab.
■ Lösen Sie die Muttern der Wischerarme und drehen Sie sie ab.
■ Setzen Sie einen passenden Wischerarmabzieher wie im Bild oben (VAG T10369/1) auf.
■ Setzen Sie ein passendes Druckstück auf das Gewinde auf, um das Gewinde des Wischerarms nicht zu beschädigen.
■ Ziehen Sie den Wischerarm von der Welle ab.
■ Nehmen Sie den Wischerarm und den Abzieher ab.

Die Montage erfolgt sinngemäß in umgekehrter Reihenfolge zur beschriebenen Demontage.
■ Schalten Sie die Zündung ein und betätigen Sie den Scheibenwischer und schalten ihn wieder ab.
■ Sobald die Wischer in Endlage gelaufen sind, schalten Sie die Zündung aus und ziehen Sie den Schlüssel ab.
■ Drücken Sie die Wischer in der ungefähren Endlage auf die Wellen auf und drehen Sie die Muttern handfest an.
■ Prüfen Sie die Einbaulage der Wischerblätter wie wir das bereits im Kapitel »Fit durch den Winter« beschrieben haben.
■ Ziehen Sie die Wischerarme dann abschließend fest und montieren die Abdeckkappen wieder.

Demontage des Windleitbleches

■ Bauen Sie die Wischerarme wie oben beschrieben ab.
■ Ziehen Sie den Dichtkeder zum Motorraum ab und legen Sie ihn außerhalb des Arbeitsbereiches ab.
■ Ziehen Sie die drei Halteklammern (5) von dem Windleitblech ab.
■ Heben Sie das Windleitblech (die Wasserkastenabdeckung) von Hand ohne Hebelwerkzeug aus der Nut vor der Frontscheibe heraus. Beginnen Sie jeweils am äußeren Rand der Frontscheibe.
■ Nehmen Sie das linke Windleitblech (die Wasserkastenabdeckung) nach vorne heraus. Achten Sie auf die Ausbuchtung zwischen Frontscheibe und Kotflügel.
■ Lösen Sie den Halter der Leitungen für die Waschdüsen.
■ Nehmen Sie das rechte Windleitblech (die Wasserkastenabdeckung) nach vorne heraus. Achten Sie auch hier auf die Ausbuchtung zwischen Frontscheibe und Kotflügel.

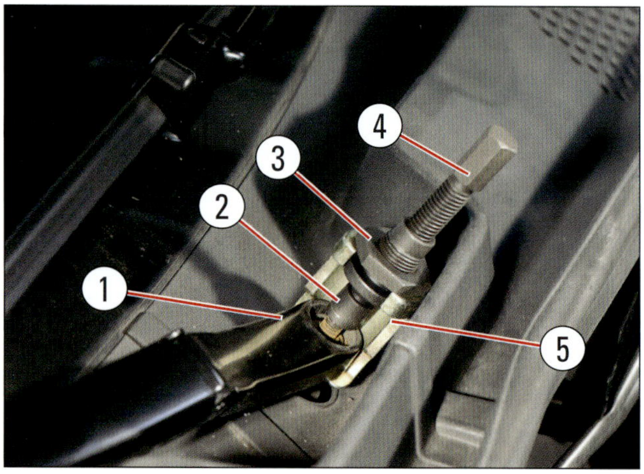

Demontage der Wischerarme: *1 Wischerarm, 2 Druckstück, 3 Gewindestück, 4 Spindel, 5 Adapter Wischerarm.*

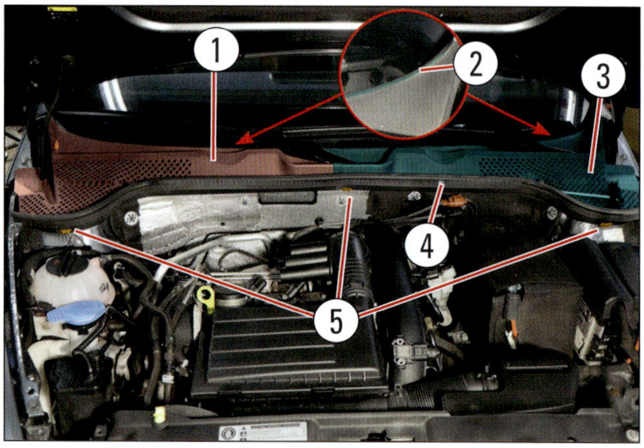

Demontage Windleitblech: *1 Windleitblech rechts, 2 Nut vor der Frontscheibe (Kunststoffschiene), 3 Windleitblech rechts, 4 Dichtkeder, 5 Halteklammern zur Spritzwand.*

Die Montage erfolgt sinngemäß in umgekehrter Reihenfolge zur beschriebenen Demontage.
■ Reinigen Sie die Nut vor der Windschutzscheibe gründlich mit einer Bürste, Seifenlauge und blasen Sie sie mit Druckluft aus.
■ Sprühen Sie die Nut zur leichteren Montage mit Seifenlauge ein.
■ Setzen Sie das Windleitblech (die Wasserkastenabdeckung) an und richten Sie es aus.
■ Drücken Sie das Windleitblech (die Wasserkastenabdeckung) von Hand ein.
■ Setzen Sie die Halteklammern (5) im Bild oben wieder ein.
■ Montieren Sie den Dichtkeder wieder.
■ Montieren Sie die Wischerarme wie bereits beschrieben und führen Sie die im Kapitel »Fit durch den Winter« beschriebene Grundeinstellung durch.

Arbeiten am Außenspiegel

Demontage des Außenspiegels

- Schalten Sie die Zündung aus und ziehen Sie den Zündschlüssel ab.
- Öffnen Sie die entsprechende Tür.
- Bauen Sie die Türverkleidung innen ab. Die Arbeiten hierzu beschreiben wir im Kapitel »Innenraum« genauer.
- Lösen Sie die Anschlusskabel (4 im Bild oben) aus der Spiegelverkleidung (3).
- Entsichern Sie die Steckkontakte und ziehen Sie so weit vorhanden die Steckverbindungen (7) auseinander.
- Drehen Sie die Schraube (5) heraus.
- Clipsen (1) Sie die Spiegelverkleidung von der Tür mit einem entsprechenden flachen Hebel vorsichtig ab. Der obere Clip sitzt in der Regel sehr fest. Hebeln Sie ihn sehr vorsichtig ab.
- Nehmen Sie die Spiegelabdeckung (3) von der Tür ab.
- Drehen Sie die Schraube (8) heraus.
- Nehmen Sie den Außenspiegel von der Tür ab. Führen Sie hierbei das Anschlusskabel durch die Öffnung in der Tür nach.

Die Montage erfolgt sinngemäß in umgekehrter Reihenfolge zur beschriebenen Demontage.

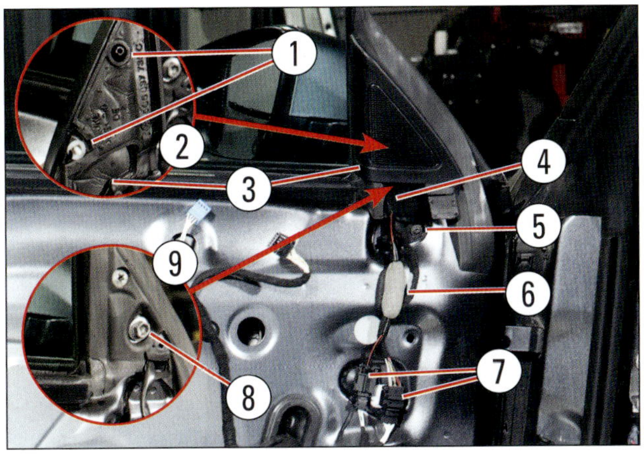

Demontage der Spiegelabdeckung: *1 Stift (oben) und Halteclip (unten), 2 Montageposition der Spiegelverkleidung, 3 Spiegelverkleidung, 4 Kabelführung zum Rückspiegel, 5 Schraube, 6 Dämmung (eventuell mit Halteclip), 7 Steckkontakte, 8 Schraube, 9 Verschraubung unter der Spiegelverkleidung.*

Demontage des Spiegelglases

- Schalten Sie die Zündung aus und ziehen Sie den Zündschlüssel ab.
- Kleben Sie die Gehäusekante (1 im Bild unten) des Spiegels mit einem stabilen Klebeband ab, um Beschädigungen zu vermeiden.
- Kleben Sie das Spiegelglas mit Klebeband (2) ab.
- Kippen Sie das Spiegelglas oben in die Spiegelverkleidung hinein.
- Schieben Sie unten einen Montagekeil (VAG T10383) ein und lösen Sie das Spiegelglas so aus seinen Verrastungen.
- Schwenken Sie das Spiegelglas zur Tür und ziehen Sie die Steckkontakte ab.
- Nehmen Sie das Spiegelglas heraus.

Die Montage erfolgt sinngemäß in umgekehrter Reihenfolge zur beschriebenen Demontage.

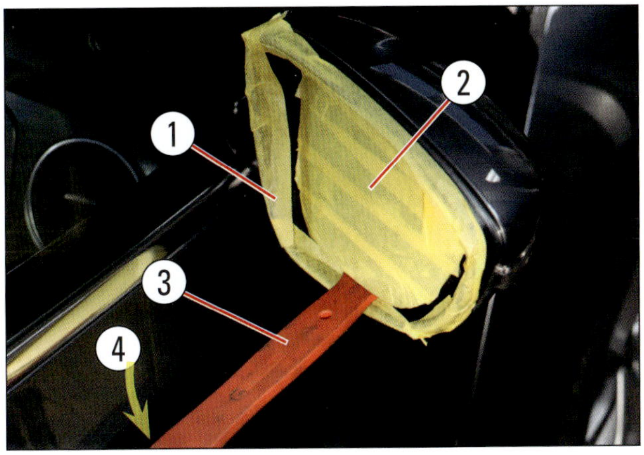

Demontage des Rückspiegelglases: *1 Abdeckung am Rand, 2 Abdeckung der Spiegelfläche (zum Splitterschutz), 3 Montagehebel, 4 Bewegung zum Lösen.*

- Stecken Sie die Steckkontakte auf das Spiegelglas auf und richten Sie den Spiegel mittig im Gehäuse aus.
- Drücken Sie in der Mitte des Spiegelglases das Spiegelglas auf seine Verrastung auf. Das Spiegelglas rastet hierbei hörbar ein.

Die Montage erfolgt sinngemäß in umgekehrter Reihenfolge zur beschriebenen Demontage.

- Achten Sie darauf, dass die jeweiligen Gehäuseteile hörbar miteinander verrasten.
- Kontrollieren Sie abschließend die Funktion des Rückspiegels.

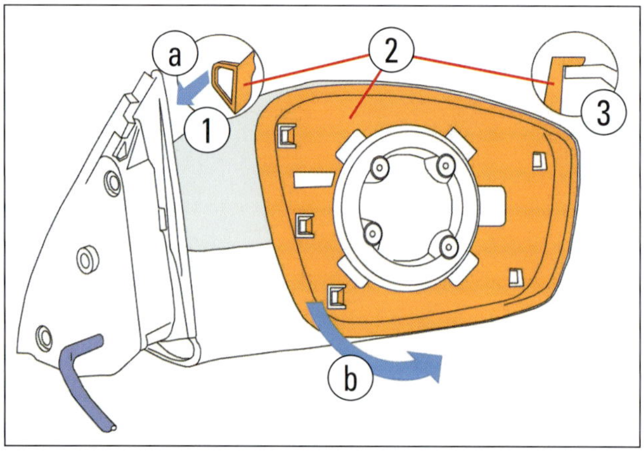

Demontage der Rückspiegelblende: *1 Rastnase, 2 Rückspiegelblende, 3 Rasthaken, a Rastnase am Gehäuse entsichern, b Rasthaken am Gehäuse ausschwenken.*

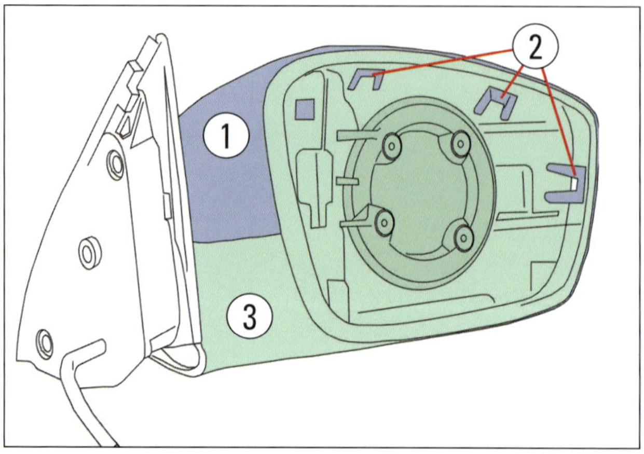

Demontage der Rückspiegelkappe (ohne Blinker): *1 Rückspiegelkappe, 2 Rastnasen, 3 Spiegelgehäuse.*

Demontage der Spiegelabdeckung

Die Montage ist recht einfach. Achten Sie aber darauf, die Oberflächen und die Rastnasen nicht zu beschädigen. Führen Sie die Arbeiten am besten nur bei mindestens einer Raumtemperatur von 20 °C und gut temperierten Bauteilen durch, um die Flexibilität der Bauteile möglichst zu verbessern.

Demontage der Spiegelblende:
Die Spiegelblende stellt den Rahmen des Spiegelglases dar.
■ Bauen Sie das Spiegelglas wie beschrieben aus.
■ Entriegeln Sie (a im Bild oben links) die Rastnasen (1) der Spiegelblende im Spiegelgehäuse.
■ Schwenken (b) Sie die Spiegelblende (2) von innen nach außen und nehmen Sie die Rasthaken (3) so vom Spiegelgehäuse ab.

Demontage der Spiegelkappe (ohne Blinkleuchte):
Die Spiegelkappe ist die obere Spiegelverkleidung.
■ Bauen Sie das Spiegelglas und die Spiegelblende wie bereits beschrieben ab.
■ Entsichern Sie die Rastnasen (2 im Bild Mitte) und nehmen Sie die Spiegelkappe (1) vom Rückspiegelgehäuse (3) ab.

Die Montage erfolgt sinngemäß in umgekehrter Reihenfolge zur beschriebenen Demontage.
■ Achten Sie darauf, dass die jeweiligen Gehäuseteile hörbar miteinander verrasten.
■ Kontrollieren Sie abschließend die Funktion des Rückspiegels.

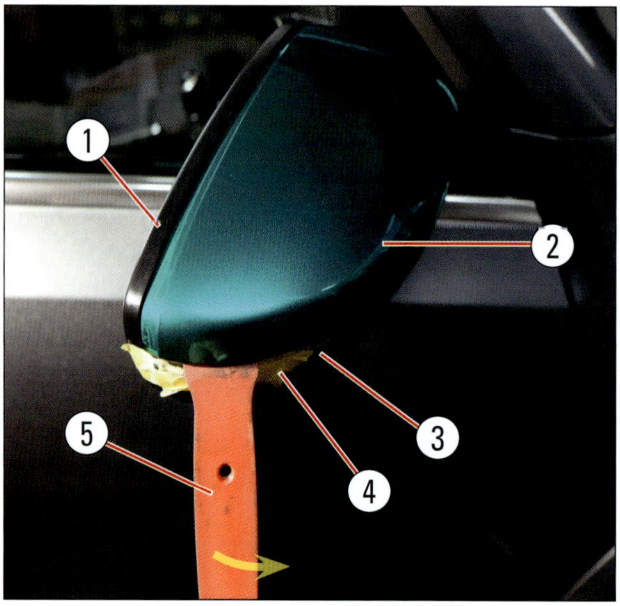

Demontage der Rückspiegelkappe (mit Blinker): *1 Rückspiegelblende, 2 Spiegelkappe, 3 Blinkleuchte, 4 Abdeckband zum Schutz, 5 Montagehebel, Pfeil Verdrehrichtung.*

Demontage der Spiegelkappe (mit Blinkleuchte):
■ Schieben Sie den Montagekeil (VAG T10383) seitlich in die Spiegelabdeckung (5 im Bild unten) ein und verdrehen Sie sie in Pfeilrichtung.
■ Nehmen Sie die Spiegelkappe gerade nach vorne ab.

Die Montage erfolgt sinngemäß in umgekehrter Reihenfolge zur beschriebenen Demontage.
■ Achten Sie darauf, dass die jeweiligen Gehäuseteile hörbar miteinander verrasten.
■ Kontrollieren Sie abschließend die Funktion des Rückspiegels.

Karosserie

Störung	Was kann das sein?	Was kann ich tun?
A Klappergeräusch einer Tür	**1** Türschloss schließt nicht richtig	Einstellung des Türschlosses prüfen (lassen)
	2 Türschloss defekt	Türschloss und Funktion prüfen lassen (Tester erforderlich), eventuell Türschloss ersetzen
	3 Fanghaken defekt	Befestigung des Fanghakens prüfen und instand setzen, eventuell Fanghaken ersetzen
	4 Einstellung der Türe falsch	Türeinstellung durchführen (lassen)
	5 Verschraubungen oder Fangbänder lose	Befestigung des Fanghakens prüfen und instand setzen, eventuell Fanghaken ersetzen
	6 Anschlaggummi verschlissen	Anschlaggummis prüfen und gegebenenfalls erneuern
B Tür schließt nicht richtig	**1** Tür steht vorne weiter außen **2** Tür steht hinten weiter außen	Einstellung der Tür prüfen und wenn erforderlich einstellen (lassen). Achten Sie auf die richtige Einstellung der vorderen Türen (Grundeinstellung)! Prüfen Sie den Zustand der Türscharniere
	3 Schließt nicht richtig	Schlosshaken und Einstellung prüfen lassen
	4 Tür sitzt schief	Zustand der Türscharniere prüfen (lassen)
	5 Tür ist schwergängig	Zustand der Türscharniere und der Fangbänder prüfen (lassen)
C Tür lässt sich nicht öffnen oder verriegeln	**1** Türschloss defekt	Türschloss und Funktion prüfen lassen (Tester erforderlich), eventuell Türschloss ersetzen
	2 Defekt am Servo der Zentralverriegelung	Funktion des Servomotors und der Zentralverriegelung prüfen lassen (Tester erforderlich), eventuell Servo ersetzen
	3 Zentralverriegelung defekt	Funktion der Zentralverriegelung prüfen lassen, Diagnose ist wichtig!
D Verdeck schließt nicht richtig	**1** Einstellung des Verdecks stimmt nicht	Einstellung des Verdecks und der Scheiben prüfen
	2 Verdeck hakelt beim Öffnen oder Schließen	Einstellung des Verdecks, der Scheiben und der Seitenholme prüfen, eventuell neu ausrichten
	3 Windgeräusche an der Vorderkante zum Scheibenrahmen	Einstellung des Verdecks und der Scheiben prüfen. Dichtungen prüfen, eventuell zusätzlich abdichten.

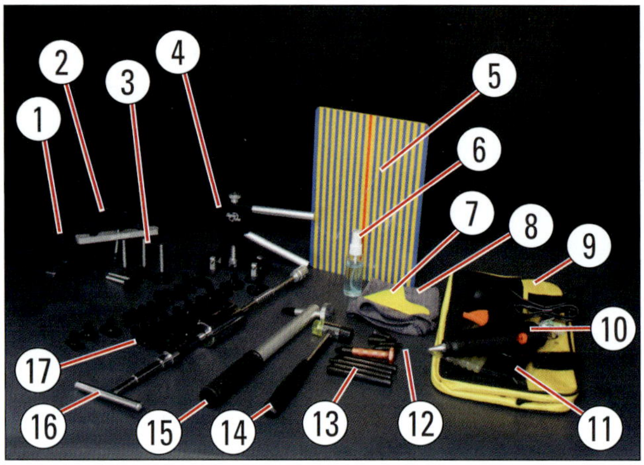

Smart-Repair Dellenreparatursatz (Ausziehersatz): *1 Werkzeugsatz, 2 Zugbrücke, 3 Klebeböcke, 4 Handzieher, 5 Kontrastlinienfeld, 6 Sprühflasche mit Alkohol-Reiniger, 7 Kunststoffspachtel, 8 Mikrofasertuch, 9 Tasche, 10 Heißklebepistole, 11 Heißklebestifte, 12 Schlagstifte mit Adaptern, 13 Schlagstifte, 14 Kunststoffhammer, 15 Ausbeulhammer, 16 Zughammer, 17 Klebeaufnahmen.*

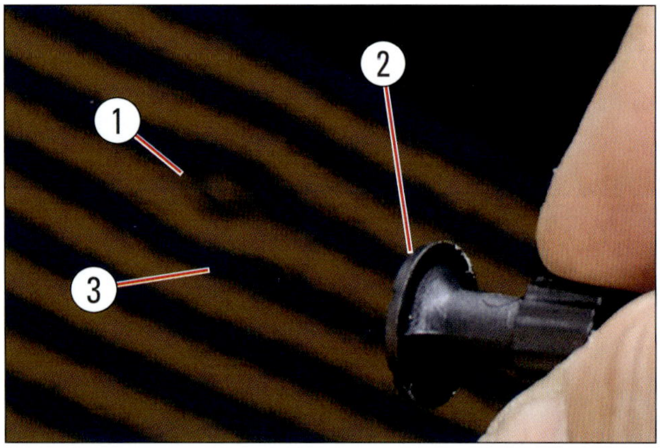

Stelle im Blech mit Delle: *1 Delle im Blech, 2 Klebeaufnahme, 3 Spiegelbild des Kontrastlinienfeldes auf dem Blech.*

Dellen ziehen, Beulen drücken

Ganz sicher werden Sie kleine Dellen nicht in der Präzision und so spurlos herausziehen können (zumindest von Anfang an), wie die Profis im Bereich »Dellen und Beulen«. Mit Vorsicht und Geduld werden Sie die ärgerlichen Kleinschäden zumindest mindern können.

- Reinigen Sie den Schadbereich gründlich mit dem Alkohol (6 im Bild oben) und dem Mikrofaserlappen.
- Heizen Sie die Heißklebepistole (10) an und legen Sie einen Klebestift ein. Die Klebestifte unterscheiden sich von den üblichen Heißklebestiften. Sie müssen aber eine etwas höhere Kraft übertragen können und sich mit Alkohol wieder ablösen lassen.
- Stellen Sie das Kontrastlinienfeld so auf, dass Sie die Delle gut zwischen den Linien (Bild Mitte) erkennen können.
- Wählen Sie eine Klebeaufnahme aus, die die Delle gerade so abdeckt.
- Entfetten Sie die Klebeaufnahme mit dem Alkohol und dem Mikrofaserlappen.
- Tragen Sie etwas Heißkleber auf die gewählte Klebeaufnahme auf und drücken Sie sie mittig auf den Bereich der Delle auf.
- Warten Sie, dass die Klebestelle abgekühlt ist.
- Setzen Sie den Handzieher (4 im Bild oben) auf.
- Betätigen Sie vorsichtig den Handzieher, bis die Delle ausgezogen ist oder die Klebeaufnahme abreißt.
- Sprühen Sie die Kleberreste mit Alkohol ein und lösen Sie diese mit Hilfe des Kunststoffspachtels (7).
- Wiederholen Sie den Vorgang vorsichtig, bis die Delle ausgezogen ist.
- Beulen können vorsichtig mit den Schlagstiften (12 und 13) oder den Hämmern (14 und 15) zurückgeschlagen oder gedrückt werden.

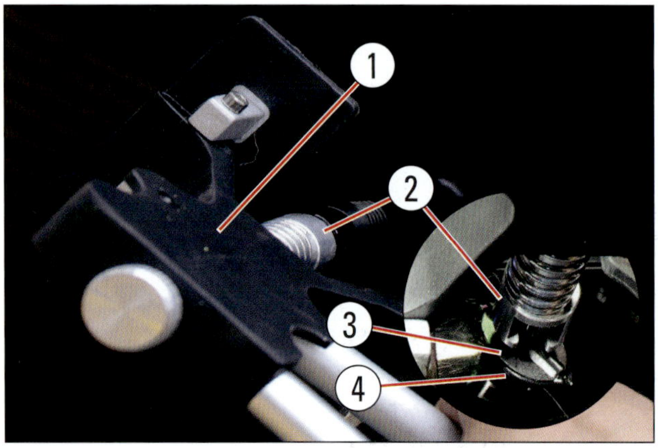

Handzieher im Einsatz: *1 Handzieher, 2 Aufnahme für die Klebeaufnahme, 3 Klebeaufnahme, 4 Klebstoff auf dem Blech.*

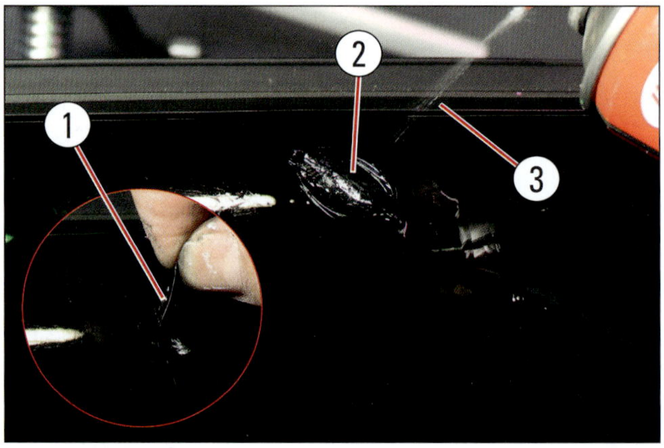

Spiegelverkleidung innen: *1 Klebstoff abziehen, 2 Klebstoff auf dem Blech einsprühen und lösen, 3 Alkohol zum Lösen.*

Der Innenraum

Volkswagen-typische hohe Wertigkeit kennzeichnet auch den Innenraum des VW Beetle. Woran Sie in diesem Bereich edler Oberflächen und Features tätig werden können, wollen wir hier zeigen. Oberstes Gebot: Kratzer und Schäden an Kunststoffoberflächen und Verkleidungen vermeiden!

Wie bereits erwähnt: Vor Arbeiten an Komponenten, die dem Insassenschutz dienen, müssen wir warnen. Wenn es an Kenntnis und Erfahrung mangelt, sollten Sitze und Lenkrad wegen der darin enthaltenen Airbags tabu sein. Denn selbst in den Werkstätten darf nur speziell geschultes Personal an diesen Teilen tätig werden. Das Risiko bei Reparaturversuchen verletzt zu werden, ist ja nur die eine Seite. Ein bei einem Unfall nicht mehr ordnungsgemäß funktionierender Insassenschutz stellt die weitaus schwerer wiegende andere Seite dar. Sogar bei einer Verschrottung des Fahrzeugs, etwa nach einem Unfall, müssen die Airbageinheiten und Gurtstraffer nach bestimmten Vorschriften sicher entsorgt werden. Auf keinen Fall dürfen Sie diese Komponenten wie üblichen Abfall behandeln. Das gilt auch für gezündete Einheiten und technische Ladungen, wozu übrigens auch Gurtstraffereinheiten zählen. Denn es ist nicht mit Sicherheit zu bestimmen, ob wirklich alle im Fahrzeug vorhandene Pyrotechnik sicher gezündet wurde.

Sichtprüfung erforderlich

Zum Thema Sicherheit im Innenraum gehört auch eine regelmäßige Gurtkontrolle. Achten Sie dabei auf Beschädigungen wie Einrisse oder Verfransungen. Solche Verschleißerscheinungen können im Ernstfall zur Achillesferse des Rückhaltesystems werden. Denn sollte der Gurt bei einem Unfall durch die hohe Beanspruchung versagen, dann dort, wo er beschädigt ist. Rollen Sie daher bei der Sichtprüfung bei hellem Tageslicht die gesamte Gurtlänge ab. Fahren Sie mit den Fingern über den gesamten Gurt und fühlen Sie dabei, ob es Beschädigungen wie oben beschrieben gibt. Nehmen Sie den Gurt auch genauestens in Augenschein. Die Behandlung mit irgendwelchen Mittelchen ist ebenfalls tabu! Denken Sie daran, dass im Falle eines Unfalls mehrere Tonnen am Gurt zerren.

⚠ Arbeiten an Rückhaltesystemen

GEFAHRENHINWEIS

Achtung Lebensgefahr!

■ Grundsätzlich dürfen keine Arbeiten an Systemen der Airbageinheiten von ungeschulten Personen durchgeführt werden. Es handelt sich nicht nur um tatsächliche Sprengsätze, sondern auch um Fahrzeugeinrichtungen, die der Sicherheit des Fahrzeuges dienen. Unsachgemäßer Umgang kann Ihr Leben oder Ihre Gesundheit schon bei der Demontage gefährden.

■ Auch wenn es auf den ersten Blick einfach erscheint, sollten Sie niemals ohne entsprechende Ausbildung an diesen Systemen arbeiten. Für die Arbeit, den Umgang und die Lagerung mit diesen Systemen muss ein »Airbag-Sachkunde-Lehrgang« abgeschlossen und bescheinigt worden sein.

■ Auf die Demontage dieser Systeme wird in diesem Buch absichtlich nicht eingegangen. Das Abklemmen der Batterie reicht nicht aus, um eine sichere Montage an diesen Systemen gewährleisten zu können.

Profitipp: Montagewerkzeug für Verkleidungen

Die teilweise kratzempfindlichen Kunststoffe der Innenraumverkleidung verlangen einen äußerst sensiblen Umgang. Will man nicht gleich beim ersten Demontageversuch hässliche Spuren hinterlassen, empfiehlt sich die Verwendung von Montagewerkzeug für den Innenraum. Das ist aus weichem und elastischem Kunststoff und erlaubt, mit der flachen Seite auch in den meist sehr engen Spalten problemlos zu arbeiten. Unterschiedliche Bauformen erlauben den Zugang und das Hebeln auch an verwinkelten Bereichen der Karosserie. Auch Spreizclips und Stopfen können professionell und meist schadfrei demontiert werden.

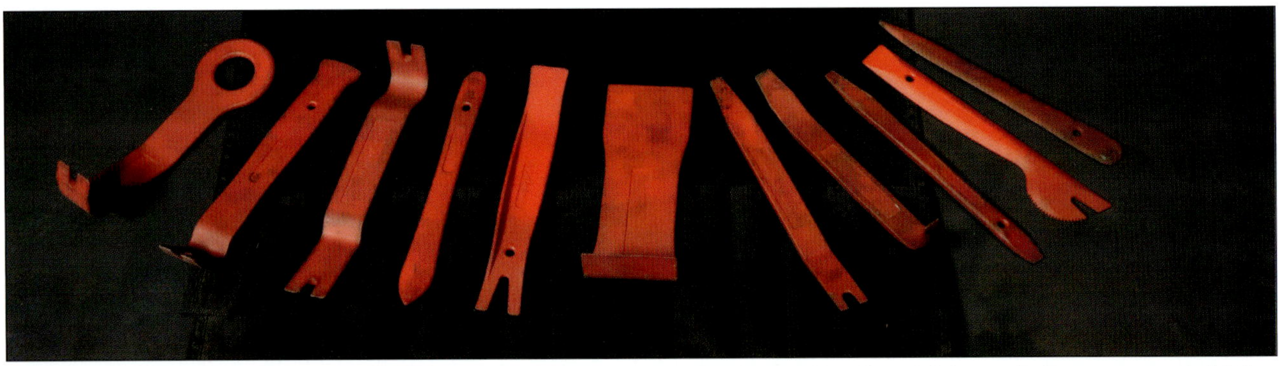

Demontagewerkzeug für Stopfen und Clips: *Unterschiedliche Winkel, Stärken und Profile erleichtern die Demontage erheblich.*

Arbeiten an den Sitzen

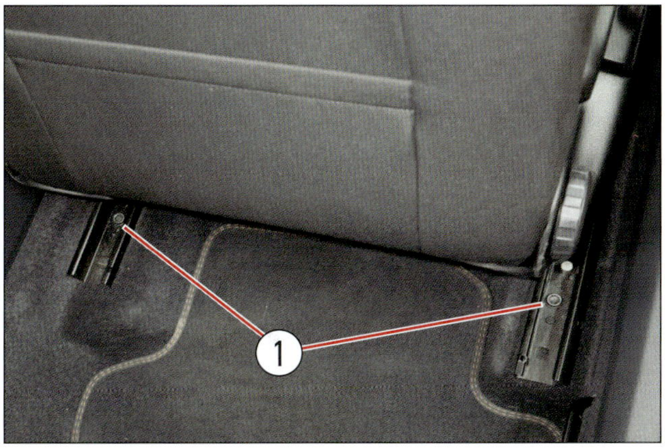

Verschraubung hinter dem Vordersitz: *1 Schrauben in der Sitzschiene.*

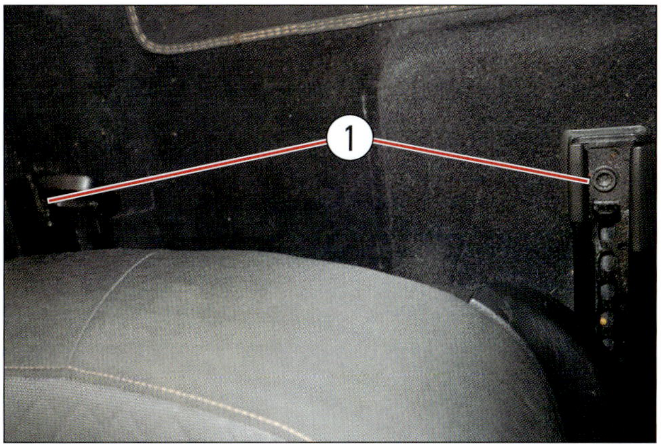

Verschraubung vor dem Vordersitz: *1 Schrauben in der Sitzschiene mit Anschlag.*

Vordersitz ausbauen

In den Sitzen ist bereits ein Airbagsystem verbaut. Neben der Sitzbelegungserkennung und den Gurtschlössern ist in der Seite ein Airbag verbaut. Auch hier gelten die Vorschriften im Umgang mit Airbagsystemen. Arbeiten Sie nur an diesen Systemen, wenn Sie die entsprechende Sachkunde besitzen.

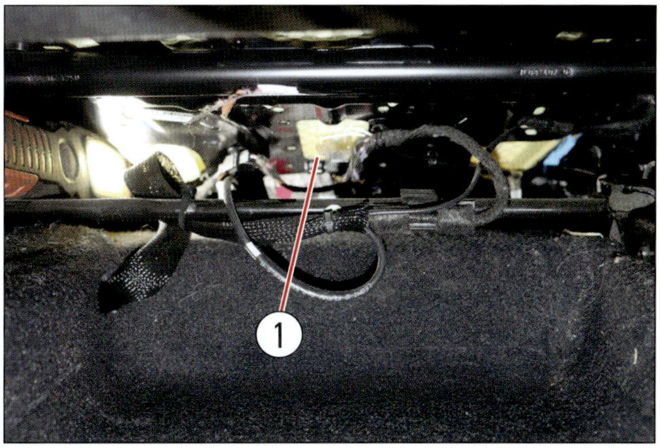

Steckverbindungen für Airbag und Sitzelektrik: *1 Steckkontakte vorne unter dem Sitz.*

Vorbereitungsarbeiten

■ Schalten Sie die Zündung aus und ziehen Sie den Zündschlüssel ab.

■ Klemmen Sie die Batteriemasse ab.

■ Wenn Sie den Fahrersitz ausbauen wollen, stellen Sie die Lenksäule nach vorn und ganz nach oben.

Montagearbeiten am Sitz

■ Verstellen Sie den Sitz ganz nach vorne.

■ Ziehen Sie die Sitzschienenverkleidung hinten (soweit verbaut), nach innen und rasten Sie sie aus.

■ Schieben Sie die Verkleidung nach hinten von der Sitzschiene ab.

■ Drehen Sie die Schrauben (1 im Bild oben links) heraus.

■ Verstellen Sie den Sitz ganz nach hinten.

■ Ziehen Sie die Sitzschienenverkleidungen vorne nach vorne ab.

■ Drehen Sie die Schrauben vorne am Sitz heraus.

■ Kippen Sie den entsprechenden Sitz nach hinten.

■ Entladen Sie sich durch Anfassen des Türschlossbügels, um die Übertragung einer Spannung auf die Airbagleitung zu vermeiden.

■ Trennen Sie die elektrischen Anschlüsse und legen Sie sie zur Seite.

■ Decken Sie das Lenkrad, die Mittelkonsole und die Einstiegsleisten mit geeigneten Mitteln (Schutzdecken) ab.

■ Öffnen Sie die Fahrzeugtür auf der Seite der Sitzdemontage vollständig.

■ Nehmen Sie den entsprechenden Sitz mit einem Helfer aus dem Fahrzeug heraus.

■ Stellen Sie den Sitz auf einer geeigneten Unterlage (Pappe) ab und sichern Sie ihn gegen Umfallen.

Die Montage erfolgt sinngemäß in umgekehrter Reihenfolge zur beschriebenen Demontage.

■ Prüfen Sie den Sitz der Verschraubungen.

■ Lassen Sie den Fehlerspeicher auslesen.

Innenverkleidungen

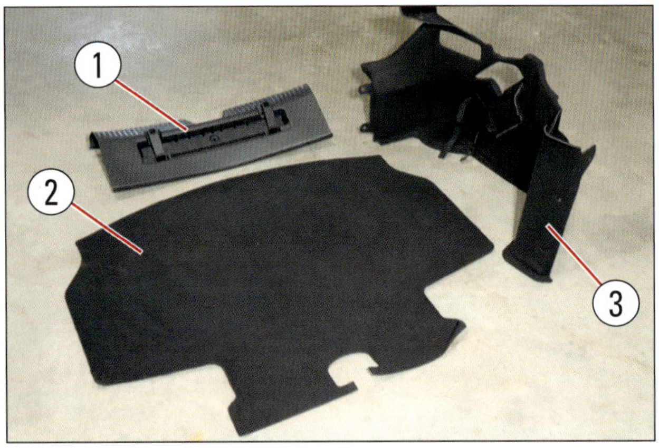

Innenverkleidungen im Kofferraum: *1 Verkleidung Abschlussblech, 2 Bodenbelag, 3 Seitenverkleidung (hier die linke).*

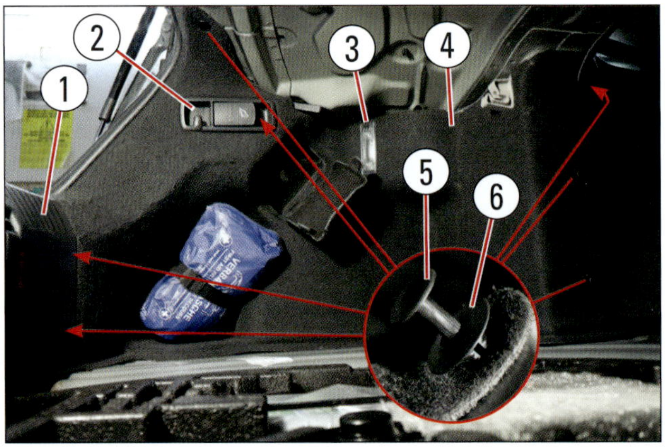

Seitenverkleidungen im Kofferraum: *1 Verkleidung Abschlussblech, 2 Sitzbetätigung, 3 Kofferraumleuchte, 4 Seitenverkleidung, 5 Druckstück, 6 Spreizniete.*

Kofferraumverkleidungen

Die Kofferraumverkleidung besteht im Wesentlichen aus vier Teilen, die wir Ihnen zur Übersicht auf dem Bild oben dargestellt haben. Die Montagearbeiten werden wir Ihnen im Folgenden vorstellen. Der Bodenbelag kann einfach entnommen werden.

Demontage der Verkleidung am Abschlussblech:

- Nehmen Sie das Warndreieck aus seiner Halterung heraus.
- Nehmen Sie den Bodenbelag (2 im Bild oben rechts) aus dem Kofferraum heraus.
- Drehen Sie die Schraube in der Mitte der Verkleidung des Abschlussbleches (1) heraus.
- Ziehen Sie die Verkleidung des Abschlussbleches (1) gerade nach oben ab. Hierbei werden die verbauten Clips aus dem Abschlussblech gezogen.

Die Montage erfolgt sinngemäß in umgekehrter Reihenfolge zur beschriebenen Demontage.

- Prüfen Sie den Sitz der Clips in der Verkleidung des Abschlussbleches.

Demontage der Seitenverkleidung:

- Nehmen Sie den Bodenbelag heraus.
- Bauen Sie die Verkleidung am Abschlussblech ab.
- Soweit verbaut demontieren Sie den Subwoofer auf der rechten Fahrzeugseite.
- Entriegeln Sie die entsprechende Rückbanklehne und klappen Sie sie vor.
- Ziehen Sie das Druckstück (5 im Bild oben rechts) aus der Spreizniete (6) heraus.
- Ziehen Sie die Spreiznieten (6) heraus.
- Nehmen Sie die Sitzbetätigung heraus und führen Sie sie durch die Öffnung aus der Verkleidung.
- Ziehen Sie die Innenleuchte (3) heraus, entsichern Sie den Steckkontakt und ziehen ihn ab.
- Ziehen Sie die Innenverkleidung zur Mitte hin ab und nehmen Sie sie heraus.

Die Montage erfolgt sinngemäß in umgekehrter Reihenfolge zur beschriebenen Demontage.

- Prüfen Sie den Sitz der Clipse in der Verkleidung.
- Prüfen Sie die Funktion der Sitzentriegelung und der Innenleuchte.

Seitenverkleidung hinten

- Ziehen Sie das Sitzkissen der Rückbank vorne hoch und nehmen Sie es heraus.
- Entriegeln Sie die entsprechende Rückbanklehne und klappen Sie sie vor. Legen Sie ein Stück Schaumstoff unter, um Schäden an der Polsterung im Bereich des Lehnenlagers zu vermeiden.

Nur für die linke Seitenverkleidung:

- Ziehen Sie die Betätigung für die Notentriegelung der Heckklappe aus der Seitenverkleidung.

Weiter für beide Seiten:

- Drehen Sie die Schraube in der oberen Gurtumlen-

kung heraus. Hilfreich ist ein kleiner Stabmagnet, um das Herunterfallen der Schraube zu verhindern.
- Drehen Sie die Schraube in der vorderen Lagerbuchse für das Windschott heraus.
- Drehen Sie die Schraube im Bereich der Gurtumlenkung (3) heraus.
- Drehen Sie die Schraube im Bereich der Rückenlehne (1) heraus.
- Lösen Sie die Abdeckung der Notentriegelung (1 im Bild Mitte) aus der Seitenverkleidung (3) und Schieben Sie sie nach innen in die Verkleidung.
- Ziehen Sie die Seitenverkleidung im mittleren Bereich in Richtung Innenraum (b im Bild oben).
- Ziehen Sie die Verkleidung im vorderen Bereich in Richtung Innenraum (a im Bild oben). Mit dem Abziehen der Verkleidung sollen die Stopfen (5 im Bild unten) gelöst werden.
- Lösen Sie die Verkleidung nach oben (c im Bild oben) aus der Karosserie.
- Nehmen Sie die Seitenverkleidung nach vorne von der Karosserie ab.
- Entsichern Sie den Steckkontakt zum Hochtonlautsprecher und ziehen Sie ihn ab.

Beim Ausbau der Seitenverkleidung:
- Soweit die Seitenverkleidung ausgebaut werden muss, die Gurtbefestigung unten demontieren, und der Gurt muss aus der Seitenverkleidung herausgeführt werden.

Beim Abnehmen der Seitenverkleidung:
- Soweit die Seitenverkleidung für Montagearbeiten lediglich gelöst werden muss, reicht es aus, den Gurt etwas herauszuziehen und die Seitenverkleidung aus dem Arbeitsbereich herauszulegen.

Die Montage erfolgt sinngemäß in umgekehrter Reihenfolge zur beschriebenen Demontage.
- Prüfen Sie den Sitz der Clips in der Verkleidung.
- Prüfen Sie die Gurtführung und die Einrastung.

Einstiegsleiste Schweller innen

Die Einstiegsleiste oder Schwellerverkleidung besteht eigentlich aus zwei Teilen. Wir stellen Ihnen die Montagearbeiten in einer möglichen Demontagereihenfolge vor. Der hintere Teil ist die Verbindung zur Heckverkleidung unten und der Einstiegsbereich. Für die Demontage A-Säule muss zumindest die hintere Verkleidung im vorderen Bereich gelöst werden.

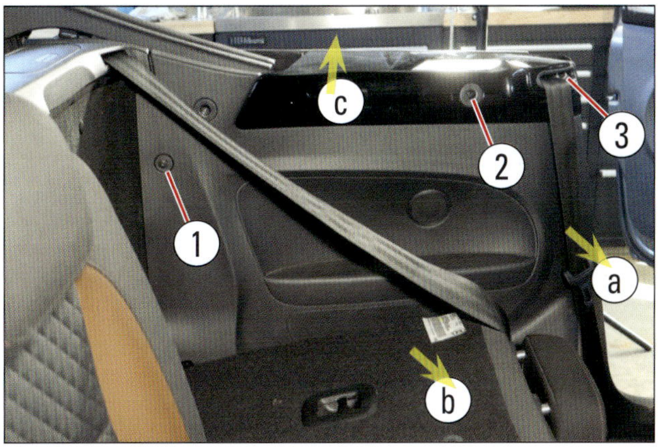

Seitenverkleidung hinten: *1 Schraube hinten, 2 Schraube im vorderen Windschottlager, 3 Schraube Gurtumlenkung, a Abziehen vorne, b Abziehen unten, c Abnehmen nach oben.*

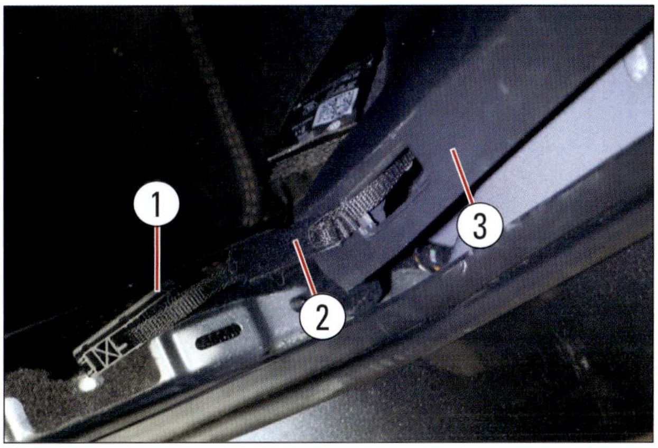

Notentriegelung der Heckklappe: *1 Abdeckung, 2 Zugschlaufe, 3 Seitenverkleidung.*

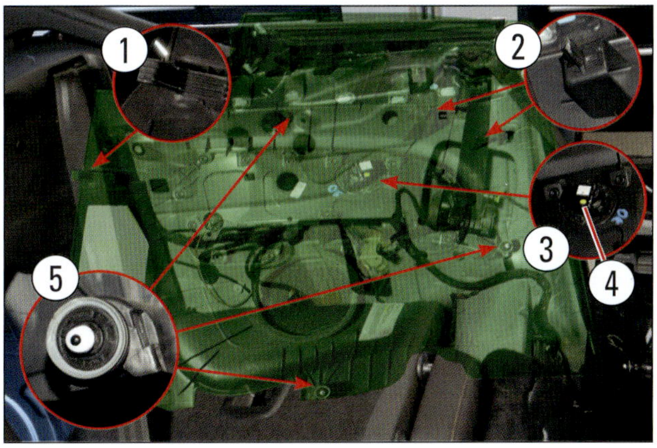

Befestigung der Seitenverkleidung: *1 Haken, 2 Führungen, 3 Hochtonlautsprecher, 4 Anschlusskabel, 5 Stopfen.*

- Bauen Sie die Seitenverkleidung wie bereits beschrieben ab.
- Demontieren Sie den Spreizclip (2 im Bild oben links auf der nächsten Seite).

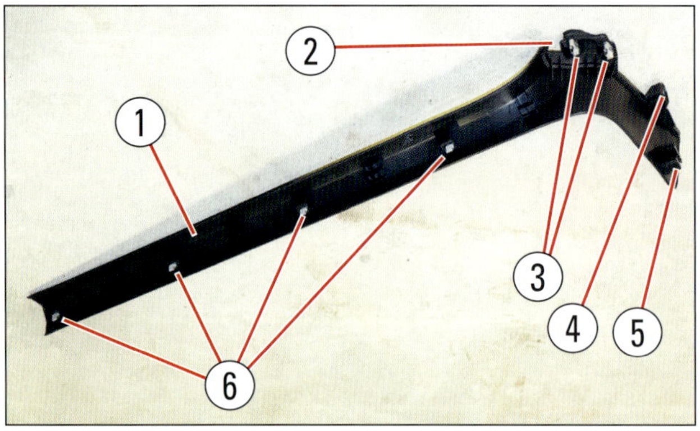

***Einstiegsleiste:** 1 Einstiegsleiste, 2 Spreizclip, 3 Rasten für das Seitenteil hinten, 4 Kunststoffmutter, 5 Rastfeld, 6 Haltecips im Schweller.*

■ Drehen Sie die Kunststoffmutter (4 im Bild oben) ab.
■ Ziehen Sie die Einstiegsleiste (1) vom Schweller ab und aus dem Türdichtkeder heraus.

Die Montage erfolgt sinngemäß in umgekehrter Reihenfolge zur beschriebenen Demontage.
■ Prüfen Sie den Sitz und den Zustand der Clips in der Einstiegsleiste.

A-Säulenverkleidung unten

Demontage der A-Säulenverkleidung unten:
■ Ziehen Sie den Hebel zur Haubenöffnung und halten Sie ihn in dieser Stellung fest.
■ Hebeln Sie mit einem kleinen Schraubendreher (wie im Bild Mitte gezeigt) die Sicherungsklammer (3) heraus.
■ Stecken Sie den Schraubendreher in die Lücke ein und hebeln Sie den Schraubendreher in Richtung (a).
■ Die Sicherungsklammer (3) wird dann komplett herausfallen.
■ Nehmen Sie den Hebel (1) ab.
■ Hebeln Sie die Abdeckkappe der Spreizniete (1 im Bild unten) ab.
■ Ziehen Sie die Spreizniete (1) heraus.
■ Lösen Sie die Einstiegsleiste im vorderen Bereich.
■ Nehmen Sie die A-Säulenverkleidung unten gerade nach oben aus der Trittplatte und dem Keder der Türdichtung heraus.

Demontage der Trittplatte:
■ Bauen Sie die A-Säulenverkleidung unten wie bereits beschrieben aus.
■ Drehen Sie die Schraube (1 im Bild unten) heraus.

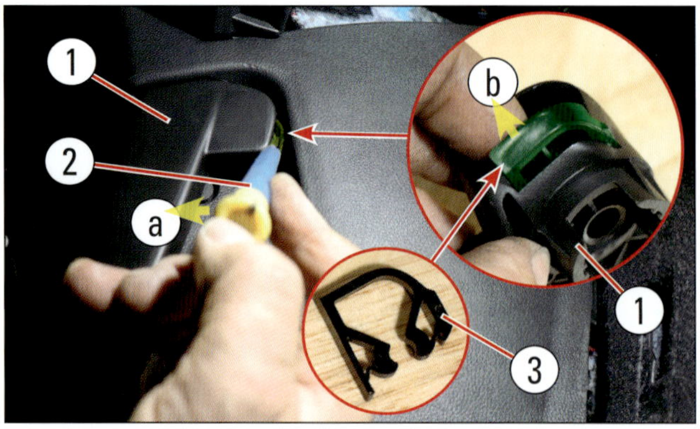

***Demontage Hebel Haubenöffnung:** 1 Hebel, 2 Schraubendreher, 3 Sicherungsklammer, a Bewegungsrichtung des Schraubendrehers, b Bewegungsrichtung der Sicherungsklammer.*

***Demontage A-Säulenverkleidung unten:** 1 Spreizniete, 2 A-Säulenverkleidung unten, 3 Türdichtung mit Keder.*

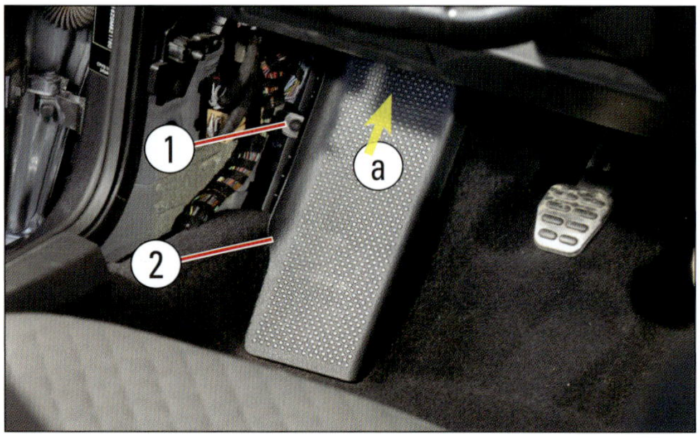

***Trittplatte A-Säule unten:** 1 Schraube, 2 Trittplatte, a Bewegungsrichtung zur Demontage.*

■ Schieben Sie die Trittplatte (1) in Pfeilrichtung (a) nach oben und nehmen Sie sie ab.

Die Montage erfolgt sinngemäß in umgekehrter Reihenfolge zur beschriebenen Demontage.
■ Prüfen Sie den Sitz und den Zustand der Clips in der Einstiegsleiste.

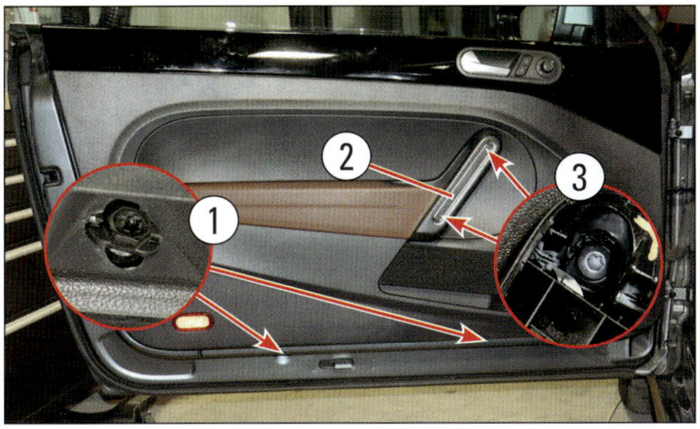

Verschraubungen der Türverkleidung: *1 Verschlüsse, 2 Abdeckung Türgriff, 3 Schrauben Türgriff.*

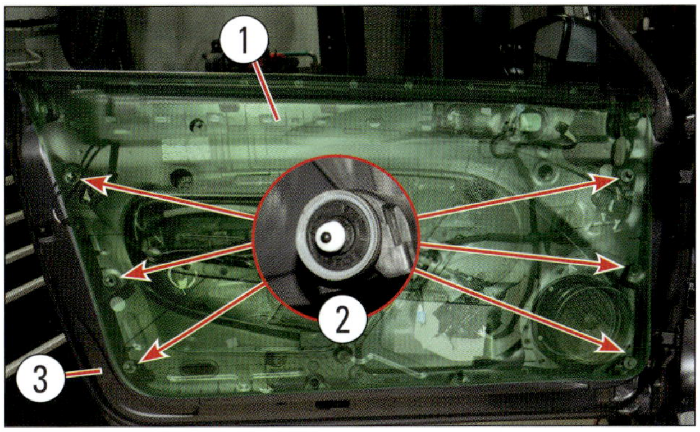

Clips in der Türverkleidung: ***1*** *Türverkleidung (durchsichtig dargestellt), 2 Stopfen, 3 Tür.*

Türverkleidung demontieren

■ Schalten Sie die Zündung aus und ziehen Sie den Zündschlüssel ab.
■ Entriegeln Sie die Rastnasen vorne der Bedieneinheit für die Fensterheber und nehmen Sie sie aus der Verkleidung heraus.
■ Entsichern Sie die Steckkontakte und ziehen Sie sie ab.
■ Lösen Sie die Abdeckung im Türgriff (2 im Bild oben links) und ziehen Sie sie gerade heraus.
■ Drehen Sie die beiden Schrauben (3) heraus.
■ Verdrehen Sie die Verschlüsse auf der Unterseite der Verkleidung (1) um 90°.
■ Lösen Sie die Clips (2 im Bild oben rechts) der Türverkleidung (1).
■ Nehmen Sie die Türverkleidung vorsichtig nach oben aus dem Scheibenkeder so weit ab, dass Sie die elektrischen Anschlüsse erreichen können.
■ Entsichern Sie die Steckkontakte und ziehen Sie je nach Ausstattung die Anschlüsse in der Türverkleidung ab.
■ Nehmen Sie die Türverkleidung so weit ab, dass Sie die Rastflügel (1 im Bild Mitte) betätigen können.
■ Drücken Sie die Rastnasen so weit zusammen, dass Sie die Rasteinheit gerade aus der Türverkleidung herausziehen können.
■ Nehmen Sie die Türverkleidung nach oben heraus.

Die Montage erfolgt sinngemäß in umgekehrter Reihenfolge zur beschriebenen Demontage.
■ Prüfen Sie Sitz und Zustand der Clips in der Verkleidung.
■ Prüfen Sie die Funktion der Schalter und Einbauteile vor der endgültigen Montage der Türverkleidung.

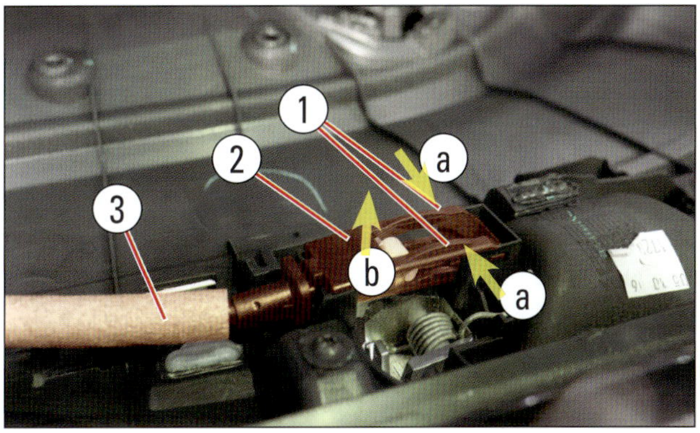

Bowdenzug Türöffnung: *1 Rastflügel, 2 Rasteinheit, 3 Bowdenzug, a Rastflügel lösen, b Bowdenzug abziehen.*

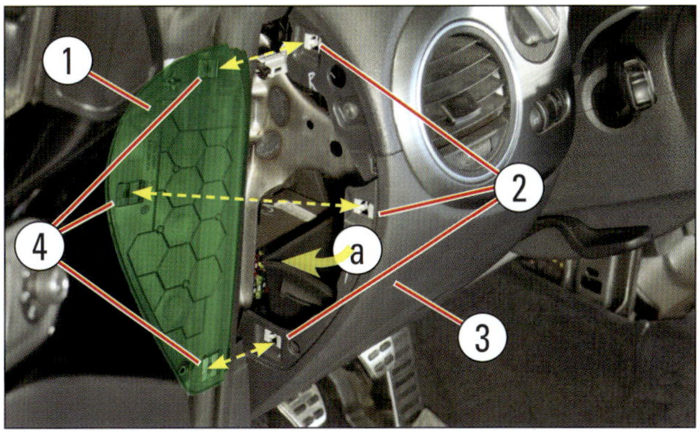

Bowdenzug Türöffnung: *1 Abdeckung, 2 Rasteinsätze, 3 Armaturentafel, 4 Rastnasen, a Abnehmen der Abdeckung.*

Abdeckung im Armaturenbrett

■ Öffnen Sie die entsprechende Tür.
■ Hebeln Sie von der hinteren Kante im Bereich der Rasteinsätze (2 im Bild unten) die Abdeckung (1) von der Armaturentafel ab.
■ Schwenken Sie die Abdeckung nach außen (a) und nehmen Sie sie ab.

Die Montage erfolgt sinngemäß in umgekehrter Reihenfolge zur beschriebenen Demontage.

■ Prüfen Sie den Sitz und den Zustand der Verrastungen in der Verkleidung und der Abdeckung.

Dachrahmenverkleidungen

Dachrahmenverkleidung oben:

Die Dachrahmenverkleidung (Scheibenrahmenverkleidung) oben ist in den Dachrahmen und in die Dachrahmenverkleidung unten eingeclipst.

■ Öffnen Sie das Verdeck.

■ Schalten Sie die Zündung aus und ziehen Sie den Zündschlüssel ab.

■ Hebeln Sie die Dachrahmenverkleidung oben vorsichtig im Bereich der Clips (2 im Bild oben) vom Dachrahmen und der Dachrahmenverkleidung unten ab.

■ Nehmen Sie die Dachrahmenverkleidung aus dem Keder der Dichtung heraus.

Die Montage erfolgt sinngemäß in umgekehrter Reihenfolge zur beschriebenen Demontage.

■ Prüfen Sie den Sitz und den Zustand der Verrastungen in der Dachrahmenverkleidung unten, dem Dachrahmen und der Abdeckung.

Demontage der Sonnenblenden:

■ Hängen Sie die Sonnenblende aus dem Feststellhaken aus.

■ Ziehen Sie die Abdeckung (2 im Bild Mitte) aus dem Schwenklager heraus. Damit wird der Clip (1) im Schwenklager freigegeben.

■ Ziehen Sie das Schwenklager im vorderen Bereich (an der Scheibe) aus dem Dachrahmen heraus und schwenken Sie den Haken des Schwenklagers aus dem Dachrahmen heraus.

Die Montage erfolgt sinngemäß in umgekehrter Reihenfolge zur beschriebenen Demontage.

Demontage des Feststelllagers der Sonnenblenden:

■ Hängen Sie die Sonnenblende aus dem Feststellhaken aus.

■ Schwenken Sie die Sonnenblende aus dem Arbeitsbereich hinaus.

■ Hebeln Sie die Abdeckkappe (1 im Bild unten) vom Feststellhaken (2) ab.

■ Drehen Sie die Schrauben (3) heraus.

■ Nehmen Sie den Feststellhaken (2) ab.

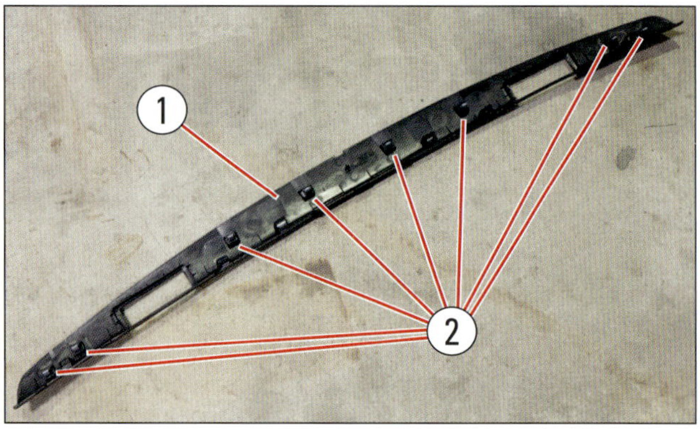

Dachrahmenverkleidung oben: *1 Dachrahmenverkleidung oben, 2 Clips (Stahlclips).*

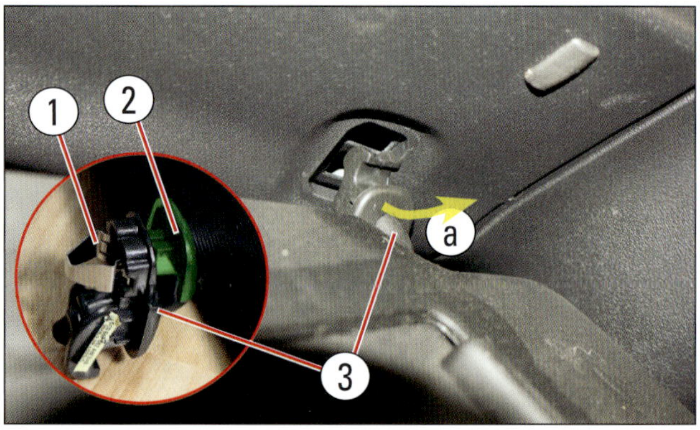

Schwenklager Sonnenblende: *1 Stahlclip, 2 Abdeckung, 3 Schwenkarm, a Ausschwenken aus dem Dachrahmen.*

Feststelllager Sonnenblende: *1 Abdeckkappe, 2 Feststellhaken, 3 Schrauben.*

Die Montage erfolgt sinngemäß in umgekehrter Reihenfolge zur beschriebenen Demontage.

Demontage der Innenleuchte:

Die Innenleuchte besteht aus einem Rahmen und der Leuchte, die in die Dachrahmenverkleidung unten eingeclipst ist. Durch den Ausbau der Leuchte sind auch die verbauten Glühlampen zugänglich und kön-

Rahmen Innenleuchte: *1 Stellen zum Abhebeln, 2 Abdeckung der Innenleuchte.*

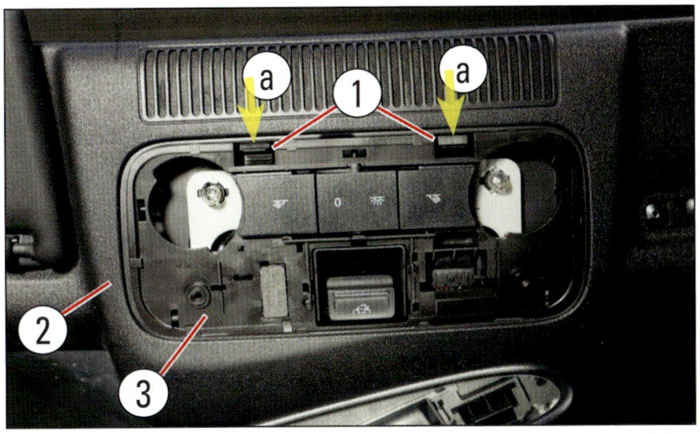

Befestigung Innenleuchte: *1 Rasten, 2 Dachrahmenverkleidung unten, 3 Innenleuchte, a Betätigung der Rasten.*

nen bei Bedarf ersetzt werden.

■ Hebeln Sie vorsichtig den Rahmen an den mit Pfeilen markierten Stellen im (1 im Bild oben links) ab.

■ Lösen Sie die Leuchte (3 im Bild oben rechts), indem Sie die Rasten (1) entsichern (a) und die Leuchte nach unten herausschwenken.

■ Entsichern Sie den/die Steckkontakt(e) und ziehen Sie den/die Stecker ab.

Die Montage erfolgt sinngemäß in umgekehrter Reihenfolge zur beschriebenen Demontage.

■ Prüfen Sie die Funktionen der Glühlampen und der Schalter vor der endgültigen Montage.

Dachrahmenverkleidung unten:

■ Öffnen Sie das Verdeck.

■ Schalten Sie die Zündung aus und ziehen Sie den Schlüssel ab.

■ Bauen Sie die Sonnenblenden und die beiden Feststelllager wie bereits beschrieben aus.

■ Bei Fahrzeugen mit elektronischem Außenspiegel: Bauen Sie den Rückspiegel mit Regensensor je nach Ausstattungsvariante ab. Die Arbeitsschritte hierzu finden Sie in diesem Buch im Kapitel »Karosserie/Verglasung«.

■ Bauen Sie die Innenleuchte wie bereits in diesem Kapitel beschrieben aus.

■ Drehen Sie die Schraube (2 im Bild unten) heraus.

■ Hebeln Sie die Befestigungsclips (3) möglichst nahe an den angezeigten Stellen aus dem Dachrahmen heraus.

■ Nehmen Sie die Dachrahmenverkleidung ab.

Die Montage erfolgt sinngemäß in umgekehrter Reihenfolge zur beschriebenen Demontage.

■ Prüfen Sie den Sitz und den Zustand der Verrastungen in der Dachrahmenverkleidung unten und dem Dachrahmen.

■ Prüfen Sie die Funktionen der Glühlampen und der Schalter vor der endgültigen Montage.

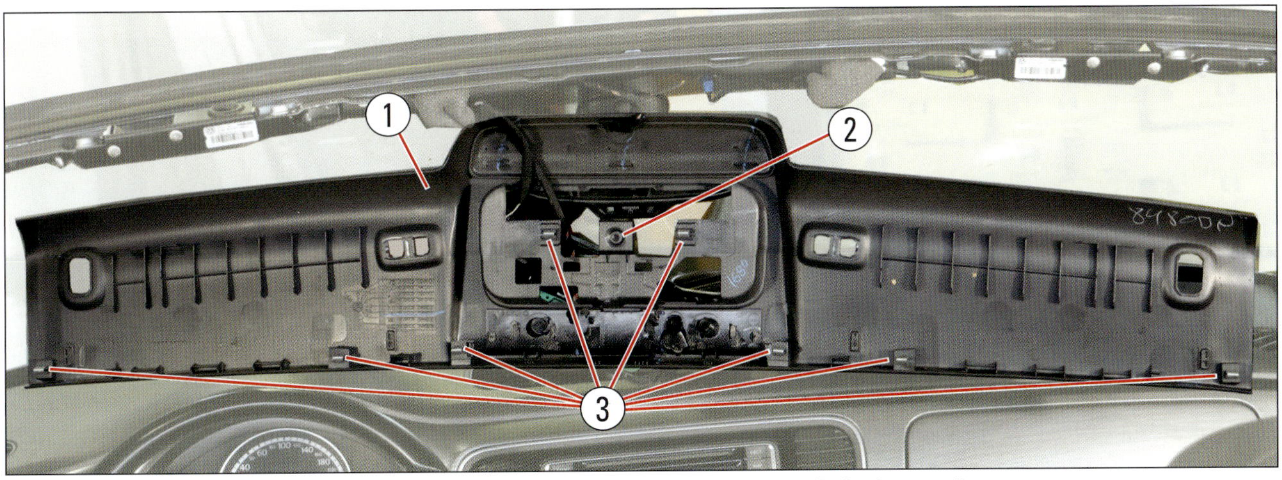

Dachrahmenverkleidung unten: *1 Dachrahmenverkleidung unten, 2 Schraube, 3 Befestigungsclips.*

A-Säulenverkleidung oben

Die A-Säulenverkleidung oben ist hinter die Armaturentafel eingeschoben. Sie muss oben zur Fahrzeugmitte geschwenkt werden. Dazu ist die Demontage der Dachrahmenverkleidung unten erforderlich.

■ Öffnen Sie das Verdeck.

■ Schalten Sie die Zündung aus und ziehen Sie den Schlüssel ab.

■ Bauen Sie wie in diesem Kapitel bereits beschrieben die Dachrahmenverkleidung unten aus.

■ Lösen Sie von oben beginnend die Halteclips (2 im Bild oben).

■ Ziehen Sie die Überstände (3) der A-Säulenverkleidung oben (1) aus dem Armaturenbrett heraus.

Die Montage erfolgt sinngemäß in umgekehrter Reihenfolge zur beschriebenen Demontage.

■ Prüfen Sie den Sitz und den Zustand der Clips (2).

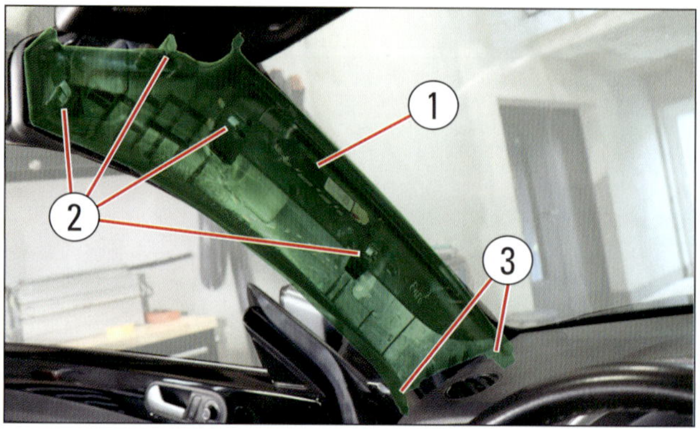

Befestigung A-Säulenverkleidung oben: *1 A-Säulenverkleidung, 2 Halteclips, 3 Überstände.*

Mittelkonsole

Demontage der oberen Mittelkonsole:

■ Clipsen Sie die Blende (2 im Bild Mitte) ab. Die Befestigungspunkte liegen im Bereich der gelben Pfeile.

■ Entsichern Sie die Steckkontakte der Schalter (3) und der »Passenger-Airbag-Leuchte« und ziehen Sie sie ab.

■ Nehmen Sie die Blende (2) ab.

■ Drehen Sie die beiden Schrauben (1) heraus.

■ Ziehen Sie den Schaltsack (6 im Bild unten) über den Schaltknauf.

■ Soll der Schaltknauf demontiert werden, muss die Schelle (5) demontiert werden und der Schaltknauf dann nach oben abgezogen werden. Für die Demontage der Mittelkonsole ist das nicht erforderlich.

■ Ziehen Sie die Dämpfung (1 im Bild unten) nach oben aus der oberen Mittelkonsole heraus.

■ Drehen Sie die Schrauben (4) heraus.

■ Heben Sie die Mittelkonsole nach oben ab. Führen Sie hierbei die Dämpfung und den Schaltsack durch die Öffnung in der Mittelkonsole oben.

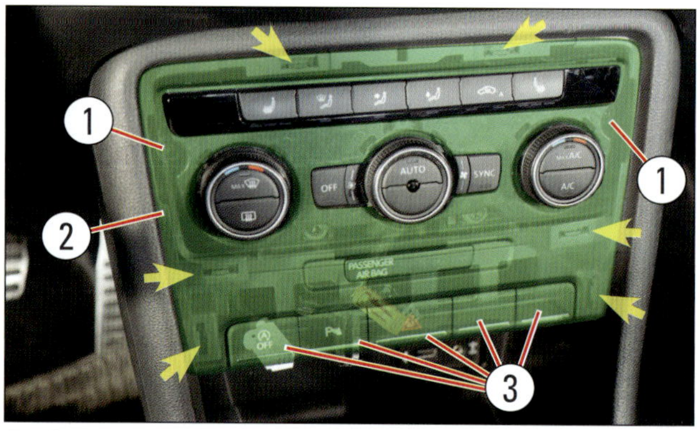

Bedienfeld Mittelkonsole: *1 Schrauben, 2 Blende (durchsichtig dargestellt), 3 Schalter, Pfeile Befestigungspunkte.*

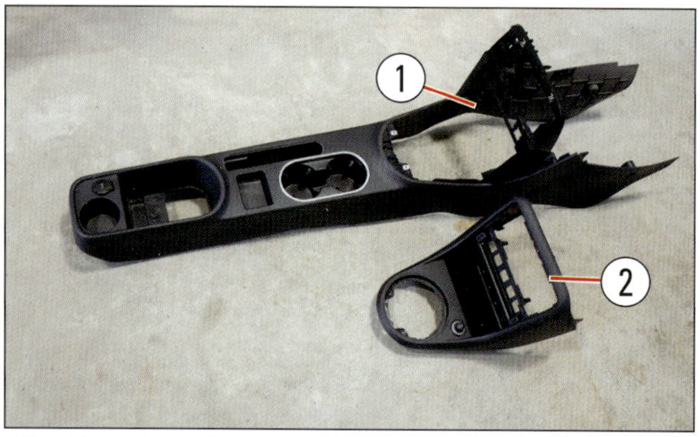

Mittelkonsole in Teilen: *1 Mittelkonsole unten mit 12-V-Anschlussdose, 2 Mittelkonsole oben mit 12-V-Dose und USB- und Mediaanschluss.*

Verschraubung Mittelkonsole oben: *1 Dämpfung, 2 Mittelkonsole oben, 3 Mittelkonsole unten, 4 Schrauben, 5 Schelle Schaltknauf, 6 Schaltsack.*

■ Soweit verbaut ziehen Sie das Anschlusskabel zur 12-V-Steckdose ab.
■ Führen Sie die Anschlusskabel der Schalter (3 im Bild Mitte auf der Seite zuvor) und der »Passenger-Airbag-Leuchte« heraus.
■ Soweit verbaut, lösen Sie das Klimabedienteil, indem Sie die Schrauben (1 im Bild oben) herausdrehen.
■ Entsichern Sie die Steckkontakte und ziehen Sie die Stecker ab.
■ Nehmen Sie das Klimabedienteil ab.
■ Soweit verbaut, entsichern Sie die Steckkontakte und ziehen Sie die Stecker der Mediabuchse ab.
■ Nehmen Sie die Mittelkonsole oben ab.

Demontage der unteren Mittelkonsole:
Die Mittelkonsole ist je nach Ausstattung mit einer Mittelarmlehne ausgerüstet. Die Montage und die Nachrüstung werden wir Ihnen in diesem Kapitel unter der Überschrift »Besser machen - Mittelarmlehne nachrüsten« vorstellen.
■ Bauen Sie die obere Mittelkonsole wie zuvor beschrieben ab.
■ Drehen Sie die Schrauben (3 im Bild oben) heraus.
■ Drehen Sie die Schraube (1 im Bild Mitte) heraus.
■ Bei Fahrzeugen mit Mittelkonsole bauen Sie diese ab und drehen Sie die Schrauben (2) und die Mutter (3) ab und nehmen die Konsole (1) heraus.
■ Bei Fahrzeugen ohne Mittelkonsole drehen Sie die Schrauben (6) heraus und nehmen Sie mit der Unterlagplatte heraus.
■ Soweit verbaut, heben Sie die Mittelkonsole (5) hinten an und klemmen die 12-V-Anschlussdose (7) ab.
■ Drehen Sie die Schrauben im Fußraum (1 im Bild unten) heraus.
■ Clipsen Sie den Balg der Handbremse nach oben aus und führen Sie ihn durch die Öffnung in der Mittelkonsole nach unten durch. Eventuell muss der Handbremshebel hierzu bereits betätigt werden.
■ Schieben Sie die Sitze in die hinterste Stellung.
■ Ziehen Sie die Handbremse bis zum Anschlag an.
■ Schieben Sie den Schalthebel in die mittlere vorderste Position. Beim Schaltgetriebe ist es der 3. Gang.
■ Heben Sie die Mittelkonsole hinten vorsichtig an.
■ Führen Sie den Schaltsack und die Dämpfung durch die Öffnung der Mittelkonsole nach unten durch.
■ Achten Sie darauf, dass die umgehenden Bauteile/Anbauteile sich nicht in der Mittelkonsole verhängen.

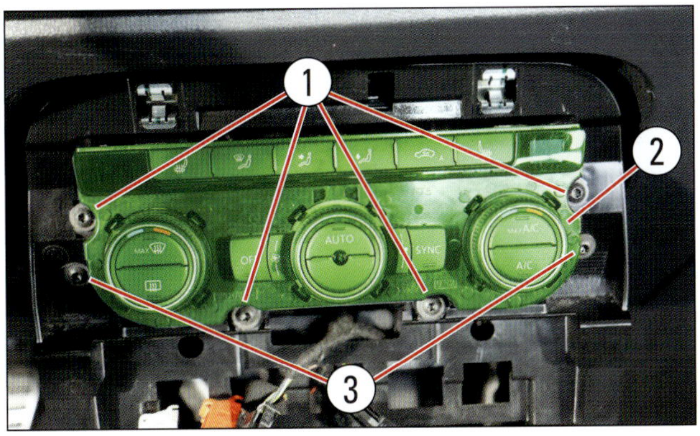

Befestigung Mittelkonsole unten: *1 Schrauben Klimabedienteil, 2 Klimabedienteil, 3 Schrauben Mittelkonsole unten.*

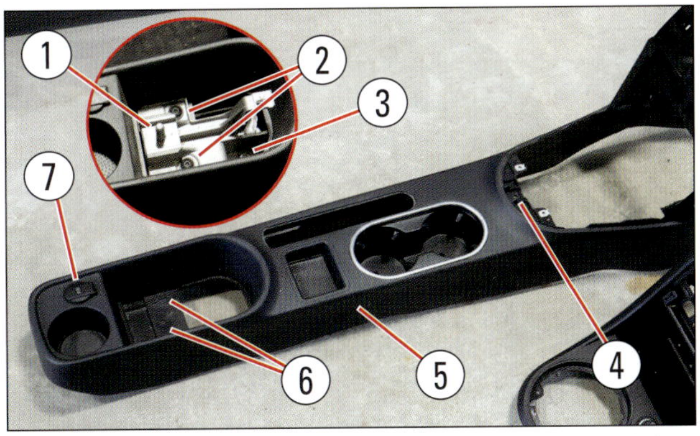

Befestigung Mittelkonsole unten: *1 Konsole Mittelarmlehne, 2 Schrauben Konsole Mittelarmlehne, 3 Mutter Konsole Mittelarmlehne, 4 Schraube Mittelkonsole unten, 5 Mittelkonsole unten, 6 Schrauben Mittelkonsole.*

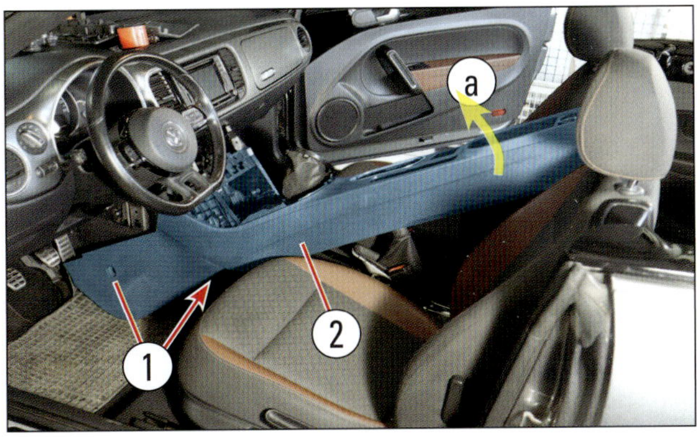

Ausbau der Mittelkonsole unten: *1 Verschraubungen im Fußraum (rechts und links), 2 Mittelkonsole unten, (blau eingefärbt) a Bewegungs- oder Schwenkrichtung zum Herausnehmen zwischen den Sitzen.*

■ Schwenken Sie die Mittelkonsole wie im Bild unten gezeigt zuerst hinten und dann aus dem vorderen Fußraum heraus.
■ Nehmen Sie die Mittelkonsole heraus.

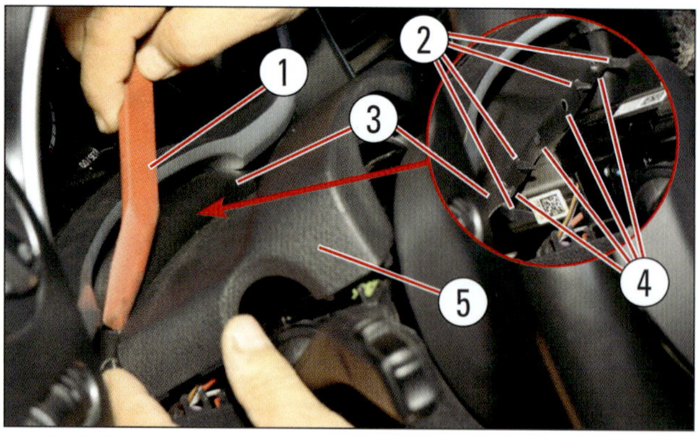

Lenksäulenverkleidung oben: *1 Montierhebel, 2 Führungen, 3 Spaltabdeckung, 4 Haltepunkte, 5 Lenksäulenverkleidung.*

Die Montage erfolgt sinngemäß in umgekehrter Reihenfolge zur beschriebenen Demontage.

- Prüfen Sie die Verschraubungen und Clipse.
- Prüfen Sie die Funktion der Schalter und Anschlussbuchsen.

Lenksäulenverkleidung

Demontage der oberen Lenksäulenverkleidung:

- Lösen Sie die Lenksäulenverstellung und ziehen Sie das Lenkrad ganz heraus und drücken Sie es ganz herunter.
- Lösen Sie die Spaltabdeckung (3 im Bild oben links) an der Lenkerverkleidung oben mit einem geeigneten Montagehebel (1).
- Hebeln Sie die obere Lenksäulenverkleidung (5) nach oben ab.
- Nehmen Sie die obere Lenksäulenverkleidung (5) heraus.

Die Montage erfolgt sinngemäß in umgekehrter Reihenfolge zur beschriebenen Demontage.

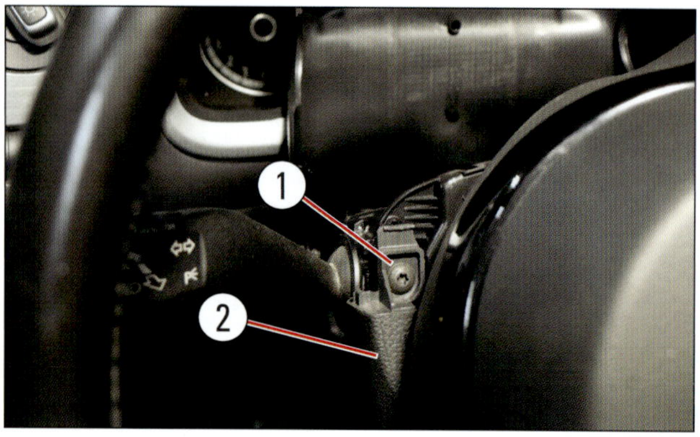

Verschraubung Lenksäulenverkleidung unten: *1 Schraube (linke Seite), 2 Lenksäulenverkleidung unten.*

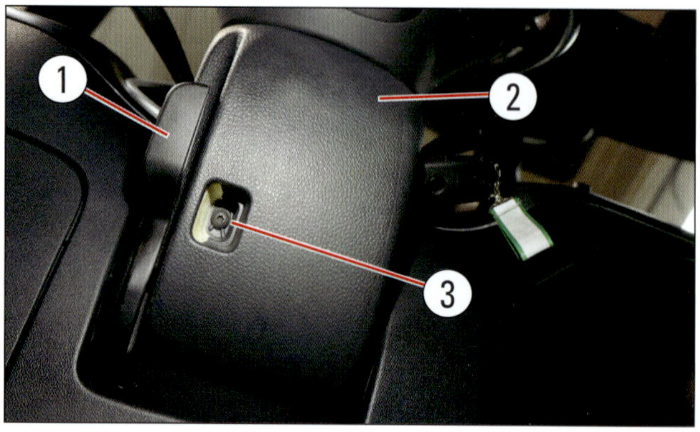

Lenksäulenverkleidung unten: *1 Verstellhebel Lenksäule, 2 Lenksäulenverkleidung, 3 Schraube.*

- Prüfen Sie die Verrastung nach der Montage.

Demontage der unteren Lenksäulenverkleidung:

- Bauen Sie die untere Lenksäulenverkleidung wie bereits beschrieben aus.
- Drehen Sie die Schraube (3 im Bild oben rechts) aus der Lenksäulenverkleidung von unten heraus.
- Verdrehen Sie das Lenkrad so weit, dass Sie die Schraube (1 im Bild unten links) erreichen können.
- Drehen Sie die Schraube (1) heraus.
- Verdrehen Sie das Lenkrad so weit, dass Sie die Schraube (1 im Bild unten rechts) erreichen können.
- Drehen Sie die Schraube (1) heraus.
- Hebeln Sie die untere Lenksäulenverkleidung (2) nach unten ab.

Die Montage erfolgt sinngemäß in umgekehrter Reihenfolge zur beschriebenen Demontage.

- Bei Fahrzeugen mit »Keyless Access« achten Sie darauf, dass der Deckel (dort wo normalerweise das Zündschloss verbaut ist) richtig einsitzt.
- Prüfen Sie die Verrastung nach der Montage.

Verschraubung Lenksäulenverkleidung unten: *1 Schraube (rechts Seite), 2 Lenksäulenverkleidung unten.*

Innenraum

Störung	Was kann das sein?	Was kann ich tun?
A Fensterscheibe wird nur in eine Richtung verstellt	**1** Schalter defekt	Schalter auswechseln
	2 Fensterscheibe in den Führungen schwergängig. Die Überlastsicherung wird ausgelöst und der Motor abgeschaltet	Fensterführung und Mechanik prüfen, reinigen und wenn erforderlich erneuern
B Fensterscheibe wird in keine Richtung verstellt	**1** Fensterheber wird nicht angesteuert	Fehlerspeicher abfragen (lassen), Fensterhebermotor und Fensterführungen prüfen
	2 Fensterheber oder Fensterhebermotor defekt	
C Fensterscheibe wird an der oberen Grenze des Verstellbereichs zu langsam verstellt	**1** Fensterscheibe in den Führungen verklemmt	Spiel der Scheibe prüfen ggf. korrigieren
	2 Dichtung defekt	Zustand und Sitz der Dichtung überprüfen, gegebenenfalls erneuern
	3 Einstellung der Scheiben fehlerhaft	Einstellung der Scheiben prüfen
D Schlösser werden entriegelt, aber nicht verriegelt	**1** Mehrfachstecker an Servomotor und Türkasten locker oder oxidiert	Auf festen Sitz kontrollieren ggf. reinigen
	2 Kabelbruch im Bereich des Türfalzes	Kabelübergang freilegen und Kabel überprüfen
	3 Servomotor defekt	Fehlerspeicher abfragen (lassen), Servomotor im Türschloss überprüfen
E Heckklappe entriegelt elektrisch und über Notöffnung nicht	**1** Schloss in der Heckklappe defekt oder verdreckt	Funktion der Schlösser überprüfen, reinigen und neu mit Sprühfett schmieren, gegebenenfalls Schloss erneuern
	2 Bowdenzug gerissen oder ausgehängt oder Schloss verklemmt	Kissen Rücksitzbank ausbauen, Lehnenverriegelung über eine Öffnungshilfe unter der Rücklehne öffnen. Verkleidung Heckklappe ausbauen und das Schloss manuell entriegeln. Zug und Klappenschloss überprüfen und gegebenenfalls erneuern, Einstellung Klappenschloss prüfen
F Heckklappe entriegelt elektrisch nicht	**1** Taster in der Heckklappe defekt	Taster in der Heckklappe überprüfen und gegebenenfalls erneuern
	2 Servo defekt	Servomotor in der Heckklappe überprüfen und gegebenenfalls erneuern
	3 Kabelbruch im Übergang	Kabelübergang freilegen und Kabel überprüfen

Armlehne nachrüsten

Die Mittelarmlehne für die Vordersitze ist bei vielen Ausstattungsvarianten bereits serienmäßig verbaut. Sie lässt sich auch nachträglich nachrüsten. Wir zeigen Ihnen die Arbeitsschritte am Beispiel der Original-Armlehne.

Montagearbeiten für die Nachrüstung:
Die nachfolgenden Arbeiten fallen an, wenn Sie eine Armlehne nachrüsten wollen.

- Schalten Sie die Zündung aus und ziehen Sie den Zündschlüssel ab.
- Schieben Sie den Fahrer- und den Beifahrersitz ganz nach vorne und klappen Sie die Sitzlehne vor.
- Nehmen Sie die Gummieinlage aus dem hinteren Ablagefach heraus.
- Hebeln Sie die Abdeckungsklappe unter der Gummimatte heraus.
- Drehen Sie die beiden Schrauben (1 im Bild Mitte) heraus und nehmen Sie sie mit der Montageplatte ab.
- Setzen Sie den Adapter für die Mittelkonsole (5) auf und drehen Sie die Schrauben (3) und die Mutter (4) zuerst von Hand an.
- Ziehen Sie die Schrauben (3) und die Mutter (4) fest.

Demontagearbeiten für die Armlehne:
Die nachfolgenden Arbeiten fallen an, wenn Sie eine vorhandene Mittelarmlehne demontieren wollen.

- Klappen Sie die Armlehne hoch.
- Nehmen Sie die Gummieinlage aus dem Fach darunter heraus.
- Drehen Sie die Schraube (4 im Bild oben) heraus.
- Ziehen Sie die Abdeckung (1) gerade nach hinten ab (2).
- Drehen Sie die Mutter (5) ab.
- Nehmen Sie die Mittelarmlehne nach oben ab.

Demontagearbeiten für die Armlehnenkonsole:
Die nachfolgenden Arbeiten fallen an, wenn Sie Arbeiten an den Handbremsseilen oder den Ausbau der Mittelkonsole unten angehen wollen. Für die Demontage der Armlehne sind die Arbeiten nicht zwingend erforderlich.

- Drehen Sie die Mutter (4) ab.
- Drehen Sie die beiden Schrauben (2 im Bild Mitte) heraus und nehmen Sie sie mit dem Adapter für die Mittelkonsole (5) ab.

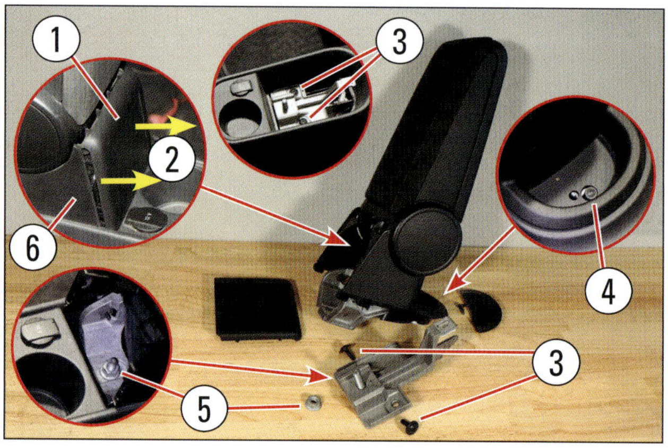

Mittelarmlehne vorne: *1 Abdeckung 2 Bewegungsrichtung, 3 Schrauben, 4 Schraube, 5 Mutter, 6 Mittelkonsole.*

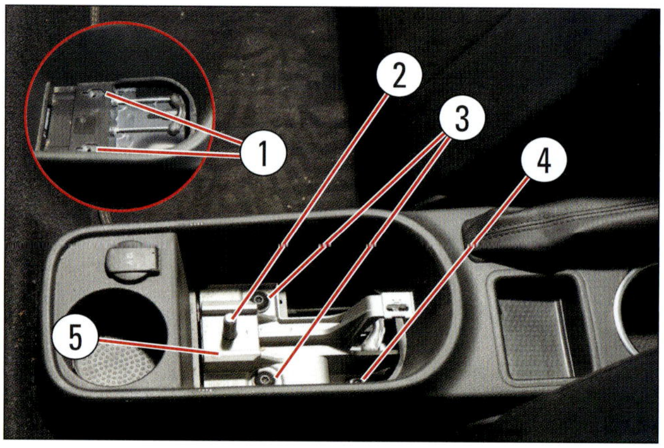

Montage der Konsole für die Mittelarmlehne: *1 Schrauben Mittelkonsole unten, 2 Aufnahmebolzen für die Mittelkonsole, 3 Schrauben Adapter Mittelkonsole, 4 Mutter Adapter Mittelkonsole, 5 Adapter Mittelkonsole.*

Montagearbeiten für die Armlehne:

- Soweit die Konsole für die Mittelarmlehne demontiert wurde, muss diese nun wieder auf die Montageposition aufgesetzt werden.
- Setzen Sie den Adapter für die Mittelkonsole (5 im Bild Mitte) auf und drehen Sie die Schrauben (3) und die Mutter (4) zuerst von Hand an.
- Ziehen Sie die Schrauben (3) und die Mutter (4) fest.
- Klappen Sie die Armlehne hoch.
- Setzen Sie die Armlehne auf den Bolzen (2) auf.
- Drehen Sie die Schraube (4 im Bild oben) hinein und ziehen Sie sie fest.
- Setzen Sie die Mutter (5) auf und ziehen Sie sie fest.
- Positionieren Sie die Abdeckung hinten (1) auf der Mittelkonsole und drücken Sie sie fest. Die Abdeckung wird hörbar einrasten.

Die Elektrik

Während der Kraftstoff als ausgesprochen wertvoll gilt, wird die Stromversorgung sträflich vernachlässigt. Früher oder später rächt sich das: Mysteriöse Fehlfunktionen oder sogar der Totalausfall des Bordnetzes sind die Folge. Wir verraten Ihnen, wie sich das mit wenig Aufwand vermeiden lässt und wie Sie zusätzliche Geräte anschließen können.

Ein Auto braucht im Wesentlichen drei Dinge, um zu fahren: Kraftstoff, Luft und Zündung. Alle diese Dinge werden durch elektrische Bauteile gesteuert, geregelt und durch Elektronik beeinflusst.
Während der Kraftstoff als ausgesprochen wertvoll gilt, wird die Stromversorgung sträflich vernachlässigt. Früher oder später rächt sich das: Mysteriöse Fehlfunktionen oder sogar der Totalausfall des Bordnetzes sind die Folge.
»Na klar, früher war alles einfacher!«, denkt man. Stimmt aber nicht. Es ist neu, das Datenbussystem im Auto, ist aber real leichter zu prüfen. »Früher ...«, ruft mir der Altgeselle zu, »... hamwa alles noch mit der Prüflampe ...!!!«. Das Argument, dass man manchmal das halbe Auto zerlegt hat, lässt er kaum gelten. Die Prüflampe gehört nun endgültig, schön in Kupfer, Stahl und Hausmüll getrennt, auf den Recyclingweg. Und einfacher war es auch nicht! Die guten Mechaniker haben die meisten Standardschaltpläne im Kopf und müssen meist nur wegen der Kabelfarben oder dem Einbauort im Schaltplan schauen.
Und genau das ist jetzt zwar anders, aber nicht schwerer. Die OBD ermöglicht Messungen und Funktionsprüfungen an Bauteilen, ohne die entsprechenden Bauteile überhaupt zu Gesicht zu bekommen. Dazu aber etwas später.

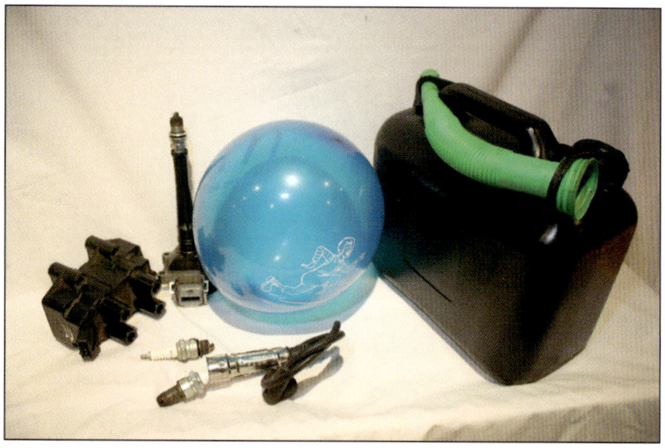
Sprit, Luft und Zündung: *Die Basis für jeden Motorlauf. Ob Diesel oder Benziner: immer etwas anders, die Wirkung bleibt gleich.*

Was ist eigentlich der Unterschied zwischen Elektrik und Elektronik?

- Von der Elektrik spricht man bei Bauteilen, die nach einem einfachen physikalischen Prinzip funktionieren. Kabel: »Stromleitung durch freie Elektronen«, Elektromotor: »Drehbewegung durch Einwirken elektrischer Feder auf Festmagneten«.
- Die Elektronik beschreibt alle Bauteile, die durch andere elektrische Bauteile oder Größen beeinflusst steuern oder regeln können. Eine klare Grenze gibt es aber nicht. Betrachtet man beispielsweise die Lichtmaschine (Generator), würde man sie sicherlich der »Elektrik« zuordnen. Die Ladespannung wird aber »elektronisch« geregelt. Der Übergang zwischen diesen beiden Begriffen ist also eher fließend.

Vernetzung

Seit ungefähr 1980 ist zur Datenübertragung im Fahrzeug der CAN-Daten-Bus Industriestandard. Über eine, zwei Leitungen oder sogar über Glasfaserkabel werden elektrische Signale mit einer Übertragungsrate von bis zu 500 kBit/s zwischen den einzelnen Steuergeräten ausgetauscht. Der Code enthält neben den Daten auch Informationen, für welches Steuergerät seine Daten relevant sind. Die Dateninformationen werden in einer bestimmten »Sprache« übermittelt. Schließlich müssen die Informationen auch hinsichtlich Dringlichkeit sortiert werden. Die Motortemperatur ändert sich beispielsweise deutlich langsamer als der zeitliche Abstand der Zündung oder die erforderliche Kraftstoffmenge. Neben dem ursprünglichen Netz sind mittlerweile mehrere Datennetze mit unterschiedlichen Geschwindigkeiten, Aufgaben und Ausführungen im Fahrzeug verbaut, die den möglichst reibungslosen Betrieb gewährleisten sollen. Es gibt eigentlich zwei Argumente für die Datenbusvernetzung. Zum einen die Sparsamkeit und zum anderen die Flexibilität des Systems. Die Anbindung an ein Datennetz ermöglicht es tatsächlich, etliche Meter Kabel an einem Fahrzeug einzusparen. Zwischen Motorsteuergerät und ABS wird ein CAN-Datenbus eingesetzt. Heutzutage werden alle Steuergeräte in durchaus auch unterschiedlichen Datennetzen übermittelt. So können einzelne Sensoren für unterschiedliche Aufgaben ausgewertet werden und natürlich auch die unterschiedlichsten Funktionen auch unterschiedlicher Systeme zusammengeführt werden. Ein typisches Beispiel hierfür an modernen Fahrzeugen sind die ABS-Sensoren. Beim Ihrem Beetle erfassen sie die Raddrehzahl für das ABS-System. Es wird mit den Signalen die ESP-Regelung, natürlich das ABS, der Tachometer und, um beim Cabrio zu bleiben, auch die Verdeckbewegung bis zu einer gewissen Geschwindigkeit zugelassen.

Fehlersuche und Diagnose

Bei einem Fehler in der Elektronik ist guter Rat teuer. Denn das Ermitteln der Fehlerquelle, die sogenannte Diagnose, ist heutzutage ohne ein entsprechendes Diagnosetool, wie im Bild zu sehen, nicht möglich. Diagnosegeräte können dabei aber weitaus mehr als nur den Fehlerspeicher auslesen. Das moderne Fahrzeugsystem verbindet gleich mehrere Funktionen miteinander. Eine geführte Fehlersuche erläutert dem Servicetechniker ein schrittweises Vorgehen zum Beheben des aufgetretenen Fehlers. Niemals sollte die Erste Hilfe nach gutem nachbarschaftlichem Rat erfolgen. Setzen Sie das Steuergerät beispielsweise durch mehrstündiges Abklemmen der Batterie zurück, wird der Fehlerspeicher nicht zwingend gelöscht, aber neben dem Radiocode (der sich wieder eingeben lässt) gehen alle Feinabstimmungsdaten (sogenannte Adaptionswerte), die das Steuergerät selbst ermittelt hat, verloren. Im schlimmsten Fall wird durch das mehrstündige Abklemmen auch die Software beschädigt und das Auto läuft nicht mehr. Mit etwas Glück kann der freundliche Hersteller-Partner diese wieder aufspielen. Gelingt das nicht, wird die Neuanschaffung eines Steuergerätes (könnten auch mehrere werden …) und die Anpassung an das System unumgänglich. Bei jeder Art von Messungen sollte immer ein Dauerladegerät angeschlossen werden, um die Bordnetzspannung aufrechtzuerhalten. Gar nicht so wenige Störungen an der Elektrik lassen sich mit einfachen Mitteln beheben. Man muss sich natürlich etwas auskennen, weswegen wir Ihnen Grundbegriffe erläutern und Hilfen bieten wollen. Wie bei anderen Baugruppen auch, gehören dennoch viele Störungen in die Fachwerkstatt oder zu einem versierten Mechaniker. Hilfen hierzu werden auch im Buch »Reparaturanleitung« unseres Verlages genauer beschrieben.

Diagnosesystem von Bosch: *Fehlerspeicherauslese, Werkstattinformationssystem und Messsystem in Kombination für den professionellen Einsatz in der Werkstatt.*

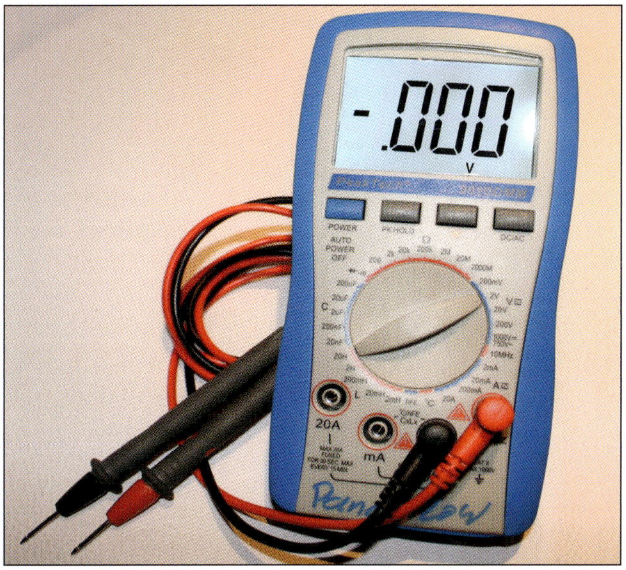

Multitalent: *Der Umgang mit dem Multimeter ist nicht schwer und doch sehr hilfreich. Spannung, Stromstärke oder der Widerstand eines Verbrauchers können leicht ermittelt werden.*

On-Bord-Diagnose

Seit den 1990er-Jahren sind alle Automobilhersteller gesetzlich dazu verpflichtet, die abgasbeeinflussenden Systeme während des Fahrbetriebs permanent zu überwachen und auftretende Fehler zu speichern. Die »On-Bord-Diagnose« in Ihrem Beetle erfüllt genau diese Aufgabe. Das System ist ebenso in der Lage Fehler zu erkennen, wie auch abzuspeichern. Es informiert ggf. auch den Fahrer über eine Anzeige im Cockpit, um ihn so dazu zu veranlassen die Werkstatt aufzusuchen.

OBD-Anschlussdose: Die Verbindung zwischen den Steuergeräten im Auto und dem Diagnose-Tester.

Die im Beetle eingesetzte OBD-II ist in der Lage, bei der Eigendiagnose die Fehlerart (Unterbrechung, Kurzschluss, unplausibles Signal), den Fehlerstatus (sporadisch, resistent) und die Fehlerquelle zumindest im System zu erkennen. Dies erleichtert der Werkstatt die Fehlersuche (das Auftrennen verschiedener Steckverbindungen mit anschließenden und aufwendigen Funktions- und Bauteileprüfungen wird oftmals unnötig). Zur Informationsübertragung wurde eine Diagnoseschnittstelle geschaffen, die eine Kommunikation zwischen den eingesetzten Steuergeräten und einem angeschlossenen Diagnosetester ermöglichen.

Der Informationsfluss ist in beide Richtungen möglich, das heißt zusammen mit dem Werkstattreparaturleitfaden hilft dieses System der Werkstatt das Einkreisen des Fehlers zu beschleunigen, die Reparatursicherheit zu erhöhen und damit auch Reparaturkosten zu senken. Die Diagnosegeräte haben sich mittlerweile vom einfachen Fehlerauslesegerät zu richtigen Hightechrechnern mit Eingriffsmöglichkeiten in die Steuergeräteumgebung entwickelt. Damit ein solches System funktionieren kann, müssen alle Systeme miteinander vernetzt sein und untereinander kommunizieren können. Dies ermöglicht der sogenannte CAN-Daten-Bus.

Grundbegriffe der Elektrik

WISSENSWERTES

Die wichtigsten Einheiten und ihre Bedeutungen wollen wir Ihnen an dieser Stelle vorstellen:

Spannung (Volt): Vergleichbar mit dem Druck in einer Wasserleitung. Je größer der Druck, umso schärfer der Strahl. Autos benutzen derzeit ein 12-Volt-Bordnetz, in naher Zukunft wird die Voltzahl wohl deutlich erhöht. Besonders hohe Spannungen werden in Zündanlagen bereitgestellt. Bis zu 40.000 Volt sorgen dafür, dass der Strom auch größere Distanzen überspringen kann. Im Grunde soll er das aber nur an der Zündkerze, weshalb alle spannungsführenden Teile gut isoliert sind.

Stromstärke (Ampere): Vergleichbar mit der Durchflussmenge am Wasserhahn. Neben der Spannung, die zu Stromüberschlägen führen kann, ist die Stromstärke das eigentlich Gefährliche am Strom. Wird dicht an der Stromquelle ein Kurzschluss verursacht, fließt maximaler Strom. Vergleichbar einem Wasserrohrbruch, der eine ganze Straße unter Wasser setzen kann.

Leistung (Watt): Das Produkt aus Spannung und Strom gibt an, welche elektrische Arbeit ein Verbraucher abgibt beziehungsweise aufnimmt. Das hängt wiederum von dessen Widerstand ab. Bildlich gesprochen: Der wenig geöffnete Wasserhahn kann bei hohem Druck die gleiche Menge abgeben wie ein voll geöffneter Hahn bei geringem Druck. Wie viel entnommen werden soll, bestimmt allein der Verbraucher und dessen Aufnahmefähigkeit.

Widerstand (Ohm): Fließt der Strom ungehindert, ist der Widerstand = 0. Bei einer Unterbrechung des Stromkreises dagegen unendlich. Jeder Verbraucher bietet normalerweise einen gewissen Widerstand, wenn auch zum Teil einen sehr geringen. Wenn Sie z. B. mit einem Schraubenschlüssel beide Batteriepole verbinden, kann durch den massiven Stahl fast unendlich Strom fließen (Kurzschluss). Das schweißt sogar den Schlüssel an den Polen fest! Vor Kurzschlüssen im Bordnetz schützen Schmelzsicherungen mit ihrer dünnen Drahtbrücke. Dieser Draht ist das genau definierte schwächste Glied im Stromkreis und brennt bei Überlastung durch. Der Stromfluss wird somit unterbrochen und weiterer Schaden vermieden.

Das Bordnetz im VW Beetle

Ihr Beetle ist in allen Versionen vom Start an auf elektrische Energie angewiesen. Alle für den Fahrbetrieb, die Sicherheit und die Bequemlichkeit eingebauten Systeme und die gesamte Lichtanlage sind ohne sie arbeitsunfähig.

Batterie

Startenergie bereitzustellen, ist die wichtigste Aufgabe der Batterie auf der linken Fahrzeugseite Ihres VW Beetle. Defekte Verbraucher, Selbstentladung durch lange Standzeiten oder eine Tiefentladung durch einen nicht abgeschalteten Verbraucher können Ausfälle verursachen. Diese Fehler zu finden, kann durchaus eine kniffelige Sache sein. Eine ausgebaute Batterie oder den Akku in einem vorübergehend stillgelegten Fahrzeug aufzuladen, ist hingegen leicht zu schaffen. Die Funktionen des Dauerladers werden wir etwas später noch vorstellen. Soweit Sie kein Dauerladegerät benutzen, sollten Sie die Batterie einmal im Monat laden. Denn zum Anlassen sind bei einem kleinen warmen Motor schon durchaus 1000 W erforderlich. Bis zu 3000 W können bei Kaltstart abgefragt werden.

Generator

Der Drehstromgenerator (im Volksmund »Lichtmaschine «) versorgt vom Motor angetrieben schon bei Leerlauf alle elektrischen Aggregate mit Strom und lädt ständig die Batterie auf.

Generator im Schnitt: *1 Wicklungen mit drei Phasen, 2 Antriebswelle, 3 Gehäuse, 4 Regler mit Kohlen, 5 Kollektor, 6 Diodensatz.*

Batteriezelle in Scheiben: *1 Zellbrücke, 2 Plusplatte, 3 Minusplatte mit Trägergitter, 4 Separator, 5 Batteriegehäuse, 6 Batteriepol.*

Dauerladegerät im Einsatz: *Ob nun aufgeladen oder nur die Ladung (wie während der Diagnose mit dem Tester) erhalten werden soll, gute Geräte arbeiten selbsttätig.*

Er bringt es auf mehr als 2 kW Elektroenergie. Leistungsdioden besorgen die Gleichrichtung dieses Wechselstroms. Der Generator im Beetle ist wartungsfrei, die Schleifkohlen sind für 100.000 km gut. Je schneller die Lichtmaschine dreht, umso höher die Spannung. Ein Regler schützt vor Überspannungen und verhindert Überladen der Batterie. An die Lichtmaschine angeschraubt, reguliert er die Betriebsspannung je nach Temperatur auf Werte zwischen 13,8 und 14,5 Volt im »14-Volt-Toleranzfeld«.

Anlasser

Der Beetle ist mit dem üblichen Schub-Schraubtrieb-Anlasser ausgestattet, der sich vorn am Motor befindet. Sein Magnetschalter (1) trägt die Anschlüsse Klemme 30 (Pluskabel der Batterie) und Klemme 50 (Startfreigabe vom Bordnetzsteuergerät). Tut sich mal beim Starten gar nichts und könnte es der Anlasser sein: Kontakte überprüfen, durchmessen, vielleicht ausbauen und auswechseln. Magnetschalter, Schleifkohlen oder ein Lager-Verschleiß sind mögliche Ursachen.

Fehler an der Elektrik

Nötige Arbeiten sind nicht immer von der komplizierten Elektronik verursacht. Pflege und Wartung der Batterie, Ersetzen von Lampen im ausgedehnten Beleuchtungssystem oder Austausch von Sicherungen können Sie durchaus bewältigen. Dazu geben wir Ihnen in diesem Kapitel später zu den einzelnen Bauteilen einige Tipps.

Schub-Schraubtrieb-Anlasser: *Das Bosch-Gerät zeigt die auch im Beetle zu findende Bauform, (1) Magnetschalter.*

Die Beleuchtung

Die Fahrzeugbeleuchtung ist ein zentrales aktives Sicherheitselement. Auch das Fahren mit Licht am Tag ist inzwischen aktuell. Serienmäßig ist kein Tagfahrlicht verbaut. Diese Ausrüstung gab es zum Produktionszeitpunkt noch nicht.

Für Sicherheit auf der Straße

Tagfahrlicht soll nach einschlägigen Untersuchungen die Sichtbarkeit eines Fahrzeuges erhöhen. Das mag zwar stimmen, verschlechtert aber die besondere Aufmerksamkeit für Motorradfahrer, die eigentlich schon immer mit Licht am Tag unterwegs sind. Wenn Sie mit Ihrem Beetle mit Licht am Tag fahren möchten, wird bei der Lichtschalterstellung »Automatik« bei Bedarf (über den Lichtsensor am Innenspiegel) das Tagfahrlicht zugeschaltet. Eine Nachrüstung ist je nach Ausführung Ihres vorderen Stoßfängers etwas schwieriger. Flache LED-Leuchten können allerdings Platz in den unteren Kühlluftschlitzen des Stoßfängers finden. Achten Sie bei einer geplanten Montage darauf, einen Steckkontakt

Unterschiedliche Ausführungen: *Hier ist ein Freiflächenformreflektor mit Tagfahrlicht und Standlicht.*

gut zugänglich im Bereich des Frontträgers zu platzieren. Der Steckkontakt sollte idealerweise nicht im Spritzwasserbereich liegen. Die Leuchten müssen ein »E-Prüfzeichen« aufweisen.

Die Scheibenwischanlage

Viel Neues im System

Auch die Scheibenwischer und die Scheibenwaschanlage ähneln der konventionellen Anlage nur auf den ersten Blick. Auf der elektrischen Seite hat sich viel verändert. Der Scheibenwischerhebel schaltet nicht mehr, wie vor Jahren üblich, den Arbeitsstrom des Scheibenwischermotors. Er ist lediglich eine Eingabeinformation für das Bordnetzsteuergerät. Sensoren wie beispielsweise der Regensensor können die Funktion des Wischerhebels sinnvoll automatisieren. Hebel und/oder Elektronik formulieren den Bedarf. Der Motor wird durch das Bordnetzsteuergerät geschaltet. Für den Wischerblattwechsel muss die Servicestellung (über eine kurze Wischerhebelbetätigung nach unten) direkt nach dem Ausschalten der Zündung angewählt werden.

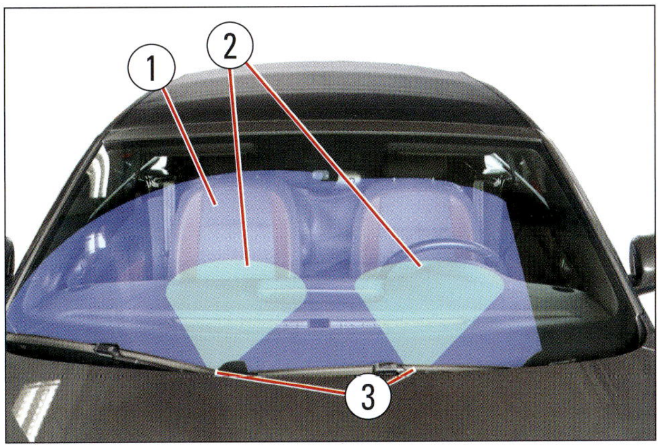

Großer Wischbereich vorne: *1 Wischbereich Frontscheibe, 2 Treffbereich der Waschdüsen, 3 Waschdüsen.*

Lasterkennung mit Sonderfunktionen

Die Ansteuerung über das Bordnetzsteuergerät ermöglicht viele Funktionen, die über die normale Schalterbetätigung nur sehr aufwendig realisiert hätten werden können. Ein typisches Beispiel ist die automatische Wischfunktion. Über den Wischerschalter wird durch die Schalterstellung die Funktion aufgerufen. Der Licht- und Regensensor auf der Windschutzscheibe erkennt die Tropfenbildung auf der Scheibe und schaltet den Wischer nun so lange und so schnell wie erforderlich zu, bis die Tropfen nicht mehr erkennbar sind. Auch kann die Stromaufnahme durch das Bordnetzsteuergerät erfasst werden. So kann auf Softwarebasis ein Überlastungsschutz für den Wischermotor umgesetzt werden.

Relais und Sicherungen

Damit Sie die Elektrik Ihres Autos einfach, zuverlässig und sicher nutzen können, gibt es Schaltstellen, Leitungsstränge und Sicherheitsvorkehrungen. Die zahlreichen Schalter und Taster können auch schon mal Ursache für Störungen sein. Mit Multimeter kontrollieren, defekte Schalter auswechseln: Zündung und Verbraucher ausschalten, Zündschlüssel abziehen.

Schutz der Systeme

Verbraucher, die einen hohen Strom aufnehmen, werden durch Schaltrelais in Betrieb genommen. Erst über das Schließen des Schaltstromkreises wird von ihnen der Arbeitsstromkreis hergestellt. Für den Schutz der elektrischen Systeme sorgen Schmelzsicherungen. Wo sich Relaisträger und Sicherungshalter befinden, zeigen wir weiter hinten. Für Sie am wichtigsten: Sicherungen im Halter links unten in der Schalttafel (Bild unten).

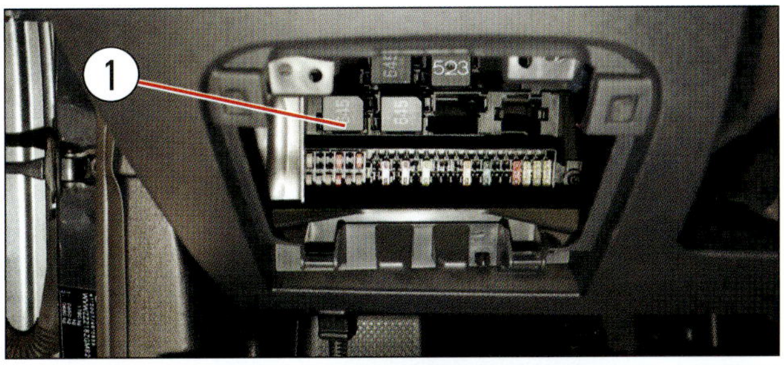

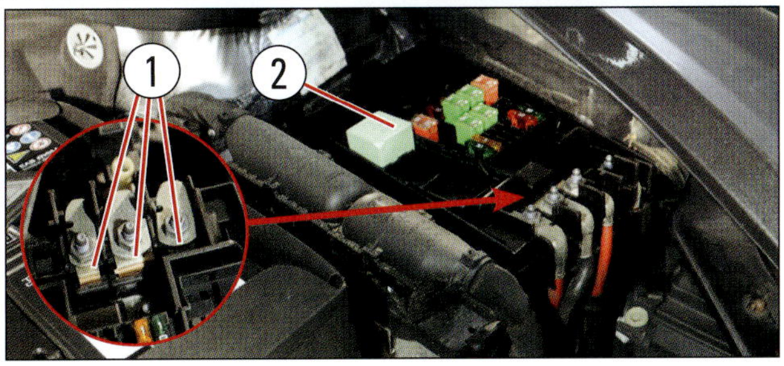

Schutz der Elektrik: *1 Sicherungshalter im Handschuhfachkasten, 2 Sicherungshalter unter der Serviceklappe vorne.*

Batterie - laden, pflegen und warten

Sichtprüfung und richtige Behandlung

Sichtprüfung:

■ Zündung ausschalten, Zündschlüssel abziehen, Motorhaube öffnen. Die Batterie links im Motorraum hat eine flexible Hülle oder steckt in einem verriegelbaren Kunststoffkasten. Auf Schäden am Gehäuse untersuchen. Wenn Säure ausgelaufen ist: Stellen mit Säurewandler oder Seifenlauge reinigen, undichte Batterien auswechseln!

■ Sind die Batteriepole (1 im Bild oben, Minuspol mit Klemme) beschädigt? Der nötige Kontakt der Klemmen muss unbedingt gewährleistet sein. Oxidkristalle an Batterieklemmen mit warmem Sodawasser abwaschen oder mit Säurewandler Neutralon behandeln.

■ Die Batteriepolklemmen (1 und 3) müssen korrekt aufgesteckt und festgezogen sein, weil es sonst zu Leitungsbränden und Störungen kommen kann. Der Funktionszustand des Fahrzeugs ist dann in erheblichem Maße nicht mehr gewährleistet. Polklemmen gewaltfrei von Hand aufstecken, um das Gehäuse nicht zu beschädigen. Die Muttern werden mit 6 Nm festgeschraubt.

■ Die Batterie muss fest in ihrer Halterung (4) sitzen. Schraube (5) mit 20 Nm anziehen. Lockerer Sitz verkürzt durch Erschütterungen die Batterielebensdauer, kann zu Schäden an den Batterieplatten führen und stellt eine Gefährdung durch die Möglichkeit einer Explosion dar.

Batterie richtig behandeln:

■ Um lange Gebrauchstüchtigkeit zu gewährleisten, muss die Batterie sachgemäß geprüft, gewartet und gepflegt werden. Hinweise (Piktogramme) auf der Oberseite und in der Betriebsanleitung beachten!

■ Reihenfolge beim Ab- und Anklemmen: Zuerst Minuspol, dann Pluspol abklemmen. Beim Anklemmen erst Plus-, dann Minusklemme (»Masseband«) aufstecken. Verpolung und Kurzschlüsse vermeiden!

■ Wenn die Batterie längere Zeit im abgestellten Fahrzeug verbleibt, kann der Minuspol abgeklemmt werden. Sinnvoller ist es aber, ein geeignetes Dauerladegerät anzuschließen.

■ Für die neue Batteriegeneration weisen einige Hersteller an: »Keine Etiketten entfernen und kein

AGM-Batterien

WISSENSWERTES

Mit »**AGM**« gekennzeichnete Blei-Säure-Akkus sind Vliesbatterien, wartungsfrei mit festem Elektrolyt.

Dieser ist in einem Mikroglasvlies (»**A**bsorbent **G**lass **M**aterial – AGM«) festgelegt.

Die Batterie ist verschlossen und hat Ventile. Vliesbatterien stets durch Vliesbatterien ersetzen! Die Ladecharakteristik und die Eigenschaft keine Säuredämpfe freizusetzen, macht neben der geringeren Ladehöchstspannung auch das Verlegen des Entlüftungsschlauches erforderlich.

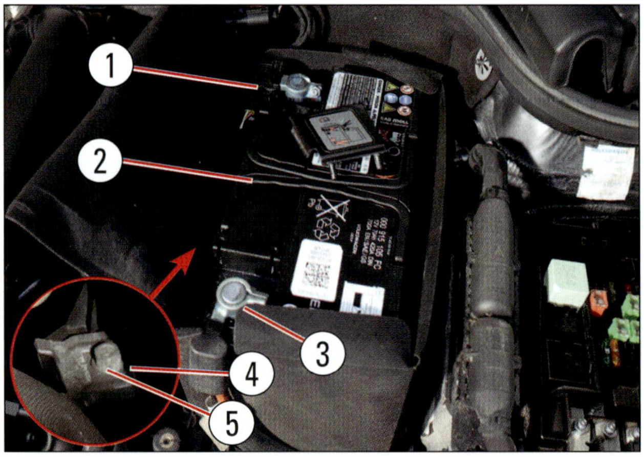

An der Batterie: *1 Batteriesensor, 2 Batterie, 3 Plusanschluss, 4 Halter Batterie, 5 Schraube.*

Batteriesensor: *1 Anschlussstecker, 2 Batteriesensor, 3 Massekabel zum Rahmen, 4 Minusanschlusspol, 5 Verschraubung.*

destilliertes Wasser auffüllen. Nur Sichtprüfungen vornehmen!«

Batterie warten und prüfen

Sie führt ein unbeachtetes Dasein in einer möglichst versteckten Ecke und wird nach wenigen Einsatzjahren oft schon wieder in den Recyclingkreislauf zurückgeführt. Die Batterie kann aber, vorausgesetzt sie ist von guter Qualität, wird regelmäßig gewartet und nachgeladen, einige Jahre halten. Auch der plötzliche Batterietod kann gut vorausgesehen werden.

Prüfung des Säurestandes:
Diese Prüfung ist natürlich nur bei Nassbatterien möglich, an denen Sie die Zellenverschlussdeckel noch öffnen können. Der Säurestand ist sehr wichtig für die Leistungsfähigkeit einer Batterie. Im Laufe der Zeit verdunstet etwas vom Wasseranteil der Batteriesäurefüllung und der Elektrolytstand nimmt in den Zellen ab. Wird eine Zelle nicht mehr vom Elektrolyt komplett abgedeckt, steht auch nur noch der kleinere noch im Elektrolyt stehende Plattenanteil als Kapazität zur Verfügung.

- Öffnen Sie die Zellenverschlussdeckel der Batterie.
- Kontrollieren Sie, ob der Säurestand die Markierungsnase über den Platten erreicht.
- Wenn erforderlich, füllen Sie den Säurestand mit destilliertem Wasser auf.

Prüfung der Säuredichte:
Der Ladezustand einer Batterie spiegelt sich in der Säuredichte am deutlichsten wieder.

- Öffnen Sie die Zellenverschlussdeckel der Batterie.
- Drücken Sie den Gummiball des Säurehebers (3) zusammen und saugen Sie das Elektrolyt aus einer Batteriezelle an. Der Schwimmer mit Skala des Säurehebers (4) muss aufschwimmen.
- Lesen Sie die Dichte an der Flüssigkeitslinie (5) am Schwimmer ab. Werten Sie die Säuredichte entsprechend des Informationskastens oben rechts aus.

Prüfung der Batteriespannung:
Die Prüfung der Batteriespannung ist zwar die am häufigsten eingesetzte Methode, liefert aber wie der Test mit den Batterietestern nur dann ein zuverlässiges Ergebnis, wenn die Batterie nach der Vollladung mindestens 3 Stunden weder ge- noch entladen wurde. Hier finden Sie die meisten Messfehler auch bei der Einschätzung durch die Werkstätten und Händler. Die Ruhezeit ist von entscheidender Wichtigkeit. Das trifft natürlich auch auf die Prüfung der Batterie über einen Batterietester zu.

WISSENSWERTES – Die Säuredichte

Dichte	Ladezustand (etwa)
1,28 g/cm³	voll geladen
1,22 g/cm³	normal geladen
1,18 g/cm³	schwach geladen
1,12 g/cm³	normal entladen
1,06 g/cm³	tief entladen

Magisches Auge (integrierter Säureheber): *1 Magisches Auge, 2 Verschlussschraube mit Säureheber und Sichtkugel, 3 Sichtkugel mit definiertem Gewicht (etwa 1,20 g/cm³).*

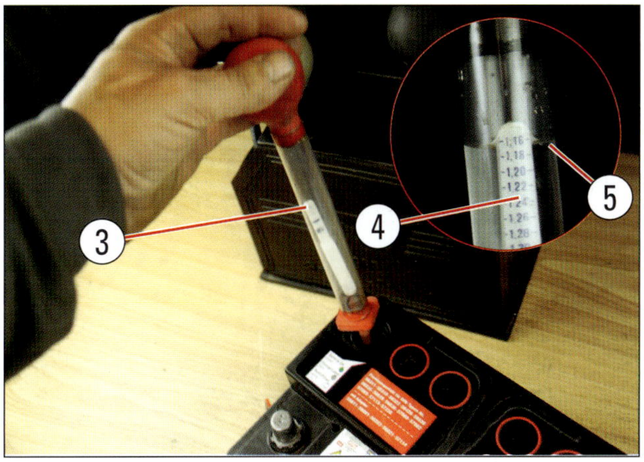

Säureheber als Werkzeug: *3 Säureheber, 4 Skala auf dem Schwimmer, 5 Säurestand.*

WISSENSWERTES

Die Ladespannung

Dichte	Ladezustand (etwa)
> 12,8 V	voll geladen
ca. 12,4 V	normal geladen
ca. 12,2 V	schwach geladen
ca. 11,9 V	normal entladen
< 10,7 V	tief entladen

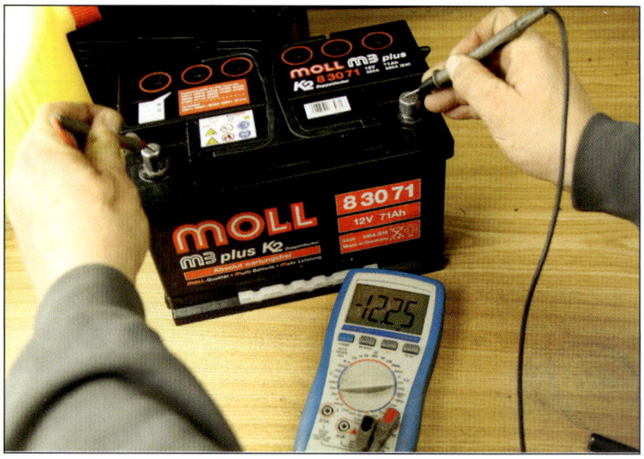

Spannungsmessung an der Batterie: *Das Messergebnis zeigt, dass die Batterie nur schwach geladen ist oder aber, nach der Ladung und der Ruhezeit, einen Defekt aufweist.*

Batterietester einsetzen:
Auch für die Prüfung mit dem Batterietester muss die Batterie geladen werden und wie schon beschrieben ruhen. Anschließend wird nach der Dateneingabe und dem Anschluss an die Batterie ein kleiner Belastungsstrom (2) für eine kurze Zeit aufgeschaltet.
Die Auswertung des Spannungsabfalls (4) erfolgt durch den Batterietester:

- Je stärker der Spannungsabfall ausfällt und je schlechter sich die Batterie nach der Belastung (4 bis 5) erholt, umso geringer fällt die Kapazität aus.
- Sobald diese Werte den im Tester abgelegten Messwerten deutlich widersprechen, wird der Test als »nicht bestanden« und die Batterie als »defekt« ausgewiesen.

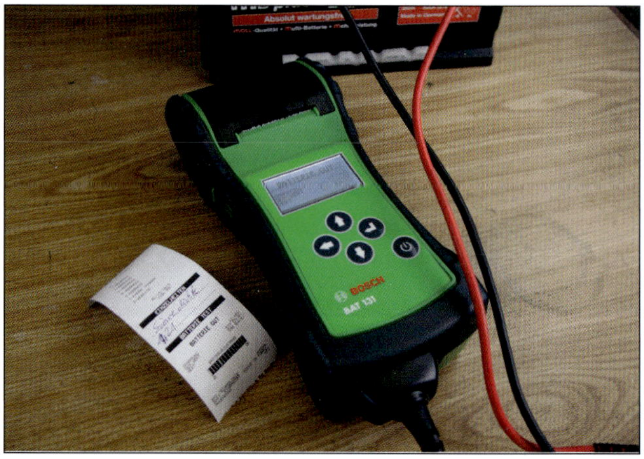

Batteriehandtester: *Ein zuverlässiges Ergebnis ist nur bei sachgerechter Handhabung zu erwarten. Der Ausdruck weist einen korrekten oder fehlerhaften Prüfablauf aber nicht aus.*

Prüfen und Reinigen der Polanschlüsse und Kabel:
Korrosion und Verschmutzungen an den Batteriepolen verursachen Übergangswiderstände, die zum einen die Stromabnahme verhindern, aber auch die Batterieladung verschlechtern. Beides sind Faktoren, die die Leistung einschränken und aufgrund der schlechteren Ladebilanz die Batterie auch nachhaltig schädigen können. Zur Batteriewartung gehören also die gewissenhafte Gehäusereinigung und die Reinigung von Polen und Polklemmen auch dazu. Korrosionsspuren müssen entfernt werden.

- Klemmen Sie den Minuspol der Batterie ab.
- Klemmen Sie den Pluspol der Batterie ab.

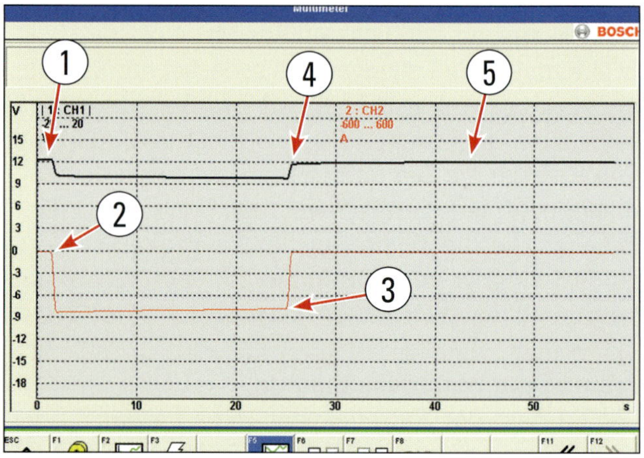

Strom und Spannung: *1 Batterieruhespannung, 2 Belastungsstrom setzt ein, 3 Ende Belastungstest, 4 Spannung nach Belastung, 5 Spannung nach Erholung, 4 bis 5 Zeit der Erholung.*

Reinigung des Batteriegehäuses:

- Reinigen Sie mit einem Lappen das Batteriegehäuse um die Zellverschlussdeckel und die Batteriepole gründlich.
- Verwenden Sie eventuell eine Seifenlauge und keinen brennbaren Reiniger.

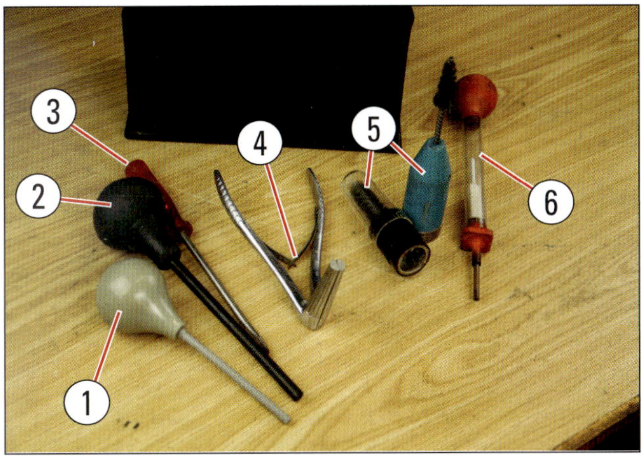

Batteriewartungsset: *1 Flüssigkeitsheber klein, 2 Flüssigkeitsheber groß, 3 Schraubendreher, 4 Polzange, 5 Polbürsten, 6 Säureheber.*

Reinigung der Batteriepole:
■ Drücken Sie die Polbürste auf den Batteriepol auf.
■ Drehen Sie die Bürste einige Male in die Bürstenstrichrichtung und kontrollieren Sie, ob der Pol wieder metallisch blank ist.

Reinigung der Polklemmen:
■ Stecken Sie die Polbürste in die Batteriepolklemme ein.
■ Drehen Sie die Bürste einige Male in die Bürstenstrichrichtung und kontrollieren Sie, ob die Polanschlussklemme wieder metallisch blank ist.

Einsatz von Polfett am Batteriepol:
Das Batteriepolfett sollte ausschließlich auf den Bereich des Batteriepols aufgetragen werden, wo der Übergang zwischen Batteriepol und Gehäuse ist. Auf den Kontaktflächen verursacht das Polfett im ungünstigsten Fall einen Übergangswiderstand.
■ Klemmen Sie die Batterie ab.
■ Reinigen Sie die Batteriepole wie bereits beschrieben.
■ Reinigen Sie die Batteriepolklemmen wie bereits beschrieben.
■ Tragen Sie im Übergangsbereich zwischen Batteriepol und Gehäuse etwas Batteriepolfett auf.
■ Klemmen Sie die Batterie wieder an.

Ladegeräte und die Batterie

Ladegerät ist nicht gleich Ladegerät. Der Unterschied liegt meist nicht nur im Preis. Prozessorgesteuerte Ladegeräte erlauben ein intelligentes

Polbürste im Einsatz: *7 Bürste für die Polanschlussklemmen, 8 Bürste für die Batteriepole.*

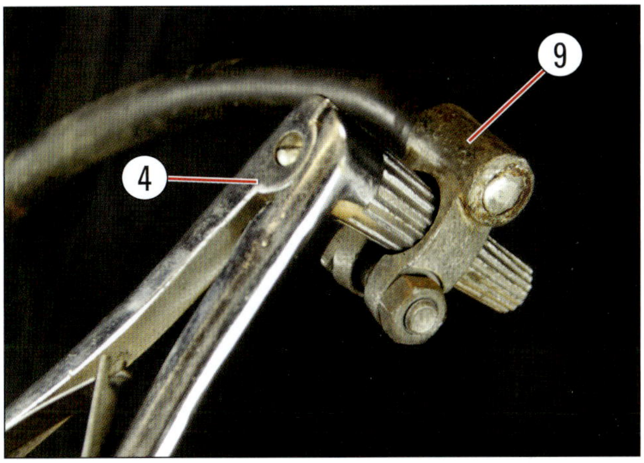

Polzange im Einsatz beim Aufweiten: *4 Polzange, 9 Polanschlussklemme.*

Laden, die Ladungserhaltung und auch die Wiederaufbereitung der Batterie. Betrachten wir das Thema Batterie und das passende Ladegerät mal unter unterschiedlichen Aspekten.

Säure- oder AGM-Batterie?
Der erste Unterschied fällt tatsächlich ins Auge, nicht nur im Preis. Es sind keine Zellenverschlussdeckel verbaut und die Batterie ist gasdicht. Der wesentliche Unterschied zwischen AGM- und Nassbatterie liegt darin, dass der Elektrolyt in ein Glasfaservlies eingebunden ist. AGM bedeutet »Absorbent Glass Mat«. Die Ladeschlussspannung für offene Batterien und den geschlossenen AGM kann sehr unterschiedlich sein. In der Regel wird für die AGM-Batterien sogar eine etwas höhere Spannung angefordert. Die Ladespannung wird oft von Ladegeräten aber auch vom Bordnetzsystem des Fahrzeugs über-

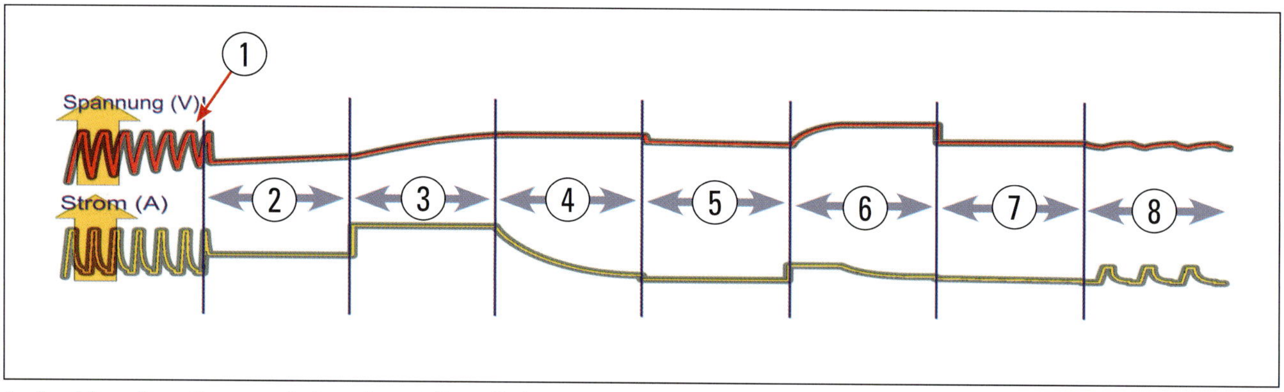

Ladezyklen eines Prozessorladegerätes: *1 Entsulfatierung, 2 Ladeprüfung, 3 Vorladephase, 4 Vollladen, 5 Batterietest, 6 Durchmischung (Sonderprogramm), 7 Ladungserhaltung (Sonderprogramm), 8 Ladungsüberwachung (Sonderprogramm).*

schritten. Eine zu hohe Spannung bringt die Batterien zum Ausgasen (Gasungsspannung) und eine zu geringe Ladespannung verursacht dann eine nicht vollständig geladene Batterie.

Einfache Ladesysteme:
Natürlich gibt es schon sehr günstige Ladegeräte, die aber leider in der Regel lediglich spannungsbezogen arbeiten. In der Anfangsphase wird wegen der hohen Stromaufnahme der Spannungswert gerade so erreicht. Die Weiterladung erfolgt mit zu hoher Spannung. Das fördert die Gasbildung und kann gerade die geschlossenen Batteriesysteme wie die »AGM« schädigen. Auch die Vollladung erfolgt mit zu hoher Spannung, um überhaupt einen Ladestrom erzeugen.

Prozessor-geführte Ladesysteme:
Die Erhaltungsladung wird im Volksmund auch Batteriejogging genannt. Diese Funktion kann die Lebensdauer deutlich erhöhen und sogar einen Teil der Sulfatierung wieder regenerieren.

Programmschritte bei prozessorgeführten Ladesystemen

Entsulfatierung der Batterie (1 im Bild oben):
Das Ladegerät erkennt eine sulfatierte Batterie über die Batterieprüfung. Strom und Spannung pulsieren prozessorgesteuert und entfernen auf diese Weise Sulfat von den Bleiplatten der Batterie, wodurch die Batteriekapazität weitgehend wiederhergestellt wird.

Ladeprüfung (2 im Bild oben):
Das Ladegerät prüft, ob die Batterie Ladung aufnehmen kann. Mit diesem Schritt wird das Laden einer defekten Batterie verhindert.

Vorladephase (3 im Bild oben):
Hier findet das Laden mit Maximalstrom bis zum Erreichen von ca. 80 % der Batteriekapazität statt.

Vollladen (4 im Bild oben):
Das Laden wird mit schwächer werdendem Strom bis zum Erreichen von bis zu 100 % der Batteriekapazität fortgeführt.

Batterietest (5 im Bild oben):
Das Ladegerät prüft, ob die Batterie eine Ladung halten kann. Batterien, die ihre Ladung nicht halten können, müssen ersetzt werden.

Durchmischen (6 im Bild oben):
Mit dem Programm »Recond« wird der Rekonditionierungsschritt in den Ladevorgang angefügt. Während des Rekonditionierungsschritts wird die Spannung erhöht, um eine kontrollierte Gasbildung in der Batterie zu erzeugen. Das macht natürlich nur bei Nassbatterien Sinn. Durch die Gasbildung wird die Batteriesäure vermischt, um die Schichtung von unterschiedlichen Säuredichten in einer Zelle aufzuheben.

Ladungserhaltung (7)
Die Batteriespannung wird auf ihrem Maximalwert gehalten, indem sie mit konstanter Spannung weiter geladen wird.

Ladungsüberwachung (8)
Die Batteriekapazität wird bei 95-100 % gehalten. Das Ladegerät überwacht die Batteriespannung.

Starter (Anlasser) und Generator

Arbeiten am Starter (Anlasser)

Nicht alle Fahrzeuge verwenden den gleichen Starter. Für viele Motorentypen werden spezielle Bauweisen verwendet. Wenn Sie sich beim Zubehörhändler einen Anlassermotor besorgen, achten Sie darauf, dass er dem Original entspricht. Weiterhin können Sie Ihren alten Starter in den meisten Fällen als Altteil zurückgeben. Heben Sie sich die Quittung auf, um das Altteilepfand bei der Rückgabe Ihres alten Starters auslösen zu können.

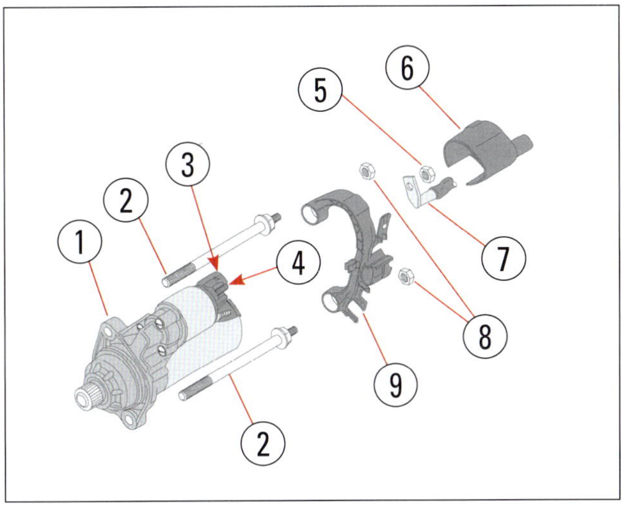

Starter (Anlasser) im VW Beetle: *1 Starter, 2 Doppelschraube, 3 Anschluss (KL50), 4 Anschluss (KL30), 5 Mutter, 6 Abdeckkappe, 7 Anschlusskabel (KL30), 8 Muttern, 9 Kabelhalter.*

Korrosionskontrolle:

Wenn Sie Korrosionsspuren erkennen können, reinigen Sie die Anschlüsse (3 und 4 im Bild oben) gründlich, und wenn erforderlich erneuern Sie die Anschlussklemmen. Ein Übergangswiderstand durch Korrosion bedeutet immer einen Leistungsverlust des Starters und somit auch eine geringere Starterdrehzahl.

Demontage des Starters am Schaltgetriebe:

■ Das Fahrzeug zwischen den Hebebühnensäulen ausrichten und die vier Aufnahmeteller an den vom Fahrzeughersteller vorgeschriebenen Hebebühnenaufnahmepunkten platzieren.
■ Das Fahrzeug mit der Hebebühne anheben.
■ Die Masseleitung an der Batterie abklemmen.
■ Bauen Sie das Luftfiltergehäuse aus.
■ Die Geräuschdämmung (Motorschutz) unten abbauen.
■ Drehen Sie die Muttern (8 im Bild oben) ab und nehmen Sie den Kabelhalter von den Doppelschrauben (2) ab.

Demontage des Starters am Automatikgetriebe:

■ Bauen Sie das Luftfiltergehäuse aus.
■ Demontieren Sie die Batterie und den Batterieträger.
■ Verschließen Sie die Kühlmittelanschlüsse mit passenden Schlauchklemmen.
■ Drehen Sie die Verschraubungen des Halters für den Getriebeölkühler los und legen Sie ihn aus dem Arbeitsbereich heraus.

Weiter für alle Fahrzeuge:

■ Entsicheren Sie den Steckkontakt (3) und ziehen Sie ihn ab.
■ Ziehen Sie die Abdeckkappe (6) vom Plusanschluss des Starters ab.
■ Drehen Sie die Mutter (5) ab und nehmen Sie das Anschlusskabel (7) ab.
■ Die Schrauben (2) herausschrauben.
■ Den Starter nach oben herausnehmen.

Der Einbau erfolgt sinngemäß in umgekehrter Reihenfolge.
■ Den Zahnkranz auf Verschleiß und Beschädigung prüfen.
■ Prüfen Sie die Funktion des Starters.

Spannungsverlustmessung Masseleitung:

■ Öffnen Sie die Serviceklappe vorne und die Abdeckung über dem Motor hinten.
■ Stellen Sie das Multimeter auf 20V DC ein.
■ Schließen Sie am Masseanschluss der Batterie ein Messkabel mit einer Krokodilklemme an.
■ Schließen Sie das Messkabel am »COM-Anschluss« des Multimeters an.
■ Schließen Sie das Messkabel des Multimeters an der Motormasse (blanke Stelle am Motorblock, Zylinderkopf oder auch am Getriebe) an.
■ Lassen Sie einen Helfer den Motor starten und lesen Sie die Spannung am Multimeter ab. Der Spannungsverlust darf höchstens 0,5 V betragen. Ist der Wert höher, muss der Masseanschluss geprüft werden.

Arbeiten am Generator (Lichtmaschine)

Im Grundsatz wurden zwei unterschiedliche Generatorbauweisen im Beetle eingesetzt. Der Generator ohne Schiebebuchsen (Bild oben) wurde am Generatorträger verschraubt. Der Generator mit Schiebebuchsen (Bild Mitte) wurde auch am Generatorträger verschraubt, aber Klemmbuchsen werden durch die Verschraubung verschoben und halten den Generator hier spielfrei fest.

Demontage des Generators:

■ Das Fahrzeug zwischen den Hebebühnensäulen ausrichten und die vier Aufnahmeteller an den vom Fahrzeughersteller vorgeschriebenen Hebebühnenaufnahmepunkten platzieren.
■ Das Fahrzeug mit der Hebebühne anheben.
■ Die Masseleitung an der Batterie abklemmen.
■ Soweit verbaut, die Motorabdeckung oben und unten ausbauen.
■ Bei Fahrzeugen mit Dieselmotor muss zuerst die Lüfterzarge komplett demontiert werden.
■ Bauen Sie den Keilrippenriemen, wie wir im Kapitel »Der Antrieb« beschreiben, aus.
■ Entriegeln Sie die Rastnase und nehmen Sie den Aktivkohlebehälter nach oben ab und legen Sie ihn aus dem Arbeitsbereich heraus.
■ Bei Fahrzeugen mit dem 1,8-l- und 2,0-l-Ottomotor bauen Sie die beiden Öldruckschalter neben dem Generator ab.
■ Bauen Sie den Keilrippenriemen aus.
■ Wenn die untere Befestigungsschraube des Generators von der Spannvorrichtung für Keilrippenriemen verdeckt wird, dann zuerst die Spannvorrichtung ausbauen.
■ Soweit verbaut, demontieren Sie die Umlenkrolle.
■ Bauen Sie den Klimakompressor mit angeschlossenen Kältemittelleitungen vom Halter ab und befestigen Sie ihn mit einem Draht an einer geeigneten Stelle unter dem Fahrzeug.
■ Entriegeln Sie die Steckverbindung (DF-Leitung) am Drehstromgenerator und ziehen Sie sie ab.
■ Hebeln Sie die Abdeckkappe ab und schrauben Sie die dahinter liegende Mutter ab.
■ Nehmen Sie die Anschlussklemme 30/B+ ab.
■ Soweit verbaut, lösen Sie den Kabelhalter am Generator und legen Sie die Anschlusskabel aus dem Arbeitsbereich heraus.
■ Bei Generatoren ohne Klemmhülsen (Bild oben) drehen Sie die Schrauben am Drehstromgenerator heraus.

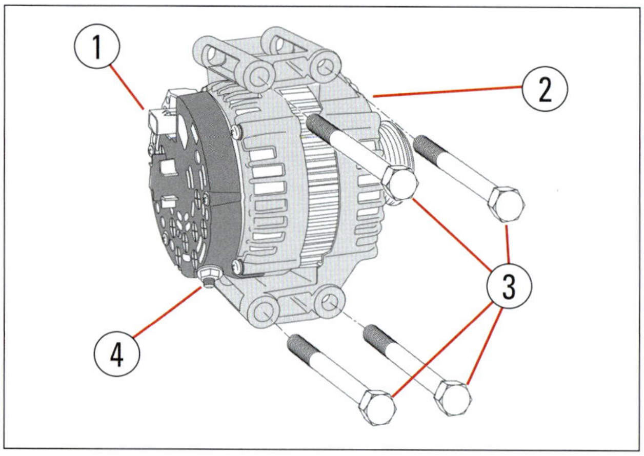

Generator ohne Schiebebuchsen: *1 Steckverbindung, 2 Generator, 3 Schrauben, 4 KL30 Dauerplusanschluss.*

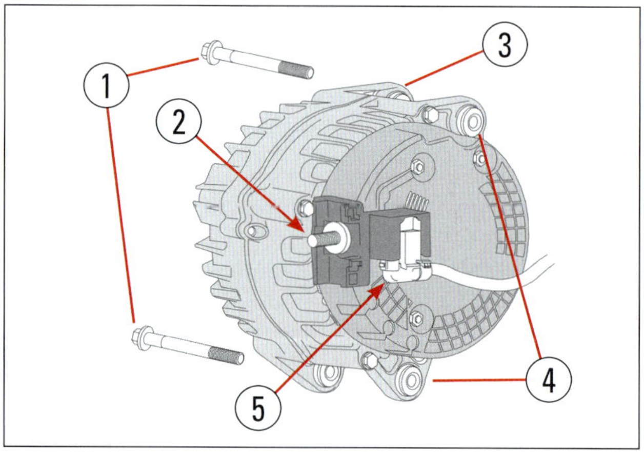

Generator mit Schiebebuchsen: *1 Schrauben, 2 Anschluss KL30 (Dauerplus), 3 Generator, 4 bewegliche Buchsen, 5 Steckkontakt.*

■ Bei Generatoren mit Klemmhülsen (Bild mitte) drehen Sie die Schrauben am Drehstromgenerator heraus.
■ Bei Fahrzeugen mit dem 1,2-l- und 1,4-l-Ottomotor und den Dieselmotoren nehmen Sie den Generator nach unten heraus.
■ Bei Fahrzeugen mit dem 1,8-l- und 2,0-l-Ottomotor nehmen Sie den Generator nach oben heraus.

Die Montage erfolgt sinngemäß in umgekehrter Reihenfolge zur Demontage.

■ Fragen Sie abschließend die Fehlerspeicher des Systems ab.
■ Prüfen Sie die Funktion des Generators und der demontierten Teile.

Prüfen der Batterieladespannung:

■ Öffnen Sie die Motorhaube und die Abdeckung über der Batterie.

■ Stellen Sie das Multimeter auf 20V DC ein.

■ Schließen Sie den »COM-Anschluss« des Multimeters am Masseanschluss der Batterie an.

■ Schließen Sie das Messkabel des Multimeters an den Plusanschluss der Batterie an.

■ Lesen Sie die Spannung der Batterie ab. Anhand der Tabelle unter im Kapitel »Batterie - laden, pflegen und warten« können Sie den Ladezustand der Batterie bewerten. Dieser Messwert stellt die Ruhespannung dar.

■ Lassen Sie einen Helfer den Motor starten und lesen Sie die Spannung am Multimeter ab. Der Messwert sollte zwischen 13 V und 14,5 V liegen. Ist das Ergebnis nicht höher als die Ruhespannung, müssen der Generatorfreilauf und der Generator selbst geprüft werden.

Prüfen des Generatorfreilaufs:

Die Laufruhe eines Motors ist von vielen Faktoren abhängig. Einige dieser Maßnahmen sind erst auf den zweiten Blick zu erkennen.

Betrachtet man sich die Riemenscheibe des Generators genauer, sieht man zuerst einen Kunststoffdeckel an der Seite, wo die Verschraubung sein müsste. Zieht man diesen ab, findet man keine Mutter, sondern einen Vielzahneinsatz. Steckt man einen Inbusschlüssel in die Aufnahme in der Generatorwelle, stellt man fest, dass der Generator in Drehrichtung frei drehbar ist. Gegen die Drehrichtung hingegen wird der Riementrieb mit bewegt. Die Antriebsscheibe beinhaltet einen Freilauf.

Um den technischen Grund für diesen Aufwand zu verstehen, muss man sich die Funktion eines Verbrennungsmotors vorstellen. Gerade im Leerlauf läuft kein Motor richtig rund. Die Zündung verursacht bei jedem Arbeitstakt eine kurze, aber kräftige Beschleunigung der Kurbelwelle und damit auch der durch sie angetriebenen Aggregate. Alle anderen Takte verzögern die Drehgeschwindigkeit des Motors. Hieraus ergeben sich Schwingungen, die durch Flattern des Flachriemens quittiert werden. Um diesem Effekt entgegenzuwirken, wird der Generator als das Gerät mit der größten Masse entkoppelt. Das vermindert die Schwingungen des Flachriemens sehr deutlich. Ein beschädigter Freilauf ist zumeist sichtbar und hörbar. Der Antriebsriemen flattert und gelegentlich ist auch ein leichtes Schlagen hörbar.

PRAXISTIPP

Generatorfreilauf

Für die Demontage des Generatorfreilaufs gibt es unterschiedliche Vielzahngrößen. Im Zubehör sind recht günstige Schlüsselsets im Kasten erhältlich. So gehört die Suche nach dem passenden Werkzeug der Vergangenheit an. Der Inbusschlüssel für die Generatorwelle muss genau gearbeitet und in gutem Zustand sein. Ein rundgedrehter Innensechskant in der Generatorwelle verursacht unnötig viel Mehrarbeit und gelegentlich auch die Neuanschaffung des kompletten Generators.

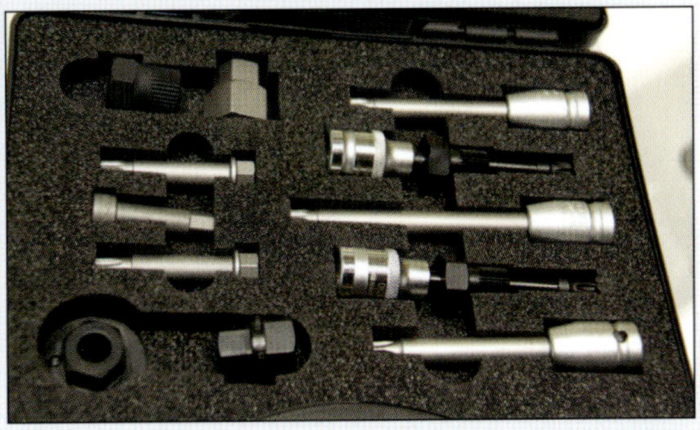

Demontage des Generatorfreilaufs:

Nicht alle Generatoren sind mit einem Freilauf ausgerüstet. Die Demontage des Freilaufs wird nur dann notwendig, wenn er defekt (dreht durch oder klemmt fest) ist.

■ Entspannen Sie den automatischen Flachriemenspanner.

■ Ziehen Sie den Kunststoffdeckel von der Antriebsscheibe des Generators ab.

■ Stecken Sie den Freilaufvielzahn in den Freilauf ein.

***Zur Kontrolle drehen:** in Laufrichtung frei drehend, gegen die Laufrichtung wird der Antriebsriemen mit angetrieben.*

Freilauf demontieren: *1 Schlüssel zum Gegenhalten auf dem Außenvielzahn, 2 Ratsche zum Lösen in der Generatorwelle.*

■ Führen Sie einen guten und genau gearbeiteten Inbusschlüssel in die Generatorwelle ein.
■ Lösen Sie die Verschraubung, indem Sie die Generatorwelle gegen die Drehrichtung des Generators drehen, und halten den Freilauf mit dem Freilaufvielzahn fest.
■ Schrauben Sie den Freilauf von der Generatorwelle ab.
■ Montieren Sie den neuen Freilauf auf die Generatorwelle.
■ Prüfen Sie den automatischen Riemenspanner. Sollten Sie Schäden an der Rolle oder an der Lagerung feststellen oder die Lagerung Geräusche von sich geben, tauschen Sie diese besser gleich mit aus.

Die Montage erfolgt sinngemäß in umgekehrter Reihenfolge zur Demontage.
■ Prüfen Sie die Funktion des Generators und der demontierten Teile.
■ Prüfen Sie die Ladespannung des Generators wie bereits beschrieben.

Reparaturen am Generator

Generell ist es möglich, den Generator zu reparieren. Wie man schon an dem Schaubild gut sehen kann, besteht der Generator aus nicht allzu vielen Teilen. Die Zerlegbarkeit scheitert meist an unzureichendem Werkzeug. Beispielsweise muss bei einigen Generatoren die Diodenplatte (der Gleichrichter) demontiert werden. Da er angelötet ist und zudem recht dicke Drähte am Generator verbaut wurden, wird ein Lötgerät mit einer hohen Leistung notwendig. Für die Demontage der Lager müssen passende Abzieher vorhanden sein, um den Anker und seine Welle nicht zu beschädigen. In den meisten Fällen sind die Kohlen des Reglers verschlissen. Bei einigen Generatoren sind diese einzeln beziehungsweise mit dem Bürstenhalter lieferbar. Entscheidend für einen sinnvollen Austausch der Kohlen ist der Zustand der Schleifringe des Ankers. Sind diese durch den langen Betrieb eingelaufen, werden die neuen Kohlen sehr schnell wieder verschleißen. Hier sollte dann auf einen Austauschgenerator zurückgegriffen werden.

Bei allen Arbeiten am Generator gelten die folgenden Hinweise, die Sie beachten sollten:
■ Nach dem Abklemmen des Massekabels den Minuspol der Batterie am besten mit Isolierband abkleben.
■ Den Generator nicht bei angeschlossener Batterie ausbauen.
■ Beim Ausbau die Radio-Codierung beachten.
■ Nach dem Wiedereinbau den Fehlerspeicher auslesen.
■ Fahrzeuggeneratoren und Anlasser sind Austauschteile: Ein defekter wird beim Kauf eines überholten oder neuen Teils in Zahlung genommen. Er muss aber noch vollständig, einigermaßen sauber und zusammengebaut sein.

Austausch des Generatorreglers:
Der Spannungsregler (2 im Bild unten rechts) mit Kontakt-Schleifkohlen (Kohlebürsten) ist an die Generatorrückseite geschraubt.
Die Abdeckung (4) sieht bei den im Beetle verwendeten Spannungsregler-Typen etwas unter-

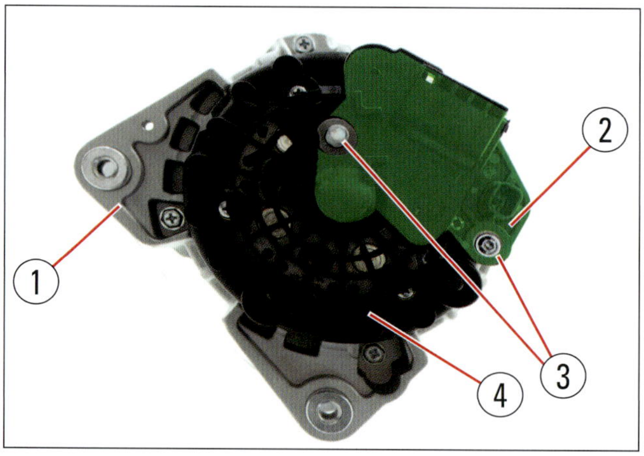

Eingebauter Regler im Generator: *1 Generator, 2 Multifunktions-(Bordnetz)Regler, 3 Verschraubungen, 4 Abdeckung.*

schiedlich aus. Das Prinzip ist auf die unterschiedlichen Regler und Befestigungen übertragbar.

Ausbau:

■ Die Batterie abklemmen.

■ Die Motorabdeckung, soweit verbaut, oben demontieren.

■ Zeichnen Sie die Laufrichtung des Riemens an, falls er weiter verwendet werden soll.

■ Generator wie schon beschrieben ausbauen und die B+-Leitung abschrauben.

■ Die Schraube (3) abschrauben, Abdeckung (4) und den Regler (2) abnehmen.

■ Die Montage erfolgt in umgekehrter Reihenfolge zur Demontage.

Prüfen der Reglerkohlen:

■ Bei Fehlfunktionen des Generators, wie bei Aussetzern, können die Schleifkohlen (Kohlebürsten) des Spannungsreglers verschlissen sein und müssen überprüft werden. Sie dürfen die Verschleißgrenze nicht unterschreiten.

■ Gemessen wird vom Reglergehäuse bis zum Ende der herausstehenden Kohlebürsten im ausgebauten Zustand des Reglers. Dieses Verschleißmaß (3 im Bild rechts oben) beträgt etwa 5 mm zwischen beiden Kohlebürsten.

Bei neuen Spannungsreglern sind die Bürsten etwa 12 mm lang.

■ Im Bedarfsfall müssen die Kohlen erneuert oder der Regler ausgetauscht werden.

Der Einbau erfolgt sinngemäß in umgekehrter Reihenfolge zur Demontage.

■ Die Kohlebürsten müssen korrekt auf den Schleifbahnen liegen.

■ Die Schleifbahnen im Generatorrotor dürfen nicht eingelaufen sein.

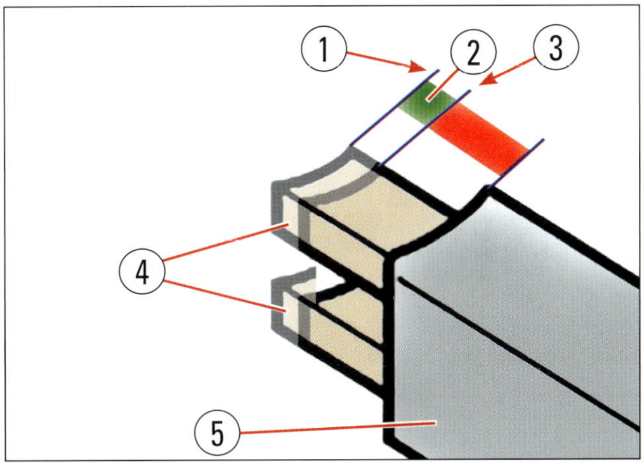

***Verschleiß der Kohlebürsten:** 1 Neumaß 12 mm, 2 Verschleißbereich, 3 Verschleißgrenze 5 mm, 4 Kohlebürsten, 5 Regler.*

Der Keilrippenriemen

Keilrippenriemen prüfen

Der Keilrippenriemen oder auch Flachriemen ist für den Antrieb vieler Nebenaggregate wie der Klimaanlage zuständig. Aber auch Generator und Wasserpumpe werden durch ihn angetrieben. Die unterschiedlichen Einbaulagen des Keilrippenriemens Ihres Beetles stellen wir Ihnen auch für die Montagearbeiten an diese Stelle vor. Wir werden uns neben der Einbaulage auch mit den unterschiedlichen Spannvorrichtungen befassen und den Umgang mit ihnen darstellen.

Zustand prüfen:

Kontrollieren Sie den Keilrippenriemen (Flachriemen) nach folgenden Gesichtspunkten an mehreren Stellen:

■ Unterbaurisse (Anrisse, Kernbrüche, Querschnittsbrüche),

■ Lagentrennung (Deckschicht, Zugstränge),

■ Ausbruch am Unterbau,

■ Ausfransen der Zugstränge,

■ Flankenverschleiß (Materialabtrag, Ausfransungen, Flankenverhärtung, Oberflächenrisse),

■ Öl- und Fettspuren.

Spannung für Keilrippenriemen prüfen (mit automatischer Spannvorrichtung)

Die Spannrollen müssen nun ruckfrei und ohne zu hakeln nachgeben. Wenn Sie den Druck wegnehmen, muss sich die Spannrolle ohne Verzögerung und ruckfrei zurückbewegen und den Antriebsriemen wieder spannen.

■ Drücken Sie den Keilrippenriemen in einem Bereich, wo er frei hängt (siehe auch Bild oben) mit einem kräftigen Daumendruck nach unten.

■ Verdrehen Sie den Keilrippenriemen in einem Bereich, wo er frei hängt.

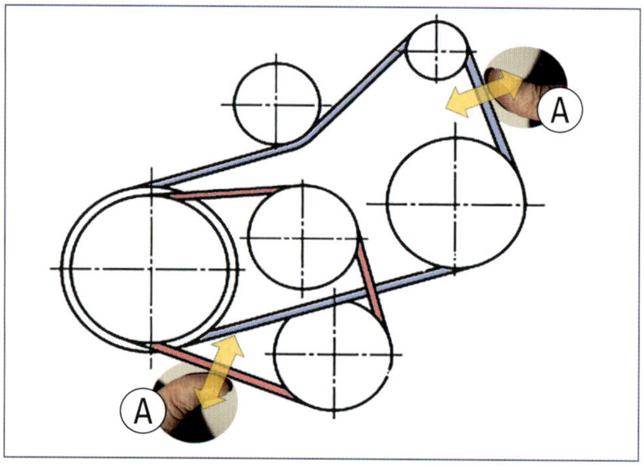

Riemenspannung prüfen: *Grundsätzlich an Stellen, an denen der Riemen frei hängt (A).*

Prüfender Griff mit zwei Fingern: *Der Keilrippenriemen sollte sich bei korrekter Vorspannung etwa 90° verdrehen lassen.*

■ Der Antriebsriemen muss sich etwa 90° leicht verdrehen lassen. So ist die optimale Vorspannung erreicht.

Einbaulage des Keilrippenriemens

■ Achten Sie vor dem Einbau des Keilrippenriemens darauf, dass alle Aggregate (Generator, Klimakompressor) festmontiert sind.
■ Beim Einbauen des Keilrippenriemens achten Sie bitte auf die Laufrichtung, soweit diese angegeben ist oder ein gebrauchter Antriebsriemen verbaut wird, sowie auf einen korrekten Sitz des Riemens in den Riemenscheiben.
■ Nach fertiggestellter Arbeit grundsätzlich Motor starten und Riemenlauf kontrollieren.

Keilrippenriemen aus- und einbauen

Riementrieb mit und ohne Klimaanlage und Spannrolle (Bilder unten)
Soll der gebrauchte Keilrippenriemen wieder verwendet werden, muss die Laufrichtung auf dem Keilrippenriemen markiert werden.
■ Das Fahrzeug mit der Hebebühne anheben. Fahrzeug zwischen den Hebebühnensäulen ausrichten und die vier Aufnahmeteller an den vom Fahrzeughersteller vorgeschriebenen Hebebühnenaufnahmepunkten platzieren.
■ Demontieren Sie das rechte Vorderrad.
■ Bauen Sie den Innenradkasten vorne rechts aus.
■ Bauen Sie, wie bereits beschrieben, die Motorabdeckung oben und unten ab.

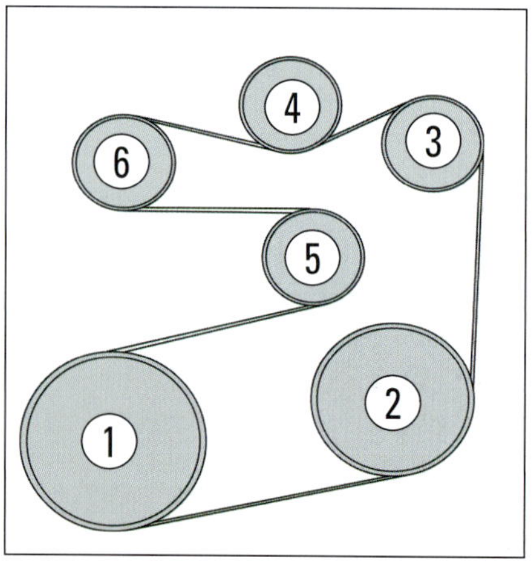

1,2-l- und 1,4-l-TSI-Motor: *1 Kurbelwelle, 2 Klimaanlage, 3 Generator, 4 Spannrolle, 5 Umlenkrolle, 6 Wasserpumpe.*

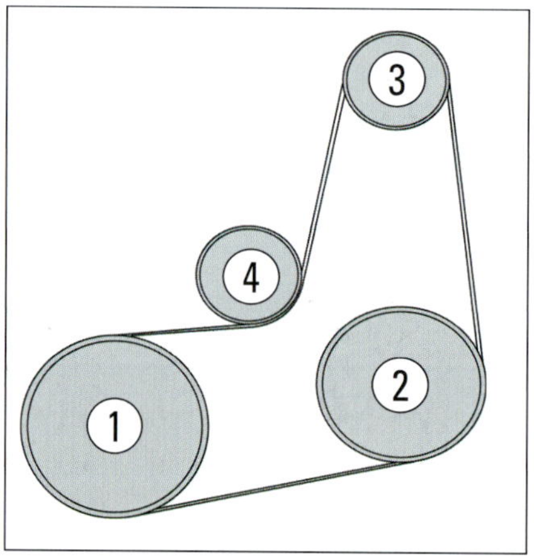

2,0-l-TSI-, 1,6-l-TDI- und 2,0-l-TDI-Motor: *1 Kurbelwelle, 2 Klimaanlage, 3 Generator, 4 Spannrolle.*

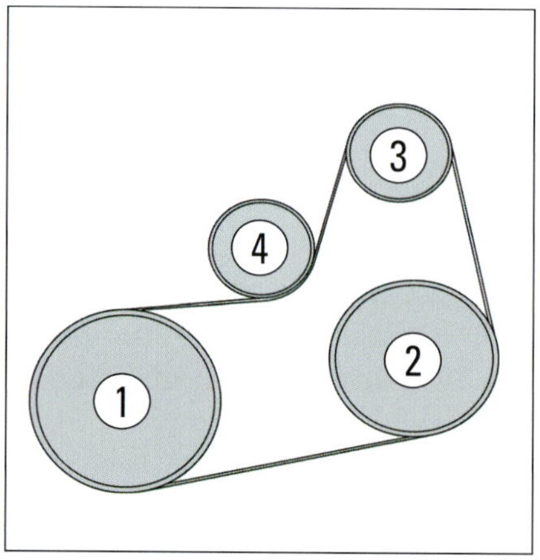

Weitere Varianten für den 2,0-l-TSI-Motor: *1 Kurbelwelle, 2 Klimaanlage, 3 Generator. 4 Spannrolle.*

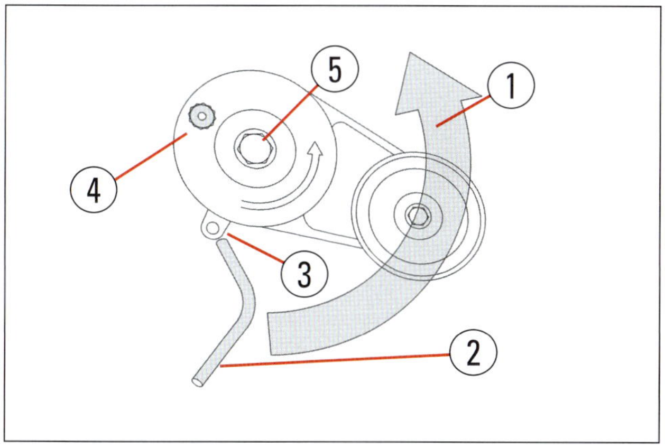

Entspannen des automatischen Riemenspanners.: *1 Bewegungsrichtung zum Entspannen, 2 Sicherungsstift, 3 Bohrung und Lasche am Spannergehäuse und Arm, 4 Zwölfkant zum Verdrehen (Entspannen), 5 Schraube.*

- Stecken Sie eine Zwölfkantnuss SW13 auf den Zwölfkant (4, im Bild oben links) auf.
- Verdrehen Sie den Spanner im Uhrzeigersinn, um den Keilrippenriemen zu entspannen.
- Sichern Sie den Riemenspanner mit einem 4-mm-Bohrer, wie im Bild oben gezeigt.
- Nehmen Sie den Keilrippenriemen ab.

Die Montage erfolgt sinngemäß in umgekehrter Reihenfolge zur Demontage.

Keilrippenriemenspanner ausbauen

Austausch von Spanner und Umlenkrolle:
Die Umlenkrolle (5 in den Bildern unten auf Seite 176) sowie der automatische Riemenspanner sind oft einzeln erhältlich. Spanner und/oder die Umlenkrolle sollten dann gewechselt werden, wenn Sie folgende Merkmale feststellen können:

- Laufspuren oder Schäden sind auf der Rolle erkennbar.
- Das Lager macht hörbare Geräusche.
- Das Lager oder die Rolle weist seitliches Spiel auf.

Demontage des Riemenspanners mit Spannrolle:

- Bauen Sie die Motorabdeckung oben ab.
- Stecken Sie eine passende Nuss auf den Sechskant (2 auf den Bildern auf der rechten Seite) auf.
- Verdrehen Sie den Spanner im Uhrzeigersinn (Pfeil 4) so weit, bis die Bohrungen übereinander stehen, um den Keilrippenriemen zu entspannen.
- Stecken Sie den Sicherungsstift (5) in die Bohrung und fixieren Sie so den automatischen Spanner.

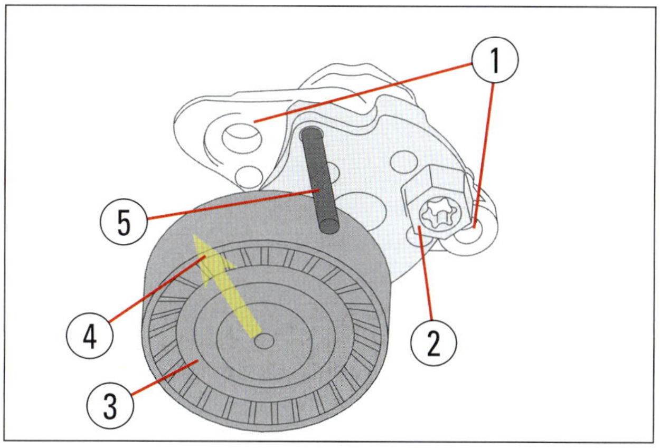

Spannvorrichtung Keilrippenriemen beim 1,4-l-TFSI-Motor: *1 Verschraubungen, 2 Fester Sechskant zum Verdrehen, 3 Spannrolle, 4 Bewegungsrichtung zum Entspannen, 5 Sicherungsstift 4 mm zum Festsetzen.*

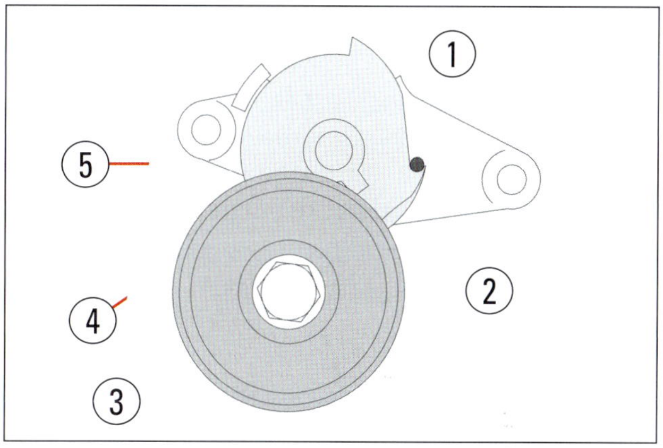

Spannvorrichtung Keilrippenriemen beim 2,0-l-TFSI-Motor: *1 Verschraubungen, 2 Fester Sechskant zum Verdrehen, Spannrolle, 4 Bewegungsrichtung zum Entspannen, 5 Sicherungsstift 4 mm zum Festsetzen.*

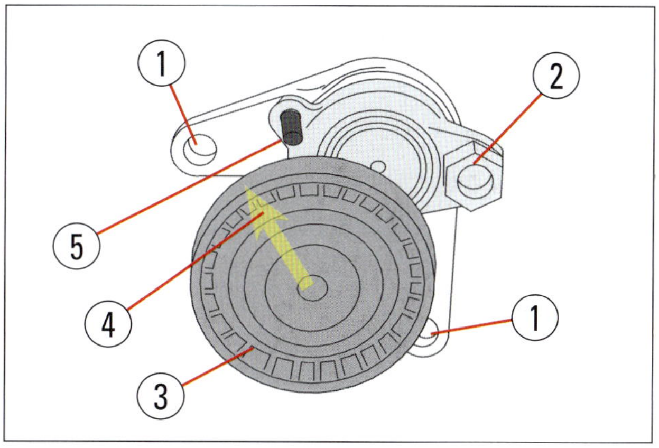

Spannvorrichtung beim 2,0-l-TFSI-Motor: *1 Verschraubungen, 2 Sechskant zum Verdrehen, 3 Schraube der Spannrolle zum Verdrehen beim Spannen, 4 Bewegungsrichtung zum Entspannen, 5 Sicherungsstift 4 mm zum Festsetzen.*

■ Kontrollieren Sie die Einbaulage des Keilrippenriemens und notieren Sie sie eventuell.
■ Nehmen Sie den Keilrippenriemen ab.
■ Drehen Sie die Schraube (1) heraus.
■ Nehmen Sie den Riemenspanner mit Spannrolle ab.

Die Montage erfolgt sinngemäß in umgekehrter Reihenfolge.
■ Achten Sie auf den korrekten Sitz des Antriebsriemens auf den Riemenscheiben.
■ Starten Sie den Motor und kontrollieren Sie den Riemenlauf.

Scheinwerfer vorne

Scheinwerfer De- und Montage

Die folgende Beschreibung kann auf den rechten und den linken Scheinwerfer angewendet werden. Der Aufbau der Befestigungsstellen ist symmetrisch.
■ Schalten Sie die Zündung und alle elektrischen Verbraucher aus.
■ Ziehen Sie den Zündschlüssel ab.
■ Setzen Sie einen passenden Kreuzschlitz-Schraubendreher oder besser sogar einen 8-mm-Steckschlüssel auf die Schraube (3) im Bild oben.
■ Verdrehen Sie die Schraube so weit, dass der erkennbare rote Riegel aus der Scheinwerferfassung herausragt (2).
■ Schieben Sie den Scheinwerfer vom Motorraum aus nach vorne.
■ Nehmen Sie den Scheinwerfer heraus.
■ Entsichern Sie den Anschlussstecker und ziehen Sie ihn ab.
■ Nehmen Sie den Scheinwerfer heraus.

Die Montage erfolgt sinngemäß in umgekehrter Reihenfolge zur beschriebenen Demontage.
■ Abschließend die Scheinwerfereinstellung prüfen und wenn erforderlich richtigstellen.

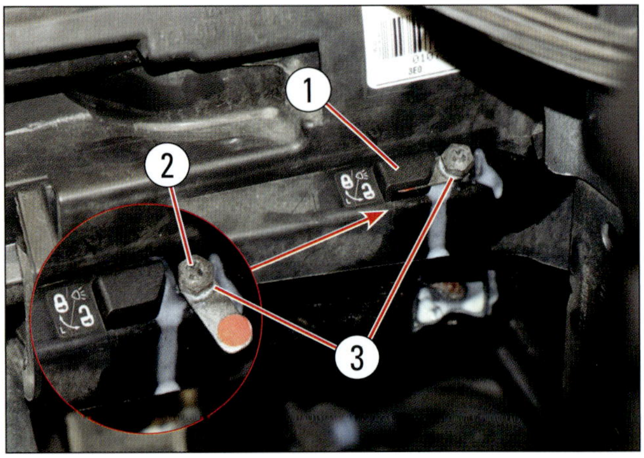

Montage Scheinwerfer vorne: *1 Scheinwerfer »gesichert«, 2 Scheinwerfer » entsichert« zum Herausschieben, 3 Schraube.*

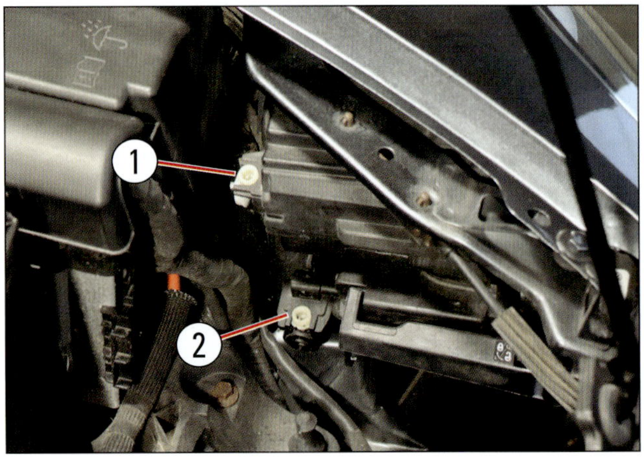

Korrektur Scheinwerfer vorne: 1 *Einstellschraube Scheinwerferhöhe, 2 Einstellschraube Scheinwerferrichtung.*

Scheinwerfer einstellen

Voraussetzungen bei Fahrzeugen mit manueller Scheinwerferverstellung:
■ Der Reifendruck muss in Ordnung sein. Die Scheinwerferscheiben dürfen weder beschädigt noch verschmutzt sein.
■ Reflektoren und Glühlampen sind intakt.
■ Die Fahrzeugbelastung muss hergestellt sein.
■ Das Fahrzeug muss einige Meter gerollt bzw. vorn und hinten mehrmals durchgefedert werden, damit sich die Federn setzen. Das Fahrzeug und Scheinwerfer-Einstellgerät müssen auf einer ebenen Fläche stehen, eingestellt und ausgerichtet sein.

■ Scheinwerferhöhenverstellung prüfen, indem die maximale Stufe eingestellt und dabei das Licht der Scheinwerfer beobachtet wird. Die Scheinwerfer müssen sich synchron verstellen.
■ Anschließend das Rändelrad für die Leuchtweitenregelung, falls vorhanden, in Position »0« stellen. Beide Scheinwerfer müssen sich wieder in die Ausgangsstellung zurückstellen.

Einstellung Scheinwerfer (Abblendlicht):
Das Fahrzeug muss sich im fahrbereiten Zustand befinden (Leermasse, Kraftstoffbehälter voll oder entsprechendes Zusatzgewicht).

- Die Vorderräder müssen in Geradeausstellung stehen.
- Reifendruck prüfen und richtigstellen.
- Die Leuchtweitenregulierung auf »0« stellen (manuelle Einstellung innen).
- Motorhaube öffnen.
- Scheinwerfer-Einstellgerät zum Fahrzeug ausrichten und Höheneinstellung nach Mitte der Scheinwerfer vornehmen.
- Fernlicht und Abblendlicht einschalten, dann die Lichteinstellung der beiden Leuchten prüfen und soweit erforderlich die Einstellung korrigieren.

Lampen im Halogen-Scheinwerfer

Verbaute Leuchtmittel im Scheinwerfer:

Funktion	Glühlampe
Standlicht	W5W
Auf- und Abblendlicht	H4 55W

Demontage Standlicht:

- Schalten Sie das Licht und die Zündung aus.
- Lassen Sie die Leuchtmittel abkühlen.
- Bauen Sie die Scheinwerfer wie bereits beschrieben aus.
- Drehen Sie den Deckel gegen den Uhrzeigersinn und nehmen Sie ihn ab.
- Ziehen Sie die Lampenfassung am Halter (1 im Bild oben) gerade aus dem Reflektor heraus.
- Ziehen Sie die Glühlampe (W5W) gerade aus der Fassung heraus.

Die Montage erfolgt sinngemäß in umgekehrter Reihenfolge zur beschriebenen Demontage.

- Beim Einbau einer Lampe nicht den Glaskolben berühren. Die Finger hinterlassen Fettspuren auf dem Glaskolben, die beim Einschalten der Lampe verdampfen und den Glaskolben trüben.
- Prüfen Sie die Funktion der Leuchtmittel und die Einstellung der Scheinwerfer.

Demontage Auf- und Abblendlicht:

- Schalten Sie das Licht und die Zündung aus.
- Lassen Sie die Leuchtmittel einige Minuten abkühlen.

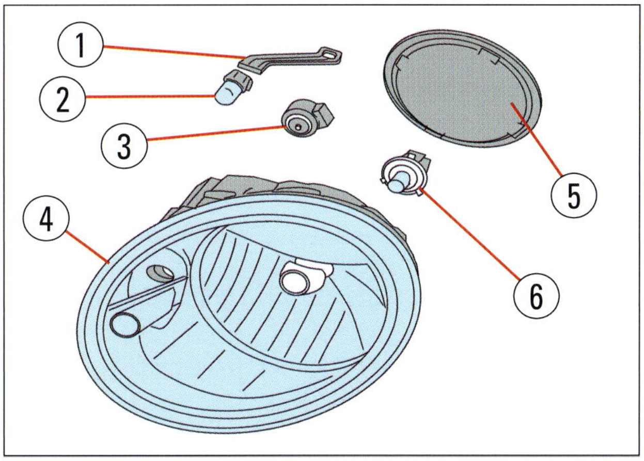

Halogen-Scheinwerfer vorne: *1 Halter, 2 Standlichtleuchte (W5W), 3 Stellmotor Leuchtweite, 4 Scheinwerfer, 5 Deckel, 6 Lampe für Auf- und Abblendlicht (H4).*

- Drehen Sie den Deckel (5 im Bild oben) gegen den Uhrzeigersinn und nehmen Sie ihn ab.
- Ziehen Sie den Steckkontakt von der H4 (12V 55/60W) Lampe ab.
- Entsichern Sie die Drahthalterung in der Lampenfassung.
- Nehmen Sie die Glühlampe (6) aus dem Scheinwerferreflektor heraus.

Die Montage erfolgt sinngemäß in umgekehrter Reihenfolge zur beschriebenen Demontage.

- Beim Einbau einer Lampe nicht den Glaskolben berühren. Die Finger hinterlassen Fettspuren auf dem Glaskolben, die beim Einschalten der Lampe verdampfen und den Glaskolben trüben.
- Prüfen Sie die Funktion der Leuchtmittel und die Einstellung der Scheinwerfer.

Lampen im Xenon-Scheinwerfer

Verbaute Leuchtmittel im Scheinwerfer:

Funktion	Glühlampe
Standlicht LED	kein Ersatzteil
Tagfahrlicht LED	kein Ersatzteil
Auf- und Abblendlicht	Xenon D5/D7 25W

Standlicht und Tagfahrlicht:
Standlicht und Tagfahrlicht sind im Xenon-Scheinwerfer als LED-Leuchteneinheit verbaut. Sie können nicht einzeln ersetzt werden. Soweit die Leuchten defekt sind, muss der komplette Scheinwerfer ersetzt werden.

Xenon-Lampen

ACHTUNG

Die Gasentladungslampe steht schon im kalten Zustand unter einem Druck von etwa 7-10 bar. Im Betrieb erreicht sie einen Druck von bis zu 100 bar. Der Glaskolben kann explodieren. Der Glaskolben kann im Betrieb eine Temperatur von bis zu 700 °C erreichen.

■ Tragen Sie bei der Montage grundsätzlich Handschuhe und Augenschutz.

■ Da die UV-Strahlung der Gasentladungslampe etwa doppelt so hoch ist als bei herkömmlichem Halogenlicht, niemals direkt in den gebündelten Lichtstrahl sehen.

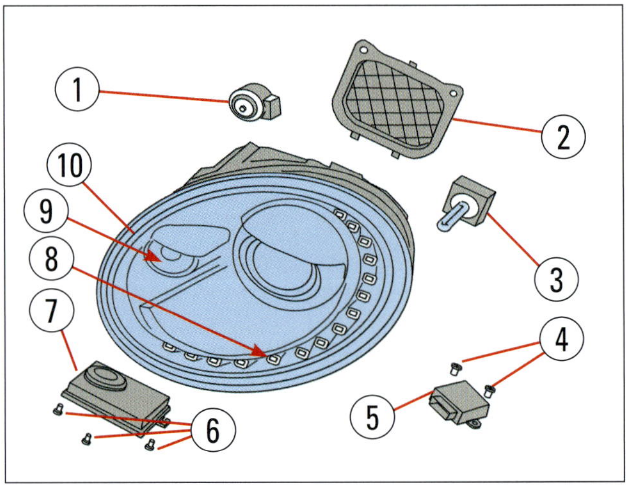

Xenon-Scheinwerfer vorne: *1 Stellmotor Leuchtweite, 2 Deckel, 3 Xenon-Lampe (D5/D7 25W), 4 Schrauben, 5 Steuergerät Leuchtweitenregulierung, 6 Schrauben, 7 Steuergerät für Xenon-Lampe, 8 LED-Tagfahrlicht, 9 LED-Standlichtlampe, 10 Xenon-Scheinwerfer.*

Demontage Auf- und Abblendlicht:
Bei den Xenon-Scheinwerfern handelt es sich genau genommen um »BI-Xenon«-Scheinwerfer. Die Auf- und Abblendung wird durch eine Blendklappe vor der Scheinwerferlinse realisiert, die durch einen Magnetsteller betätigt wird.

■ Schalten Sie das Licht und die Zündung aus.

■ Lassen Sie die Leuchtmittel abkühlen. Der Glaskolben kann im Betrieb bis zu 700 °C erreichen.

■ Bauen Sie die Scheinwerfer wie bereits beschrieben aus.

■ Drehen Sie die beiden Schrauben aus dem Deckel (2 im Bild oben) heraus.

■ Nehmen Sie den Deckel (2) ab.

■ Bei Scheinwerfern bis zum Modelljahr 2016 drücken Sie die beiden Federn zur Sicherung der Gasentladungslampe zusammen und ziehen Sie die Gasentladungslampe aus dem Scheinwerfer heraus.

■ Bei Scheinwerfern ab dem Modelljahr 2016 ist ein Sicherungsbügel verbaut. Ziehen Sie diesen nach oben und nehmen dann die Gasentladungslampe aus dem Scheinwerfer heraus.

■ Entsichern Sie den Steckkontakt der Gasentladungslampe und ziehen Sie ihn ab.

■ Nehmen Sie die Gasentladungslampe heraus.

Die Montage erfolgt sinngemäß in umgekehrter Reihenfolge zur beschriebenen Demontage.

■ Beim Einbau einer Lampe nicht den Glaskolben berühren. Die Finger hinterlassen Fettspuren auf dem Glaskolben, die beim Einschalten der Lampe verdampfen und den Glaskolben trüben.

■ Prüfen Sie die Funktion der Leuchtmittel und die Einstellung der Scheinwerfer.

Nebelscheinwerfer

Bis auf das Sondermodell »Dune« unterscheiden sich die Nebelscheinwerfer nicht voneinander. Die Montage ist auch für den »Dune« grundsätzlich ähnlich. Die Besonderheiten werden wir Ihnen in der folgenden Beschreibung gesondert hervorheben.

Nebelscheinwerfer ausbauen

Für alle Fahrzeuge:

■ Schalten Sie die Zündung aus und ziehen Sie den Schlüssel ab.

■ Ziehen Sie die Abdeckung des Nebelscheinwerfers nach vorne aus dem Stoßfänger heraus.

Ausbau der Nebelscheinwerfer und des Blinkers (nicht für die »Dune« Ausstattung):

■ Drehen Sie die beiden Schrauben im Blinkergehäuse und im Gehäuse des Nebelscheinwerfers heraus.

■ Schwenken Sie (a im Bild oben auf der nächsten Seite) den Nebelscheinwerfer (4) und die Blinkleuchte (1) aus dem Stoßfänger heraus.

■ Entsichern Sie die Steckverbindungen für Blinker

(1) und Nebelscheinwerfer (4) und ziehen Sie sie ab.
- Nehmen Sie den Nebelscheinwerfer zusammen mit der Blinkleuchte ab.
- Ziehen Sie den Nebelscheinwerfer gerade von den Führungen (5) auf der Blinkleuchte ab.

Ausbau der Nebelscheinwerfer (Sondermodell Beetle »Dune«):
- Drehen Sie die Schraube (3 im Bild mitte) im Gehäuse des Nebelscheinwerfers heraus.
- Schwenken (a) und ziehen Sie (b) den Nebelscheinwerfer aus dem Stoßfänger heraus.
- Entsichern Sie die Steckverbindung für den Nebelscheinwerfer und ziehen Sie ihn ab.
- Nehmen Sie den Nebelscheinwerfer (4) ab.

Die Montage erfolgt sinngemäß in umgekehrter Reihenfolge zur beschriebenen Demontage.
- Prüfen Sie die Funktion der Leuchten und die Einstellung der Nebelscheinwerfer.

Nebelscheinwerfer einstellen

Voraussetzungen bei Fahrzeugen mit manueller Scheinwerferverstellung:
- Der Reifendruck muss in Ordnung sein. Die Scheinwerferscheiben dürfen weder beschädigt noch verschmutzt sein.
- Reflektoren und Glühlampen sind intakt.

Einstellen der Nebelscheinwerfer:
- Verdrehen Sie die Höheneinstellung (5 im Bild oben und mitte) so, dass die Hell-Dunkel-Grenze bei 1 % (10 cm Absenkung/1 m Abstand) erreicht wird.
- Eine Seitenverstellung ist nicht vorgesehen.

Lampe im Nebelscheinwerfer

Verbaute Leuchtmittel im Scheinwerfer:

Funktion	Glühlampe
Nebelscheinwerfer	H8 55W

Demontage der Lampe im Nebelscheinwerfer:
- Schalten Sie das Licht und die Zündung aus.
- Lassen Sie die Glühlampe abkühlen.
- Ziehen Sie den Steckkontakt von der Fassung der Glühlampe ab.
- Verdrehen Sie die Glühlampe gegen den Uhrzeigersinn.

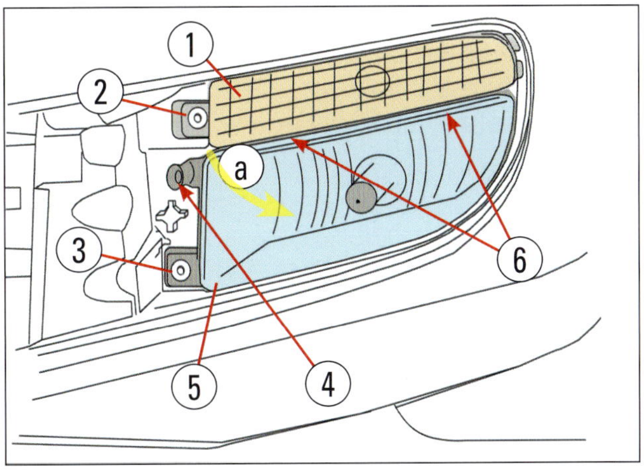

Nicht »Dune« Nebelscheinwerfereinheit: *1 Blinkleuchte, 2 Schraube, 3 Schraube, 4 Nebelscheinwerfer, 5 Einstellschraube, 6 Führungen, a schwenken zum Ausbau.*

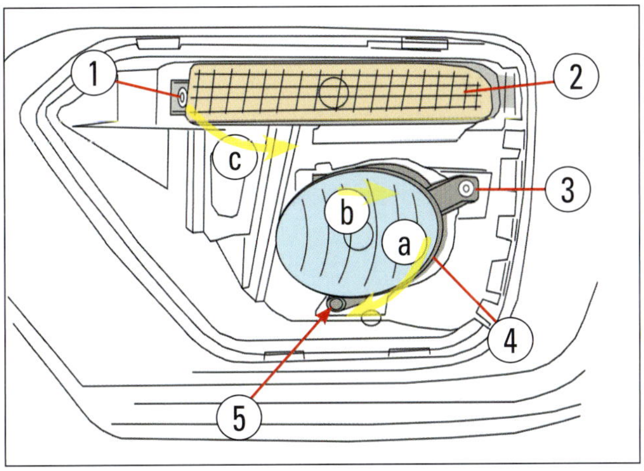

»Dune« Nebelscheinwerfereinheit: *1 Schraube, 2 Blinkleuchte, 3 Schraube, 4 Nebelscheinwerfer, 5 Einstellschraube, a schwenken zum Ausbau, b herausschieben, c schwenken zum Ausbau.*

- Nehmen Sie die Glühlampe zusammen mit der Fassung ab. Glühlampe und Fassung bilden eine Einheit und können nur zusammen ersetzt werden.

Die Montage erfolgt sinngemäß in umgekehrter Reihenfolge zur beschriebenen Demontage.
- Prüfen Sie die Funktion der Leuchten und die Einstellung der Nebelscheinwerfer.

Lampe in der Blinkleuchte

Verbaute Leuchtmittel im Scheinwerfer:

Funktion	Glühlampe
Blinkleuchte	H21W

Demontage der Lampe in der Blinkleuchte:

- Schalten Sie das Licht und die Zündung aus.
- Lassen Sie die Glühlampe abkühlen.
- Bauen Sie die Blinkleuchte wie bereits beschrieben aus.
- Verdrehen Sie die Lampenfassung gegen den Uhrzeigersinn und nehmen Sie die Fassung heraus.
- Drücken Sie die Glühlampe in die Fassung hinein und verdrehen Sie sie etwas gegen den Uhrzeigersinn nach links.
- Ziehen Sie die Glühlampe aus der Fassung heraus.

Die Montage erfolgt sinngemäß in umgekehrter Reihenfolge zur beschriebenen Demontage.

- Prüfen Sie die Funktion der Blinkleuchte vor dem vollständigen Wiedereinbau.

Leuchten und Lampen hinten

Montage an den Rückleuchten

Die Rückleuchte gibt es in zwei unterschiedlichen Varianten. Zum einen als konventionelle Ausführung, zum anderen als LED-Rückleuchte.

Demontage der Rückleuchte:

- Schalten Sie die Zündung und alle elektrischen Verbraucher aus.
- Ziehen Sie den Zündschlüssel ab.
- Öffnen Sie den Kofferraumdeckel.
- Hebeln Sie die Abdeckung (3 im Bild oben) in der Seitenverkleidung des Kofferraums heraus.
- Drehen Sie die Halteschraube (2) los. Normalerweise ist die Schraube durch ein Sicherungsblech gesichert. Oftmals ist das Blech nicht mehr vorhanden. Das hat aber keinen Einfluss auf die Montage oder die Befestigung der Rückleuchte.
- Ziehen Sie die Rückleuchte (2 im Bild mitte) gerade nach hinten heraus.
- Ziehen Sie die Steckerraste ein Stück heraus und entsichern Sie den Anschlussstecker (5).
- Ziehen Sie den Anschlussstecker ab und nehmen Sie die Rückleuchte (2) heraus.

Die Montage erfolgt sinngemäß in umgekehrter Reihenfolge zur beschriebenen Demontage.

- Prüfen Sie die Funktion der Rückleuchte vor dem vollständigen Wiedereinbau.

Verbaute Leuchtmittel LED-Rückleuchte:

- Auch in der LED-Rückleuchte sind für das Rückfahrlicht und die Blinkleuchte Glühlampen verbaut.
- Diese können einzeln ersetzt werden.
- Das Rücklicht und das Bremslicht sind als LED-Leuchten verbaut. Bei einem Defekt in diesen Lampenfunktionen muss die komplette Rückleuchte ersetzt werden.

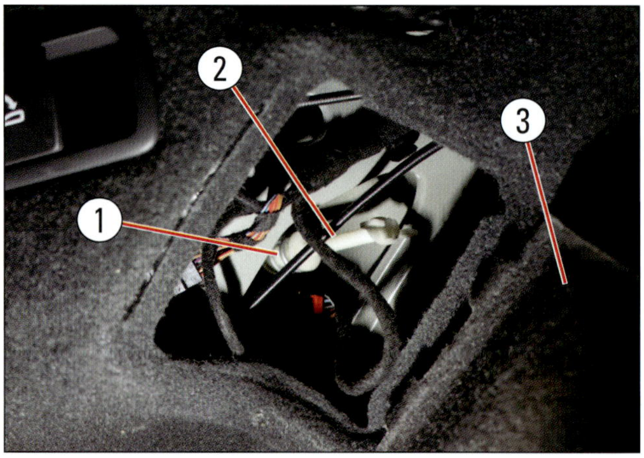

Halteschraube Rückleuchte: *1 Andruckfeder, 2 Halteschraube der Rückleuchte, 3 Abdeckung in der Kofferraumverkleidung.*

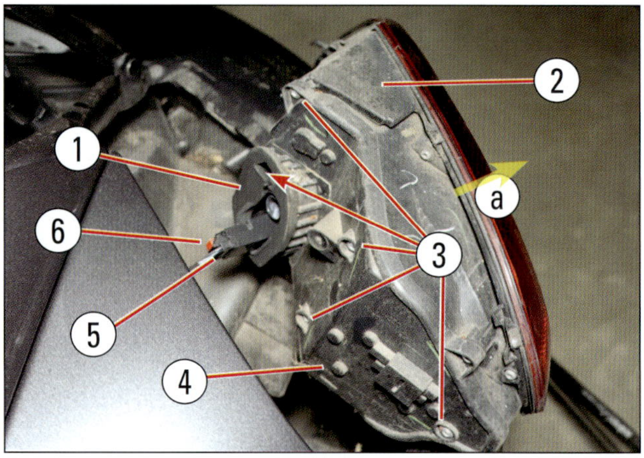

Rückleuchte (Ansicht von hinten): *1 Dichtung, 2 Rückleuchte, 3 Schrauben für den Lampenträger, 4 Lampenträger, 5 Anschlussstecker, 6 Steckerraste.*

Funktion	Glühlampe
Blinkleuchte	P21W / H21W
Rücklicht / Bremslicht	W21/5W
Rückfahrlicht	W16W

Demontage des Lampenträgers:

■ Schalten Sie das Licht und die Zündung aus.

■ Lassen Sie die Glühlampe abkühlen.

■ Bauen Sie die Rückleuchte wie bereits beschrieben aus.

■ Drehen Sie die Schrauben (3 im Bild unten auf der vorherigen Seite) heraus.

■ Nehmen Sie den Lampenträger (4) ab.

Glühlampe für Brems- und Rücklicht:

■ Bauen Sie die Rückleuchte und den Lampenträger wie bereits beschrieben aus.

■ Ziehen Sie die Glühlampe gerade aus der Fassung heraus.

Glühlampe für Blinklicht:

■ Bauen Sie die Rückleuchte und den Lampenträger wie bereits beschrieben aus.

■ Drücken Sie die Glühlampe in die Fassung hinein und verdrehen Sie sie etwas gegen den Uhrzeigersinn nach links.

■ Ziehen Sie die Glühlampe aus der Fassung heraus.

Glühlampe für Rückfahrlicht:

■ Bauen Sie die Rückleuchte und den Lampenträger wie bereits beschrieben aus.

■ Ziehen Sie die Glühlampe gerade aus der Fassung heraus.

Die Montage erfolgt jeweils sinngemäß in umgekehrter Reihenfolge zur beschriebenen Demontage.

■ Prüfen Sie die Funktion der Leuchte vor dem vollständigen Wiedereinbau.

LED-Rückleuchten

WISSENSWERTES

Je nach Ausstattung wurden auch Rückleuchten mit LED-Technik verbaut. Eine Instandsetzung oder der Wechsel einzelner LEDs in der Rückleuchte ist nicht vorgesehen. Bei Ausfall muss die komplette Rückleuchte ersetzt werden.

Werden LED-Rückleuchten nachgerüstet, müssen Vorwiderstände verbaut werden. LEDs haben einen zu geringen Eigenwiderstand. Das Bordnetzsteuergerät erkennt die LED nicht und setzt einen Fehler. Über die nachgerüsteten Widerstände erfasst das Bordnetzsteuergerät die LED-Leuchten wie eine Glühlampe.

Umgang mit Glühlampen

PRAXISTIPP

■ Berühren Sie beim Einbau einer Lampe nicht den Glaskolben. Ihre Finger hinterlassen Fettspuren auf dem Glaskolben, die beim Einschalten der Lampe verdampfen und den Glaskolben trüben.

■ Bei farbbeschichteten Lampen, wie beispielsweise den Blinklampen, achten Sie darauf, dass die Beschichtung nicht gerissen und noch vorhanden ist.

■ Lassen Sie Glühlampen nicht fallen. Der Wolframfaden (die Glühwendel) wird frühzeitig geschädigt und die Lampe fällt schneller aus.

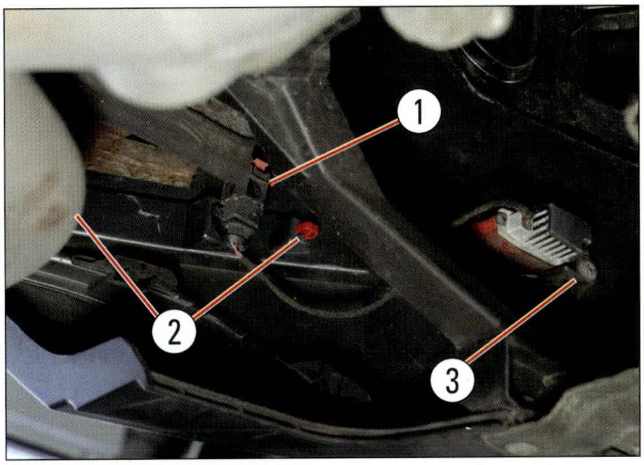

Rückleuchte im Stoßfänger: *1 Steckverbindung, 2 Verrastungen im Stoßfänger, 3 Schraube.*

Rückleuchten im Stoßfänger

Die Nebelschlussleuchte ist zusammen mit dem Reflektor in der Stoßfängerverkleidung verbaut. Es handelt sich um eine LED-Lampe. Diese kann bei einem Defekt nur komplett ersetzt werden. Eine Reparatur für eine LED ist nicht vorgesehen.

■ Lösen Sie die entsprechende Radhausschale am hinteren unteren Teil. Der Ausbau ist nicht erforderlich.

■ Entsichern Sie die Steckverbindung und ziehen Sie den Steckkontakt ab.

■ Legen Sie das Anschlusskabel frei.

■ Drehen Sie die Befestigungsschraube (3 im Bild mitte) heraus.

■ Entriegeln Sie die Verrastung (2) in der Stoßfängerverkleidung.

■ Nehmen Sie die Nebelschlussleuchte aus dem hinteren Stoßfänger heraus.

Die Montage erfolgt jeweils sinngemäß in umgekehrter Reihenfolge zur beschriebenen Demontage.
■ Prüfen Sie die Funktion der Leuchte vor dem vollständigen Wiedereinbau.

Kennzeichenleuchten

Glühlampe für die Kennzeichenleuchte

Die Kennzeichenleuchten können auch als LED-Leuchten verbaut worden sein. Dann ist der Wechsel des Leuchtmittels nicht vorgesehen.

Funktion	Glühlampe
Blinkleuchte	W5W

Kennzeichenleuchte ausbauen:
■ Schalten Sie die Zündung und alle elektrischen Verbraucher aus.
■ Ziehen Sie den Zündschlüssel ab.
■ Drücken Sie die Rastnase zur Kennzeichenleuchte und schwenken Sie sie aus der Stoßfängerverkleidung heraus.
■ Entsichern Sie die Steckverbindung und nehmen Sie die Kennzeichenleuchte heraus.

Glühlampe für (nicht LED) Kennzeichenleuchte:
Die LED-Varianten sind nicht für einen Leuchtmittelwechsel ausgelegt. Sie müssen bei einem Defekt komplett ersetzt werden.
■ Bauen Sie die Kennzeichenleuchte wie beschrieben aus.
■ Verdrehen Sie die Lampenfassung entgegen dem Uhrzeigersinn nach links und nehmen Sie die Lampenfassung heraus.
■ Ziehen Sie die Glühlampe gerade aus der Fassung heraus.

Die Montage erfolgt jeweils sinngemäß in umgekehrter Reihenfolge zur beschriebenen Demontage.
■ Prüfen Sie die Funktion der Leuchte vor dem vollständigen Wiedereinbau.

Zusatzbremsleuchte

Die Zusatzbremsleuchte ist eine LED-Lampeneinheit. Der Ersatz einzelner LED ist nicht vorgesehen. Sie ist so aufgebaut, dass eine LED-Gruppe (zwei LEDs) ausfallen kann. Fällt eine weitere Gruppe der LEDs aus, so muss die Zusatzbremsleuchte ersetzt werden.

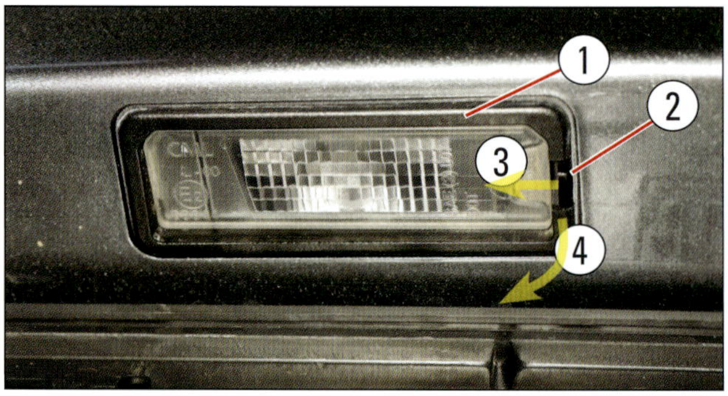

Kennzeichenleuchte: *1 Kennzeichenleuchte, 2 Rastnase, 3 Rastnase lösen, 4 Kennzeichenleuchte ausschwenken.*

Zusatzbremsleuchte ausbauen:
■ Schalten Sie die Zündung und alle elektrischen Verbraucher aus.
■ Ziehen Sie den Zündschlüssel ab.
■ Bauen Sie die Verkleidung für die Heckklappe aus. Die Arbeitsschritte hierzu finden Sie im Kapitel »Karosserie« in der Beschreibung zur Demontage der Heckklappe.
■ Erwärmen Sie die Zusatzbremsleuchte vorsichtig rundum im Übergang zur Heckklappe mit einem Heißluftföhn, um die Verklebung der Lampe in der Heckklappe zu lösen.
■ Kleben Sie den Bereich um die Zusatzbremsleuchte mit Klebeband ab.
■ Entsichern Sie die Rasten (3 im Bild unten) und heben Sie die Zusatzbremsleuchte vorsichtig mit einem geeigneten möglichst breiten Montierhebel von der Heckklappe ab.
■ Entsichern Sie die Steckverbindung und ziehen Sie sie ab.
■ Nehmen Sie die Zusatzbremsleuchte heraus.

Die Montage erfolgt jeweils sinngemäß in umgekehrter Reihenfolge zur beschriebenen Demontage.

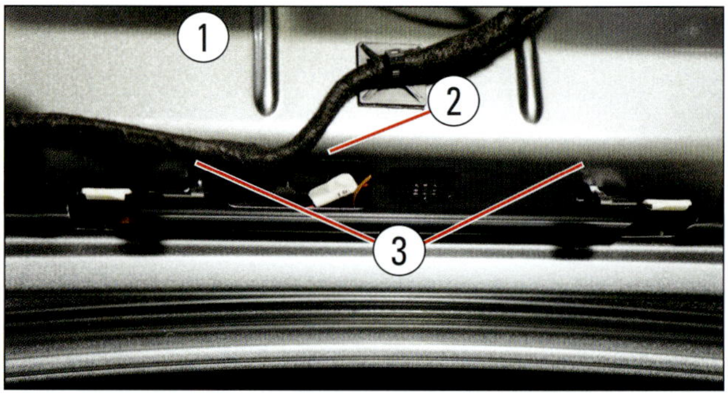

Zusatzbremsleuchte: *1 Heckklappe, 2 Anschlusskabel, 3 Abdeckung in der Kofferraumverkleidung.*

STÖRUNGSBEISTAND

Batterie und Generator

Störung	Was kann das sein?	Was kann ich tun?
A Rote Ladekontrolle brennt nicht beim Einschalten der Zündung	**1** Batterie leer	Mit Starthilfekabel starten oder Wagen anschleppen
	2 Batteriekabel gebrochen. Kabelklemmen lose oder oxidiert	Batteriekabel und Batterieklemmen kontrollieren
B Batterie gast stark	**1** Batterie Zellenschluss	Batterie ersetzen
	2 Ladespannung zu hoch	Lastmanagement prüfen, Fehlerspeicher auslesen (lassen)
C Batterie ist nach einigen Tagen Standzeit entladen	**1** Stiller Verbraucher	Ruhestrommessung in der Masseleitung durchführen lassen
	2 Innenraumleuchte geht nicht aus	Schlossschalter defekt, Schalter an der Innenleuchte defekt
	3 Steuergeräte werden unkontrolliert angesprochen	Türschlossschalter prüfen

STÖRUNGSBEISTAND

Starter (Anlasser)

Störung	Was kann das sein?	Was kann ich tun?
A Kontrolllampen brennen beim Startvorgang schwach oder verlöschen	**1** Batterie entladen	Mit Starthilfekabel starten, Auto anschieben/anschleppen, Kabel befestigen, Anschlüsse säubern, Anlasser überholen lassen oder austauschen
	2 Kabelanschlüsse lose oder oxidiert	Anschlusskabel und Masseanschluss prüfen
	3 Batterie defekt	Batterie laden und prüfen
B Beim Drehen des Zündschlüssels in Startstellung dreht der Anlasser zu lange oder gar nicht	**1** Starter defekt: Kohlebürsten bzw. deren Anschlüsse im Anlasser gelöst, die Kontakte im Magnetschalter verschmort, Anlasserwicklung schadhaft	Anlasser überholen lassen oder austauschen
C Anlasser läuft weiter, obwohl der Zündschlüssel losgelassen wurde	**1** Magnetschalter hängt oder schaltet nicht ab (festgegrannt)	Zündung sofort abschalten, notfalls Batterie abklemmen, Magnetschalter reparieren oder Anlasser austauschen
	2 Zünd-/Anlassschalter defekt	Schalter / Relais ersetzen

STÖRUNGSBEISTAND

Hupe

Störung	Was kann das sein?	Was kann ich tun?
A Hupe tönt nicht	**1** Sicherung defekt	Ersetzen
	2 Kabel vom Lenkrad zum Lenksäulensteuergerät unterbrochen	Kabelverlauf kontrollieren, Steckkontakte der Hupe reinigen
	3 Hupe defekt	Prüfen ggf. ersetzen
B Hupe tönt dauernd	**1** Kabel vom Hupenkontakt zum Steuergerät hat Masseschluss	Kabelverlauf kontrollieren

STÖRUNGSBEISTAND

Bremslicht

Störung	Was kann das sein?	Was kann ich tun?
A Eine Bremsleuchte brennt nicht	**1** Glühlampe durchgebrannt	Ersetzen
	2 Masseverbindung unterbrochen. Brennen alle übrigen Lampen in derselben Heckleuchte?	Kabel kontrollieren, Steckkontakte reinigen
	3 Unterbrechung in der Zuleitung	Kabel kontrollieren
B Alle Bremsleuchten brennen nicht	**1** Sicherung defekt	Ersetzen
	2 Bremslichtschalter defekt	Kabel und Bremslichtschalter kontrollieren und soweit erforderlich ersetzen
	3 Alle Bremsleuchten defekt	Lampen und Leuchten prüfen, wenn erforderlich ersetzen
	4 LED-Bremsleuchte defekt	Auch wenn nur einige LED-Leuchten nicht funktionieren, muss die gesamte Lampe ersetzt werden. Eine Reparatur einzelner LEDs ist nicht möglich
C Bremslicht brennt dauernd	**1** Bremslichtschalter nicht richtig im Träger eingerastet	Einbau des Bremslichtschalters kontrollieren
	2 Bremslichtschalter defekt	Ersetzen
	3 Kabel zum Bremslichtschalter haben direkten Kontakt	Kabel kontrollieren
	4 Anschluss der Anhängerdose oder die Verkabelung zum Radträger defekt	Anschlüsse, Verdrahtung und auch die angebauten Teile kontrollieren

Warnblink- und Blinkanlage

Störung	Was kann das sein?	Was kann ich tun?
A Kontrolllampe für Richtungsblinker leuchtet in ganz kurzen Intervallen auf. Normaler Blinkrhythmus beim Warnblinken	**1** Eine Glühlampe defekt oder ohne Kontakt	Prüfen und wenn erforderlich auswechseln
	2 Glühlampe am Anhänger oder Fahrradträger defekt oder ohne Kontakt	
B Kontrolllampe für Richtungsblinker gehen nicht	**1** Lampen im Tachometer defekt	Prüfen und wenn erforderlich auswechseln
	2 Fehler in der Datenübertragung zwischen den Steuergeräten	Fehlerspeicher aller Steuergeräte abfragen
C Richtungsblinken funktioniert, aber kein Warnblinken	**1** Sicherung defekt	Prüfen und wenn erforderlich auswechseln
	2 Warnblinkschalter defekt	Prüfen und wenn erforderlich auswechseln
	3 Steckkontakt Warnblinkschalter defekt	Prüfen und instand setzen
	4 Bordnetzsteuergerät defekt	Fehlerspeicher abfragen, Steuergerät prüfen und instand setzen
D Warnblinken funktioniert, aber kein Richtungsblinken	**1** Sicherung defekt	Prüfen und wenn erforderlich auswechseln
	2 Blinkerschalter defekt	Prüfen und wenn erforderlich auswechseln
	3 Steckkontakt Blinkerschalter defekt	Prüfen und instand setzen
	4 Bordnetzsteuergerät oder Steuergerät am Rohrmantelmodul (Lenksäule) defekt	Fehlerspeicher abfragen, Steuergeräte prüfen und instand setzen
E Kein Richtungs- und kein Warnblinken	**1** Sicherung defekt	Prüfen und wenn erforderlich auswechseln
	2 CAN-Bus-Fehler	Fehlerspeicher auslesen (lassen), Pegel und Signalbild auf der Datenleitung prüfen
	3 Bordnetzsteuergerät oder Steuergerät am Rohrmantelmodul (Lenksäule) defekt	Fehlerspeicher abfragen, Steuergeräte prüfen und instand setzen
F Kein Schalter an der Lenksäule funktioniert mehr	**1** Bordnetzsteuergerät oder Steuergerät am Rohrmantelmodul (Lenksäule) defekt	Fehlerspeicher auslesen (lassen), Pegel und Signalbild auf der Datenleitung prüfen

Licht- und Schallzeichen prüfen

Prüfablauf

Kontrollieren Sie mit einem Helfer regelmäßig die Funktion der Lampen und Leuchten. Kontrollieren Sie auch den Zustand hinsichtlich Beschädigungen und Verschmutzung.

Optische/akustische Kontrolle:
- Schalten Sie die Zündung ein.
- Betätigen Sie die Hupe.
- Schalten Sie das Licht ein.
- Kontrollieren Sie Blinker, Standlicht, Tagfahrlicht, Nebelscheinwerfer, Aufblendlicht und Abblendlicht vorne.
- Kontrollieren Sie das Fahrlicht, die Kennzeichenleuchten, die drei Bremsleuchten, das Rückfahrlicht, die Blinker und die Nebelschlussleuchte hinten.
- Ersetzen Sie defekte Leuchtmittel sofort. Verwenden Sie ausschließlich die vorgesehenen Leuchtmittel.

Kontrolle der Lichteinstellung (Bild oben):
Die Kontrolle der Einstellung kann auch an einer gerade gegenüberstehenden Wand durchgeführt werden. Hier gilt dann, dass für jeden Meter Abstand vom Scheinwerfer zur Wand der Abblendwert in Zentimetern tiefer auf der Wand auftreffen muss. Gemessen wird an der sogenannten Hell-Dunkel-Grenze, also der sehr scharfen Linie, die durch die Lichtoptik des Scheinwerfers an die Wand projiziert wird. Die Nebelscheinwerfer müssen grundsätzlicher tiefer eingestellt werden als das Abblendlicht.

Scheinwerfer	Abblendung in %	Abblendung in cm / m
Abblendlicht	1 %	1 cm / 1 m
Nebelscheinwerfer	1 %	1 cm / 1 m

- Schalten Sie die Zündung ein.
- Schalten Sie das Abblendlicht ein.
- Kontrollieren Sie die Höheneinstellung (4) und die Seiteneinstellung des Scheinwerfers (3).
- Schalten Sie das Fernlicht ein.
- Kontrollieren Sie, dass der Lichtkegel in der Mitte des Messfeldes (6) aufkommt.

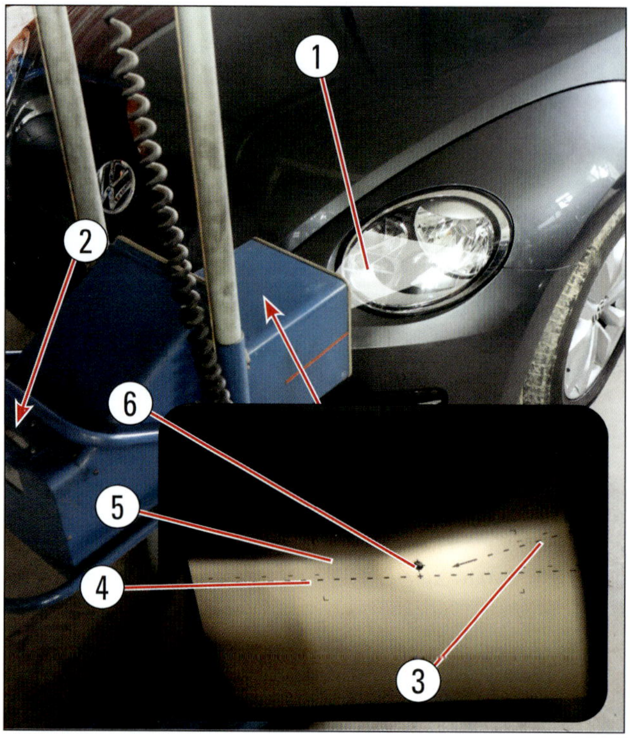

Lichteinstellgerät: *1 Auftreffender Lichtkegel, 2 Einstellrad Abblendung, 3 Asymmetrielinie, 4 Soll-Linie Einstellhöhe, 5 Hell-Dunkel-Grenze (etwas zu hoch eingestellt), 6 Schnittpunkt zwischen der Solllinie der Höhe (4) und Asymmetrielinie (5) als Bildmitte.*

Prüfprotokoll

Lampen hinten:

Funktion	Glühlampe	n. OK	OK
Bremslicht/Fahrlicht	P21/5W		
Blinklampe	PY21W		
Nebellampe	P21W		
Rückfahrleuchte	W16W		
Kennzeichenleuchte	W5W		

Lampen vorne:

Funktion	Glühlampe	n. OK	OK
Fern- und Abblendlicht	H4		
Blinklampe	PY21W		
Nebelscheinwerfer	H7		
Standlicht/Tagfahrlicht	W16W oder LED		

Der Antrieb

Der Beetle ist mit unterschiedlichen leistungsstarken und sparsamen Otto- und Diesel-Motoren ausgestattet. Die Wartung der Triebwerke am Schmier- und Kühlsystem sowie die Anbindung der Motoren ans Fahrwerk über das Getriebe sind Gegenstand dieses Kapitels.

Die Motoren des Beetle

In diesem Kapitel werden wir uns mit den Motoren des Beetles beschäftigen. Der Schwerpunkt liegt hier in den wichtigsten Wartungsarbeiten. Alle Motoren im Beetle sind mit einem Turbolader aufgeladen der 1,4-l-Motor mit 160 PS (118 kW) zusätzlich mit einem Kompressor.

Die Ottomotoren:
Alle Ottomotoren sind Benzindirekteinspritzer. Die Bezeichnung TSI weist schon darauf hin. Die Motorenpalette von Volkswagen umfasst die unterschiedlichesten Motorbaureihen, die alle auch in anderen Modellen zum Einsatz kommen. Der Vorteil der Großserienmotoren liegt in der hohen Lieferfähigkeit auch im Zubehörbereich und der Zuverlässigkeit. Der 1,2 l ist wie der 1,4 l mit 160 PS der Motorbaureihe EA111 zuzuordnen. Der kleinere 1,4-l-Motor gehört zur Baureihe EA211. Der 1,8-l- und 2,0-l-Motor sind Motoren aus der Baureihe EA288. Für den US-Amerikanischen Markt wurde noch ein 2,5-l-MPI- 5-Zylinder angeboten.

Die Dieselmotoren:
Schon viele Jahre sind die Dieselmotoren grundsätzlich turboaufgeladene Direkteinspritzer. Die Technologie wurde über die Jahre verfeinert und auch in Sachen Umweltschutz tragen die neuen Motoren mit Partikelfiltern und Katalysatoren trotz des Abgasskandals und dem damit verbundenen negativen Image einen guten Anteil bei. Die Baureihen EA 189 ergänzen mit dem 1,6-l-TDI und einen 2,0-l-TDI die Motorenpalette für den Beetle. Hinzu kommt noch die Baureihe EA288 mit weiteren 2,0-l-TDI-Motoren.

Das Viertaktprinzip

WISSENSWERTES

Bei den Beetle-Motoren handelt es sich um 4-Zylinder-Viertaktmotoren. Das Viertaktprinzip beschreibt einen Arbeitszyklus des Kolbens im Zylinder in vier Takten.

■ Ansaugen: Der Kolben gleitet zum unteren Totpunkt (UT). Die Einlassventile öffnen, Luft strömt in den Zylinder.

■ Verdichten: Der Kolben bewegt sich vom UT zum oberen Totpunkt (OT). Die Einlassventile schließen. Der Kolben verdichtet die eingeströmte Luft. Die Einspritzung erfolgt beim Otto- und Dieselmotor.

■ Arbeiten: Kurz vor dem OT wird das Gemisch gezündet. Beim Ottomotor über die Zündkerzen, beim Dieselmotor durch Selbstentzündung in der heißen verdichteten Luft im Zylinder. Das Gemisch verbrennt und drückt den Kolben zum UT. Sein Pleuel dreht die Kurbelwelle.

■ Ausstoßen: Der Kolben geht nach oben. Die Auslassventile öffnen, die verbrannten Gase werden ins Abgassystem (und in den Turbolader) geschoben.

Das Schmiersystem

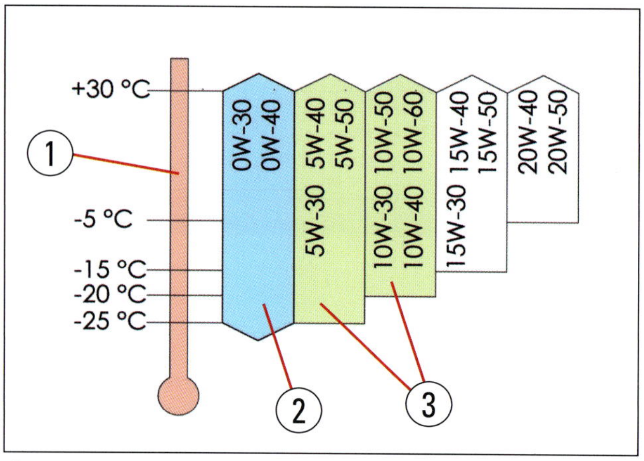

Anwendung nach Temperatur: *1 Temperaturbereich, 2 optimale Abdeckung, 3 ausreichende Abdeckung in Mitteleuropa.*

Alle Stellen im Motor, an denen Metalle aufeinander gleiten, müssen ständig mit Öl versorgt werden: Kolben, Zylinderlaufbahnen, die Lager von Kurbelwelle und Nockenwelle. Kein Triebwerk hält mehr als einige Minuten ohne passende Schmierung durch. Ein Teil des Schmieröls wird vom Kreislauf abgezweigt und zur Kühlung u. a. des Kolbens direkt in dessen Inneres gespritzt.

Das Motoröl

Öl vermindert Reibung und Verschleiß und dichtet die engen Räume zwischen Kolben, Kolbenringen und Zylinderwand so fein ab, dass der hohe Druck bei der Verbrennung fast ohne Verluste auf die Kurbelwelle

Ölnormen

WISSENSWERTES

Normen in der Übersicht

■ SAE-Klasse: Einstufung durch die Society of Automotive Engineers. Bezeichnet die Klasse der Viskosität, zum Beispiel SAE 5W-30 (Bild auf der Seite zuvor). Je kleiner die erste Zahl, umso dünner und bei Kälte besser fließend ist das Öl (W = Winter). Ein Öl mit 0W schmiert noch bei minus 30 Grad, bei 5W ist es gut bis minus 25 Grad, bei 15W bis minus 15 Grad. Je höher die zweite Zahl, umso besser widersteht das Öl hohen Temperaturen. Das von VW empfohlene Öl entspricht der SAE 5W-30.

■ ACEA-Norm: Von der Association des Constructeurs Européen d'Automobiles im Jahre 1996 eingeführte europäische Ölnorm. Nach ACEA gibt es für Benziner die Gruppen A1 (Sprit sparendes Öl), A2 (gering belastetes Öl), VW (Hochleistungs-Öl). Für Diesel gilt eine Einteilung von B1 bis B4.

■ API-Norm: Vorschrift des American Petroleum Institute. Diese Spezifikation besteht aus den Buchstaben S bzw. G (Benziner) und C bzw. PD (Diesel) sowie einem weiteren Buchstaben bzw. einer Zahl. Je höher im Alphabet oder je größer die Zahl, umso besser ist die Qualität des Öls.

übertragen wird. Öl kühlt auch den Motor, zum Beispiel die Kolben in den Zylindern und die Lager von Kurbelwelle und Nockenwelle. Außerdem schützt es vor Rost, bindet Schmutzpartikel und einen Teil der Verbrennungsrückstände. Wichtige Kenngröße für Motoröl ist seine Viskosität. Sie ist das Maß für die Fließfähigkeit des Schmieröls. Im Winter muss ein Motoröl so dünnflüssig sein, dass es nach dem Kaltstart sofort alle Schmierstellen versorgt. Bei höheren Temperaturen ist dickflüssiges Öl gefragt, das den Schmierfilm nicht abreißen lässt. Im Beetle fließt ganzjährig fahrbares »Mehrbereichsöl«. Die meisten Motoröle sind solche Öle aus Mineralöl und bis zu 20 % Additiven. Diese Zusätze bewirken, dass sich das Öl den Temperaturen im Motor anpasst, dass der Viskositätsindex steigt (»VI-Verbesserer«). Sie schützen das Öl vor Oxidation und verhindern das Aufschäumen bei hohen Drehzahlen. Die Additive verschleißen aber bei hohen Temperaturen und verlieren ihre Wirkung. Wasser, Kraftstoff und Verbrennungsrückstände setzen der Lebensdauer des Motoröls ebenfalls Grenzen. Rechtzeitiger Ölwechsel, natürlich mit Filter, ist daher kein Luxus, sondern reine Notwendigkeit, wenn Ihr Motor reibungslos funktionieren soll. Die zulässigen Öle stellen wir im folgenden in diesem Kapitel unter »Motorölwechsel« vor.

Der Ölkreislauf

Im Motorblock strömt das Öl durch ein System von Leitungen und feinen Bohrungen an die richtige Adresse. Dieses System bildet von der Ölwanne unten am Motor über die verschiedenen Stationen bis in die Wanne zurück einen Kreislauf mit der Ölpumpe im Zentrum. Die Pumpe holt über die Saugleitung das Öl aus der Wanne. Im Hauptstrom sitzt der Ölfilter (Bild unten), der Verunreinigungen wie Ruß, Metallabrieb und Staub zurückhält. Vom Filter gelangt das Motoröl über Bohrungen im Zylinderblock zu den Schmierstellen der Kurbelwelle und zu den Pleueln. Von den Gleitlagern der Kurbelwelle wird das Öl in den Zylinderkopf, zu den Nockenwellenlagern und an andere sensible Stellen gedrückt. Rücklaufkanäle führen wieder in die Ölwanne.

Der Ölfilter

Bauform und Montage des Ölfilters unterscheiden sich je nach Motortyp, die Bauformen stellen wir Ihnen in den folgenden Bildern vor. Der Filter arbeitet nur so lange, bis er vom Schmutz zugesetzt ist. Deshalb Filterpatrone oder Filtereinsatz beim Ölwechsel tauschen! Wenn er nicht rechtzeitig gewechselt wurde, tritt ein Überdruckventil in Aktion.

Ölfilterpatrone beim 1,2-l- und 1,4-l-TSI-Motor: *1 Ölfilterpatrone (von unten zugänglich).*

Ölfilterpatrone beim 2,0-l-TSI-Motor (Version 1): *1 Ölfilterpatrone (von oben zugänglich).*

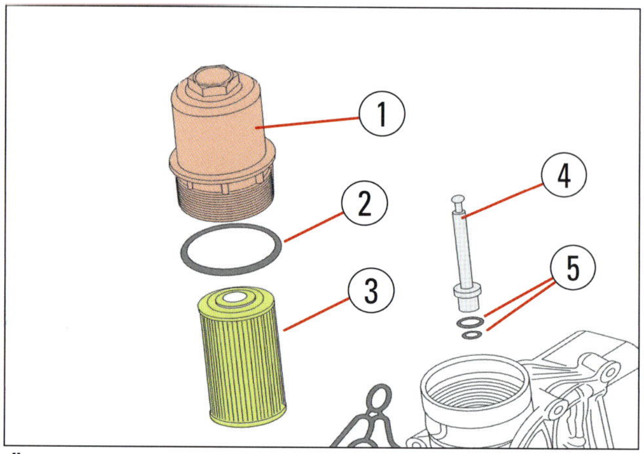

Ölfiltereinsatz beim 1,8-l- und 2,0-l-TSI-Motor: *1 Filtergehäuse, 2 Dichtring, 3 Filtereinsatz (von oben zugänglich), 4 Ablaufstutzen, 5 Dichtringe.*

Es öffnet, und das Motoröl umgeht den Filter. Damit ist zwar die Ölversorgung sichergestellt, doch ungefiltertes Motoröl bewirkt einen höheren Verschleiß an den Lagerstellen. Durch die Mittelachse der Filterpatrone gelangt das gereinigte Öl direkt in den Hauptölkanal. Der Öldruckschalter dort signalisiert über die Kontrollleuchte im Schalttafeleinsatz und einen Warnton zu niedrigen Öldruck.

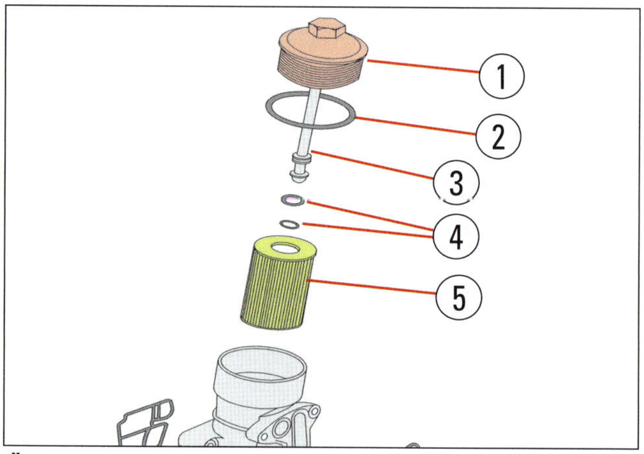

Ölfiltereinsatz beim 1,6-l- und 2,0-l-TDI-Motor: *1 Filtergehäuse, 2 Dichtring, 3 Ablaufstutzen, 4 Dichtringe, 5 Filtereinsatz (von oben zugänglich).*

Ölstand prüfen

■ Das Fahrzeug zum Messen des Ölstandes waagerecht abstellen. Motor abstellen und mindestens drei Minuten warten, damit das Öl in die Wanne zurückfließen kann.
■ Ölmessstab herausziehen, mit einem sauberen Putzlappen abwischen und den Messstab wieder bis zum Anschlag hineinschieben.
■ Messstab anschließend wieder herausziehen und Ölstand ablesen (Bild unten). Das Bild zeigt die hauptsächlich eingesetzte Variante des Messstabs, es gibt aber noch andere Ausführungen.
Das in den Bildern gezeigte Prinzip gilt jedoch generell.

Die Markierungen besagen:
■ Bei Ölstand oberhalb der Markierung »C im Bild unten« (Max-Marke Pfeil 2) besteht die Gefahr von Katalysatorschäden.
■ Bei Nachfüllen im Bereich »B« kann es vorkommen, dass der Ölstand danach im Bereich »C« steht.
■ Beim unbedingt nötigen Nachfüllen von Öl im Bereich »A« genügt es, dass danach der Ölstand im Messfeld »B« (geriffeltes Feld) steht. Bei Ölstand

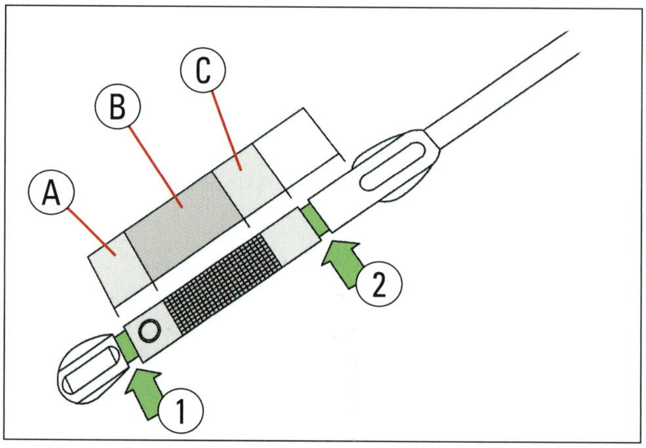

Markierungen am Ölmessstab. *A Öl muss unbedingt nachgefüllt werden, B in diesem geriffelten Feld kann Öl nachgefüllt werden, C kein Öl nachfüllen, Pfeile: Markierungen für minimalen (1) und maximalen (2) Füllstand.*

unterhalb der A-Markierung (Min-Marke Pfeil 1) etwa 0,5 Liter Öl (bis zur B-Markierung) auffüllen.

Motorölwechsel

Ölwechsel mit Altölauffang- und Absauggerät
Der Motorölwechsel mit einem Altölauffang- und Absauggerät sollte nach Möglichkeit bei betriebswarmem Motor durchgeführt werden.

- Öleinfüllverschlussdeckel abnehmen und Motoröl mit Altölauffang- und Absauggerät absaugen.

Öl über Schraube ablassen:

- Fahrzeug anheben, Ölablassschraube unten in der Ölwanne herausdrehen und das austretende Öl auffangen.
- Neue Ölablassschraube mit Dichtring handfest einschrauben und mit 22 Nm anziehen. Das Drehmoment darf nicht überschritten werden. Ein zu hohes Drehmoment könnte zu Undichtigkeiten oder sogar zu Beschädigungen im Bereich der Ölablassschraube führen.
- Ölfilter ersetzen (im Anschluss).

Füllmenge Ottomotoren:

<table>
<tr><th>Motorkennbuchstabe (ca. Füllmenge)</th><th>flexibler Service</th><th>fester Service</th></tr>
<tr><td>1,2-l-TSI CBZB (3,9 l)</td><td rowspan="8">504 00</td><td rowspan="8">502 00</td></tr>
<tr><td>1,2-l-TSI CYVD (4,0 l)</td></tr>
<tr><td>1,4-l-TSI CNWA, CAVD, CTKA, CTHD (3,6 l)</td></tr>
<tr><td>1,4-l-TSI CZDA (4,0 l)</td></tr>
<tr><td>1,8-l-TSI CPKA, CPRA (5,5 l)</td></tr>
<tr><td>2,0-l-TSI CCTA, CBFA, CCZA (4,7 l)</td></tr>
<tr><td>2,0-l-TSI CPLA, CPPA (5,5 l)</td></tr>
<tr><td>2,0-l-TSI CULC (5,5 l)</td></tr>
</table>

Füllmenge Dieselmotoren:

<table>
<tr><th>Motorkennbuchstabe (ca. Füllmenge)</th><th>flexibler Service</th><th>fester Service</th></tr>
<tr><td>1,6-l-TDI CAYC (4,3 l)</td><td rowspan="2">507 00</td><td rowspan="3">507 00</td></tr>
<tr><td>2,0-l-TDI CFFB, CJAA (4,3 l)</td></tr>
<tr><td>2,0-l-TDI CVCA, DEBA, DELA (5,5 l)</td><td>-</td></tr>
<tr><td>2,0 l-TDI CUUA, CUUB (4,7 l)</td><td>507 00</td><td>507 00</td></tr>
</table>

Wird der Filter nicht ausgebaut und gewechselt, werden rund 0,5 Liter weniger Öl benötigt.

Motoröl einfüllen:
Werkseitig ist ein Qualitätsmehrbereichsöl eingefüllt, das außer in extrem kalten Klimazonen als Ganzjah-resöl gefahren werden kann. Die Benzinmotoren benötigen die in der Tabelle angegebenen Ölfüllmengen mit Ölfilterwechsel, der immer zum Ölwechsel gehört.

- Einfüllöffnung aufschrauben, Öl gemäß Spezifikation (VW-Freigabe) möglichst mit Trichter auffüllen.
- Öleinfüllverschlussdeckel wieder aufschrauben.
- Motor anlassen und auf Undichtigkeiten prüfen.
- Motorölstand erneut prüfen und ggf. Öl nachfüllen.
- Nachdem Öl erneut nachgefüllt worden ist, mindestens drei Minuten warten und dann erneut Ölstand prüfen.
- Soweit verbaut, die Geräuschdämpfung einbauen und Fahrzeug ablassen.

Filterwechsel

Zum Einsatz kommen hier im Wesentlichen zwei Bauarten für die unterschiedlichen Motortypen. Der Übersicht halber werden wir die Motoren anhand des Filteraufbaus darstellen. Ein Montageschlüssel wie im Bild unten abgebildet, kann hier sehr hilfreich sein.

Ölfiltereinsatz (1,8-l- und 2,0-l-TSI und 2,0-l-TDI):

- Lassen Sie das Motoröl ablaufen.
- Drehen Sie den Deckel los und lassen Sie das darin enthaltene Restöl ablaufen.

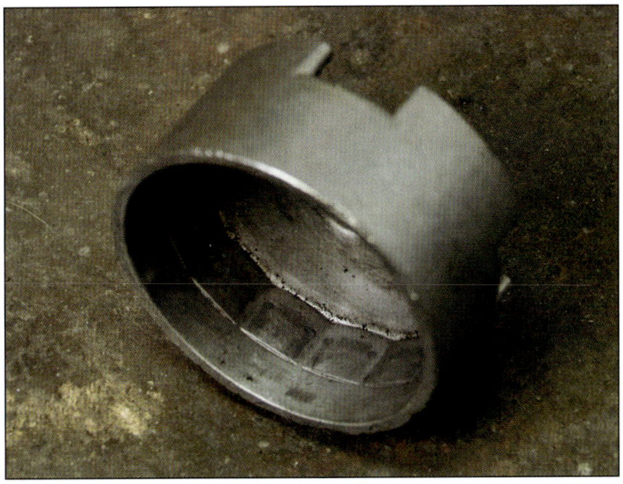

Sinnvolle Anschaffung: *Adapter für Ölfilter und Deckeldemontage für die Ratsche.*

■ Nehmen Sie den Deckel zusammen mit dem Ölfiltereinsatz heraus.
■ Nehmen Sie den Dichtring aus der Nut in dem Deckel heraus.
■ Reinigen Sie Deckel und Ölfiltergehäuse.
■ Setzen Sie den neuen Ölfilter ein und ziehen Sie den Deckel handfest an.
■ Ziehen Sie den Deckel mit etwa 20 Nm nach. Eine passende Nuss sowie ein Gelenkschlüssel können hier hilfreich sein.

Filterpatrone (1,2-l-, 1,4-l- und 2,0-l-TSI):
■ Lassen Sie das Motoröl ablaufen.
■ Drehen Sie den Ölfilter (C) los und lassen Sie das darin enthaltene Restöl ablaufen.
■ Nehmen Sie den Ölfilter zusammen mit dem Dichtring (ist am Ölfilter fest) ab.
■ Reinigen Sie die Dichtfläche des Ölfilterflansches.
■ Tragen Sie etwas Öl auf den Dichtring des neuen Ölfilter auf.
■ Setzen Sie den neuen Ölfilter an und ziehen Sie ihn handfest an.
■ Ziehen Sie den Ölfilter mit etwa 25 Nm nach.

Öldruckprüfung

■ Reinigen Sie den Bereich um den Öldruckschalter gründlich mit Bremsenreiniger und blasen Sie ihn mit Druckluft trocken.
■ Bauen Sie den Öldruckschalter wie bereits beschrieben aus.
■ Prüfgerät anstelle des Öldruckschalters in die Bohrung des Öldruckschalters einschrauben.
■ Montieren Sie ein Adapterstück für den Anschluss des Öldruckschalters und einer Druckmessuhr bis 8 bar.
■ Kontrollieren Sie den Ölstand des Motors. Er darf weder eine Überfüllung noch einen zu geringen Ölstand aufweisen.

Kontrolllampe prüfen:
■ Nach Einschalten der Zündung und stehendem Motor muss die Öldruckkontrolllampe im Schalttafeleinsatz leuchten.
■ Sie geht aus, wenn der Motor läuft und Öldruck ansteht.

Prüfablauf:
Es werden ein üblicher Öldruckprüfer sowie ein Spannungsprüfer mit Leuchtdiode und den

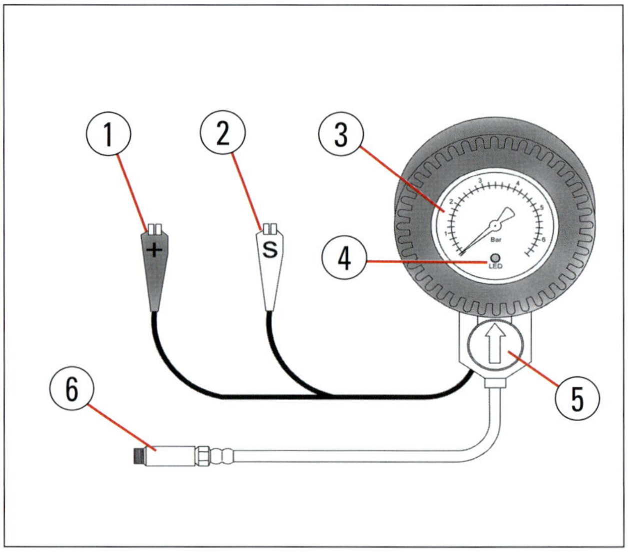

Messaufbau zur Öldruckprüfung: *1 Anschluss Batterieplus, 2 Anschluss am Öldruckschalter, 3 Druckmessuhr, 4 LED (Kontrolllampe), 5 Ventilsteller, 6 Anschluss am T-Stück für den Öldruckschalter oder am Anschlussgewinde.*

Messhilfsmitteln (Anschlusskabel) benötigt. Der Öldruckschalter ist bei den einzelnen Motortypen an unterschiedlichen Stellen eingebaut.
■ Die braune Leitung des Prüfgerätes an Masse (-) legen. Spannungsprüfer mit Hilfsleitungen (Kabelset) an Batterieplus (+) und Öldruckschalter anschließen (Prüfanordnung nach Bild oben). Die Leuchtdiode darf nicht aufleuchten. Wenn die Leuchtdiode aufleuchtet, ersetzen Sie den Öldruckschalter.
■ Lassen Sie den Motor an und erhöhen Sie langsam die Drehzahl. Bei 0,3- bis 0,7-bar-Überdruck muss die Leuchtdiode aufleuchten, andernfalls Öldruckschalter ersetzen.
■ Drehzahl weiter erhöhen. Bei etwa 2000/min und 80 °C Öltemperatur, soll der Öl-Überdruck mindestens 2,0 bar betragen. Bei höherer Drehzahl darf der Öl-Überdruck 7,0 bar nicht überschreiten.

Werden die Sollwerte nicht erreicht:
■ Mechanische Schäden, z. B. Lagerschäden beseitigen.
■ Ölpumpe mit Überdruckventil ersetzen.
■ Ölkühler prüfen und ggf. ersetzen.

Wird der Sollwert überschritten:
■ Ölkanäle prüfen.
■ Wenn erforderlich Ölpumpe mit Überdruckventil ersetzen.

Das Kühlsystem

Für die richtige Betriebstemperatur des Motors sorgt das Kühlsystem. Im Kreislauf zirkuliert die in den Ausgleichsbehälter eingefüllte Flüssigkeit aus Wasser und Kühlmittelzusatz. Das System besteht aus Kühler, Temperaturregler (Thermostat), Wasserleitungen und einem Netz kleiner Kanäle in Motorblock und Zylinder. Dieser Wassermantel führt die Verbrennungswärme über die Schläuche des Kühlsystems an den Kühler ab.

Der Kurzschlusskreislauf

Nach dem Kaltstart zirkuliert das Kühlmittel im kleinen Kühlkreislauf, der sich auf Motor und Heizung beschränkt. In diesem »Kurzschlusskreislauf« hält der Thermostat den Durchfluss zum Kühler geschlossen. Das Kühlmittel gelangt auf direktem Weg zurück in den Motor. So erhitzt sich die Kühlflüssigkeit schneller und der Motor wird schneller warm. Der Kühler tritt erst in Aktion, wenn die Kühlflüssigkeit eine bestimmte Temperatur erreicht hat. Wenn dann der Thermostat öffnet, wird kaltes Wasser aus dem Kühler mit erwärmtem Wasser aus dem kleinen Kühlkreislauf vorgemischt.

Kühlung bei Betriebstemperatur

Solange die Wassertemperatur steigt, öffnet der mit dem Anschlussstutzen in den Zylinderblock geschraubte Thermostat den Kaltwasserzufluss aus dem Kühler immer weiter und schließt den Kurzschlusskreislauf. Bei Betriebstemperatur zirkuliert die Kühlflüssigkeit vom unteren Kühlwasserschlauch zur Wasserpumpe (Kühlmittelpumpe), die sie in Motorblock und Zylinderkopf drückt. Der größte Teil der Flüssigkeit läuft über den geöffneten Thermostat zum Kühler, der Rest zum Wärmetauscher der Heizung. Das im Kühler unten abfließende kalte Wasser zieht heißes Kühlmittel oben in den Kühler nach. Dort wird es durch die Kühlerlamellen abgekühlt. Sinkt während der Fahrt die Wassertemperatur unter die Soll-Betriebstemperatur, sperrt der Thermostat den Kühlerdurchfluss erneut, bis das Kühlmittel warm genug ist. Das Kühlsystem steht unter einem Überdruck von etwa 1,2 bis 1,5 bar bei Betriebstemperatur. Dadurch und durch den Einsatz von Kühlmittelzusätzen erhöht sich der Siedepunkt der Kühlflüssigkeit von 100 °C auf rund 135 °C. Die höhere Temperatur ermöglicht einen wirtschaftlicheren, Kraftstoff sparenden Motorbetrieb.

Der Kühlerventilator

Es kann bei langsamer Fahrt vorkommen, dass das Kühlmittel im System überhitzt wird. Dann muss der Kühlerventilator den Kühler zusätzlich kühlen. Bei 92 bis 97 °C Kühlmitteltemperatur wird die erste Stufe (halbe Drehzahl), bei 99 bis 105 °C die zweite Stufe mit voller Drehzahl geschaltet.

Das Kühlmittel

Kühlflüssigkeit besteht aus Wasser und Kühlmittelzusatz. Neben der Kühlung übernimmt die Flüssigkeit Nebenaufgaben wie den Korrosionsschutz im System, die Schmierung der Dichtringe, die Geräuschdämmung und natürlich auch den Frostschutz. Das Mischungsverhältnis zwischen Frostschutz-Konzentrat und Wasser ist sehr

PRAXISTIPP

Arbeiten am Kühlsystem

Wartung:
Der Kühlmittelzusatz verliert seine Wirksamkeit nach etwa vier Jahren und sollte dann erneuert werden. Die Autohersteller schreiben einen turnusmäßigen Wechsel nicht vor, aber Auffüllen von Zusatz nach Ablassen einer Differenzmenge kann nötig werden.

Vorsicht:
Beim Öffnen des Ausgleichsbehälters kann heißer Dampf entweichen. Den Verschlussdeckel vor dem Aufdrehen mit Lappen abdecken und erst dann vorsichtig öffnen! Zischen zeigt Druckabbau.

Wichtig:
Bei Arbeiten am Kühlsystem ist die richtige Befestigung der Kühlmittelschläuche. Es sollten immer die originalen Klemmschellen des Herstellers verwendet werden. Das geeignetste Werkzeug bei Entfernung und Befestigung ist eine Schlauchklemmenzange.

wichtig, um ein gutes Verhältnis zwischen den Nebenaufgaben und der Wärmeableitung in der Hauptaufgabe herzustellen.

Frostschutz prüfen

Zur Frostschutzprüfung wird ein handelsüblicher Ansaugprüfer oder für genauere Prüfung ein sogenanntes Refraktometer benötigt. Beim Ansaugprüfer wird der jeweilige Frostschutz in °C angezeigt. VW schreibt den Werkstätten aber vor, die Konzentration des Kühlmittelzusatzes bei der jüngsten Motorengeneration mit dem Refraktometer entsprechend Bedienungsanleitung zu prüfen (Bild unten). Die Skala »1« des Refraktometers bezieht sich auf die Kühlmittelzusätze G12, G12 plus, G12 Plusplus und G30, die für die Beetle-Kühlsysteme empfohlen werden. Die Skala »2« bezieht sich nur auf zu verwendenden Kühlmittelzusatz G13.

■ Prüfen Sie bei kaltem Motor den Kühlmittelstand

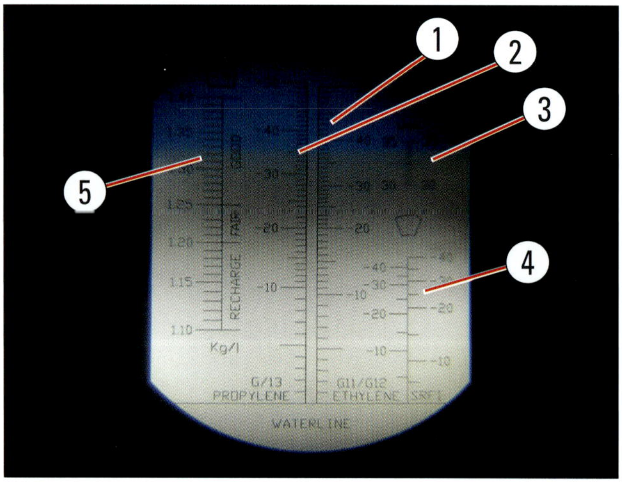

***Sichtfeld des Refraktometers:** 1 G12 u. G12 Plus, G12 Plusplus, G11 und auch G30, 2 G13, 3 Ad Blue, 4 Scheibenfrostschutz, 5 Säuredichte der Batterie.*

***Unterschiede sind nicht nur die Färbung:** Kühlmittel sind durchaus unterschiedlich ausgelegt und auch erkennbar.*

Kühlmittelvarianten

WISSENSWERTES

Kühlerfrostschutz ist nicht grundsätzlich gleich. Zwar übernehmen sie die gleiche Aufgabe, aber die Systemkomponenten im Kühlsystem stellen unterschiedliche Ansprüche an die chemische Zusammensetzung des Kühlmittelkonzentrats.

Gekennzeichnet werden die unterschiedlichen Kühlmittel schon durch unterschiedliche Farbgebung. Grundsätzlich sollten Sie sich an die Empfehlungen der Fahrzeughersteller oder der Kühlmittelhersteller halten.

G05 (Gelbe Färbung):
Wird überwiegend bei Fahrzeugen im amerikanischen Markt, Landmaschinen und Baufahrzeugen eingesetzt. Info: Hybridtechnologie mit Nitrit.

G30 (Pinke Färbung):
Eine der meistverbreiteten Kühlmittelkonzentrate: Organic-Acid-Technologie (OAT), Silikatfrei.

G40 (auch pinke Färbung):
Ein Kühlmittel, das recht häufig in der VW-Gruppe eingesetzt wird. Info: hybride OAT-Technologie mit Silikaten (Si-OAT) kombiniert die Vorteile von organischen Inhibitoren und Silikat zu einem exzellenten Korrosionsschutz.

G48 (Blau-Grüne Färbung):
Info: Silikathaltige Hybridtechnologie. Schützt durch verschiedene anorganische und organische Korrosionsinhibitoren.

G64 (Grüne Färbung):
Das Kühlmittel wird bei BMW und Volvo eingesetzt. Info: OAT-Technologie mit Silikaten und Phosphaten (PSi-OAT).

G65 (auch pinke Färbung):
Das Kühlmittel wird bei modernen Motoren der VW-Gruppe eingesetzt. Info: Organic Acid Technology mit Silikaten und Phosphaten (PSi-OAT).

im Ausgleichsbehälter.

■ Geben Sie mit der Pipette ein Tropfen Kühlmittel auf das Probenglas und klappen Sie das Streuglas zu.

■ Blicken Sie durch die Optik des Refraktometers und lesen Sie den Frostschutzgrad an der Hell-Dunkel-Grenze ab. Die Hell-Dunkel-Grenze ist dann deutlich an der »Waterline« zu erkennen (Bild oben). Der Frostschutz muss bis etwa -25 °C gewährleistet sein.

■ Bei zu geringem Frostschutz Kühlflüssigkeit ablassen und durch Kühlmittelzusatz G30 (violett) ergänzen.

■ Probefahrt durchführen und Frostschutz des Kühlmittels erneut prüfen.

Thermostat prüfen

Der Thermostat regelt die Temperatur des Kühlsystems, indem er den Zugang zum »großen Kühlkreislauf« freigibt oder langsam abregelt. Hier wird bestimmt, welche Wassermenge den Durchfluss zum Kühler schafft. Im Thermostat der alten Bauweise ist ein Wachselement verbaut, welches sich mit Zunahme der Temperatur ausgedehnt hat und dann das Ventil des Thermostaten entsprechend aufdrückte. Heute werden diese Regelfunktionen teilweise schon von angesteuerten Regelventilen übernommen. Diese Funktion ist deutlich schneller abzufragen und es kann leicht eine Systemüberwachung mit Kennfeldabgleich und auch entsprechende Fehlerspeicherablage realisiert werden.

Thermostat im Kochtopf prüfen: *1 Topf mit Wasser, 2 Thermostat mit Schweißdraht aufgehängt, 3 Kochplatte, 4 Schalter, 5 Multimeter mit Temperaturmessung.*

Ablesen am Schwimmer: *Frostschutzspindel zur Bestimmung des Frostschutzgrades in Grad Celsius auf der Skala.*

Klassische Thermostatprüfung:
Natürlich können Sie auch fest verbaute Thermostate zusammen mit dem Gehäuse erwärmen. Den Prüfaufwand sollten Sie immer dann investieren, wenn der Ausbau aufwendig und die Funktion des Thermostaten nicht klar ist.

■ Bauen Sie den Thermostaten aus.

■ Biegen Sie sich zwei Schweißdrähte so, dass Sie den Thermostat im Kochtopf zur Beobachtung aufhängen können.

■ Füllen Sie den Kochtopf mit Wasser. Der Thermostat muss vollständig bedeckt sein.

■ Positionieren Sie den Messsensor des Multimeters (5) so, dass Sie die Temperatur am Thermostat erfassen können.

■ Schalten Sie die Kochplatte (3) ein und beobachten Sie den Temperaturanstieg.

■ Notieren Sie sich die Temperatur, an dem der Thermostat mit der Öffnung begonnen hat.

■ Achten Sie darauf, dass sich der Thermostat ruckfrei öffnet. Ist das nicht der Fall, muss er sofort ersetzt werden. Der Öffnungsringspalt muss auch gleichmäßig ausfallen. Eine ungleichmäßige Öffnung ist ein Hinweis auf Schäden am Thermostat.

■ Die maximale Öffnung sollte bei etwa 95 °C erreicht sein.

■ Nachdem der Thermostat seine maximale Öffnung erreicht hat, lassen Sie ihn abkühlen und beobachten hierbei das ruckfreie Schließen.

■ Arbeitet der Thermostat fehlerfrei, können Sie ihn wieder einbauen. Andernfalls muss er ersetzt werden.

Das Motormanagement-System

Kraftstoffzufuhr und Kraftstoffdosierung, die Herstellung des optimalen Kraftstoff-Luftgemischs, die Arbeit des Turboladers und Abgaskontrolle werden von der Motorsteuerung bewerkstelligt. Das Motormanagement ist mit Kennfeldern für Gemischaufbereitung und Kraftstoffeinspritzung vorprogrammiert. Gesteuert werden Einspritzmenge und Einspritzbeginn, Leerlaufdrehzahl, Abgasrückführung, Turbolader, Aufladung, Ladeluftkühlung und Ladedruck.

Bordcomputer und Diagnose

Im Beetle sind auch bei der Topausstattung eine überschaubare Anzahl von Steuergeräten verbaut. Zur Funktionsdiagnose und Fehlerabfrage von Steuergeräten gibt es im Fahrzeug den nach internationaler Vorschrift unter der Schalttafel Fahrerseite angeordneten Steckanschluss, der über Kabel mit dem mobilen Diagnosegerät verbunden wird. Relevante Fehler müssen schnell behoben werden. Freie typbezogene Tester erreichen, bis auf den Onlinesupport der Herstellers, die gleiche Diagnosetiefen wie die originalen Werkstatttester. Hilfestellungen zur Fehlersuche werden gut sortiert in entsprechenden Foren ausgearbeitet. Dass das nicht unbedingt teuer sein muss, beweisen Tester mit Dongel für das eigene Laptop, die durchaus schon für etwas über 100 Euro erhältlich sind. Der vorgestellte Tester ist einer der wenigen im günstigen Segment, die eine gute Abdeckung für den Beetle aufweisen.

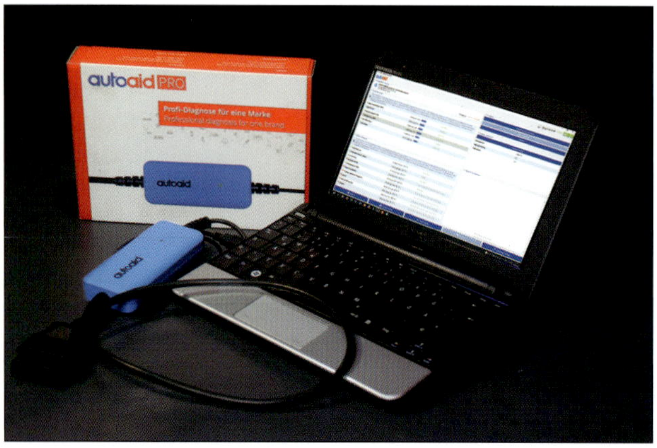

Typenoffen zum leistbaren Preis: *Der »autoaid« ist ein Beispiel für Testerhersteller aus Berlin mit stetig wachsendem Umfang.*

Effiziente Systeme

Die elektronischen Systeme für das Motormanagement errechnen die bestmöglichen Werte für Kraftstoffaufbereitung und Verbrennung. Motorsteuergerät, Kraftstoff-Hochdruckpumpe und die nötigen Sensoren bilden das Einspritzsystem, das den Einspritzvorgang optimiert und maßgeblich zu hoher Wirtschaftlichkeit und niedrigen Emissionen der Motoren beiträgt. Die Elektronik wertet in Echtzeit alle Sensordaten über die Kühlmittel-, Kraftstoff- und Ansauglufttemperatur sowie über die momentane Motordrehzahl, die Gaspedalstellung und über die angesaugte Luftmasse aus. Das ist Voraussetzung für Systeme wie elektronisches Gaspedal (E-Gas), automatische Geschwindigkeitsregelung (AGR) und Leerlaufregelung. Schließlich ermöglicht die Elektronik die On-Board-Diagnose sowie den Datenaustausch mit dem Steuergerät des Automatikgetriebes. Dies stellt sicher, dass der Motor im verbrauchsgünstigsten Bereich arbeitet und gestattet ruckfreie Gangwechsel mit hoher Dynamik.

Steuergerät, Datenbus und Sensoren

Das Motorsteuergerät ist gegen äußere Einflüsse in einem Metallgehäuse gekapselt. Es enthält vor Kurzschlüssen und Überlastung geschützte Endstufen, die genügend Leistung für direkten Anschluss der Stellglieder liefern. Zum Datenaustausch zwischen den elektronischen Komponenten dienen Daten-Bus-Systeme, bei denen sehr viele Daten parallel in einen einzigen Kabelstrang eingespeist werden. Für Kraftfahrzeuge wurde das Bussystem »CAN« konzipiert und international genormt. Die elektronischen Steuergeräte brauchen eine serielle Schnittstelle »CAN«, dann sind sie über diese Datensammelschiene miteinander und auch mit dem Diagnoseanschluss verbunden. Das Motorsteuergerät ist auch ein Bestandteil des Bordnetzsystems. Die erfassten Daten können über den Datenbus auch anderen Systemen zur Verfügung stehen. So ist eine Drehzahlanhebung beim Einschalten der Klimaanlage möglich oder die Nutzung des Motorbremsmomentes zur Bremskraftverstärkung.

EVA (Eingabe Verarbeitung Ausgabe)

Das Motorsteuergerät stellt die Rechnereinheit dar, die für den Betrieb des Gemischaufbereitungssystems Informationen von Sensoren und Eingangssignalen (grüne Pfeile im Bild rechts) verarbeitet und dann über die Aktoren (orange Pfeile) Einspritzung, Zündung, die Drehzahlregelung und die Lastanforderung für den Motor realisiert. Anhand der Eingangssignale und sehr detaillierten Kennfelder wird der entsprechende Aktor angesteuert. Die Kennfelder, auf die ein Steuergerät zurückgreift, erlauben dem Steuergerät die Plausibilität eines Sensorsignals zu prüfen und auszuwerten. Bei unplausiblen Daten können einige Sensoren ersetzt werden. Der Ausfall wird dann in der Regel im Fehlerspeicher dokumentiert. Natürlich gibt es Eingangssignale, die nicht ersetzt werden können. Das sind die sogenannten Haupteingangswerte. Die Störgrößen sind die Eingangswerte, die die Information verbessern oder verfeinern. Sie sind zwar genauso wichtig, erlauben aber einen Weiterbetrieb des Motors. Notfalls im »Notlauf«.

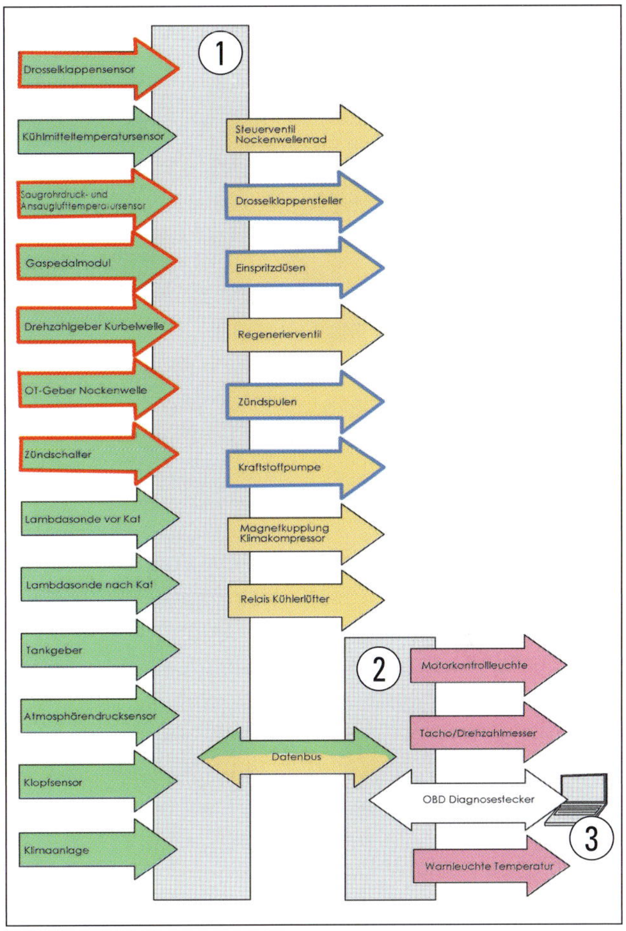

EVA – der Informationsfluss für die Gemischaufbereitung: *Pfeile »ins« Steuergerät stellen die Eingangsgröße dar, Pfeile aus dem Steuergerät stellen Ansteuerbefehle dar, Pfeile in beide Richtungen stellen einen Informationsfluss oder einen Signalfluss in beide Richtungen dar. 1 Motorsteuergerät, 2 Bordnetzsteuergerät, 3 Diagnosetester.*

Eingabe – die Hauptgrößen

Die wichtigsten Haupteingangsgrößen sind Drehzahl, Lastwunsch und die angesaugte Luftmasse. Diese haben wir im Bild rechts »rot» markiert und stellen Ihnen diese im Detail vor. Sie werden schnell feststellen, dass die Fehlersuche an der Gemischaufbereitung ohne Tester, Messgeräte und Fachwissen nicht zu bewerkstelligen ist. Betrachten wir zunächst die Hauptgrößen genauer mit Beispielbildern, Signalbildern auf einem Oszilloskop und den Istwerten auf einem Tester. Anhand der Beispielbilder werden Sie das entsprechende Bauteil wahrscheinlich an Ihrem Fahrzeug identifizieren können. Das Signalbild zeigt Ihnen den Spannungsverlauf auf dem Bildschirm eines Oszilloskops. Hier werden wir Ihnen das Signalbild genauer auch in der Bildunterschrift vorstellen. Mit der Darstellung auf der Testeroberfläche können Sie das Bauteil betrachten, wie es das Motorsteuergerät als Messwert wahrnimmt. So können Sie einen Einblick in die Diagnosearbeit der Werkstatt bekommen.

E-Gas-Modul (Drosselklappensensor):
Wie bei den meisten Fahrzeugen in der heutigen Zeit wird auch beim Beetle kein Gaszug mehr eingesetzt, um die Drosselklappe nach dem Wunsch des Fahrers zu öffnen oder zu schließen. Die Bezeichnung »E-Gas« beschreibt das Zusammenspiel eines Fahrpedalgebers (Drehwiderstand am Gaspedal) und einer elektrisch betätogten Drosselklappe. Der Fahrerlastwunsch wird über den Pedalwertgeber erfasst, die Pedalstellung und das Motorsteuergerät setzt diesen »Fahrerlastwunsch« über einen Stellmotor in einen Öffnungswinkel der Drosselklappe um. Nach dieser Information wird die Einspritzmenge in Abhängigkeit vom Betriebszustand reguliert. Beim Beschleunigen kann die Drosselklappe und die Einspritzmenge schon stark Richtung Volllast angestellt werden, obgleich das Gaspedal erst halb durchgetreten ist. Auch die Einflussnahme auf die

Fahrpedal (E-Gas): *Liefert Information an das Steuergerät über den Fahrerlastwunsch (oder auch die Gaspedalstellung).*

Drosselklappenmodul: *Stellt die Drosselklappe an und meldet die Position an das Motorsteuergerät zurück.*

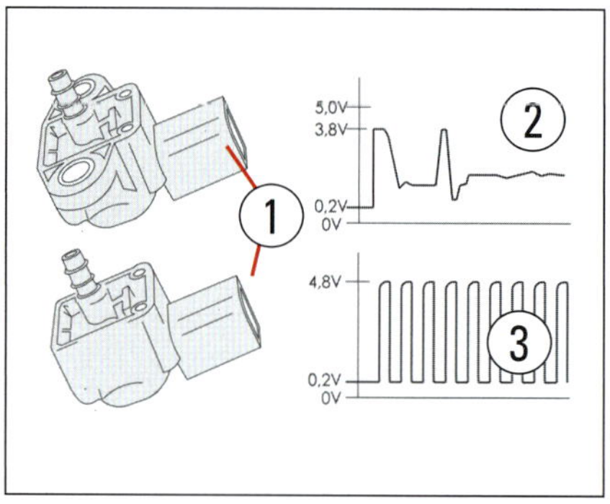

MAP-Sensor: *1 Elektrischer Anschluss, 2 Analog-Signal (Spannung), 3 Signalbild (Frequenz).*

Systeme des Fahrwerks (ABS, ESP) sind möglich. Falls z. B. der Fahrer zu viel Gas gibt, kann das Steuergerät so weit drosseln, bis kein Rad mehr durchdreht. Das Drosselklappenpotenziometer, das auch in der Drosselklappeneinheit verbaut ist, meldet die Stellung der Drosselklappe über diesen Sensor an die Motorsteuerung weiter. Der Wert gibt an, wie weit die Drosselklappe tatsächlich angesteuert ist. Betrachtet man das Bild unten im Bereich B genauer, lässt sich die unabhängige Ansteuerung der Drosselklappe gut erkennen. Obwohl das Gaspedal nur etwas betätigt wurde, ist die Drosselklappe ganz kurz zu 100 % geöffnet worden.

Luftdruck, Volumen und Temperatur:
Der Luftmassenmesser, der Geber für die Ansauglufttemperatur, der Höhenmesser und der Ladedrucksensor bestimmen üblicherweise präzise die Dichte der Umgebungsluft und den Druck für den Turbolader. Von der Luftdichte hängt der Anteil der für die Verbrennung entscheidenden Sauerstoffteilchen ab. Die Luftfüllung ist zusammen mit der Motortemperatur ein Berechnungsfaktor für

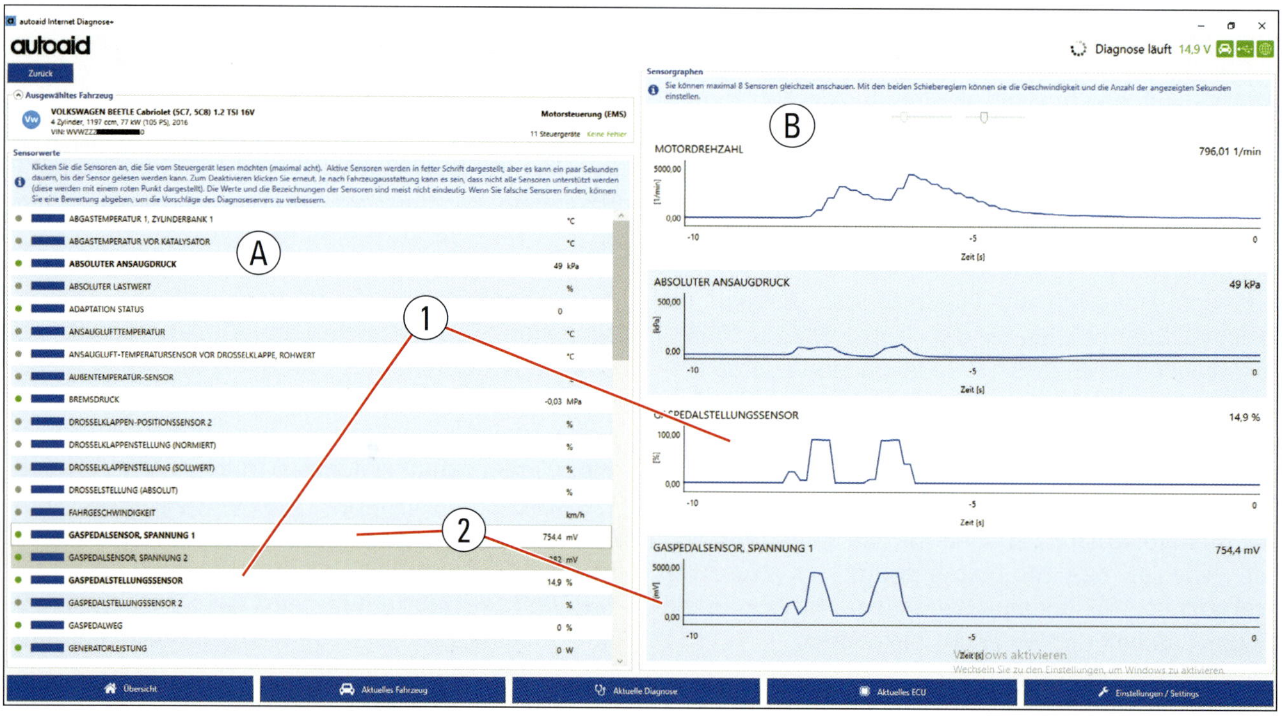

Sensorendarstellung über den Tester: *A Liste zum Anwählen der Sensoren, B Spannungsverlauf den das Steuergerät wahrnimmt, 1 Öffnungswinkel der Drosselklappe im Drosselklappenmodul in %, 2 Spannungswert des Gaspedalmoduls (1. Potenziometer).*

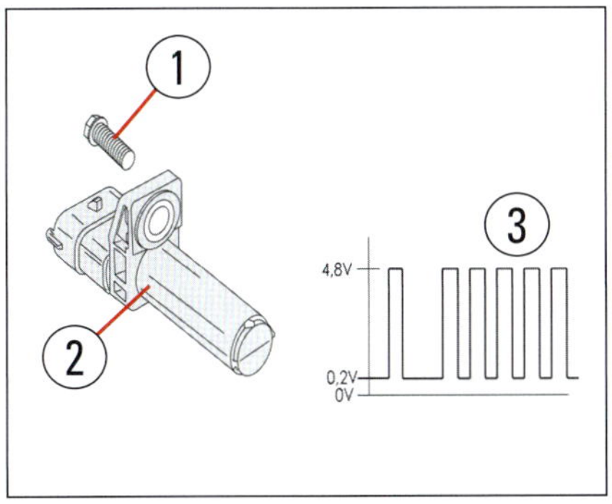

Motor-Drehzahlgeber (oder Kurbelwellengeber): *1 Schraube, 2 elektrischer Anschluss, 3 Signalbild.*

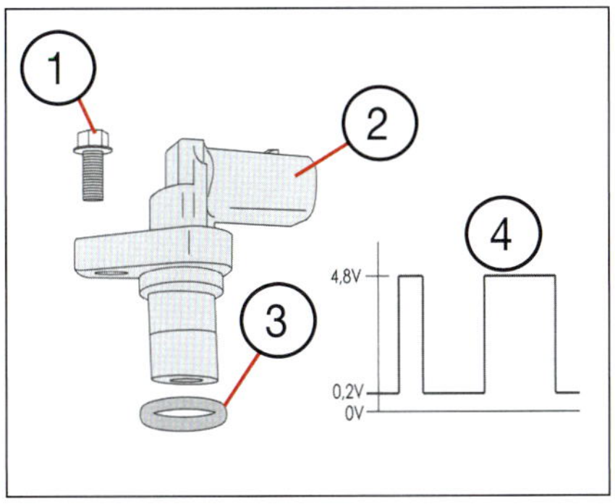

Nockenwellengeber (oder Phasengeber): *1 Schraube, 2 elektrischer Anschluss, 3 Dichtring, 4 Signalbild.*

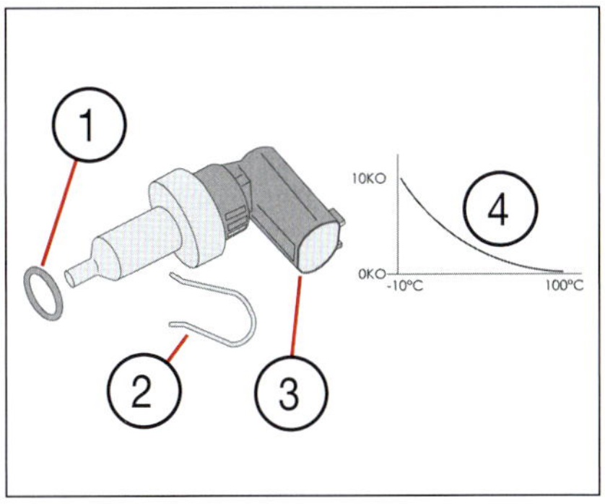

Motortemperaturfühler (Sensor): *1 Dichtring; 2 Halteklammer; 3 elektrischer Anschluss, 4 Signalbild (Spannung).*

Einspritzmenge und jeweiliges Motor-Drehmoment. Der Luftmassenmesser befindet sich im Ansaugrohr zwischen Luftfilter und Drosselklappe und bestimmt die Menge der angesaugten Luft. Bei der Einspritzanlage im Beetle mit Ottomotor wird die Luftmasse über die beiden MAP-Sensoren und die Ansauglufttemperatur (3) errechnet. Die Diesel-Motoren arbeiten mit einem Luftmassenmesser.

Motordrehzahl (Bild oben links):
Der Drehzahlgeber an der Kurbelwelle erfasst über ein Geberrad die genaue Stellung der Kurbelwelle. Dazu werden per Magnetfeld Impulse im Motordrehzahlsensor (3) erzeugt, deren Anzahl pro Zeit ein Maß für die Drehzahl des Schwungrades ist. Eine Lücke im Geberrad als Bezugsmarke ermöglicht die Bestimmung der Position der Kurbelwelle und so die Stellung des Kolbens jedes einzelnen Zylinders zu berechnen.

Nockenwellenstellung (Bild oben Mitte):
Der Nockenwellenpositionssensor ist im Zylinderkopf verbaut und gibt die Stellung der Nockenwelle an. Zusammen mit dem Motordrehzahlgeber wird es möglich, die genaue Position der Kolben im Arbeitsspiel (ansaugen-verdichten-arbeiten-ausstoßen) zu bestimmen. Die Kurbelwelle dreht doppelt so schnell wie die Nockenwelle. Daraus ergeben sich zwei unterschiedliche Funktionen bei der OT-Stellung des Kolbens. Im »Überschneidungs-OT« sind beide Ventile ein wenig geöffnet und der Gaswechsel zwischen Ausstoßtakt und Ansaugtakt findet statt. Im »Zünd-OT« wird der im Verdichtungstakt zu der Ansaugluft eingespritzte Kraftstoff gezündet. Beim Ottomotor über die Zündkerzen und beim Dieselmotor durch Selbstentzündung an der heißen Verdichtungsluft. Der Zeitpunkt ist für den Motorlauf sehr wichtig. So kann die Einspritzung (oder auch Mehrfacheinspritzungen) und Zündung jedes Zylinders gezielt und für jede Umdrehung neu bestimmt und durchgeführt werden.

Eingabe – die Korrekturgrößen

Als Korrekturgrößen werden Sensoren bezeichnet, die die Ansteuerung der Aktoren (Ausgabegeräte wie Zündspulen, Einspritzdüsen usw.) an die Fahr- und Umgebungssituationen anpassen. Ein kalter Motor beispielsweise benötigt etwas mehr Kraftstoff. Um diese Bedingungen erfassen zu können, werden weitere Sensoren benötigt. Im Folgenden stellen wir Ihnen die wichtigsten Sensoren vor. Welche Sensoren bei welchem System verbaut sind, ist durchaus unterschiedlich.

Motortemperaturfühler (Bild oben rechts):
Der Motortemperatursensor sitzt im Kühlmittel-Kreislauf und gibt die Temperatur des Kühlmittels an das Steuergerät weiter. An den kalten Bauteilen eines Motors kondensiert der Kraftstoffnebel und steht der Verbrennung nicht mehr direkt zur Verfügung. Zum Ausgleich wird etwas mehr Kraftstoff eingespritzt. Eine Kontrolle erfolgt über die Auswertung des Restsauerstoffgehalts im Abgas durch die Lambdasonden.

Die Lambdasonden (Vorkat- und Monitorsonde)
Es sind zwei Lambdasonden, die das Gemischaufbereitungssystem überwachen. Die erste Sonde vor dem Katalysator überwacht den Restsauerstoff im Abgas. Die zweite Sonde nach

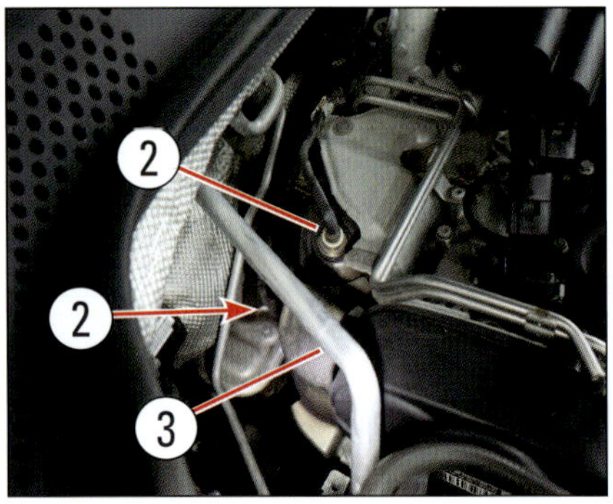

Lambdasonde vor Kat: *1 Kure.*

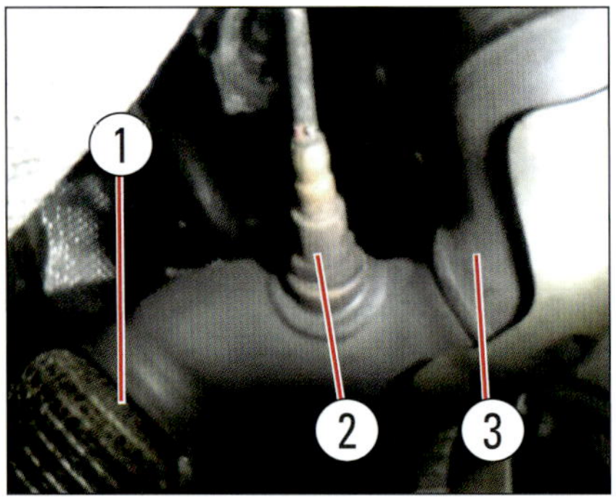

Monitorsonde: *1 Kurbolle.*

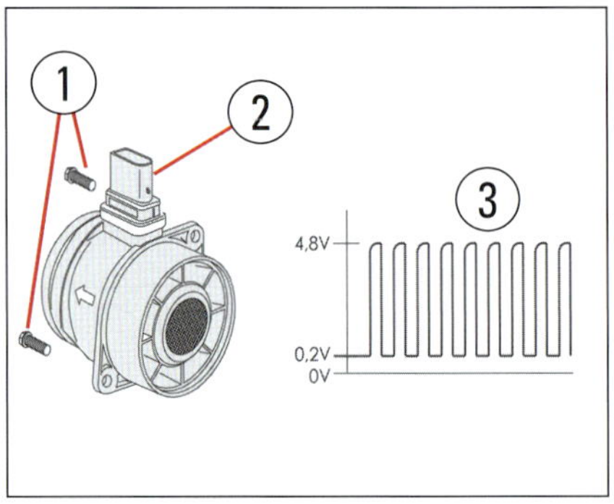

Luftmassenmesser: *1 Schrauben, 2 elektrischer Anschluss, 3 Signalbild (Frequenz).*

dem Katalysator wird auch »Monitorsonde« genannt. Sie übernimmt die Überwachung des Katalysators. Das optimale Mischungsverhältnis der Luftmenge zu Kraftstoff, bei dem eine maximale Umsetzung der Schadstoffe im Katalysator erreicht wird, liegt bei Lambda = 1. Es entspricht einem Anteil von Luft zu Kraftstoff im Verhältnis von etwa 14,5 : 1 (auch »stöchiometrisches Mittel« genannt). Das Funktionsprinzip der Lambdasonde beruht auf der Umwandlung des gemessenen Luft-Kraftstoffverhältnisses in elektrische Spannung. Ermöglicht wird das durch einen gasundurchlässigen Keramikkörper, der von einer dünnen, mikroporösen Platinschicht ummantelt ist. Die Keramik erlaubt ab einer Temperatur von ca. 300 °C die Leitung von Sauerstoffionen. Der Unterschied an Sauerstoffanteilen im Abgasstrom zwischen Abgas- und Luftseite bewirkt dabei die Entstehung einer elektrischen Spannung. Der Regelwert nimmt bei Lambda = 1 sprunghaft einen bestimmten Wert (z. B. 500 mV) an. Bei Abweichungen dieser Größe (z. B. zwischen 100 mV = mageres Gemisch und 800 mV = fettes Gemisch) leitet das Motorsteuergerät entsprechende Korrekturmaßnahmen ein.

Der Luftmassenmesser

Der Luftmassenmesser ist bei den Dieselmotoren verbaut und erfasst den Luftstrom, der in den Motor angesaugt wird. Allerdings ist das nicht nur eine Messgröße für die Zumessung der Kraftstoffmenge, sondern auch eine Kontrolle für die Funktion des Abgasrückführungssystems. Der Abgasstrom, der über das AGR-Ventil angesaugt wird, fällt nicht im Luftmassenmesser an.

Der Klopfsensor

Ein Piezokeramik-Bauteil, eingebaut in den Zylinderblock, registriert die bei klopfender Verbrennung entstehende Schwingung und wandelt sie in elektrische Signale um. Eine klopfende Verbrennung bedeutet Leistungsverlust, aber auch Schäden an Kolben und Kurbeltrieb sind möglich. Die Motorsteuerung korrigiert danach den Zündzeitpunkt.

Ansaugseite: *1 Ansaugkrümmer, 2 Saugrohrdruckfühler, 3 Ladeluftrohr, 4 Ladedrucksensor, 5 Drosselklappenmodul.*

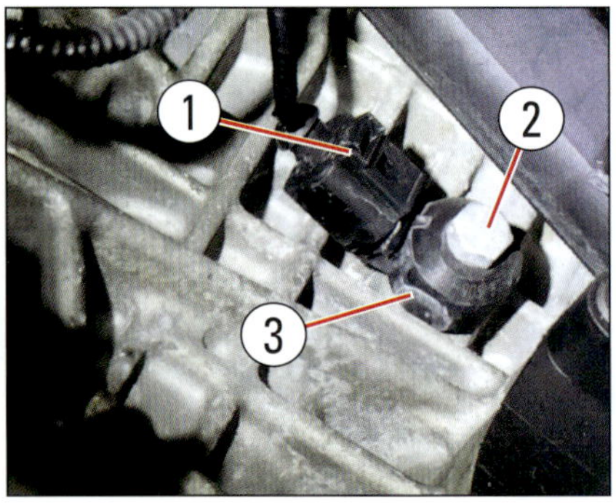

Klopfsensor auf der Motorvorderseite: *1 Anschlussstecker, 2 Verschraubung am Motorblock, 3 Klopfsensor.*

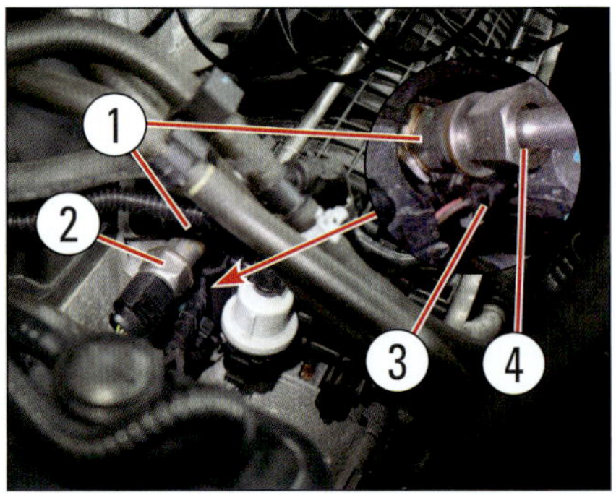

Einspritzdüsen und Drucksensor: *1 Railrohr, 2 Kraftstoffdrucksensor, 3 Einspritzdüse mit Anschlusskabel, 4 Druckleitung.*

Ausgabe – die Aktoren

Die Ausgabe des Steuergerätes beschränkt sich nicht nur auf die Ansteuerung der Einspritz- und der Zündanlage. Informationen wie das Drehzahlsignal, die Lastanforderung werden anderen Steuergeräten und auch dem Fahrer als Information zur Verfügung gestellt. Selbstverständlich ist der Zugriff auch über den OBD-Tester als sogenannte »Istwerte« möglich. Unser Autoaid-Diagnosetester stellt diese Daten dann unter dem Button »Sensordaten« im Motorsteuergerät zur Verfügung. Die Ansteuerung der sogenannten Aktoren erfolgt dann über das Steuergerät. Natürlich mit dem Einfluss der im Steuergerät abgelegten Kennfelder und den Sensordaten der Haupt- und Störgrößen. Wir werden Ihnen hier die wichtigsten Aktoren vorstellen.

Das Drosselklappenmodul

Neben der Drosselklappe befindet sich der Servomotor zum Verstellen der Drosselklappe und die Rückmeldeeinheit aus zwei Hallgebern, um die genaue Position der Drosselklappe an das Motorsteuergerät zu melden. Soll die Drosselklappe geöffnet werden, wird sie vom Motorsteuergerät über ein PWM-Signal (Puls-Weiten-Moduliertes-Signal) angesteuert. Das Signal wird in einem bestimmten Zeitverhältnis ein- und ausgeschaltet. Ist die Ein- und Ausschaltzeit gleich groß, also zur Hälfte ein- und ausgeschaltet, spricht man von einem Tastverhältnis von 50 %. Für den Servomotor wirkt sich das Verhältnis genauso aus, als wenn die anliegende Spannung nur etwa halb so groß wäre. Der Servomotor im Drosselklappenmodul arbeitet gegen eine Feder. Das Tastverhältnis bewirkt nun eine Teilöffnung. Je nach gewünschtem Öffnungswinkel wird das Tastverhältnis durch das Steuergerät verändert.

Die Zündspulen

Die Bauweise nennt man Einzelfunkenspule. Jeder Zylinder hat seine eigene Zündspule, die auf der Zündkerze montiert ist. Verbrannte Verteilerkappen und Finger gehören bei diesen Zündanlagen endlich der Vergangenheit an. Die Ansteuerung erfolgt direkt durch das Motorsteuergerät. Das ermöglicht die Veränderung des Zündzeitpunktes für jeden einzelnen Zylinder. Neben einer größeren Funktionssicherheit und besseren Diagnosemöglichkeiten ist sogar eine Laufruheregelung für jeden einzelnen Takt des Motors möglich.

Die Einspritzdüsen

Im Ansaugkanal für jeden einzelnen Zylinder sitzt eine Einspritzdüse. Über ein Sammelrohr wird die Einspritzdüse von der Kraftstoffpumpe mit Kraftstoff versorgt. Der Druck an den Einspritzdüsen liegt bei etwa 3,5 bis 4,5 bar. Die Druckregelung erfolgt von dem im Tank eingebauten Kraftstofffördermodul. Die Spannungsversorgung plusseitig erfolgt über ein Relais. Das Steuergerät sorgt mit Hilfe eines elektrischen Impulses masseseitig für das Öffnen der Einspritzdüsen. Die Öffnungsdauer und der anliegende Kraftstoffdruck entscheiden dann über die jeweils eingespritzte Kraftstoffmenge. In jedem Fall wird der Kraftstoff fein zerstäubt, um sich mit der Luft zu mischen.

Das Kraftstofffördermodul

Im Kraftstofftank ist das Kraftstofffördermodul verbaut. Es meldet den Kraftstoffstand im Tank, fördert den Kraftstoff zum Sammelrohr der Einspritzventile und übernimmt die Druckregelung für den Kraftstoff im Kraftstoffsystem. Das Modul steht in einem Behälter (5), um auch bei schwappendem Kraftstoff im Tank zu gewährleisten, dass die Kraftstoffpumpe (3) keine Luft ansaugt. Der Kraftstoffdruck wird gegen einen Druckregler gefördert, der über etwa 3,5 - 4,5 bar öffnet und so den Kraftstoffdruck beschränkt. Je nach Kraftstoffstand wird der Schwimmer (4) angehoben und verändert den Spannungsausgang des Geberpotentiometers (6).

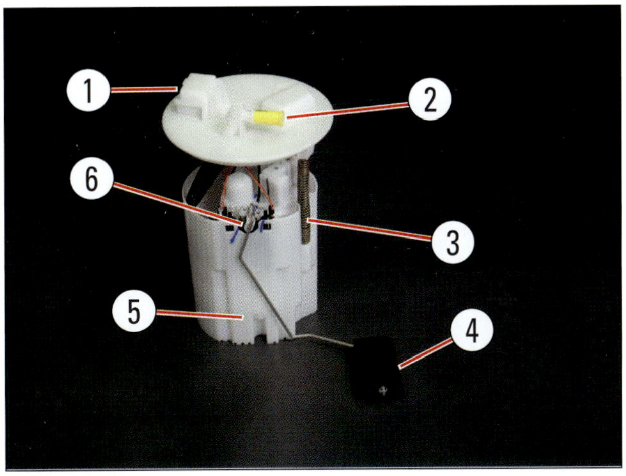

Kraftstofffördermodul: *1 Anschlussstecker, 2 Kraftstoffleitung, 3 Kraftstoffpumpe, 4 Schwimmer, 5 Catch-Tank, 6 Geberpoti.*

Arbeiten an Kraftstoffversorgung und Einspritzung

Wechsel der Zündkerzen (Ottomotor)

Zündspulen aus- und einbauen (Bild unten)

■ Zündung abschalten und Zündschlüssel abziehen.
■ Entsichern Sie die Schlauchkupplung durch das Drücken der Raste und ziehen Sie die Motorentlüftung ab.
■ Elektrische Steckverbindung (1) an der jeweiligen Zündspule (3) entriegeln und trennen.
■ Schraube (2) an der jeweiligen Zündspule herausschrauben.
■ Zündspulen (3) gerade nach oben herausziehen und in der Einbaureihenfolge ablegen.

Die Montage erfolgt sinngemäß in umgekehrter Reihenfolge.
■ Ziehen Sie die Zündspulen fest und stecken Sie die Anschlusskabel wieder auf. Achten Sie auf die Verrastung der Stecker und den richtigen Sitz auf der Zündspule.
■ Fehlerspeicher auslesen ggf. löschen.

Zündkerzen aus- und einbauen:
Es wurden unterschiedliche Systeme verbaut. Bei Varianten mit Zündkabeln und einer »ruhenden Verteilung« sind die Zündkabel mit den Kerzensteckern auf die Zündkerzen aufgesteckt. Bei Systemen mit »Einzelfunkenspulen« befinden sich die Zündkerzen unter den Zündspulen.
■ Bei Systemen mit ruhender Verteilung ziehen Sie die Zündkerzenstecker von den Zündkerzen ab.
■ Bei Systemen mit Einzelfunkenspulen bauen Sie die Zündspulen aus.
■ Blasen Sie den Kerzenschacht mit Druckluft aus.
■ Drehen Sie die Zündkerzen heraus. Ein aufgesteckter Schlauch auf die Zündkerzenkeramik kann hier sehr hilfreich sein, um die Zündkerze aus dem Schacht zu ziehen.

Die Montage erfolgt sinngemäß in umgekehrter Reihenfolge zur beschriebenen Demontage.
■ Ziehen Sie die Zündkerzen fest und stecken Sie die Zündspulen wieder auf.
■ Verschrauben Sie die Zündspulen wieder.

Wechsel der Glühkerzen (Diesel)

Bei einigen Modellen ist im dritten Zylinder eine Glühkerze mit Brennraumdruckgeber verbaut.
■ Soweit verbaut, demontieren Sie die Motorabdeckung oben.
■ Ziehen Sie die Kerzenstecker vorsichtig von den Glühkerzen ab. Setzen Sie hierzu die Zange (VW 3314) unter dem Bund des Kerzensteckers an.
■ Reinigen Sie den Kerzenkanal im Zylinderkopf vor dem Ausbau sehr gründlich mit Druckluft und geeigneten Lösungsmitteln.
■ Drehen Sie die Glühkerzen mit einer geeigneten SW10 Glühkerzenstecknuss (VW 3220) heraus.
■ Für die Glühkerze mit Brennraumdruckgeber wird eine geeignete SW12 Glühkerzenstecknuss gebraucht.

Die Montage erfolgt sinngemäß in umgekehrter Reihenfolge zur beschriebenen Demontage.
■ Ziehen Sie die Glühkerzen fest und stecken Sie die Kerzenstecker wieder auf.

***Zündanlage Ottomotoren:** 1 Einzelfunkenspule auf der Zündkerze, 2 Steckkontakt mit Raste, 3 Schraube.*

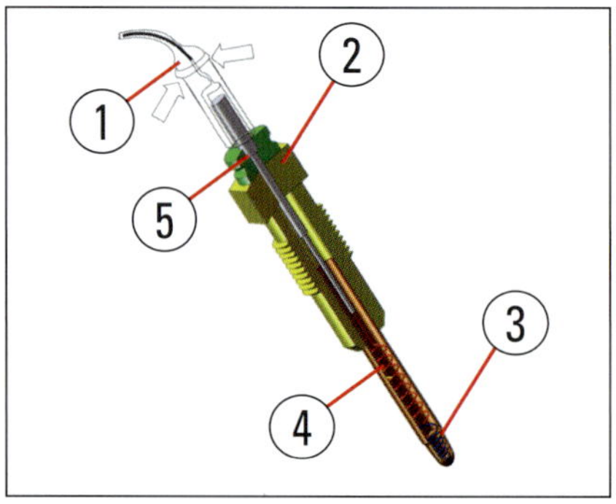

***Glühkerzen Diesel:** 1 Anschlusskabel, 2 Sechskant, 3 Regelwendel, 4 Glühwendel, 5 Anschlusstück, Pfeile Bund am Stecker.*

***Kraftstofffilter Ottomotoren:** 1 Rücklauf Tank, 2 Vorlauf von der Pumpe, 3 Schraube, 4 Vorlauf Motorraum, 5 Tankenlüftung.*

Wechsel des Kraftstofffilters

Kraftstofffilter beim Ottomotor:
Bei einem rücklauffreien Kraftstoffsystem sitzt ein Druckbegrenzungsventil im Kraftstofffilter. Hier wird nur die Vorlaufleitung zum Motorraum geführt.
■ Drehen Sie die Schraube in der Halteschelle des Kraftstofffilters heraus.
■ Nehmen Sie den Kraftstofffilter heraus.
■ Entsichern Sie die Anschlussleitungen und ziehen Sie sie ab.
■ Fangen Sie den austretenden Restkraftstoff mit einem geeigneten Lappen auf.

Die Montage erfolgt sinngemäß in umgekehrter Reihenfolge zur beschriebenen Demontage.

Kraftstofffilter beim Dieselmotor:
Es wurden unterschiedliche Filtersysteme verbaut. Der Unterschied liegt in den Anschlüssen der Kraftstoffleitungen am Filtersystem (Bild oben). Wenn die Leitungen demontiert werden müssen, markieren Sie sich diese mit einem Stift oder Farbmarkierungen.
■ Legen Sie die Anschlussleitungen des Kraftstofffilters (3 im Bild unten links) frei.
■ Drehen Sie die Schrauben (1) heraus.
■ Hebeln Sie den Deckel (2) nach oben ab.
■ Nehmen Sie den Dichtring ab.
■ Nehmen Sie den Kraftstofffilter heraus.
■ Fangen Sie den austretenden Restkraftstoff mit einem geeigneten Lappen auf.

Die Montage erfolgt sinngemäß in umgekehrter Reihenfolge zur beschriebenen Demontage.
■ Entlüften Sie die Kraftstoffversorgung mit einem

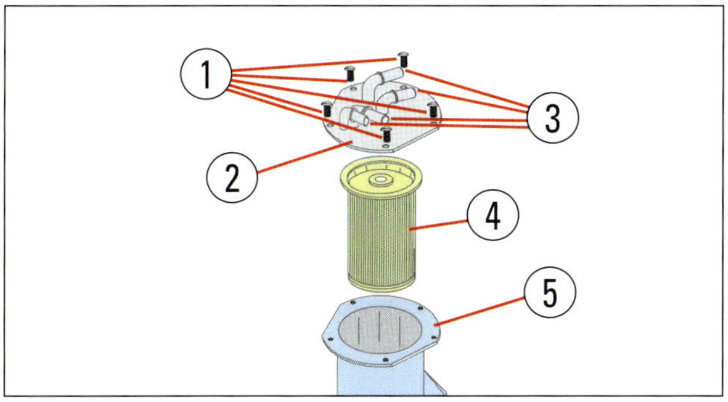

Kraftstofffilter Diesel: *1 Schrauben, 2 Filterdeckel, 3 Anschlüsse (2 Varianten), 4 Filtereinsatz, 5 Filtergehäuse.*

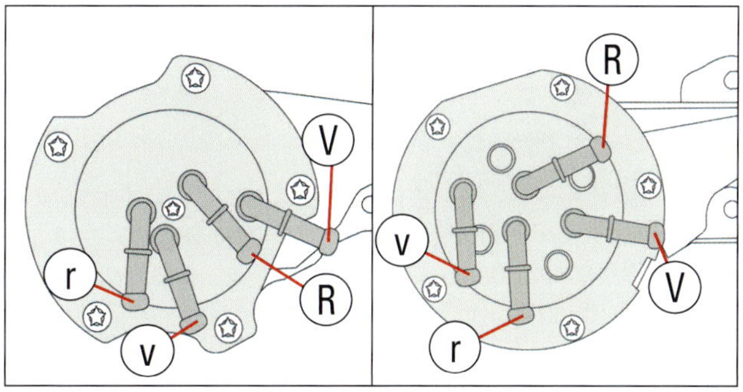

2 Dieselfilter-Varianten: *V Vorlauf vom Tank (weiß), R Rücklauf zum Tank (blau), v Vorlauf zum Motor (weiß), r Rücklauf zum Motor (blau).*

geeigneten Diagnosetester. Ein Trockenlaufen der Hochdruckpumpe hat unweigerlich erhebliche Schäden an der gesamten Kraftstoffanlage zur Folge. Die Kraftstoffpumpe im Tank muss bei diesem Vorgang mindestens 3 Minuten laufen.

Wechsel des Luftfilters

Beim Ausblasen des Luftfiltergehäuses mit Pressluft ist Folgendes zu beachten:
■ Zur Vermeidung von Funktionsstörungen bitte die kritischen luftführenden Motorbauteile wie Luftmassenmesser, Lufteinlassrohre usw. mit einem sauberen Putzlappen abdecken.
■ Schlauchstutzen und Schläuche für Ladeluftsystem müssen vor dem Montieren öl- und fettfrei sein.
■ Verwenden Sie keine silikonhaltigen Gleitmittel bei der Montage.

Luftfiltereinsatz 1,2-l- und 1,4-l-TSI (Bild rechts unten):
■ Soweit verbaut, bauen Sie die Motorabdeckung oben ab.
■ Soweit vorhanden, den Unterdruckschlauch (8) am Luftfilteroberteil abziehen.

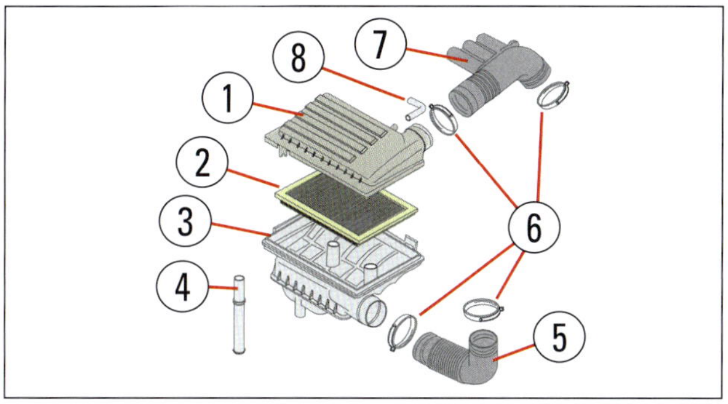

Luftfilter 1,2 l u. 1,4 l: *1 Gehäusedeckel, 2 Filter, 3 Gehäuse, 4 Entwässerung, 5 Luftführung, 6 Schellen, 7 Saugrohr, 8 Entlüftung.*

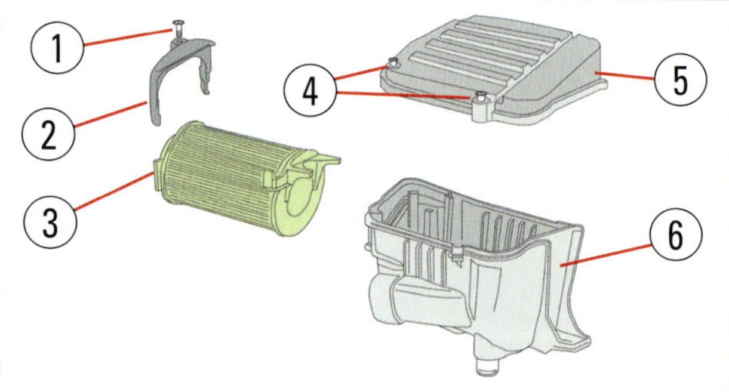

Luftfilter 1,2-l-TSI: *1 Schraube, 2 Halter Luftfilter, 3 Luftfiltereinsatz, 4 Schrauben, 5 Luftfilteroberteil, 6 Luftfilterunterteil.*

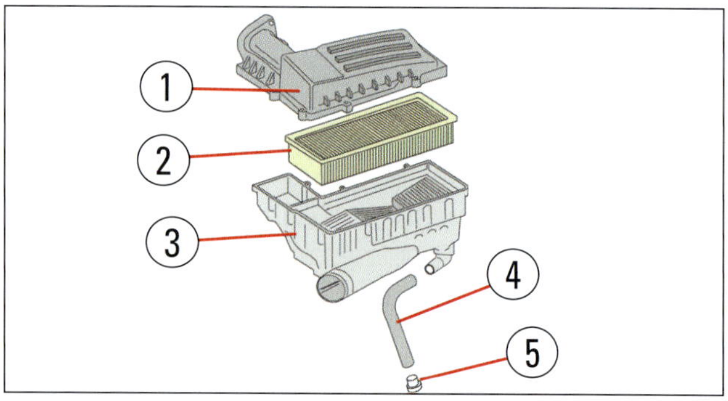

Luftfilter 1,8-l-und 2,0-l-TSI sowie 1,6-l- und 2,0-l-TDI: *1 Gehäusedeckel, 2 Filter, 3 Gehäuse, 4 Entwässerung, 5 Stopfen.*

■ Lösen Sie die Schlauchschellen (6) am Luftfilterkasten und ziehen Sie die Luftführungsrohre (5 und 7) ab.
■ Ziehen Sie das komplette Luftfiltergehäuse nach oben von den Haltestiften ab.
■ Legen Sie das Luftfiltergehäuse auf einem Lappen auf der Werkbank umgedreht ab.
■ Drehen Sie die beiden Schrauben von unten heraus.
■ Öffnen Sie die Halteclips, die das Filterkastenoberteil (1) und das Filterkastenunterteil (10) des Luftfiltergehäuses zusammenhalten.
■ Trennen Sie das Filterkastenoberteil (1) vom Filterkastenunterteil (10).
■ Nehmen Sie den Luftfiltereinsatz heraus.
■ Reinigen Sie gegebenenfalls das Luftfilterunterteil.

Der Einbau erfolgt sinngemäß in umgekehrter Reihenfolge.
■ Fetten Sie die Haltestifte am Saugrohr vor der Montage des Luftfilterkastens leicht ein.
■ Achten Sie auf den Sitz der Schlauchschellen (4).

Luftfiltereinsatz 1,2-l-TSI-Motor (Bild oben links):
■ Drehen Sie die Befestigungsschrauben (4) am Luftfilteroberteil (5) los. Die Schrauben müssen nicht herausgedreht werden.
■ Schwenken Sie das Luftfilteroberteil nach hinten und nehmen Sie es ab.
■ Drehen Sie die Schraube (1) heraus und nehmen Sie den Halter (2) ab.
■ Nehmen Sie den Luftfiltereinsatz (3) heraus.
■ Reinigen Sie gegebenenfalls das Luftfilterunterteil.

Der Einbau erfolgt sinngemäß in umgekehrter Reihenfolge.

Luftfiltereinsatz bei den 2,0-l-TFSI und beim 2,0-l-TDI-Motor (Bild oben rechts):
■ Bauen Sie die Motorabdeckung oben ab.
■ Soweit vorhanden, den Unterdruckschlauch am Luftfilteroberteil abziehen.
■ Drehen Sie die Befestigungsschrauben am Luftfilteroberteil (1) heraus.
■ Heben Sie das Luftfilteroberteil (1) an und nehmen Sie den Filtereinsatz heraus.
■ Soweit vorhanden, das Schneefangsieb unter dem Filtereinsatz herausnehmen.
■ Reinigen Sie das Luftfiltergehäuse und prüfen Sie, ob der Wasserablauf frei ist.

Der Einbau erfolgt sinngemäß in umgekehrter Reihenfolge.
■ Reinigen Sie den Luftfilterkasten.

Diagnose mit System

Diagnose beschreibt die am besten zielgerichtete Vorgehensweise einen vorliegenden Fehler einzugrenzen oder sogar festzustellen. Betrachten wir unterschiedliche Vorgehensweisen für die Diagnose am Fahrzeug.

Eingrenzen durch Veränderung

Mit einer gezielten Veränderung und dem Beobachten der Reaktion auf die Veränderung kann ein Fehler bereits recht einfach erkannt werden. Die

Voraussetzung dazu ist aber immer, dass Sie bereits einen Verdacht haben, welches Bauteil für den Fehler verantwortlich ist.

Fehlersuche an Einzelfunkenspulen:
Bei einem ausgefallenen Zylinder kann die Zündspule des Zylinders, die Ansteuerung der Spule oder aber auch die Motormechanik die Ursache sein. Um die Zündspule ausschließen zu können, bauen Sie die Zündspule des ausgefallenen Zylinders und eine weitere eines laufenden Zylinders aus und tauschen diese untereinander aus.

- Läuft nun der andere Zylinder nicht mehr mit, können Sie davon ausgehen, dass die Zündspule defekt ist.
- Verändert sich nichts, müssen Sie den Fehler in der Zündkerze, der Ansteuerung der Spule oder Motormechanik suchen.
- Lesen Sie grundsätzlich immer den Fehlerspeicher aus. Die Zünd- oder Verbrennungsaussetzer werden vom Steuergerät erfasst und können oft sogar mit den Peripheriedaten (bei welcher Drehzahl, welcher Temperatur und so weiter) zum Ausfall ausgelesen werden.

Fehlersuche an einer Sicherung:
In vielen Fällen ist nicht ein einzelnes Bauteil über eine Sicherung abgesichert. Die Sicherung sichert einen bestimmten Teil des Systems ab. Nehmen wir an, die Sicherung zum Hauptrelais brennt durch. Natürlich dürfte hier ein Kurzschluss in einem Bauteil oder der Verkabelung vorliegen.
Um herauszufinden, welches Bauteil betroffen ist, werden nacheinander alle Bauteile, die nach Schaltplan auf dieser Sicherung eingezeichnet sind, abgesteckt. Brennt die Sicherung trotz der abgesteckten Bauteile durch, ist der Fehler offensichtlich in der Verkabelung zu finden. Mit jedem Bauteil, das nun anschließend wieder aufgesteckt wird, muss die Sicherung kontrolliert werden.
Sobald die Sicherung erneut durchbrennt, wird das letzte Bauteil wieder abgezogen und einer genaueren Prüfung unterzogen. Wenn die Sicherung dann schlussendlich nicht durchbrennt, wenn diese eine Komponente nicht aufgesteckt ist, dürfte der Fehler in dem Bauteil zu finden sein.

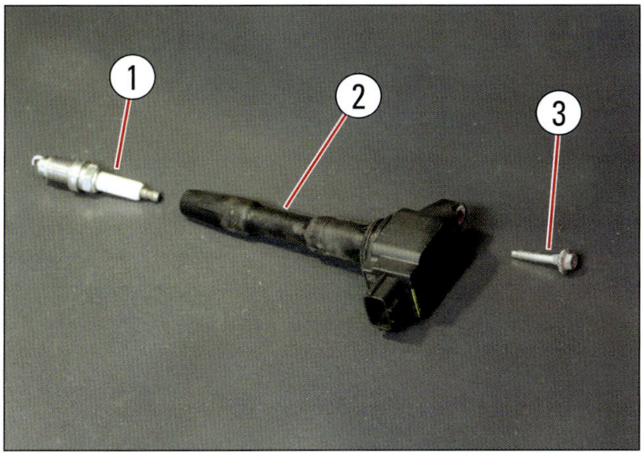

Zündkerze und Zündspule: *1 Zündkerze, 2 Einzelfunkenspule (Zündspule), 3 Schraube.*

Virtuelle Prüfung der Bauteile

Der Diagnosetester ist nicht nur ein Gerät zum Abfragen und Löschen des Fehlerspeichers. Grundsätzlich werden alle Ereignisse, die nicht der normalen Funktion entsprechen, abgespeichert. Aus diesem Grund macht es grundsätzlich immer Sinn, den Fehlerspeicher oder besser alle Fehlerspeicher des Systems abzufragen.

Fehlerspeicher abfragen:
Fällt beispielsweise eine Zündspule aus, wie wir schon bei der »Fehlersuche an Einzelfunkenspulen« festgestellt haben, wird der Ausfall beispielsweise mit dem Fehlercode »P0301 Verbrennungsaussetzer« oder »P0351 Zündspule A Primär/Sekundär Schaltkreis Fehlfunktion« erkannt. Fällt die Spule nur gelegentlich aus, spricht man von »sporadischem« Ausfall. Das ist als Hinweis zu sehen. Der Fehler kann natürlich immer noch im Anschlusskabel zu finden sein. Grundsätzlich sollten Sie die Einträge im Fehlerspeicher entweder speichern oder zumindest notieren.

Istwerte abfragen und darstellen:
Über die Sensorendarstellung oder Istwertdarstellung lassen sich die erfassten Messgrößen der einzelnen Sensoren ohne großen Aufwand auslesen. Hier werden die Messwerte so dargestellt, wie sie das Steuergerät erkennt. Die Plausibilität der Messwerte muss dann geprüft werden.

Stellgliedtest:
Einige Aktoren lassen sich über den Motortester testweise ansteuern, um ihre Funktion zu überprüfen oder sie für eine Messung anzusteuern. Der Funktionsumfang liegt meist am Testerhersteller.

Getriebe und Antriebswellen

Getriebe im Beetle

Zum System der Kraftübertragung bei Fahrzeugen mit Schaltgetriebe gehören Getriebe, Kupplung und Achsantrieb. Damit alle Akteure perfekt zusammenarbeiten und die vom Motor produzierte Leistung an die Antriebsräder übertragen, sind sie durch Gelenke, Wellen und Zahnräder miteinander verbunden. Welche Kraft tatsächlich an den Rädern benötigt wird, hängt davon ab, was dem Fahrzeug während der Fahrt abverlangt wird. Der Motor bietet jedoch nur in einem begrenzten Drehzahlbereich eine verwertbare Leistung an. Damit der Wagen beim Beschleunigen und bei Bergfahrten trotzdem genügend Zugkraft entwickelt, ist das Getriebe nötig. Mit seinen verschiedenen Gängen gewährleistet es eine jeweils passende Übersetzung. Je nach Motor werden verschiedene Getriebe verbaut. Gerade beim Ersetzen des Getriebes aus dem Gebrauchtmarkt ist es wichtig, die Getriebe unterscheiden zu können, um genau das richtige Getriebe mit den richtigen Gangabstufungen zu erwerben.

Getriebezuordnung:

Fahrzeug	Getriebekennung	Getriebetyp
1,2-l-TSI, 77 kW	LHX, LNY, MNZ, NBY, NBZ, PND, PRH, PRK, QUZ, RGL, SED	0AJ
1,2-l-TSI, 77 kW	NBA, NQK, NTZ, PHA, PKW, PMS, PWD, QHE, QHL, QRB, QRH, RCV, RCZ, RQS, RQW, SLW, SRT, SRX	0AM
1,4-l-TSI, 110 kW	PGQ, QHM, QRJ, RDM, RQX, SLX, SMG, SRY	0AM
1,4-l-TSI, 118 kW	NAU, NQA, NTP, PKM, PMH, PVU, QGV, QQT, RCQ, RQN, SLP, SRR	0AM
1,6-l-TDI, 77 kW	LHW, LUB	0A4
1,6-l-TD,l 77 kW	NAV, NQD, NTS, PKP, PMK, PVW, QQV	0AM
1,6-l-TDI, 110 kW	PGQ, QHM, QRJ, RDM, RQX, SLX, SMG, SRY	0AM
1,8-l-TSI, 147 kW	RNL, RTU	0A4

DSG und DKD

WISSENSWERTES

Das DSG-Getriebe:
Ein alter Bekannter aus der VW/Audi-Gruppe ist das DSG (Direkt-Schalt-Getriebe), das aber die gleichen Funktionen wie das DKD-Getriebe von Renault/Smart aufweist. DSG bedeutet Doppelkupplungs-Schalt-Getriebe und weist auf ein besonderes automatisiertes Schaltgetriebe hin. Die Besonderheit des Getriebes liegt darin, dass zwei Gänge gleichzeitig im Eingriff sind und durch jeweils eine eigene Kupplung vom Antrieb getrennt werden. Je nach Bedarf wird dann die entsprechende Kupplung ein- oder ausgekuppelt. Während der Fahrt sieht das dann folgendermaßen aus:

Anfahren:
Das Fahrzeug steht, der erste Gang und der zweite Gang sind eingelegt und beide Kupplungen offen. Die Kupplung für den ersten Gang kuppelt langsam und über Sensoren geführt optimal ein und stellt den Kraftschluss für den ersten Gang her.

Gangwechsel:
Ist der Schaltpunkt erreicht, wird die Kupplung für den 1. Gang geöffnet und gleichzeitig die für den 2. Gang geschlossen. Zeitgleich wird der 3. Gang auf der Welle des 1. Gangs eingelegt.
Abwechselnd wird nun nach geraden und ungeraden Gangzahlen unterteilt, die Gänge werden zum Hoch- und Runterschalten im Vorhinein eingelegt und dann nur noch nach Bedarf passend ein- und ausgekuppelt. Das erspart erheblich Zeit beim Gangwechsel und erlaubt einen flüssigen Schaltablauf. Ob nun hoch- oder runtergeschaltet werden muss, erkennt das DSG am Fahrprofil. Also daran, wie der Fahrerlastwunsch, die Motorlast und die Geschwindigkeit ausfallen.

Fahrzeug	Getriebekennung	Getriebetyp
1,8-l-TSI, 125 kW	NTJ, QCE, SCU	09G
2,0-l-TSI, 130 kW	RUY, SWX	09G
2,0-l-TSI, 147 kW	MSX, NJL, NJM, NLQ, NLR, PBG, PBH	02E

Fahrzeug	Getriebekennung	Getriebe-typ
2,0-I-TSI, 147 kW	KZS, MWS	02Q
2,0-I-TSI, 155 kW	MWS, PDB, PDD, TGP	02Q
2,0-I-TSI, 155 kW	NVW, PQL, PQM, QZD, QZE, SFH, SFJ, SXT, SYH	02E
2,0-I-TSI, 162 kW	PNN, SDY, SQZ	02Q
2,0-I-TSI, 162 kW	PPV, RJU, RJV, SFK, SXU	02E
2,0-I-TDI, 103 kW	NGB	02Q
2,0-I-TDI, 103 kW	NLP, PBF, PPY	02E
2,0-I TDI, 110 kW	PYD, QFZ	02Q
2,0-I-TDI, 110 kW	PGN, QYX, SFA, SYB	02E
2,0-I-TDI, 81 kW	MWW, QTK, QYJ, RTL,	0A4
2,0-I-TDI, 81 kW	PVW, QGX, QQV, RCS, RQQ, SLR, SRS	0AM
2,5 MPI, 125 kW	LPU, RNH, RTR, TLJ	0A4
2,5 MPI, 125 kW	MAN, PDW	09G

Ölwechsel am Getriebe

Ölwechsel am Schaltgetriebe:

Das Getriebeöl darf grundsätzlich nur bei betriebswarmem Getriebe abgelassen werden. Austretendes Getriebeöl in einem geeigneten Behälter auffangen und umweltgerecht entsorgen (beim Händler wieder abgeben). Das Getriebeöl immer vollständig ablaufen lassen.

■ Das Fahrzeug mit der Hebebühne anheben. Das Fahrzeug zwischen den Hebebühnensäulen ausrichten und die vier Aufnahmeteller an den vom Fahrzeughersteller vorgeschriebenen Hebebühnenaufnahmepunkten platzieren.

■ Die Umgebung der Öleinfüllschraube (1 im Bild oben rechts auf dieser Seite) und der Ablassschraube (2) am Getriebe reinigen und die Öleinfüllschraube herausschrauben.

■ Ölablassschraube (2) von unten herausschrauben und das Getriebeöl ablassen.

■ Die Ölablassschraube (2) im Getriebe wieder einschrauben und fest anziehen.

■ Das Getriebeöl bis zur Unterkante der Einfüllöffnung (2 im Bild Mitte) einfüllen.

■ Überschüssiges Getriebeöl (3) abtropfen (4) lassen.

Wartungsschrauben am Schaltgetriebe beim Beetle: *1 Öleinfüll- und Kontrollschraube, 2 Ölablassschraube.*

■ Die Öleinfüllschraube (1 im Bild oben rechts) am Getriebe festschrauben.

■ Das Fahrzeug mit der Hebebühne absenken.

Füllmenge 5-Gang-Schaltgetriebe (OA4):

Viskosität	75W Getriebeöl
VW-Freigabe	VW G 052 171
Füllmenge	1,8 l - 2,0 l

Füllmenge 6-Gang-Schaltgetriebe (O2Q):

Viskosität	75W Getriebeöl
VW-Freigabe	G 052 527 A2
Füllmenge	2,3 l

Füllmenge 6-Gang-Schaltgetriebe (OAJ):

Viskosität	70W - 75W Getriebeöl
VW-Freigabe	G 004 000
Füllmenge	2,2 l

Ölwechsel am 6-Gang-DSG-Getriebe:

Für den Ölwechsel oder besser das Erreichen des richtigen Füllstandes ist es erforderlich, dass das Fahrzeug absolut gerade steht.

■ Stellen Sie den Wahlhebel des Getriebes auf die Stellung »P«.

■ Ziehen Sie die Feststellbremse an (bei elektrischer Handbremse den Taster betätigen).

■ Schalten Sie den Motor aus und demontieren Sie die Motorabdeckung unten.

■ Wechseln Sie den Getriebeölfilter.

■ Stellen Sie einen Auffangbehälter mit ausreichendem Auffangvolumen unter die Ablassschraube.

■ Drehen Sie die Ablassschraube heraus. Hier tritt nur wenig Getriebeöl aus.
■ Drehen Sie das Füllstandsrohr (2) heraus. Nun läuft die Füllmenge des Getriebes ab.
■ Lassen Sie das Getriebeöl ablaufen und drehen Sie das Füllstandsrohr wieder ein.
■ Montieren Sie einen passenden Anschlussadapter (4 im Bild oben) und pumpen Sie die angegebene Füllmenge in das Getriebe ein.
■ Schließen Sie das Ventil am Anschlussadapter (6).
■ Kontrollieren Sie, dass der Wahlhebel noch in der Stellung »P« steht, treten Sie die Fußbremse und starten Sie den Motor.
■ Lassen Sie den Motor im Leerlauf laufen und schalten Sie alle Schaltstufen des Getriebes für 3 bis 5 Sekunden durch.
■ Stellen Sie den Wahlhebel wieder zurück in die Stellung »P« und kontrollieren Sie den Ölstand des Getriebes.
■ Ermitteln Sie die Getriebeöltemperatur über einen geeigneten Diagnosetester. Die Anwahl für den VCDS erfolgt über den Reiter »Antrieb« (Messwertblock 19, Getriebeöltemperaturgeber G93).
■ Nehmen Sie den Anschlussadapter ab. Überschüssiges Öl wird nun bei laufendem Motor und steigender Getriebetemperatur abtropfen. Auslaufendes Getriebeöl auffangen und fachgerecht entsorgen. Das Öl darf nicht wiederverwendet werden.
■ Überprüfen Sie, ob das Füllstandsrohr fest verschraubt ist.
■ Beobachten Sie die Getriebeöltemperatur über den Diagnosetester.
■ Sobald das Getriebeöl die Temperatur von 35 °C (35 °C bis 45 °C) erreicht hat, drehen Sie den Anschluss aus dem Getriebe heraus und die Ablassschraube mit neuer Dichtung wieder ein.
■ Soweit vorhanden, Geräuschdämpfung oder Unterfahrschutz wieder einbauen.
■ Führen Sie eine Probefahrt durch und fragen Sie den Fehlerspeicher ab.

Füllmenge 6-Gang-DSG-Getriebe (O2E):

Viskosität	75W Getriebeöl
VW-Freigabe	TL 521 71, TL 521 78, TL 525 12, TL 726 Y
Füllmenge (Wechsel)	ca. 5,2 l

Ölfüllgerät für Automatikgetriebe: *1 Handpumpe, 2 Einfüllöffnung, 3 Behälter, 4 Adapter, 5 Adapterliste, 6 Anschlussadapter.*

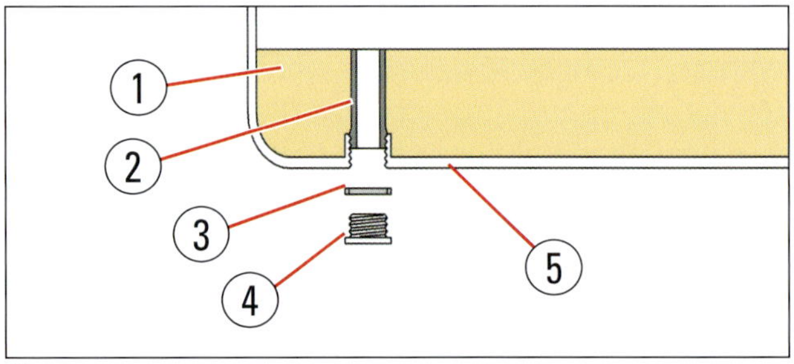

Ölstand im Doppelkupplungsgetriebe: *1 Getriebeöl, 2 Füllstandrohr, 3 Dichtring, 4 Ablassschraube, 5 Ölwanne.*

Ölwechsel am 7-Gang-DSG-Getriebe (AOM):
Das Getriebeöl ist für eine lebenslange Nutzung ausgelegt. Eine Füllstandskontrolle oder ein Wechsel ist nicht vorgesehen. Für den Ölwechsel oder besser das Erreichen des richtigen Füllstandes ist es erforderlich, dass das Fahrzeug absolut gerade steht. Beachten Sie, dass das Entlüftungsrohr des Adapters zur Ölbefüllung (VW 6262A) nur 210 mm lang sein darf, um nicht an den Flaschenboden zu stoßen.
■ Drehen Sie die Ablassschraube heraus und lassen Sie das Getriebeöl ablaufen.
■ Montieren Sie die Ablassschraube wieder.

■ Ziehen Sie die Entlüftungskappe auf der Oberseite des Getriebes ab.
■ Schütteln Sie die Getriebeölflasche durch und schrauben Sie sie auf den Befülladapter (VW 6262A) auf. Lassen Sie sie aufrecht stehen.
■ Schließen Sie den Befüllschlauch an dem Anschluss der Entlüfterkappe am Getriebe an.
■ Drehen Sie die Flasche um und füllen Sie die angegebene Ölmenge ein.

Füllmenge 7-Gang-DSG-Getriebe (OAM):

Viskosität	75W Getriebeöl
VW-Freigabe	TL 521 71, VW TL 521 78, TL 525 12, TL 726 Y
Füllmenge (Reparatur)	ca. 1,7 l

Ölwechsel am 6-Gang-Automatik-Getriebe (O9G):
Der Ölwechsel erfolgt wie beim 6-Gang DSG-Getriebe bereits beschrieben.
■ Beachten Sie, dass beim Durchschalten der Gänge jede Fahrstufe etwa 10 Sekunden eingelegt sein muss, um die Steuerung zu entlüften.

Füllmenge 6-Gang-Automatik-Getriebe (O9G):

Viskosität	Light & Heavy Duty ATF CVT
VW-Freigabe	G 055 190, G 060 162
Füllmenge (Wechsel)	ca. 3,0 l

Antriebswellen und Manschetten

Es gibt eigentlich nur drei Gründe, eine Achsgelenkwelle zu zerlegen. Zuerst einmal möchten wir den Hintergrund für diese Arbeiten genauer beleuchten.

Spiel an den Gelenken prüfen:
Denken Sie daran, dass Ihr Fahrzeug beim Anheben einen anderen Winkel der Achswelle bewirkt. Die Prüfungen sollten deshalb immer am Boden stattfinden. Eine Grube in der Garage oder eine Mutterbühne ist hier sehr hilfreich. Stellen Sie übermäßiges Spiel fest, sollte die Gelenkwelle erneuert oder zerlegt und repariert werden. Zumeist zeigen sich bei der Demontage erhebliche Schäden an Lagerflächen oder Kugeln. Wird das Spiel zu groß (mehr als 2 mm Spiel in der Verdrehung), kann die Antriebswelle »auseinanderfliegen« und sorgt dann im günstigsten Fall für eine Panne. Im schlimmsten Fall kann die Achswelle weitere Schäden verursachen, wenn sie aus den Führungen herausrutscht.
■ Halten Sie den Lageraußenring mit der Hand fest und verdrehen Sie die Achswelle. Sie sollte möglichst kurze schnelle Bewegungen machen (einfach schnell hin- und herdrehen). So bemerken Sie ein mögliches Lagerspiel in den Achswellen sehr schnell.

Prüfung auf Geräusche:
Die Prüfung der Achsgelenkwellen auf diese Schäden erfolgt in der Regel bei einer Probefahrt. Es sollten hier enge Radien gefahren werden können (Supermarktparkplatz) und auch der Lastwechsel vom Beschleunigen zum Schiebebetrieb (Gefahren vermeiden! Verkehr beachten!) simuliert werden.
■ Geräusche an den Achswellen lassen sich leider nur für das radseitige Gelenk sicher orten.
■ Die Getriebeseite wird oftmals als »Getriebeschaden« wahrgenommen. Sollten also Geräusche beim Lastwechsel entstehen, nehmen Sie auch die Antriebswellen einmal genauer unter die Lupe. Ein deutliches »Klackern« oder durchaus schon »Schläge« gerade beim Kurvenfahren in engen Radien weisen auf einen Achswellenschaden hin.
■ Je lauter diese Geräusche werden, umso dringender besteht Handlungsbedarf. Auch hier sind oft an den zerlegten Wellen sehr gut sichtbare Schäden vorhanden.

Sichtprüfung der Manschetten:
Das Ende der Funktion der Lagerungen einer Achswelle wird natürlich schneller erreicht, wenn Schmutz, Wasser und Straßendreck durch eine lose oder defekte Manschette leicht eindringen können.
■ Kontrollieren Sie die Lenkmanschetten und die Gelenkmanschette regelmäßig. Bei Schäden führt an einer Reinigung des Gelenkes und dem Ersatz der Manschette kein Weg vorbei.
■ Achten Sie auch auf kleine Fettspritzer im Radlaufbereich oder an den Bremsteilen. Oftmals zeichnen schon kleinste Schäden an der Manschette deutliche Spuren.
Durch die hohe Drehzahl wird das Fett im Gelenk sehr schnell in der Landschaft verteilt.
Daraufhin läuft das Gelenk trocken und wird mit der Unterstützung des eindringenden Schmutzes ein erhebliches Verschleißverhalten entwickeln.

Die Abgasanlage

Dichtheitsprüfung: *Zuhalten des Abgasrohres mit einem Lappen, um Undichtigkeiten besser orten zu können.*

Die Abgas- oder Auspuffanlage reinigt mit einem Katalysator und beim Diesel mit einem Partikelfilter die Verbrennungsabgase und leitet sie mit geringem Gegendruck in den Schalldämpfer mit Endrohr. Der Schalldämpfer reduziert die Verbrennungsgeräusche auf ein Minimum. Der Auspuff moderner Pkw ist für mehr als 80.000 Kilometer gut, wobei die Lebensdauer natürlich auch von den Einsatzbedingungen des Fahrzeugs abhängt. Ist man überwiegend auf kurzen Strecken unterwegs, fallen mehr Kondensat, Ruß und aggressive Säuren im Innern der Anlage an als beim Langstreckenbetrieb mit voll durchgewärmtem Motor. Das Abgasvorrohr ist seltener als die anderen Teile vom Rost bedroht, weil dort die Verbrennungsgase noch mit Temperaturen zwischen 800 und 1000 °C einströmen. Danach verlieren die Abgase an Temperatur und sind am Endrohr nur noch 150 bis 300 °C heiß. Dort tritt das meiste Kondenswasser aus. Es mischt sich mit Verbrennungsrückständen zu aggressiven Säuren und lässt das Auspuffblech von innen nach außen durchrosten.

Arbeit an der Auspuffanlage

Reparaturen an durchgerosteten Auspuffanlagen, z. B. mit Auspuffkitt und Bandagen, haben nur kurzzeitig Erfolg. Das Blech bricht bald neben der Reparaturstelle. Werkstätten wechseln Auspuffanlagen meist komplett aus. Vor weiteren Arbeiten daher den Zustand der Anlage genau prüfen und dann entscheiden, ob einzelne Teile oder das ganze System erneuert werden sollen.

Prüfung der Dichtheit des Abgassystems:

■ Den Motor anlassen und im Leerlauf drehen lassen.

■ Das Auspuffendrohr für die Dauer der Dichtheitsprüfung wie im Bild oben links gezeigt verschließen (Lappen, Stöpsel). Der Motor kann hierbei ausgehen. Den Abgaskrümmer, den Abgasturbolader und die Abgasvorrohre usw. durch Abhören auf Dichtheit prüfen. Grundsätzlich sollten Sie keine lauten Zischgeräusche wahrnehmen können.

■ Festgestellte Undichtigkeiten beseitigen.

De- und Montage des Vorschalldämpfers:

Vorschalldämpfer sind nur bei Modellen mit Ottomotor verbaut. Werkseitig sind Vorschalldämpfer und Endschalldämpfer als eine Einheit verbaut. Die vorgesehene Trennstelle (B im Bild unten) ist markiert.

■ Lösen Sie die Muttern der Tunnelbrücke.

■ Nehmen Sie die Tunnelbrücke ab.

■ Lösen Sie die Muttern (3) der Doppelschelle (2).

■ Ziehen Sie den Schalldämpfer etwas herunter und sprühen Sie etwas Rostlöser in die Bohrung der Haltegummis ein.

■ Durchtrennen Sie das Abgasrohr mit einem Kettenrohrschneider oder einem anderen geeigneten Werkzeug an der mittleren Markierung (B).

■ Nehmen Sie den Vorschalldämpfer heraus.

■ Für die Montage des Schalldämpfers ersetzen Sie die Lagergummis.

■ Um eine bessere Abdichtung zu erreichen, setzen Sie die Doppelschelle oder die Auspuffmuffe mit etwas Auspuffdichtmasse zusammen.

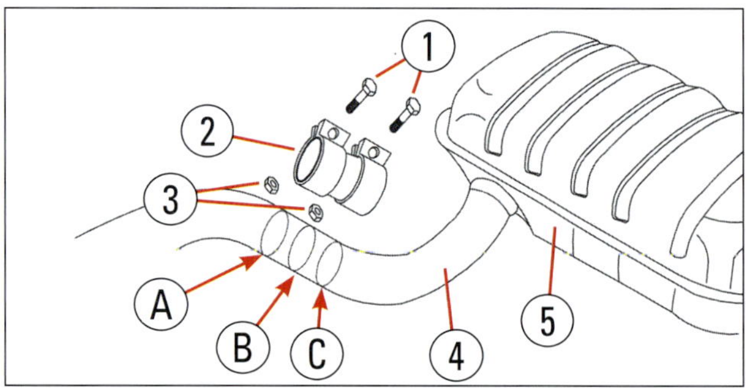

Trennstelle Endschalldämpfer: *1 Schrauben, 2 Doppelschelle, 3 Muttern, 4 Abgasrohr, 5 Endschalldämpfer, A Markierung vorne, B Markierung Mitte, C Markierung hinten.*

Arbeiten an der Abgasanlage

PRAXISTIPP

Wird an der Abgasanlage gearbeitet, sollten folgende Grundregeln beachtet werden:

- Bei einer Demontage darf die Abgasanlage keinesfalls herunterfallen. Dabei könnten wichtige Teile beschädigt werden.
- Dichtungen und selbstsichernde Muttern immer ersetzen.
- Verschraubungen der Auspuffanlage lassen sich beim nächsten Mal leichter lösen, wenn die Gewinde beim Einbau mit hochhitzefestem Kupferfett bestrichen werden.
- Alle Schlauchverbindungen mit Schlauchschellen sichern, die dem Serienstand entsprechen.
- Alle Kabelbinder, die beim Ausbau gelöst werden, sind beim Einbau an der gleichen Stelle wieder anzubringen.

Arbeiten an Katalysatoren und Partikelfilter

- Werden Partikelfilter oder Katalysator ausgebaut und ersetzt, müssen die Altteile vorschriftsmäßig entsorgt werden. Sie dürfen nicht wie Schrott behandelt werden, weil sie wertvolles Edelmetall enthalten, das wieder in den Produktionsprozess eingebracht werden kann.
- Den Aus- und Einbau am besten mit Ringschlüsselsatz für Lambdasonde. Den Dichtring bei Undichtigkeit aufkneifen und ersetzen. Festziehen mit 45 Nm.
- Für Arbeiten an Lambdasonden gilt: Nur das Gewinde mit Heißschraubenpaste wie die von Volkswagen (VW »G 052 112 A3«) fetten.
- An die Schlitze des Sondenkörpers darf kein Fett oder Auspuffmontagepaste kommen.

Endkontrolle nach den Arbeiten

- Achten Sie darauf, dass die Anlage nicht verspannt wird und ausreichend Abstand zum Aufbau hat.
- Prüfen Sie grundsätzlich nach der Montage die Dichtheit der Abgasanlage.
- Führen Sie eine Probefahrt durch und fragen Sie den Fehlerspeicher ab.

Demontage des Endschalldämpfers:
Werkseitig sind Vorschalldämpfer und Endschalldämpfer als eine Einheit verbaut. Die vorgesehene Trennstelle (B im Bild unten auf der vorherigen Seite) ist markiert. Ist keine Trennstelle erkennbar, kontrollieren Sie die Rohrlängen zum neuen Schalldämpfer und legen Sie Messpunkte fest, die von markanten Stellen ausgehen (Aufpuffhalter).

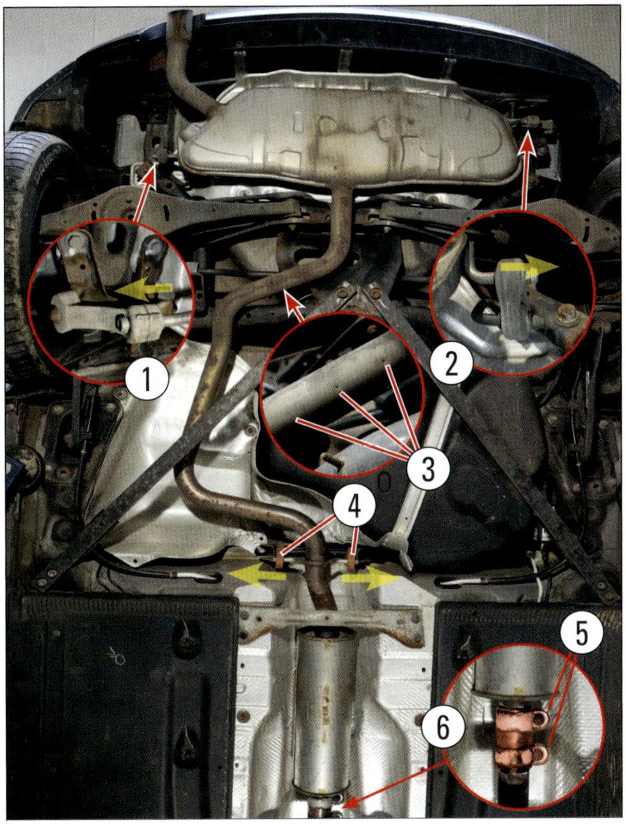

Abgasanlage von unten: *1 Haltegummi, 2 Haltegummi, 3 Markierung zum Trennen, 4 Haltegummi, 5 Schrauben, 6 Schelle.*

- Demontieren Sie die Versteifungsstreben am Unterboden.
- Soweit noch der Originalschalldämpfer verbaut ist, durchtrennen Sie das Abgasrohr wie beschrieben.
- Wenn bereits eine Doppelschelle Vor- und Nachschalldämpfer verbindet, lösen Sie die Schelle.
- Lösen Sie die Verschraubungen am Nachschalldämpfer oder ziehen Sie die Halterungen aus den Aufhängegumies ab.
- Nehmen Sie den Nachschalldämpfer ab.
- Für die Montage des Schalldämpfers ersetzen Sie die Lagergummis.
- Um eine bessere Abdichtung zu erreichen, setzen Sie die Doppelschelle oder die Auspuffmuffe mit etwas Auspuffdichtmasse zusammen.
- Nach Montagearbeiten an der Abgasanlage darauf achten, dass die Abgasanlage nicht verspannt wird und ausreichend Abstand zum Aufbau hat. Gegebenenfalls Klemmschelle lösen

und Schalldämpfer und Abgasrohr so ausrichten, dass überall ausreichend Abstand zum Aufbau vorhanden ist und die Aufhängungen gleichmäßig belastet werden.

Arbeit am Katalysator

Bis auf den Motortyp EA111 sind Abgasreinigungsanlage und Abgasrohr ein Teil und werden zusammen ausgebaut.

- Prüfen Sie die Dichtigkeit der Auspuffanlage vor der Demontage.
- Lesen Sie den Fehlerspeicher aus.
- Fahrzeug mit der Hebebühne anheben, Fahrzeug zwischen den Hebebühnensäulen ausrichten und die vier Aufnahmeteller an den vom Fahrzeughersteller vorgeschriebenen Hebebühnenaufnahmepunkten platzieren.
- Bauen Sie so weit verbaut die Motorabdeckung unten und oben ab.
- Legen Sie die Anschlusskabel zu den Lambdasonden frei.
- Entriegeln Sie die Steckverbindung und klemmen Sie die Vorkatsonde und Nachkatsonde ab.
- Bei Modellen mit Dieselmotor legen Sie die Anschlusskabel zu den Differenzdrucksensoren frei, entsichern Sie die Anschlüsse und ziehen Sie sie ab.
- Bauen Sie den Differenzdrucksensor ab und legen Sie ihn mit den Anschlussschläuchen auf dem Partikelfilter ab.
- Demontieren Sie die Hitzeschutzbleche über dem Turbolader.
- Lösen Sie die Verschraubungen am Turbolader.
- Lösen Sie die Verbindungsstellen (Schellen oder Flansche) zum Abgasendrohr.
- Nehmen Sie den Katalysator beziehungsweise das Abgasreinigungsmodul heraus.

Die Montage erfolgt sinngemäß in umgekehrter Reihenfolge zur beschriebenen Demontage.

- Montieren Sie den Katalysator zuerst lediglich handfest, sodass Sie ihn noch bewegen können, und richten Sie ihn aus, wenn alle Katalysatorverschraubungen montiert sind.
- Achten Sie darauf, dass weder Katalysator noch Abgasrohr irgendwo an der Karosserie anliegen oder anschlagen.
- Verwenden Sie etwas Auspuffmontagepaste für die Montage der Verbindung zwischen

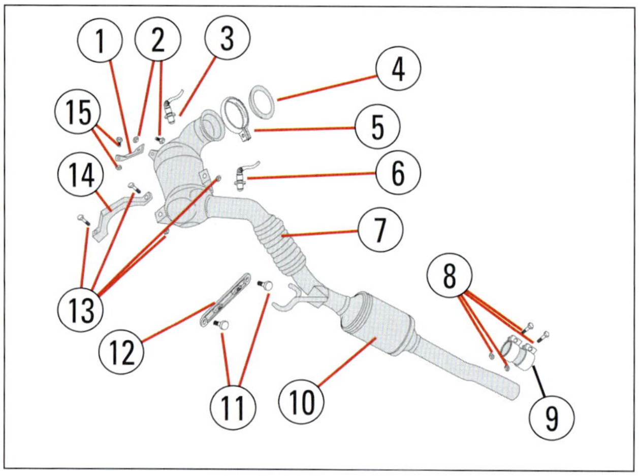

***Abgasanlage vorne 1,4-l-TFSI-Motor**: 1 Halter, 2 Verschraubung, 3 Lambdasonde vor Kat, 4 Dichtring, 5 Schelle, 6 Lambdasonde nach Kat, 7 Flexstück, 8 Verschraubung, 9 Doppelschelle, 10 Katalysator, 11 Schrauben, 12 Lagerplatte, 13 Verschraubung, 14 Haltebügel, 15 Verschraubung.*

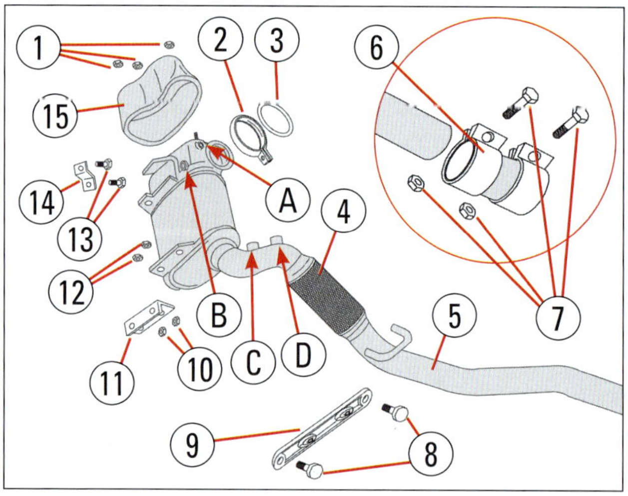

***Abgasmodul und Vorrohr beim TDI**: A Lambdasonde, B Abgastemperaturgeber, C Messrohr Differenzdruckgeber, D Abgastemperaturgeber, 1 Muttern, 2 Schelle, 3 Dichtung, 4 Flexstück, 5 Abgasvorrohr, 6 Doppelschelle, 7 Verschraubung, 8 Schrauben, 9 Lagerplatte, 10 Muttern, 11 Halter unten, 12 Muttern, 13 Schrauben, 14 Halter oben, 15 Wärmeschutzblech.*

Mittelschalldämpfer und Katalysator.

- Prüfen Sie die Dichtigkeit der Abgasanlage wie bereits beschrieben.
- Die Gewinde der Lambdasonden nach KAT und vor KAT mit Montagepaste bestreichen, wenn Sie demontiert wurden.
- Schalldämpfer und Katalysator so ausrichten, dass überall ausreichend Abstand zum Aufbau vorhanden ist und die Aufhängungen gleichmäßig belastet werden.

Der Turbolader

Die Motoren des Beetle sind mit Ausnahme des 2,5-l-Saugrohreinspitzers alle mit einem Turbolader ausgestattet. Die Dieselmotoren verwenden einen VTG-Lader, der über eine Druckdose und entsprechend anliegenden Unterdruck angesteuert wird. Hier wird die Laderdrehzahl direkt beeinflusst. Die Ottomotoren werden über Ladedrucksteller elektrisch angesteuert und geregelt. Im EA888 kommt noch ein Schubumluftventil hinzu. Die Abregelung erfolgt über Druckabbau.

Wastegateventil (Bypass-Ventil):
Das Wastegate-Ventil ist das Ladedruckregelventil. Über den Druck- und Temperatursensor im Ansaugtrakt wird der Ladedruck erfasst. Ist der Ladedruck erreicht, wird über das Motorsteuergerät ein Servosteller (4) angesteuert, das dann das damit verbundene Wastegateventil öffnet. Ein Teil des Abgasstromes wird über das Wastegate abgeleitet und dadurch die Laderdrehzahl abgesenkt.

Druckumluftventil (Blow-Off-Ventil):
Das Blow-Off-Ventil sorgt dafür, dass der Ladedruck gezielt abgebaut werden kann, aber die Laderdrehzahl erhalten bleibt. Wird beim Beschleunigen im Gangwechsel die Drosselklappe geschlossen, würde der Lader durch den Staudruck stark eingebremst. Das bedeutet eine erhebliche Mehrbelastung für die Leitschaufeln und Lager des Turboladers. Das Ventil erlaubt einen Kreislauf zwischen Saug- und Druckseite des Turboladers.

Montage am Turbolader

Je nachdem, ob der Turbolader wie im Bild mitte am Beispiel des 2,0-l-TSI-Motors bereits zusätzlich wassergekühlt ist oder wie im Bild oben am Beispiel des 1,2-l-(EA 211)Motors auch ohne die Wasserkühlung auskommt, greifen die Demontagearbeiten auch auf das Kühlsystem über. Aber selbst bei dem 1,2-l-Motor ist das Kühlsystem bei Montagearbeiten betroffen, wenn es um Montagearbeiten um den Ladeluftkühler geht. Der ist hier nämlich im Ansaugkrümmer versteckt und die Ladeluft wird durch das Kühlmittel gekühlt. Die Montagearbeiten sind entsprechend aufwendig und oftmals auch recht kostenintensiv.

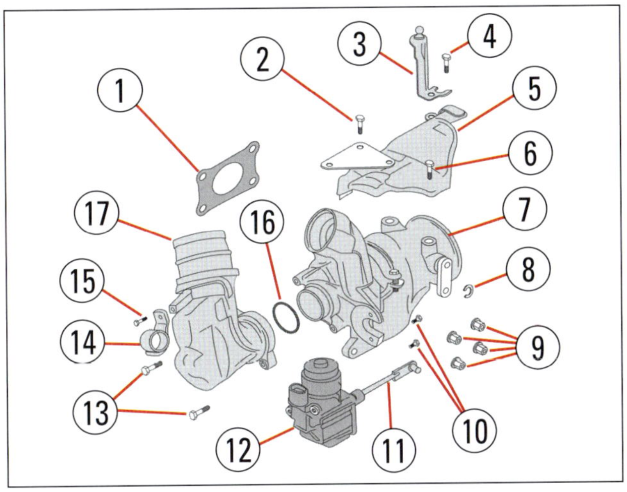

Turbolader mit Ladedrucksteller beim 1,2-l-TSI: *1 Dichtung, 2 Schraube, 3 Halter, 4 Schraube, 5 Wärmeschutzblech, 6 Schraube, 7 Turbolader, 8 Sicherungsclip, 9 Muttern, 10 Schrauben, 11 Regelgestänge, 12 Ladedrucksteller, 13 Schrauben, 14 Halter, 15 Schraube, 16 O-Ring, 17 Anschlussstutzen.*

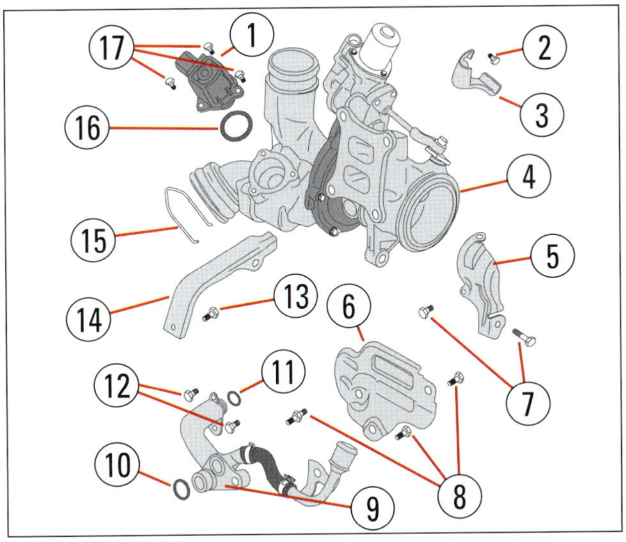

Turbolader 2,0-l-TFSI der Generation III: *1 Umluftventil, 2 Schraube, 3 Wärmeschutzblech, 4 Turbolader, 5 Wärmeschutzblech, 6 Wärmeschutzblech, 7 Schrauben, 8 Schrauben, 9 Kühlmittelvorlauf, 10 O-Ring, 11 O-Ring, 12 Schrauben, 13 Schraube, 14 Stütze, 15 Klammer, 16 O-Ring, 17 Schrauben.*

Arbeiten an den Turboladern sollten Sie nur dann angehen, wenn Sie entsprechende Test- und Prüfmittel und bereits Erfahrungen in diesem Bereich gesammelt haben. Bei Schäden am Turbolader geht es recht schnell auch um den Ersatz des kompletten Motors.

STÖRUNGSBEISTAND

Motor und Gemischaufbereitung

Störung	Was kann das sein?	Was kann ich tun?
A Motor startet nicht, Anlasser dreht nicht	**1** Die Wegfahrsperre bzw. die Anlasssicherung sperrt	Zu- und wieder aufschließen, Bremse getreten halten und Schalthebel auf Stellung N
	2 Die Batterie ist entladen	Wenn die Scheinwerfer bei eingeschalteter Zündung nur schwach leuchten: Alle Verbraucher abschalten, Starthilfekabel benutzen und dann mindestens 20 Kilometer fahren
B Anlasser dreht, aber der Motor springt nicht an	**1** Die häufigsten Ursachen sind: Kein Sprit und/oder kein Zündfunke. Das kann leider an sehr vielen Bauteilen liegen	Zuerst prüfen, ob noch Sprit und auch die richtige Sorte (Benzin oder Diesel) im Tank ist. Dann die Verkabelung im Motorraum auf Beschädigungen prüfen (Marderbiss?) Vorsicht! Zündung dabei unbedingt ausschalten!
C Motor läuft nach dem Start unrund	**1** Ein Fehler in der Kraftstoffversorgung und/oder Zündanlage, Nebenluft durch undichte Schläuche	Zunächst eine Sichtkontrolle des Motorraums bei ausgeschalteter Zündung durchführen. Beschädigte Leitungen mit Isolierband notdürftig flicken. Mit einem Diagnosegerät den Fehlerspeicher auslesen lassen
D Motor qualmt und Rauch steigt aus dem Auspuff	**1** Turbolader (blauer Rauch) oder Zylinderkopfdichtung (weißer Rauch) defekt	Ist der Turbolader defekt, besteht akute Gefahr: Bruchstücke wandern durch den Motor. Nicht mehr starten! Bei einer kaputten Kopfdichtung fehlt Wasser im Ausgleichsbehälter, auf jeden Fall auffüllen
E Motor zieht nicht mehr richtig	**1** Der Hauptverdächtige ist auch hier der Turbolader, besonders wenn der Motor im Leerlauf oder bei wenig Gas noch gut läuft	Beobachten Sie die Ladedruckanzeige (sofern vorhanden) und achten Sie auf ungewöhnliche Geräusche beim Beschleunigen, eventuell entweicht Ladedruck. Ein blockierter Lader macht dagegen gar keine Geräusche mehr. Ladedruck prüfen und Fehlerspeicher auslesen
	2 Saugrohrdruckfühler defekt	Istwerte auslesen (lassen)
	3 Drosselklappenmodul defekt	Istwerte auslesen (lassen), Drosselklappenmodul neu anlernen lassen
	4 AGR-Ventil defekt	AGR-Ventil prüfen, Fehlerspeicher auslesen
	5 Katalysator defekt	Katalysator prüfen, Fehlerspeicher auslesen
F Hoher Verbrauch	**1** Luftfilter ist stark verschmutzt	Luftfilter austauschen, die Anleitung dazu finden Sie in diesem Kapitel
	2 Temperaturfühler defekt	Istwerte auslesen (lassen)
G Motor wird zu langsam warm	**1** Thermostat hängt	Sie können zunächst weiter fahren, der Thermostat sollte jedoch so bald wie möglich getauscht werden

STÖRUNGSBEISTAND

Getriebe und Antrieb

Störung	Was kann das sein?	Was kann ich tun?
A Kupplung trennt nicht richtig (Schaltgetriebe)	**1** Schaltgetriebe: Kupplungshydraulik nicht richtig entlüftet	Kupplungshydraulik entlüften lassen
	2 Schaltgetriebe: Geber- oder Nehmerzylinder undicht, beschädigt oder verschlissen	Geber- und Nehmerzylinder prüfen lassen
	3 Schaltgetriebe: Kupplung oder Druckplatte ist defekt	Kupplungsset prüfen lassen
B Kupplung trennt nicht richtig (DKG)	**1** DKG: Einstellung und Betätigung fehlerhaft	Einstellung und Betätigung prüfen lassen
C Geräusche bei Kurvenfahrt	**1** Gelenkwelle ist verschlissen oder defekt	Antriebswelle und Manschetten prüfen, gegebenenfalls reinigen oder ersetzen
	2 Radlager ist defekt	Radlager prüfen, gegebenenfalls reinigen oder ersetzen
D Starke Vibrationen und Geräusche	**1** Gelenkwelle defekt oder versteift	Antriebswelle und Manschetten prüfen, gegebenenfalls reinigen oder ersetzen
	2 Radlager und Rad defekt	Radlager, Felgen, Reifen und Befestigung prüfen und gegebenenfalls betroffene Teile erneuern

STÖRUNGSBEISTAND

Abgasanlage und Turbolader

Störung	Was kann das sein?	Was kann ich tun?
A Motor zieht nicht mehr richtig	**1** Ladedruckleitung undicht	Prüfen und wenn erforderlich auswechseln
	2 Regelventil am Turbolader hängt	
	3 Motor im Notlauf	Fehlerspeicher auslesen. Einträge nachvollziehen
	4 Katalysator defekt	Katalysator prüfen, Fehlerspeicher auslesen
	5 Ansaugweg oder Luftfilter verstopft/verschmutzt	Prüfen, reinigen oder erneuern
B Turbolader verliert Öl	**1** Anschlüsse undicht	Anschlüsse überprüfen, Dichtungen oder Leitungen nach Bedarf erneuern
	2 Turbolader undicht	Ölrücklauf in die Ölwanne prüfen, wenn erforderlich Turbolader ersetzen

Wartung und Daten

Wartung ist eine wichtige Komponente im Betrieb eines Fahrzeuges, wenn es um einen zuverlässigen Funktionsablauf geht. Vernachlässigte Arbeiten erhöhen nicht nur das Ausfallrisiko Ihres Fahrzeuges, sondern nehmen Ihnen die Möglichkeit mit kleinen Reparaturen teurere Schäden zu vermeiden.

Wartungsdaten in der Übersicht

Für Wartung und Pflege sind bestimmte Werte, Angaben und Informationen erforderlich. Sicherlich werden wir Ihnen nur diese Daten zur Verfügung stellen können, die bis zum Redaktionsschluss dieses Buches bekannt waren. Entsprechend sollten Sie sich über Ihr Fahrzeug während der Arbeit Notizen machen und eventuelle Veränderungen an der Grundausrüstung oder durch Umbauten im Tuningbereich neben diesen Daten festhalten. Das wird Ihnen die Arbeit zu einem späteren Zeitpunkt wesentlich erleichtern. Die Mengenangaben sollen als Daumenwert herhalten und Ihnen den Einkauf der passenden Gebinde helfen.

Flüssigkeiten

Motoröle und Spezifikationen

Die Angaben dazu sind abhängig von der Serviceart und dem Motortyp. Beachten Sie dazu die Tabelle im Kapitel »Der Antrieb« unter der Überschrift »Ölwechsel«. Hier sind die entsprechenden Freigaben von Volkswagen und die Füllmenge angegeben.

Getriebeöle und Spezifikationen

Getriebe (Typ)	Viscosität (Freigabe)	Füllmenge
5-Gang-Schaltgetriebe (0A4)	SAE 75W (G 052 171)	1,8 l - 2,0 l
6-Gang-Schaltgetriebe (02Q)	SAE 75W (G 052 527 A2)	2,3 l
6-Gang-Schaltgetriebe (0AJ)	SAE 70W75 (G 004 000)	2,2 l
6-Gang-DSG (02E)	DSG Öl (TL 521 82)	5,2 l
6-Gang- Automatikgetriebe (09G)	G 055 190, G 060 162	ca. 3,0 l
7-Gang-DSG (0AM)	DSG Öl (TL 521 71, TL 521 78, TL 525 12, TL 726 Y)	1,7 l

Kühlmittel und Zusätze

System	Bemerkung	Füllmenge
Motor	G12++ (Violett)	ca. 5,6 l
Klimaanlage	R134a	525 g +/- 25g

Mein Beetle

Tragen Sie hier die individuellen Daten für Ihr Fahrzeug zusammen:

System	Bemerkung
Motorcode	
Getriebecode	
Reifengröße / Druck	
Sonstiges	

Wichtige Anzugsdrehmomente

Für alle Verschraubungen werden seitens des Herstellers Anzugsdrehmomente angegeben, um Schäden an den Gewinden oder an den zu verschraubenden Bauteilen zu vermeiden. Bei unklarer Bezeichnung fragen Sie das Anzugsdrehmoment bei Ihrem Volkswagenpartner ab.

Sonstige Verschraubungen

Schraubengröße	M4	M5	M6	M8	M10	M12	M14	M16
Anzugsdrehmoment	0,5 Nm	3 Nm	10 Nm	20 Nm	40 Nm	60 Nm	100 Nm	140 Nm

Elektrische Anlage

Verschraubung	Anzugsdrehmoment
Batteriepol (M6)	6 Nm
Massepunkt am Getriebe	20 Nm
Massepunkt an der Karosserie M6 (M8)	8 Nm (15 Nm)
Plusanschluss M5 / M6 / M8	4 Nm / 6 Nm / 15 Nm
Scheinwerfer	4,5 Nm
Scheinwerferträger	4,5 Nm

Karosserie

Verschraubung	Anzugsdrehmoment
Geräuschdämmung Unterfahrschutz M8 (Blechschrauben)	20 Nm (2 Nm)
Geräuschdämmung von unten Schnellverschluss	Handfest
Geräuschdämmung Unterfahrschutz	2 Nm
Tunnelbrücken Mitteltunnel	20 Nm
Kunststoffschrauben	8 Nm
Radhausschalen	2 Nm

Türen, Hauben und Klappen

Verschraubung	Anzugsdrehmoment
Motorhaube am Scharnier	20 Nm
Heckklappe am Scharnier	24 Nm
Sicherungsschraube Tür	23 Nm
Verschraubung Verdeck	30 Nm
Kotflügelverschraubungen M4 (M6)	3 Nm (8 Nm)

Sonstiges

Verschraubung	Anzugsdrehmoment
Schaltgetriebe Einfüll- Ablassschraube 6 Kant (12 Kant)	30 Nm (45 Nm)
DSG-Getriebe Ablassschraube	45 Nm
Automatk-Getriebe Ablassschraube	30 Nm
Ablassschraube Motoröl	30 Nm
Zündkerzen	30 Nm
Glühkerzen	17 Nm

Fahrwerk und Bremsanlage

Verschraubung	Anzugsdrehmoment
ABS-Sensor am Achsschenkel	8 Nm
Bremssattel vorne am Sattelträger	30 Nm
Bremssattel hinten am Sattelträger	30 Nm + 90°
Sattelträger am Achsschenkel	90 Nm + 90°
Sicherungsschraube Bremsscheibe	4 Nm
Spurstangenkopf (Kontermutter)	80 Nm (20 Nm)
Traggelenkbolzen (am Querlenker)	40 Nm +45° (60 Nm)
Radlager im Gehäuse vorne (hinten)	70 Nm + 90° (180 + 180°)
Antriebswelle getriebeseitig (radseitig)	200 Nm + 180°
Stoßdämpfer vorne unten (oben)	70 Nm +90° (60 Nm)
Stoßdämpfer hinten unten (oben)	180 Nm (50Nm +45°)
Radbolzen Stahlfelgen	140 Nm
Koppelstange	60 Nm
Pendelstütze am Getriebe M10 (M12)	50 Nm (60 Nm)

Wartungsplan

Regelmäßige Kontrollen:
In der Tabelle unten beschreiben wir die Arbeitsschritte, die Sie zwischendrin z. B. beim Tanken oder bei der Fahrzeugreinigung kontrollieren sollten.

Wartung nach Plan:
Ölservice (»Ö« in den nachfolgenden Tabellen) als kleine Inspektion
Wir empfehlen diese Wartungsschritte alle 15.000 km oder zumindest einmal im Jahr durchzuführen.

Wartung (»W« in den nachfolgenden Tabellen) als große Inspektion
Wir empfehlen diese Wartungsschritte alle 30.000 km oder zumindest alle zwei Jahre durchzuführen.

Zusatzarbeiten (»Z« in den nachfolgenden Tabellen) als Zusatzarbeiten
Für die Zusatzarbeiten finden Sie Anmerkungen im Beschreibungstext oder auch Fälligkeitshinweise. Diese Arbeiten fallen dann je nach Beschreibung zusätzlich an.

Arbeitsschritte	Bemerkung	OK / Defekt
Scheibenwaschwasser auffüllen. Scheibenwischer und Waschanlage prüfen		
Wasserablauf im Wasserkasten prüfen (Blätter und Blütenreste)		
Motorölstand und Kühlflüssigkeit prüfen, eventuell nachfüllen		
Kontrollleuchten, Standlicht, Abblend- und Fernlicht prüfen		
Bremsleuchten, Blinker und Warnblinker sowie das Signalhorn (auch Lichthupe) prüfen		
Bremsen und Bremsflüssigkeit prüfen, Handbremshebelweg prüfen und eventuelle Einstellung prüfen		
Reifen (und falls vorhanden, Reserverad): Zustand, Reifenlaufbild, Fülldruck und Profiltiefe prüfen. Wenn damit ausgestattet: Haltbarkeitsdatum des Reifenreparatur-Sets prüfen		
Prüfen Sie, ob das Haltbarkeitsdatum des Verbandskastens überschritten ist		

Umfang im Fahrzeuginnenraum

Hier beschreiben wir die Arbeiten, die im Fahrzeuginnenraum durchgeführt werden sollen.
(Ö = Ölservice 15.000 km, W = Wartung 30.000 km, Z = Zusatzarbeiten)

Ö	W	Z	Bezeichnung	Bemerkung	OK / Defekt
X	X		Elektrische Fensterheber, Heckscheibenheizung, Sitzheizung, Zigarettenanzünder und Spiegeleinstellung auf Funktion prüfen		
X	X		Bedienelemente von Heizung, Lüftung und Klimaanlage auf Funktion prüfen		
X	X		Scheibenwischer, Scheibenwaschanlage auf Funktion prüfen		
X	X		Leuchten im Kombiinstrument und Innenbeleuchtung prüfen		
X	X		Kombiinstrument: Serviceanzeige zurücksetzen		
		X	Verbandskasten prüfen	Verfallsdatum:	
		X	Reifendichtmittel prüfen	Verfallsdatum:	
	X		Batterie: Flüssigkeitsstand prüfen, eventuell korrigieren		
		X	Aktivkohle-Staubfilter Innenraum erneuern (je nach Verschmutzung)		
X	X		Fehlerspeicher auslesen		
	X		Kupplungspedalweg prüfen/nachstellen		
X	X		Wartungsintervall zurücksetzen ( ) Manuell / ( ) Tester		

Umfang an der Fahrzeugaußenseite

In diesem Abschnitt geht es um die Karosserie und die Anbauteile außen.
(Ö = Ölservice 15.000 km, W = Wartung 30.000 km, Z = Zusatzarbeiten)

Ö	W	Z	Bezeichnung	Bemerkung	OK / Defekt
X	X		Außenbeleuchtung auf Funktion prüfen		
	X		Scheinwerfereinstellung prüfen und einstellen		
X	X		Karosserie im sichtbaren Bereich auf Lackschäden prüfen		
X	X		Zustand der Türdichtungen prüfen		
X	X		Frontscheibe auf Beschädigung prüfen		
	X		Zentralverriegelung auf Funktion prüfen		
	X		Scharniere und Türschlösser und Klappen schmieren		
	X		Verdeck und Verdeckführungen prüfen/reinigen/schmieren		

Umfang an der Fahrzeugunterseite
Arbeiten unter dem Fahrzeug sind in diesem Abschnitt als Schwerpunkt anzusehen.
(Ö = Ölservice 15.000 km, W = Wartung 30.000 km, Z = Zusatzarbeiten)

Ö	W	Z	Bezeichnung	Bemerkung	OK / Defekt
X	X		Reifen auf Beschädigung und Rissbildung prüfen		
X	X		Alle sichtbaren Teile der Fahrzeugunterseite auf Beschädigungen und Undichtheit prüfen		
X	X		Alle Anschlussleitungen und Anschlusskabel auf Beschädigungen und schadhafte Befestigung prüfen		
X	X		Motor, Getriebe und Bauteile der Betriebshilfsstoffe auf Undichtheiten und schadhafte Befestigung prüfen		
X	X		Alle sichtbaren Teile der Abgasanlage auf Beschädigungen, Undichtheiten und schadhafte Befestigung prüfen		
X	X		Hitzeschutzbleche auf Beschädigungen, Befestigung und Korrosion prüfen		
X	X		Gummilagerung der Hinterachse und der Stoßdämpfer hinten auf Verschleiß, Rissbildung oder Beschädigungen prüfen		
X	X		Alle sichtbaren Teile von Motor und Getriebe auf Beschädigungen, Undichtheiten und schadhafte Befestigung prüfen		
X	X		Antriebswellen auf Spiel und den Zustand der Manschetten überprüfen		
X			Keilrippenriemen im sichtbaren Bereich auf Verschleiß prüfen (Benzinmotor)		
	X		Keilrippenriemen im sichtbaren Bereich auf Verschleiß prüfen (Dieselmotor)		
	X		Vorderachsgelenke auf Spiel prüfen, Manschetten prüfen		
	X		Spur- und Lenkstangengelenke auf Spiel prüfen, Manschetten prüfen (1 x jährlich)		
			Kraftstofffilter erneuern nicht erforderlich (nicht vorgesehen)		
		X	Keilrippenriemen erneuern (Benzinmotor) alle 100.000 km		
		X	Kühlmittel Hauptkreislauf erneuern (alle 60.000 km)	Siehe auch: »Umfang im Motorraum«	
		X	Dichtmanschetten, Radbremszylinder und Bremsnachsteller auf Beschädigung prüfen		
X	X		Unterbodenverkleidung auf Beschädigungen, Befestigung und Korrosion prüfen		

Umfang im Motorraum:
Arbeiten, die speziell im Motorraum anfallen, werden hier vorgestellt.
(Ö = Ölservice 15.000 km, W = Wartung 30.000 km, Z = Zusatzarbeiten)

Ö	W	Z	Bezeichnung	Bemerkung	OK / Defekt
X	X		Motorkühlsystem: Kühlmittelstand und Frostschutzgehalt prüfen		
		X	Motorkühlsystem: Wechsel (alle 60.000 km)		
X	X		Motor Öl- und Filterwechsel		
		X	Getriebeölstand kontrollieren/wechseln (alle 60.000 km) (Wechsel bei 180.000 km)		
	X		Kraftstoffleitungen auf Dichtheit und Zustand prüfen		
	X	X	Kraftstofffilter wechseln		
		X	Luftfiltereinsatz erneuern alle 60.000 km		
		X	Zündkerzen erneuern (Benzinmotor) alle 40.000 km		
		X	Ventilspiel prüfen, alle 60.000 km (wenn erforderlich einstellen)		
X	X		Scheibenwaschanlage: Flüssigkeitsstand prüfen, richtigstellen		
X	X		Bremsanlage: Bremsflüssigkeitsstand prüfen/erneuern (alle 2 Jahre)		
	X	X	Zahnriemen prüfen/erneueren (alle 180.000 km /210.000 km)	Motortyp beachten!	

Umfang rund um das Thema Rad und Bremse:
In diesem Abschnitt stellen wir Ihnen die Arbeiten vor, die für die Wartung an Rad und Bremse erforderlich sind.
(Ö = Ölservice 15.000 km, W = Wartung 30.000 km, Z = Zusatzarbeiten)

Ö	W	Z	Bezeichnung	Bemerkung	OK / Defekt
X	X		Bremsentest auf einem Prüfstand durchführen und Ergebnisse notieren		
	X		Vorderachse: Bremsbelagstärke prüfen		
	X		Vorderachse: Bremsscheiben auf Zustand prüfen		
	X		Hinterachse: Bremsbelagstärke prüfen		
X	X		Reifendruck korrigieren und den korrigierten Reifendruck unter Bemerkungen vermerken		
	X		Zustand von Bremsleitungen und Schläuchen prüfen		
	X		Befestigungen von Bremsleitungen und Schläuchen prüfen		

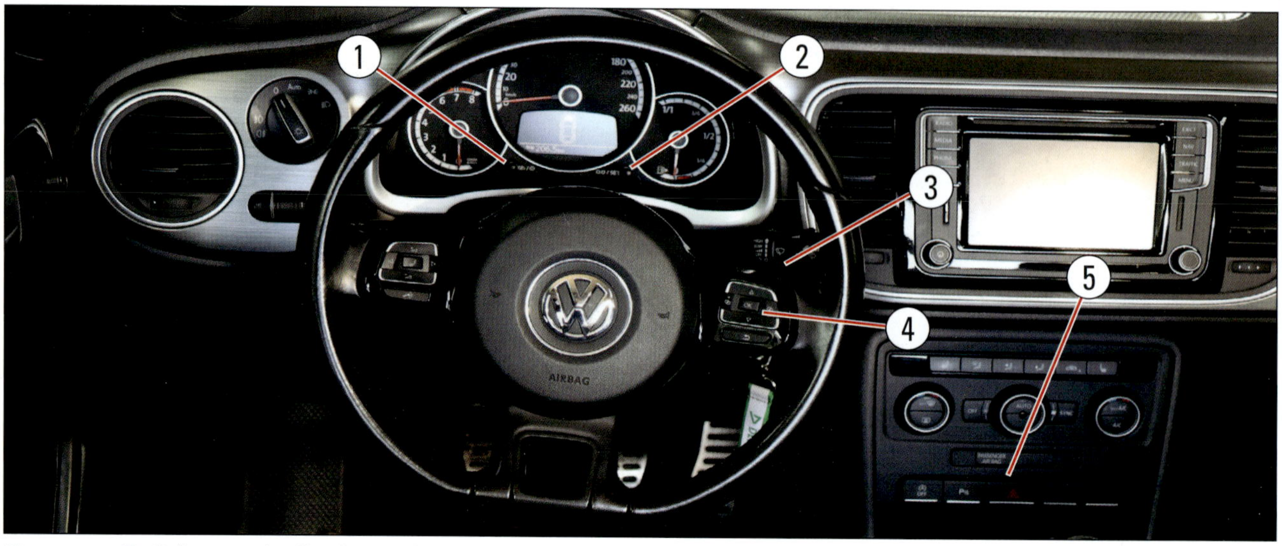

***Tasten zum Zurücksetzen der Service- und Inspektionsanzeige:** 1 Menütaste, 2 Anwahltaste, 3 »OK« Taste unten am Wischerhebel, 4 »OK« Taste am Multifunktionslenkrad, 5 Taster Warnblinklicht.*

Rücksetzen der Serviceanzeige

Grundsätzlich sollten Sie die Servicemeldungen nur dann zurücksetzen, wenn Sie die Servicearbeiten durchgeführt haben. Auch wenn Sie die Servicearbeiten in Eigenregie durchführen, sollten Sie die Arbeiten im Serviceplan eintragen und den Umfang dokumentieren, um nachvollziehen zu können, welche Arbeiten anliegen oder noch erledigt werden müssen.

Ölservice bei Fahrzeugen mit Textmeldung im Display zurücksetzen:

- Schalten Sie die Zündung aus.
- Drücken die rechte Funktionstaste im Tachometer (2 im Bild oben) und halten Sie sie fest.
- Schalten Sie die Zündung ein.
- Lassen Sie die Taste (2) wieder los.
- Bestätigen Sie die Abfrage zur Rücksetzung mit der Taste »OK/Reset« unten am Wischerhebel (3) oder mit der »OK«-Taste im rechten Tastenfeld des Multifunktionslenkrades (4).

Inspektion bei Fahrzeugen mit Textmeldung im Display zurücksetzen:

- Schalten Sie die Zündung aus.
- Schalten Sie die Warnblinkanlage (5) ein.
- Drücken die rechte Funktionstaste im Tachometer (2 im Bild oben) und halten Sie sie fest.
- Schalten Sie die Zündung ein.
- Lassen Sie die Taste (2) wieder los.
- Bestätigen Sie die Abfrage zur Rücksetzung mit der Taste »OK/Reset« unten am Wischerhebel (3) oder mit der »OK«-Taste im rechten Tastenfeld des Multifunktionslenkrades (4).
- Schalten Sie die Warnblinkanlage (5) aus.

Ölservice bei Fahrzeugen ohne Textmeldung im Display zurücksetzen:

- Schalten Sie die Zündung aus.
- Drücken die rechte Funktionstaste im Tachometer (2 im Bild oben) und halten Sie sie fest.
- Schalten Sie die Zündung ein.
- Lassen Sie die Taste (2) wieder los.
- Drücken Sie innerhalb von 20 Sekunden die linke Taste (1) im Tachometer.

Inspektion bei Fahrzeugen ohne Textmeldung im Display zurücksetzen:

- Schalten Sie die Zündung aus.
- Schalten Sie die Warnblinkanlage (5) ein.
- Drücken die rechte Funktionstaste im Tachometer (2 im Bild oben) und halten Sie sie fest.
- Schalten Sie die Zündung ein.
- Lassen Sie die Taste (2) wieder los.
- Drücken Sie innerhalb von 20 Sekunden die linke Taste (1) im Tachometer.
- Schalten Sie die Warnblinkanlage (5) aus.